Also in the Variorum Collected Studies Series:

JULIO SAMSÓ
Islamic Astronomy and Medieval Spain

A.I. SABRA
Optics, Astronomy and Logic:
Studies in Arabic Science and Philosophy

DAVID A. KING
Astronomy in the Service of Islam

DAVID A. KING
Islamic Mathematical Astronomy

DAVID A. KING
Islamic Astronomical Instruments

PAUL KUNITZSCH
The Arabs and the Stars

ROSHDI RASHED
Optique et mathématiques: Recherches sur l'histoire
de la pensée scientifique en arabe

CÉCILE MORRISSON
La monnaie à Byzance: finances, analyses, techniques

CYRIL MANGO
Byzantium and its Image

NICOLAS OIKONOMIDES
Byzantium from the 9th Century to the 4th Crusade

HENRY MONNIER
Études de droit byzantin

CURTIS WILSON
Astronomy from Kepler to Newton

BRUCE S. EASTWOOD
Astronomy and Optics from Pliny to Descartes

BERNARD R. GOLDSTEIN
Theory and Observation in Ancient and Medieval Astronomy

Études d'astronomie byzantine

Anne Tihon

Études d'astronomie byzantine

Routledge
Taylor & Francis Group
LONDON AND NEW YORK
1994

First published 1994 by Variorum, Ashgate Publishing

Published 2017 by Routledge
2 Park Square, Milton Park, Abingdon, Oxon OX14 4RN
52 Vanderbilt Avenue, New York, NY 10017

Routledge is an imprint of the Taylor & Francis Group, an informa business

British Library CIP Data
Tihon, Anne
Études d'astronomie byzantine
(Variorum Collected Studies Series; CS 454)
I. Title II. Series
520.9495

US Library of Congress CIP Data
Tihon, Anne
Études d'astonomie byzantine / Anne Tihon
p. cm. — (Collected Studies Series: CS454)
Includes index. ISBN 0-86078-437-1 (alk. paper)
1. Astronomy, Medieval. I. Title. II. Series: Collected Studies; CS454
QB23.T54 1994 94–8287
520'.9495'0902—dc20 CIP

ISBN 13: 978-0-86078-437-1 (hbk)

COLLECTED STUDIES SERIES CS454

TABLE DES MATIÈRES

Ce volume est composé de x + 324 pages

Note de l'éditeur: *Les articles dans ce volume, comme dans tous les autres de la Série Recueils d'Études, n'ont pas reçu une nouvelle pagination suivie. En vue d'éviter une confusion possible et de faciliter la consultation lorsqu'il est fait référence ailleurs à ces mêmes études, on a maintenu la pagination originelle partout où c'était faisable.*

Tous les articles ont été pourvus d'un numéro en chiffres romains dans l'ordre de leur parution, conformément au Sommaire. Ce numéro se répète sur chaque page et se retrouve aux titres de l'Index.

Dans chaque étude, les passages concernés par les Addenda et Corrigenda sont indiqués dans la marge par un astérisque.

AVANT-PROPOS

Dans les études byzantines, les sciences n'occupent à ce jour qu'une place très réduite. Elles mériteraient mieux cependant : à Constantinople, les sciences exactes ou naturelles n'ont pas manqué d'amateurs enthousiastes, de commentateurs prolifiques, ni d'infatigables travailleurs. La légende veut, qu'au IXe siècle, le calife al-Ma'mûn ait essayé de faire venir à Bagdad Léon le Mathématicien pour ses connaissances dans la géométrie d'Euclide. Les réformes de l'enseignement supérieur à Constantinople, au IXe siècle comme au Xe siècle, prévoyaient des chaires pour l'enseignement du *quadrivium* : arithmétique, géométrie, astronomie, musique. Au XIe siècle, la jeune princesse Anne Comnène étudiait les sciences à l'insu de ses parents, grâce à la complicité d'un eunuque du palais. Elle rapporte le cas d'un certain Nicéphore Diogène, qui, devenu aveugle, étudiait les théorèmes d'Euclide grâce à des figures en relief. Au XIVe siècle, Nicéphore Grégoras et Théodore Méliténiote payaient leur zèle pour les études astronomiques de douloureux maux de tête. Et surtout, les manuscrits scientifiques abondent. Mais, parce que la science byzantine n'a pas atteint un niveau comparable à celui des anciens Grecs d'Alexandrie, qu'elle n'a pas apporté les progrès décisifs faits par les Arabes, on croit volontiers qu'elle n'a eu aucun rôle à jouer dans les développements de la pensée scientifique. En outre, les historiens de Byzance ou les philologues sont souvent rebutés par le langage technique ou par la difficulté de la matière, qui demande un apprentissage spécialisé; pour les scientifiques, la langue grecque et la nécessité de lire la plupart des textes dans les manuscrits constituent des obstacles insurmontables. Ainsi s'instaure un cercle vicieux : parce qu'elle est mal connue, la science byzantine ne suscite guère d'intérêt; parce qu'elle ne suscite pas beaucoup d'intérêt, les éditeurs hésitent à publier des ouvrages qui la feraient mieux connaître...

Je remercie d'autant plus chaleureusement l'éditeur de la collection *Variorum*, M. John Smedley, d'avoir bien voulu accepter dans cette série ces *Etudes d'astronomie byzantine*. Ces neuf études sont reprises ici dans un ordre qui suit plus ou moins la chronologie de leur contenu : une présentation générale d'abord (I), des calculs de planètes pour l'année 906

(**II-III**), des témoignages du IXe et XIIe siècle sur l'astronome "Alim" (**IV**), des études sur l'astronomie islamique à Byzance du XIe au XIVe siècle (**V-VI**), l'analyse approfondie d'un traité chypriote rédigé vers 1347 (**VIIa,b,c**), des calculs d'éclipses de la fin du XIVe siècle et du début du XVe (**VIII**) et finalement un essai sur l'enseignement scientifique à Byzance (**IX**). Un recueil d'articles présente évidemment quelques inconvénients : des répétitions trop nombreuses, des affirmations périmées ou erronées, des discordances dans les transcriptions des noms grecs ou arabes, que les *corrigenda* n'ont pas toujours pu redresser. Je demanderai donc l'indulgence des lecteurs.

L'un des obstacles majeurs dans l'étude des sciences byzantines est le manque d'éditions accessibles à tous les chercheurs. En effet, la plupart des textes scientifiques byzantins demeurent inédits, ou lorsqu'ils ont été naguère édités, l'ont été sans traduction - une tradition tenace voulant que tout honnête homme soit capable de lire le grec - ni commentaires, de sorte que l'accès en est limité aux seuls hellénistes et spécialistes. Aussi, le progrès le plus important qui me semble avoir été accompli dans l'histoire de l'astronomie byzantine est la publication du *Corpus des Astronomes Byzantins* (CAB), qui, sous le patronage de l'Union Académique Internationale, présente des éditions critiques avec traductions et commentaires de traités astronomiques byzantins. Plusieurs traités présentés comme inédits dans ces études sont à présent édités :

CAB I : *Nicéphore Grégoras, Calcul de l'éclipse de Soleil du 16 juillet 1330*, par Joseph Mogenet(†), Anne Tihon, Robert Royez, Anne Berg, Amsterdam, J. C. Gieben, 1983

CAB II : *The Astronomical Works of Gregory Chioniades,* Vol. I : *The Zîj al-'Alâ'î,* part 1 : Text, Translation, Commentary; part 2 : Tables, by David Pingree, 2 vols, Amsterdam, J. C. Gieben, 1985

CAB III : *An Eleventh-Century Manual of Arabo-Byzantine Astronomy,* by Alexander Jones, Amsterdam, J. C. Gieben, 1987

CAB IV : *Théodore Méliténiote, Tribiblos Astronomique, livre I*, par Régine Leurquin, Amsterdam, J. C. Gieben, 1990

CAB V : *Théodore Méliténiote, Tribiblos Astronomique, livre II,* Edition critique et traduction, par Régine Leurquin, Amsterdam, A.M. Hakkert, 1993

CAB VI : *Théodore Méliténiote, Tribiblos Astronomique, livre II,* Commentaire, par Régine Leurquin, Amsterdam, A.M. Hakkert, 1993

CAB VII : *An Almanac for Trebizond for the year 1336* by Raymond Mercier, Louvain-la-Neuve, Academia, 1994 (en cours d'impression).

Espérons que de nombreux volumes viendront encore enrichir le *Corpus*, dont la publication sera assumée, à partir du vol. VII, par l'Institut Orientaliste de l'Université Catholique de Louvain (Louvain-la-Neuve).

Les études présentées ici ne donnent qu'une vue partielle de l'astronomie byzantine. Il reste encore beaucoup de documents à découvrir et à exploiter, sans compter les grands traités encore inédits tels le *Commentaire aux Tables Faciles* de Stéphane d'Alexandrie, la version grecque de *Zîj as-Sanjarî* et d'autres traités persans par Chioniadès, dont l'édition a été annoncée par D. Pingree, la *Stoicheiôsis* de Théodore Métochite, la *Syntaxe Perse* de Georges Chrysococcès, de nombreux traités sur l'astrolabe...

Mes recherches ont toujours bénéficié d'un apport considérable sous forme de mémoires d'étudiants en philologie classique effectués à l'Université Catholique de Louvain. Entre les années 1958 et 1980, mon Maître, le Professeur Joseph Mogenet, confiait souvent à ses étudiants des textes scientifiques byzantins inédits comme sujet de mémoire de licence, et dans la mesure du possible, j'ai essayé de maintenir cette tradition. Malgré leurs imperfections, ces travaux d'étudiants demeurés inédits m'ont permis d'avoir accès à un matériel infiniment plus étendu que ce que j'aurais pu étudier par moi-même.

Je dédie ce livre à la très chère mémoire de mon père, que le Seigneur a rappelé à Lui le 5 mai 1993.

Anne Tihon
le 11 janvier 1994

REMERCIEMENTS

L'auteur et l'éditeur remercient les personnes et institutions suivantes qui ont autorisé la reproduction des articles rassemblés dans ce volume: Mme A. Leroy-Molinghen et le Conseil d'administration de *Byzantion* (I, V, VI); M. L. Milis, Président de l'Institut historique belge de Rome (II, III); M. R. Halleux, *Archives internationales d'histoire des sciences* (IV); Stichting Tijdschrift Janus, Amsterdam (VII); M. B. Coulie, *'Le Muséon', Revue d'études orientales* (VIII); M. Andrzej Biernacki, Instytut Historii Nauki, Oswiaty i Techniki, Polskiej Akademii Nauk, Warszawa (IX).

I

L'ASTRONOMIE BYZANTINE (DU Ve AU XVe SIÈCLE) (*)

L'astronomie byzantine est un secteur de recherches encore mal connu. Très peu de textes, en effet, sont édités, malgré l'abondance de la littérature astronomique qui va des Ve, VIe siècles de notre ère jusqu'à la prise de Constantinople par les Turcs en 1453. La difficulté réelle de la matière, le manque de spécialistes, ont aussi contribué à laisser ce secteur particulièrement dans l'ombre. *Astronomicum est, non intelligitur*, répétait volontiers mon maître, le Professeur J. Mogenet. Toutefois, depuis ces vingt dernières années, on commence à s'intéresser très sérieusement à l'astronomie byzantine et, dans ce domaine, les chercheurs belges ont souvent joué le rôle de précurseurs. On peut citer, ainsi, les noms de F. Cumont et A. Delatte, et, par exemple, leur participation à l'élaboration du *Corpus codicum astrologorum graecorum* (1) ; et *
surtout, le nom du Chanoine A. Rome, de l'Université de Louvain, qui a été réellement l'un des pionniers de l'histoire de l'astronomie grecque, en particulier, de l'astronomie postérieure à Ptolémée (2). Et enfin, mon maître, le Professeur J. Mogenet, qui dans son centre d'Ecdotique et d'Histoire des Sciences a fait prospecter systématiquement par ses étudiants, ses chercheurs et ses doctorants un très grand nombre de textes scientifiques byzantins inédits (3). C'est grâce aux travaux effectués dans ce centre que nous avons pu acquérir une connaissance précise de l'ensemble de la littérature astronomique byzantine.

(*) Conférence faite à la Société Belge d'Études Byzantines le 7 février 1981. Les notions trop techniques ont été délibérément écartées de cet exposé.

(1) Soit 20 vols parus à Bruxelles de 1898 à 1936. F. CUMONT a participé aux vols. IV, V et VIII, A. DELATTE a assuré le vol. X.

(2) Voir surtout Rome, I, II, III (la liste des sigles bibliographiques sera donnée en fin d'article).

(3) Sur le rôle de J. MOGENET en histoire des sciences, voir TIHON, *In memoriam*.

A côté des chercheurs belges, il faut aussi signaler l'école des chercheurs américains, notamment de Brown University (Providence, R.I.), où le Professeur D. Pingree et, avant lui, le Professeur O. Neugebauer ont fait faire à ces recherches des progrès décisifs. On doit notamment au Professeur Neugebauer une étude de base sur la terminologie astronomique byzantine, sans laquelle bien des traités seraient restés incompréhensibles (4). Et, depuis 1964, D. Pingree a publié une série d'études remarquables sur certains secteurs de l'astronomie byzantine, qui se trouvent désormais clarifiés (5). Voilà donc, très brièvement résumé, l'état des recherches actuelles en astronomie byzantine.

Mais quel est donc le matériel astronomique byzantin ? L'histoire de l'astronomie byzantine, comme toute l'histoire des sciences, commence, bien sûr, dans l'Antiquité grecque, plus exactement à l'époque hellénistique marquée par la prépondérance, qui ne se démentira jamais, d'Alexandrie. Mais alors que les autres sciences exactes atteignent leur apogée au IIIe siècle avant Jésus-Christ, avec des savants comme Euclide ou Apollonius pour la géométrie, Archimède pour la physique, l'astronomie n'atteint son plein développement, son point culminant et presque, pourrait-on dire, son point final qu'aux environs de 120-150 après Jésus-Christ, avec l'œuvre de l'astronome alexandrin Claude Ptolémée. L'œuvre majeure de celui-ci, la *Μαθηματικὴ Σύνταξις*, qui deviendra, d'après l'arabe l'*Almageste*, «la Très Grande» (6), est un monument en 13 livres (qui tiennent toutefois en deux volumes de la collection Teubner) (7), où sont abordés et résolus tous les problèmes astronomiques du temps, soit, en bref : des présupposés de base (Que la Terre est au centre du monde, n'a pas de mouvement, etc.), le calcul des coordonnées sphériques, et tout ce qui concerne le calcul des positions en longitude et en latitude du Soleil, de la Lune et des cinq planètes, sans oublier un catalogue de 1022 étoiles. L'*Almageste* de Ptolémée suscite actuellement un regain d'intérêt, parfois très

(4) Neugebauer, *Studies*.

(5) Pingree, *Chioniades* ; *Abramius* ; *Toledan Tables*. Pour l'astrologie byzantine : Pingree, *The horoscope of Constantine VII* ; *Political horoscopes* ; *Indian and Pseudo-Indian* ; *The horoscope of Constantinople*.

(6) Sur cette appellation, voir Kunitzsch, *Almagest*, p. 115 ss.

(7) Voir Ptolémée, *Alm.* et *op. min.*

passionné, et tout laisse entendre que les discussions sont loin d'être terminées ([8]). A côté de l'*Almageste*, Ptolémée a laissé d'autres tables astronomiques plus simples, qu'il a appelées *Πρόχειροι κανόνες*, ce que le Chanoine Rome a proposé de traduire en français par *Tables Faciles*, et que les Anglo-saxons traduisent par *Handy Tables* ([9]). Ces tables auront beaucoup plus de succès à travers tout le Moyen Age, à cause, précisément, de leur plus grande facilité d'emploi. Des autres œuvres astronomiques de Ptolémée, nous n'avons pas à parler ici.

Si Ptolémée apparaît comme le maître, jamais dépassé dans l'Antiquité, et comme l'inspirateur de toute l'astronomie médiévale jusqu'à et y compris Copernic, un autre nom est aussi à retenir, à cause de son influence sur la littérature astronomique byzantine : il s'agit de Théon d'Alexandrie, astronome et géomètre, qui vivait vers 364 p.C. à Alexandrie et qui a laissé des commentaires à Ptolémée : un commentaire à l'*Almageste* et deux commentaires aux *Tables Faciles* dont nous aurons l'occasion de parler plus loin ([10]).

Et ainsi, à partir de Théon et de ses commentaires de la fin du IVe siècle, on peut suivre d'une manière très précise l'histoire de la transmission de l'astronomie grecque. L'école, ou plutôt les écoles, d'Alexandrie se survivent très activement, certainement jusqu'à la

(8) Trois ouvrages importants ont paru récemment sur l'astronomie de Ptolémée : PEDERSEN, *Survey* ; NEUGEBAUER, *History* et NEWTON, *The crime of Claudius Ptolemy*. On aura un échantillon des discussions sur Ptolémée en opposant l'avis de NEWTON, dont l'ouvrage, de ton fort polémique, aurait dû s'intituler *The Murder of Cl. Ptolemy, by* R. R. NEWTON, p. 379 («The Syntaxis has done more damage to astronomy than any other work ever written, and astronomy would be better off if it had never existed. Thus Ptolemy is not the greatest astronomer in antiquity, but he is something more unusual : he is the most successful fraud in the history of science») à celui de PEDERSEN, p. 407 («... the Great Syntaxis will remain the best testimony to a scientific achievement not often met with in the history of mankind») ... La thèse de NEWTON a déjà suscité de nombreuses réactions que nous ne pouvons énumérer ici.

(9) La seule édition disponible de ces tables est celle de HALMA qui remonte au début du XIXe siècle. Le mode d'emploi des tables est édité par HEIBERG, dans PTOLEMÉE, *op. min.*, pp. 159-185.

(10) Le *Commentaire à l'Almageste* est édité partiellement (livres I à IV) (Rome, II et III). Le reste, sauf le livre V dont seul un fragment subsiste et le livre XI qui a disparu, est accessible dans l'Édition de Bâle de 1538. Le *«Petit Commentaire» aux Tables Faciles* est édité (TIHON, *P.C.*) et le *«Grand Commentaire» aux Tables Faciles* est en préparation (le livre I par J. MOGENET sera édité prochainement).

fin du VIe siècle. On y enseigne les sciences et la philosophie et, dans le domaine de l'astronomie, on peut étudier d'une manière très détaillée comment on y enseignait l'astronomie, quels manuels étaient utilisés, quel était le niveau des étudiants, et ainsi de suite, grâce à une masse de documents tels que scolies anonymes, textes anonymes, notes de cours, mentions de professeurs, trouvés par J. Mogenet et moi-même au cours de prospections dans les manuscrits [11]. On constate ainsi une dégradation des connaissances : plus d'observations personnelles – les seules connues sont celles d'Héliodore [12] –, mais seulement des commentaires de plus en plus élémentaires. L'époque, c'est bien connu, est aux commentateurs : on commente des commentaires, on les oppose l'un à l'autre, on ne tranche un problème que par l'argument d'autorité [13]. ... D'Alexan-

(11) Voici un inventaire sommaire des documents de cette époque :

avant 415 : Hypatie, fille de Théon, édite le livre III du *Commentaire à l'Almageste* de son père (Rome, III, p. 807 ss.) ;

avant 413 : Synesius, élève d'Hypatie, écrit une lettre sur un astrolabe (NEUGEBAUER, *History*, II, pp. 872-878) ;

462 : scolies au *«Grand Commentaire»* rédigées à Apamée (voir MOGENET-TIHON, *Le «Grand Commentaire»*) ;

475 : Proclus observe à Athènes (cf. *infra*, Héliodore) ;

484 ss. : Marinus enseigne l'astronomie à Athènes (TIHON, *Notes*) ;

fin Ve s.-début VIe s. : un commentaire anonyme au *«Petit Commentaire»* de Théon (cf. TIHON, *P.C.*, p. 174 ss. ; *Notes*, p. 175 ss.) ;

même époque : des scolies aux *Tables Faciles* de Ptolémée (TIHON, *Scolies*). ;

498-510 : observations d'Héliodore et d'Ammonius (éd. HEIBERG, dans PTOLÉMÉE, *op. min.*, pp. XXV-XXVII). Sur Héliodore, voir WARNON, *Commentaire*, et WESTERINK, *Ein astrologisches Kolleg* ;

497 ss. : Eutocius écrit une *Introduction à l'Almageste* (MOGENET, *Introduction*) ;

564 ss. : Olympiodore (WARNON, *Commentaire* et WESTERINK, *Ein astrologisches Kolleg*), Philopon (HASE) ...

A ces textes et ces noms, il faut ajouter des scolies à l'*Almageste*, qui proviennent sans doute du même milieu (MOGENET, *Sur quelques scolies*), des horoscopes (NEUGEBAUER et VAN HOESEN, *Greek Horoscopes*), des éphémérides ... Sur toute l'astronomie de cette période, voir NEUGEBAUER, *History*, II, pp. 1031-1045.

(12) Les observations d'Héliodore donnent des passages de planètes de 498 à 510. L'une d'elle est datée du 19 novembre 475 et est reprise à son oncle Proclus. L'autre a été faite en compagnie de son frère Ammonius. Voir le commentaire de ces observations dans NEUGEBAUER, *History*, II, pp. 1038-1041.

(13) La dégradation de l'enseignement est bien illustrée par le texte appelé

drie, l'astronomie grecque va se transmettre directement dès le ve siècle dans plusieurs directions : vers la Syrie, d'abord, où le «*Grand Commentaire*» de Théon aux *Tables Faciles* était lu dès 462 ([14]), et où l'*Almageste* a probablement été traduit en syriaque avant 536 ([15]). C'est de là qu'elle passera plus tard dans le monde arabe, qui la recevra en outre par l'intermédiaire de l'Inde et de la Perse. Vers l'Occident, aussi, avec la tentative restée sans lendemain de Symmaque – dont le nom apparaît dans une scolie de l'*Almageste* ([16]) – et de Boèce pour restaurer l'hellénisme à Rome ; vers le Nord, enfin, vers Constantinople.

***

Le premier traité proprement byzantin d'astronomie est celui de Stéphane d'Alexandrie, composé vers 610-620 à Constantinople. Stéphane est l'un des derniers savants que connut l'école d'Alexandrie avant la conquête arabe en 640. On pense généralement qu'il fut appelé à Constantinople par l'empereur Héraclius (610-640) pour réorganiser l'Université fermée par son prédécesseur Phocas ([17]). Stéphane a écrit un *Commentaire aux Tables Faciles* directement inspiré du «*Petit Commentaire*» *aux Tables Faciles* de Théon ([18]). Ce

«*Introduction à l'Almageste*», attribué par J. MOGENET à Eutocius (MOGENET, *Introduction*).

(14) MOGENET-TIHON, *Le «Grand Commentaire»*.

(15) Sur la transmission de l'astronomie grecque vers la Syrie et le monde islamique, voir PINGREE, *Greek Influence*. Sur la traduction de l'*Almageste* en syriaque : p. 34.

(16) Cf. TIHON, *Notes*. Dans cet article, nous n'avions pas identifié Symmachos (Symmaque) dont une scolie du *Vat. gr.* 1594, en marge de l'*Almageste*, donne l'avis sur la nature de la Voie Lactée pour l'opposer à celui de Marinus. Il s'agit très vraisemblablement de Symmaque, beau-père de Boèce, qui essaya de restaurer la culture hellénique à Rome sous le règne de Théodoric (sur Symmaque, voir COURCELLE, *Lettres grecques*, p. 258 ss. et RICHÉ, *Éducation*, p. 67). Nous essayerons ultérieurement d'analyser les rapports qui existaient à cette époque entre Rome et les écoles grecques dans le domaine de l'astronomie.

(17) Sur le problème, voir LEMERLE, *Premier humanisme*, p. 78 ss.

(18) Le traité de Stéphane d'Alexandrie est conservé, notamment, dans les manuscrits suivants : *Ambr. gr.* E 104 sup (f. 2-48^{v}) ; *Cambr. Trin. Coll.* 1043 (f. ?) ; *Cromw.* 12 (voir TIHON, *P.C.*, p. 18) ; *Laur. gr.* 28/12 (f. 393-400^{v}) ; *Laur. gr.* 28/46 (f. 9-145) ; *Marc. gr.* 323 (f. 222-263) ; *Marc. gr.* 325 (f. 10-81^{v}) ; *Paris. Coislin* 338 (f. 9-84^{v}) ; *Paris. gr.* 2162 (f. 211-232^{v}) ; *Paris. gr.* 2492 (f. 116-167) ; *Urbin. gr.* 80 (f. 14-17) ; *Vat. gr.* 304 (f. 135-171^{v}) ; *Vat. gr.* 1059 (f. 524-540) ;

traité de Théon, il faut le souligner, est un manuel élémentaire, que Théon destinait aux moins doués de ses élèves (ceux qui ne savent pas suivre les démonstrations géométriques, ni effectuer des multiplications ou des divisions !). C'est un simple mode d'emploi des tables, avec des exemples. Celui de Stéphane reprend exactement le même sujet, mais l'adapte au monde byzantin : il utilise des tables faites par lui pour le climat de Byzance, il recourt aux mois juliens et donne, pour la première fois, une méthode pour le calcul de la date de Pâques. Ce traité est inédit et pose de curieux problèmes au niveau de la tradition manuscrite. Par exemple, il est parfois attribué à l'empereur Héraclius et est cité sous son nom dans des scolies du XIe siècle ([19]). On sait que l'empereur Héraclius se piquait d'astronomie et qu'il est l'auteur de scolies rudimentaires dans ce domaine ([20]). Une mauvaise attribution dans un titre ne poserait guère de sérieux problèmes, mais certains chapitres de ce traité ont des mentions comme «sous notre règne» ... dont on ne sait trop comment les expliquer ([21]). Or Héraclius n'avait certainement pas la compétence nécessaire pour écrire un traité de ce genre. Le personnage de Stéphane pose aussi problème : on ne sait pas exactement quel titre il portait, ni quelles œuvres il a rédigées ([22]). Et on constatera qu'au XIVe siècle, un érudit comme Nicéphore Grégoras ne semble plus connaître l'auteur de ce traité ([23]). La conclusion de cette brève présentation est celle qui reviendra à chaque pas de la présente

Vat. gr. 2176 (f. 33-48v). Cf. CHAUVON, *Étude*. Des extraits de ce traité ont été édité par USENER, *De Stephano Alexandrino*. Analyse du traité dans NEUGEBAUER, *History*, II, pp. 1045-1051.

(19) Attribué à l'empereur Héraclius dans le *Paris. gr.* 2492 et sa copie, le *Cromwell.* 12. Citation sous le nom d'Héraclius dans une scolie du XIe siècle : MOGENET, *Sur quelques scolies*, pp. 307-308. En fait le traité est très souvent anonyme dans les manuscrits : une étude de ceux-ci devrait permettre d'élucider ce problème.

(20) Éditées par HEIBERG dans PTOLÉMÉE, *op. min.*, p. CXCI, note 1.

(21) USENER, *De Stephano Alexandrino*, p. 298, 311, 315, 317.

(22) Voir CHAUVON, *Étude*, p. 9 ss.

(23) Le traité de Stéphane est précédé, dans le *Marc. gr.* 325, du calcul de l'éclipse de Soleil du 16 juillet 1330 par Nicéphore Grégoras. Tout laisse penser que ce manuscrit était la propriété de Nicéphore Grégoras. Or, dans ce manuscrit, le traité de Stéphane est anonyme et une main postérieure a ajouté une note disant que ce traité n'est pas de Théon mais d'un auteur plus récent.

étude : seule une édition critique, accompagnée d'une bonne histoire du texte et d'un classement des manuscrits, permettrait d'apporter une réponse à ces questions.

Tel est donc le premier essai pour introduire à Constantinople un enseignement astronomique de niveau élémentaire. Mais cette tentative n'aura pas de lendemain, car on ne trouve pratiquement plus rien en astronomie avant le IXᵉ siècle, sinon quelques notes plutôt d'ordre chronologique.

Au IXᵉ siècle, bien sûr, il faut d'abord parler manuscrits. Les textes astronomiques ont été à cette époque particulièrement bien servis. On a conservé de superbes copies de Ptolémée (le *Vat. gr.* 1594), de Théon (le *Laur. gr.* 28/18 pour le *Commentaire à l'Almageste*, le *Vat. gr.* 190 pour le «*Grand Commentaire*»), et rien que pour les tables astronomiques elles-mêmes, les *Tables Faciles*, on a conservé quatre manuscrits en onciales datables avec précision : le *Vat. gr.* 1291, qui est enluminé, le *Leidensis* BPG 78, tous deux copiés sous le règne de Léon V (813-820), et, un peu plus tard, le *Laur. gr.* 28/26 et le *Marc. gr.* 331 copiés sous le règne de Léon VI le Sage (886-912). Et l'on peut y ajouter un palimpseste découvert par le R. P. J. Leroy et le Professeur J. Mogenet, où un texte syriaque a été copié sur des tables d'anaphores en écriture onciale [24]. Bien que l'histoire des manuscrits des *Tables Faciles* n'ait pas encore été faite, on peut penser que le *Leidensis* BPG 78, qui aura une nombreuse descendance, dérive vraisemblablement d'un exemplaire apporté à Constantinople par Stéphane d'Alexandrie [25]. Mais à part les copies de manuscrits, il ne semble guère y avoir d'activité réelle dans le domaine de l'astronomie à cette époque. Seulement quelques notes du *Vat. gr.* 1291 éditées par J. Mogenet qui sont d'un niveau élémentaire : dans la ligne de Stéphane et du «*Petit Commentaire*» de Théon [26]. On connaît aussi une table de 30 étoiles brillantes datée de 854 : mise à jour d'une table de Ptolémée au moyen du calcul de la précession (1° en 100 ans) [27]. En résumé, donc, le IXᵉ siècle a

(24) Ces fragments des *Tables Faciles* feront l'objet d'une étude ultérieure.

(25) Cf. Tihon, *P.C.*, p. 191.

(26) Mogenet, *Vat. gr.*, 1291. Sur le contexte culturel de cette époque, voir Irigoin, *Survie et renouveau*.

(27) Cette table d'étoiles figure dans une collection de textes astronomiques anonymes datés de 1003-1007, éditée dans un mémoire de licence : Botte, *Un*

surtout assuré la conservation et la transmission du patrimoine scientifique de l'Antiquité ; on n'y voit pas de véritable savant ou professeur d'astronomie. Le contraste est énorme avec ce que les Arabes font à cette époque – nous aurons l'occasion d'y revenir.

Le xᵉ siècle apportera peu de choses – un curieux texte daté de 906 qui donne des méthodes empiriques pour le calcul des planètes inspirées directement de l'astrologue Vettius Valens (ca 130 p.C.) et, au-delà de celui-ci, dérivant des méthodes égyptiennes et babyloniennes, et que l'auteur du xᵉ siècle a tenté d'adapter à son époque [28]. Mais le xiᵉ siècle va connaître une activité très importante dans le domaine de l'astronomie. Et ici, on distinguera, pour la première fois, deux courants. L'un est le courant traditionnel, inspiré de Théon et peut-être de Stéphane. Ainsi des textes inédits, mais d'une tradition manuscrite abondante, datés de 1007-1008 dans la ligne du «*Petit Commentaire*» de Théon : entendons par là un mode d'emploi des tables avec des exemples, sans démonstrations ni explications [29]. Également un *quadrivium* anonyme édité par Heiberg de niveau fort élémentaire [30]. Et les connaissances astronomiques du grand professeur de l'époque, Michel Psellos (1018-1078) ne semblent pas aller très loin [31]. Par contre, un nouveau courant se manifeste et tout de suite atteint un niveau remarquable. On voit pour la première fois apparaître dans le monde byzantin des essais d'adaptation de l'astronomie arabe. Mais avant de poursuivre, il faut dire un mot de cette astronomie [32]. Pendant que les Byzantins recopiaient soigneusement les œuvres scientifiques, les Arabes découvraient avec admiration la science de l'Antiquité. Dès le règne du calife Harun al-Rachid (786-809), Baghdad, fondée en 762, devient un centre de traduction du patrimoine scientifique grec en arabe, et son successeur, le calife al-

traité byzantin (la table y est éditée pp. 108-110). Cette table a été modernisée en 1329 (cf. TIHON, *P.C.*, p. 71, note 1 ; PINGREE, *Abramius*, pp. 209-211).

(28) TIHON, *Vénus*. Les textes concernant les autres planètes paraîtront prochainement.

(29) Voir BOTTE (édition, traduction et commentaire de ces textes).

(30) HEIBERG, *Anonymi logica et quadrivium*.

(31) Voir MOGENET, *L'influence*, p. 48.

(32) Pour l'étude de l'astronomie arabe, l'ouvrage de base est KENNEDY, *Survey*. Également SAYILI, *The observatory*. Pour la transition des Grecs aux Arabes, voir l'ouvrage classique de DE LACY O'LEARY, *How greek Science*.

Ma'mûn (813-833), fonde une «maison de la sagesse», sorte d'Académie-bibliothèque, où l'on rassemble tous les ouvrages scientifiques grecs (33). On recherche les manuscrits, on les traduit et surtout, on entreprend de vérifier les connaissances scientifiques de l'Antiquité. Al-Ma'mûn avait fondé deux observatoires : l'un près de Damas (Qâsîyûn), l'autre près de Baghdad (Shammâsîya) (34). Une équipe d'astronomes est chargée de vérifier les valeurs de Ptolémée. On mesurera ainsi la longueur de l'année tropique, l'obliquité de l'écliptique, etc. Chaque astronome propose désormais ses propres valeurs et construit de nouvelles tables basées sur ces chiffres. La base géométrique du système de Ptolémée (les modèles avec excentriques et épicycles) reste en général inchangée, mais les chiffres sont modifiés. Il y a un effort de perfectionnement et de mise à jour sans cesse renouvelé, ce qui n'existera jamais chez les Byzantins.

Le plus ancien texte byzantin témoignant d'une connaissance de l'astronomie arabe a été découvert par le Professeur J. Mogenet. Il s'agit de scolies figurant dans les marges de l'*Almageste* dans le *Vat. gr.* 1594, qui ont été rédigées dans les années 1032 et ss. (35). L'auteur anonyme y fait, ce qui est très rare dans le monde byzantin, une comparaison critique entre l'astronomie de Ptolémée et celle des «modernes» (*νεώτεροι*), à savoir les astronomes arabes. Comme il ne dispose pas des observations faites sous le règne du calife al-Ma'mûn, il utilisera les tables d'un certain *'Αλήμ*, l'astronome al-Aᶜlam qui observait vers 960, pour calculer la position du Soleil dans les années 1032 ss. Un peu plus tard, vers 1072-1078, apparaît également un traité anonyme conservé dans un seul manuscrit, le *Paris. gr.* 2425, qui a été étudié par le Professeur Neugebauer (36). Cette fois, il s'agit d'une transposition de l'œuvre de l'astronome Ḥabash al-Ḥâsib (ca 850), avec une autre «première» : l'apparition dans un traité grec de méthodes purement trigonométriques. Ainsi, nous avons conservé l'œuvre de deux savants, tous deux anonymes, qui essaient d'introduire à Constantinople des progrès faits à l'extérieur. Cette ouverture d'esprit, comme la nouveauté des matières

(33) Voir De Lacy O'Leary, *How Greek Science*, p. 151 ss., 155 ss. *et passim*.
(34) Sayili, *The observatory*, p. 56 ss.
(35) Mogenet, *Une scolie inédite*. Également *Sur quelques scolies*, pp. 302-311 et *L'influence*, pp. 48-49.
(36) Neugebauer, *Commentary*.

traitées, font de ces deux textes des hauts moments dans l'histoire de l'esprit scientifique à Byzance.

Au XIIe siècle, l'influence arabe ne disparaît pas : on la trouve, mais d'une manière fort disparate, dans des textes du *Vat. gr.* 1056, où elle apparaît à propos d'étoiles, ou de la construction d'astrolabe (37). Mais à part cela, on n'a pas l'impression que l'astronomie rencontre un grand intérêt durant le XIIe siècle et la première moitié du XIIIe siècle (38). On en arrive ainsi à la grande époque de l'astronomie byzantine : la fin du XIIIe siècle et le début du XIVe. Époque brillante, qui commence sous le règne d'Andronic II (1282-1328). A la fin du XIIIe siècle, après avoir réparé des dégâts causés par l'occupation latine, on multiplie les copies de manuscrits, que facilite l'introduction du papier. Les manuscrits astronomiques sont à cette époque particulièrement nombreux. On voit, par exemple, que plus de la moitié des 55 manuscrits conservés pour le «*Petit Commentaire*» de Théon sont de la fin du XIIIe siècle et du XIVe siècle (39). Pour l'astronomie de cette période, deux courants, encore sont à distinguer.

Le premier est le courant de restauration de l'astronomie ptolémaïque. L'auteur de cette restauration a été le Grand Logothète, Théodore Métochite, qui, vers 1316, achève un monumental ouvrage intitulé *Στοιχείωσις ἀστρονομική*. Énorme compilation qui n'a guère eu de succès, pas plus de son temps que de nos jours, où personne n'a encore eu le courage d'en faire l'édition ! Cette fois, il ne s'agit plus d'un simple mode d'emploi des tables astronomiques, comme dans le «*Petit Commentaire*» de Théon, mais bien d'un traité raisonné, comportant des démonstrations, à la manière de l'*Almageste*. Mais il ne semble pas y avoir d'applications contemporaines, encore moins d'observations personnelles. Simplement une modernisation sans grande conséquence de l'ère d'origine des tables, dont le début se situe la première année du règne d'Andronic II en 1283 (40).

(37) KUNITZSCH, *Die arabische Herkunft*.

(38) MOGENET, *L'influence*, p. 51.

(39) TIHON, *P.G.*, pp. 4-6.

(40) Sur l'œuvre astronomique de Théodore Métochite, voir ŠEVČENKO, *Polémique*, pp. 109-117. On a peut-être tendance à être injuste pour Métochite tant sa prose astronomique est bavarde et pontifiante ...

Son élève, Nicéphore Grégoras, semble avoir eu plus d'influence. Malgré sa prétention d'être le plus grand savant de son temps, Grégoras a laissé finalement peu d'œuvres scientifiques – nous avons essayé de faire le point à ce sujet en étudiant les calculs d'éclipses de Barlaam (41). Mais il a véritablement lancé une mode : celle des prédictions et des calculs d'éclipses selon la méthode de Ptolémée. Sa correspondance en est remplie : éclipses du passé, de l'avenir, que le Professeur Mogenet et moi-même avons relevées et identifiées (42). Et surtout, on peut voir que ces calculs d'éclipses étaient même utilisés à des fins polémiques. Car Grégoras, après l'abdication d'Andronic II en 1328 est réduit au silence (ce dont il se plaint abondamment dans ses lettres, se servant des ordres de l'empereur comme prétexte pour ne jamais dévoiler clairement ses trouvailles ou ses calculs), et supporte très mal la disgrâce dans laquelle il se trouve. Ses lettres sont remplies d'attaques sybillines contre des adversaires en tout genre, mais il en est un qui est bien connu : le moine calabrais Barlaam de Seminara. Nous ne reprendrons pas ici l'histoire de la querelle scientifique qui opposa les deux personnages, l'un qui enseignait dans le privé (Grégoras), l'autre, qui avait obtenu une chaire à l'Université (Barlaam). Disons simplement que, du point de vue de l'astronomie, l'un comme l'autre étaient des virtuoses de l'astronomie ptolémaïque, ce qu'ils ont démontré brillamment par des calculs détaillés d'éclipses de Soleil (43). L'un comme l'autre étaient capables de corriger Ptolémée : ils l'ont fait pour le calcul de la date de Pâques (44), mais sans en tirer aucune conséquence pour d'autres problèmes astronomiques. Malheureusement tous deux n'ont utilisé leurs connaissances qu'à des

(41) MOGENET-TIHON, *Barlaam*, pp. 150-151.

(42) *Ibidem*., pp. 153-157.

(43) Soit pour Grégoras, le calcul de l'éclipse de Soleil du 16 juillet 1330 (cf. ci-dessus note 23) ; pour Barlaam, ceux des éclipses de Soleil du 14 mai 1333 et du 3 mars 1337 (édités, traduits et commentés dans MOGENET-TIHON, *Barlaam*. On trouvera dans cet ouvrage tous les détails de la polémique scientifique).

(44) A propos de la date de Pâques, Barlaam, comme Grégoras, arrive à la conclusion qu'il y a une erreur de deux jours dans le calcul de la date de l'équinoxe. Mais il est piquant de constater que, aboutissant à la même conclusion, Grégoras et Barlaam en tirent des conclusions contradictoires : le premier suggère d'appliquer la réforme, l'autre s'y oppose vigoureusement. Voir le mémoire de F. LEMOINE, *Les comput*s *pascaux*.

fins de prestige et de polémique, et il est navrant de constater la parfaite inutilité scientifique de leurs efforts. Pour les calculs d'éclipses, aucun d'eux ne semble avoir pris la peine d'observer le phénomène qu'ils avaient si méticuleusement calculé. Or, ces mêmes éclipses ont été soigneusement observées en Europe occidentale, où les astronomes, eux, ont pris soin de consigner leurs observations ([45]). On peut s'arrêter un instant et s'interroger sur les motifs d'une telle attitude. La première raison qui pourrait être avancée est, nous semble-t-il, la fierté nationale. Les Byzantins étaient conscients d'être *les* détenteurs des connaissances scientifiques de l'Antiquité grecque et Ptolémée était *leur* astronome : rien ne pouvait donc lui être comparé, et ils n'avaient rien à apprendre des Barbares. Une deuxième raison est un esprit trop raisonneur, trop philosophique, directement hérité des philosophes grecs, en particulier de Platon. Pour les Byzantins, l'observation reste chose bâtarde et servile, et des instruments imparfaits ne peuvent avoir raison contre le pur raisonnement : il y a là un refus, hérité de l'Antiquité, de tout ce qui demandait un travail concret. Il est typique, par exemple, que les traités proprement byzantins de l'astrolabe insistent surtout sur les tracés de l'instrument, ce qui était l'occasion d'une belle géométrie, et fort peu sur les utilisations de l'appareil, alors que les traités d'origine occidentale ou arabe insistent davantage sur les utilisations et à peine sur les tracés. Enfin, il y a les difficultés inhérentes au système de calcul des Grecs, dont la numération incommode ne permet pas une arithmétique de position (les chiffres dits arabes ne réussiront jamais à s'implanter à Byzance, ni les méthodes de calcul qui en dérivent) ([46]). D'où l'absence de cet esprit de calcul qui poussera sans cesse les Arabes ou les Persans à manipuler les chiffres des tables astronomiques, à en proposer de nouvelles, parfois même sans véritable utilité ([47]).

(45) Voir GOLDSTEIN, *Medieval observations*, p. 103 (observation par Jean de Mures des éclipses du 14 mai 1333 et du 3 mars 1337 à Évreux et à St-Germain-des-Prés) et pp. 126-130 (observations des mêmes éclipses à Orange par Levi Ben Gerson).

(46) ALLARD, *Ouverture*.

(47) Voir par exemple comment les tables perses de longitude des planètes ont été modifiées par rapport à celles de Ptolémée (TIHON, *Un traité astronomique*, III, pp. 75-77).

Ce courant de restauration de l'astronomie ptolémaïque se continuera avec des gens comme Nicolas Cabasilas, qui réécrit un livre III pour remplacer le livre III perdu du *Commentaire à l'Almageste* de Théon (48), ou avec Théodore Méliténiote, qui écrit vers 1352 une *Tribiblos astronomique* dont le livre II est entièrement consacré aux calculs selon l'*Almageste* et les *Tables Faciles* (49). On peut dire que, dans la première moitié du XIVe siècle au moins, la majeure partie de l'*Intelligenzia* byzantine était au fait de l'astronomie de Ptolémée, car, à tous les personnages connus pour avoir écrit en astronomie, il faut ajouter aussi tout ce que révèlent les très nombreux manuscrits astronomiques de l'époque, annotés, raturés, commentés dans les marges, objets de recensions ... (50). Le dernier nom que l'on cite généralement pour l'astronomie ptolémaïque est Isaac Argyre, qui a composé des *Tables Nouvelles* au départ de 1367/1368 qui sont une très astucieuse adaptation des tables de Ptolémée pour le Soleil et la Lune (51). Mais le courant ne s'arrête pas là et les innombrables calculs à la manière de Ptolémée dont Chortasmenos, au début du XVe siècle, a rempli le *Vat. gr.* 1059 prouvent que l'étude de Ptolémée s'est poursuivie activement durant le XVe siècle (52).

L'autre courant, qui trouve aussi son amorce à la fin du XIIIe siècle, mais dont le XIe nous a déjà donné un remarquable avant-goût, consiste en l'introduction et la diffusion dans le monde byzantin de l'astronomie perse. Le courant, cette fois, vient du nord de l'Iran, où l'empire mongol vient de s'installer. La domination mongole va coïncider avec un nouvel essor des études astronomiques, comparable à celui du temps du calife al-Ma'mûn. En 1259,

(48) Le livre III par Nicolas Cabasilas figure dans l'édition de Bâle de 1538, pp. 131-194.

(49) Sur ce traité voir les mémoires de ROELENS, LENAERTS, PÉCHEUR.

(50) En ce qui concerne, par exemple, les commentaires de Théon, le *Commentaire à l'Almageste* comme le «*Grand Commentaire*» ont fait l'objet d'une recension byzantine au XIVe siècle. Le «*Petit Commentaire*» a été très souvent retouché à cette époque.

(51) Voir le mémoire de WAMPACH. Il y a deux traités sur les *Tables Nouvelles* : l'un qui adapte les tables de syzygie de l'*Almageste*, l'autre, les *Tables Faciles* du Soleil et de la Lune. L'adaptation est faite en fonction de la longitude de Constantinople, du calendrier julien et prend son origine en 1367-1368.

(52) TIHON, *P.C.*, pp. 127-130.

le conquérant Ilkhan Hulâgû, petit-fils de Gengis Khan, fonde l'observatoire de Marâgha, au sud de Tabrîz, qui sera l'un des plus grands observatoires de l'Islam (53). Plus tard, Ghâzân Khân (1295-1304) fonde à son tour un observatoire à Tabrîz (54). Sous le règne de Ghâzân Khan, Tabrîz devient le point de rencontre de tous les philosophes, astronomes, étudiants, historiens de toutes races et de toutes religions, depuis la Chine jusqu'aux royaumes francs (55). Rien d'étonnant dès lors si ce rayonnement atteint également l'empire byzantin. Dès la fin du XIIIe siècle, l'astronomie perse pénètre dans le monde byzantin. Comment s'est faite cette pénétration ? L'histoire en a été retracée par un article fondamental de D. Pingree, qui en a éclairci définitivement les étapes importantes (56).

L'enquête part d'un traité byzantin bien connu, la *Syntaxe Perse* de Georges Chrysococcès, rédigée vers 1347 (57). Ce traité, souvent cité, n'a jamais été édité, ni étudié sérieusement (58).

Chrysococcès, qui était médecin, raconte dans sa préface comment il a appris l'astronomie. Il a suivi, nous dit-il, les leçons d'un prêtre de Trébizonde nommé Manuel. Ce dernier avait recueilli chez lui les traductions faites en grec de traités persans (rédigés en arabe) par un certain Georges ou Grégoire Chioniadès. L'histoire de ce Chioniadès est la suivante : désireux d'apprendre l'astronomie, Chioniadès voulut se rendre en Perse, car la réputation des astronomes de ce pays était parvenue jusqu'à lui. Il réussit à obtenir, à Trébizonde, des subsides du Grand Comnène, Alexis II Comnène (1297-1330), et se rendit en Perse. Là, à Tabrîz, il apprit la langue du pays et essaya d'apprendre l'astronomie, ce qui, paraît-il, était

(53) SAYILI, *The observatory*, pp. 189-233.

(54) SAYILI, *The observatory*, pp. 226-232.

(55) Paraphrase du texte cité par SAYILI, *The observatory*, p. 230.

(56) PINGREE, *Chioniades*.

(57) Contenu notamment dans les manuscrits suivants : *Leidensis* BPG 74E (f. 80-85v) ; *Marc. gr.* 309 (f. 41-66v) ; *Marc. gr.* 327 (f. 24-48v) ; *Paris. gr.* 2401 (f. 1-36) ; *Paris. gr.* 2402 (f. 1 ss.) ; *Paris. gr.* 2461 (f. 151v-187v) ; *Paris. Suppl. gr.* 1148 (f. ?) ; *Vat. gr.* 209 (f. 1-31v) ; *Vat. gr.* 210 (f. 8-39v), *Palat. gr.* 278 (f. 97-125), etc. Extraits publiés dans USENER, *Ad historiam*.

(58) La seule étude de ce traité figure dans l'*Astronomia Philolaica* d'Ismaël BULLIALDUS, pp. 211-232 (livre XIII). Nous avons analysé un certain nombre de méthodes et de tables de Chrysococcès dans TIHON, *Un traité astronomique* (I), (II) et (III).

interdit aux étrangers. Toutefois, il réussit à surmonter cet obstacle et finit par enseigner lui-même. Puis, il revint à Constantinople et se mit à traduire les traités persans qu'il avait rapportés et à mettre par écrit les enseignements qu'il avait reçus.

Voilà donc ce que nous apprend la préface de Chrysococcès. Grâce aux travaux de D. Pingree, on sait maintenant que les traductions faites par Chioniadès sont les textes conservés dans le *Vat. gr.* 211, manuscrit exactement contemporain de Chioniadès, et qui a conservé des traces évidentes de ses origines (titres écrits en arabe, chiffres indiens de type oriental ...). On sait aussi que le *Laur. gr.* 28/17, qui reprend une partie des textes du *Vat. gr.* 211, et qui date du début du XIVᵉ siècle, est la mise par écrit de l'enseignement du maître de Chioniadès, le persan Shams Bukharî. D'autres manuscrits moins importants ont des textes qui proviennent de Chioniadès ([59]).

On sait donc que le maître de Chioniadès était le persan Shams Bukharî, dont l'œuvre en arabe est perdue, mais dont on a conservé en grec le traité sur l'astrolabe ([60]), et D. Pingree a identifié les traités traduits par Chioniadès : le *Zîj as-Sanjarî* de l'astronome al-Khâzinî (ca 1120) et le *Zîj al-ᶜAlâ'î* de l'astronome al-Fahhâd (ca 1150).

En résumé,

— Chrysococcès apprend l'astronomie chez le prêtre Manuel à Trébizonde ;

— Manuel, non identifié par ailleurs, possède les livres et traductions faites par Chioniadès ;

— Chioniadès a eu comme maître Shams Bukharî et a traduit les traités identifiés plus haut.

Muni de ces connaissances et de ce matériel, Chrysococcès entreprend la rédaction de son traité et nous donne une série de tables

(59) Sur tout ceci, voir PINGREE, *Chioniades*. Analyse du *Vat. gr.* 1058, qui dérive en grande partie du *Vat. gr.* 211, dans NEUGEBAUER, *Studies*. Autres manuscrits contenant des tables ou des chapitres d'astronomie perse : *Vat. gr.* 190 ; *Vat. gr.* 185. *

(60) Sur Shams Bukharî, KENNEDY, *Survey*, p. 130, n° 35. Le traité sur l'astrolabe est conservé en grec dans le *Vat. gr.* 210 (f. 3-7ᵛ) et dans le *Marc. gr.* 309 (f. 154-160ᵛ) notamment. La préface de ce traité, qui n'apparaît que dans le *Marc. gr.* 309 semble avoir été rédigée directement en grec (voir le mémoire de A. M. DOYEN, *Siamps*).

dont il nous dit qu'elles sont les meilleures. Normalement, on devrait pouvoir retrouver, dans tout le matériel ainsi inventorié, la source de toutes les tables présentées par Chrysococcès. En fait, il y a une part importante de celles-ci, les tables de longitude des planètes, dont on ne connaît pas encore l'origine et, dans le problème des sources de Chrysococcès, il reste bon nombre de problèmes non encore étudiés. Le traité lui-même de Chrysococcès n'a pas encore fait l'objet d'une analyse détaillée, qui mettrait en évidence, par exemple, les erreurs qui entachent la *Syntaxe Perse* : erreur dans les longitudes géographiques, dans la table de latitude de Mars, notamment (61).

Quoi qu'il en soit, rédigée peu après 1347, la *Syntaxe Perse* de Georges Chrysococcès semble avoir rencontré un succès immédiat et une très large diffusion. En 1352, le livre III de la *Tribiblos astronomique* de Théodore Méliténiote reprend les mêmes tables, un peu modernisées (leur point de départ est 1352), mais ici encore, l'œuvre de Méliténiote n'a jamais été étudiée. On n'a jamais souligné les qualités pédagogiques de ce traité, qui en font une œuvre très claire et très complète, ni le sens critique de Méliténiote lui permet de corriger certaines des erreurs de Chrysococcès ; et en fait, il n'est pas absolument certain qu'il ait utilisé l'œuvre de celui-ci. Le livre III a connu très vite une existence indépendante, sous le titre *Παράδοσις τῶν περσικῶν κανόνων*, et a été plus largement diffusé que la *Tribiblos* entière (62). Pratiquement contemporain de la *Syntaxe Perse*, on trouve à Chypre un traité d'astronomie perse rédigé peu de temps après 1347, que nous avons découvert dans le *Baroccianus gr.* 166, et dont la majeure partie semble être une adaptation et une simplification des tables de Chrysococcès (63). D. Pingree a mis en évidence l'existence d'une école issue de ce type d'astronomie qui, à la fin du XIVe siècle, se manifeste à Mitylène et à Rhodes avec Jean

(61) Tihon, *Un traité astronomique* (I), p. 297 ; (III), p. 90.

(62) Le traité de Méliténiote est conservé dans le *Vat. gr.* 792 qui est l'autographe. La *Paradosis* (= le livre III) et contenue notamment dans les manuscrits suivants : *Laur. gr.* 28/13 (f. 2 ss.), *Laur. gr.* 28/16 (f. 3 ss.) ; *Marc. gr.* 328 (f. 30-60^v) ; *Marc. gr.* 323 (f. 11 ss.) : *Ox. Baroc. gr.* 58 (f. 1-42) ; *Paris. gr.* 2501 (f. 1-31^v) ; *Vat. gr.* 1047 (f. 12 ss.) ; *Vat. gr.* 1852 (f. 408-455) ; *Palat. gr.* 278 (f. 408-455), etc. Étude de quelques chapitres dans le mémoire de M. Van Goubergen.

(63) Tihon, *Un traité astronomique chypriote* (I), (II), (III).

Abramios, Dionysios et Eleutherios Elios (64). A Rhodes vers 1393 ont été rédigés des chapitres anonymes d'astronomie perse conservés dans le *Leidensis* BPG 74 E (65). A Nicée probablement, au début du xve siècle, Matthieu Paléologue compose des tables dérivées elles aussi de celles de Chrysococcès (66). Les recherches ont à peine commencé sur la diffusion et le succès des tables perses dans le monde byzantin.

Parallèlement à celles-ci, on voit se répandre d'ailleurs à la fin du xive siècle et durant le xve toutes les tables astronomiques étrangères : tables juives d'Immanuel Bonfils de Tarascon adaptées par Michel Chrysococcès ou Matthieu Camariotès (67), tables de Jacob ben David Yom-tob adaptées par Marc Eugenikos (68) ; tables alphonsines adaptées par Demetrius Chrysoloras à la fin du xive et au début du xve s. et recopiées dans le *Vat. gr.* 1059 par son ami Chortasmenos (69). Ces mêmes tables alphonsines, de même que les tables tolédanes, étaient déjà connues à Chypre vers 1330-1340 dans l'entourage de Georges Lapithe (70) ... Toutes ces influences aboutissent parfois à des adaptations extrêmement originales comme l'astronomie de Georges Gémiste Pléthon, fortement imprégnée de motivations mystiques (71).

Ce rapide survol de la littérature astronomique byzantine ne peut évidemment prétendre donner une image complète des activités astronomiques à Byzance depuis les origines grecques jusqu'à la prise de Constantinople. Cette littérature est abondante, et mal connue ; elle est intéressante, malgré un certain manque de créativité, et mérite un meilleur sort que celui que les byzantinistes lui ont jusqu'ici réservé.

Le Professeur J. Mogenet, qui malheureusement nous a quitté en février 1980, avait conçu, avec moi, le projet de lancer un véritable

(64) Pingree, *Abramius*.

(65) Voir le mémoire de Fontaine, *Un traité anonyme*.

(66) Pingree, *Chioniades*, p. 159 ; Tihon, *Un traité astronomique* (I), pp. 302-305.

(67) Solon, *The Six Wings*.

(68) Solon, *The Six Wings*, note 1.

(69) Voir le mémoire de Diez, *Demetrius Chrysoloras*.

(70) Pingree, *Toledan Tables*.

(71) Voir le mémoire de Lefin, *Georges Gémiste Pléthon*.

Corpus des astronomes byzantins, où seraient proposées les éditions critiques, avec traductions et commentaires, des textes astronomiques byzantins. Ce projet, qui sera présenté au prochain Congrès des Études Byzantines à Vienne en 1981, a déjà reçu suffisamment d'appuis pour que l'on puisse espérer le voir démarrer activement dès 1982.

Sigles Bibliographiques

Allard, *Ouverture* = A. Allard, *Ouverture et résistance au calcul indien*, dans *Colloques d'Histoire des Sciences*, I (1972) et II (1973), Louvain, 1976, pp. 87-100.

Botte, *Un traité byzantin* = G. Botte, *Un traité byzantin d'astronomie (XIe siècle)*, Mémoire de licence dactylographié, Louvain, 1968.

Bullialdus, *Astronomia Philolaica* = I. Bullialdus, *Astronomia Philolaica*, Paris, 1644.

Chauvon, *Étude* = E. Chauvon, *Étude sur le commentaire astronomique de Stephanos d'Alexandrie*, Mémoire de licence dactylographié, Louvain-la-Neuve, 1979-1980.

Courcelle, *Lettres grecques* = P. Courcelle, *Les lettres grecques en Occident de Macrobe à Cassiodore*, Paris, 1945.

De Lacy O'Leary, *How Greek Science* = De Lacy O'Leary, *How Greek Science passed to the Arabs*, London, 1949 (réimpr. London, 1980).

Diez, *Démétrius Chrysoloras* = C. Diez, *Un texte astronomique de Démétrios Chrysoloras. Édition, traduction, commentaire*, Mémoire de licence dactylographié, Louvain, 1970.

Doyen, *Siamps* = A. M. Doyen, *Le traité sur l'astrolabe de Siamps le Persan*, Mémoire de licence dactylographié, Louvain, 1976.

Édition de Bâle = *Claudii Ptolemaei Magnae Constructionis, id est Perfectae caelestium motuum pertractationis lib. XIII. Theonis Alexandrini in eosdem Commentariorum lib. XI*, Basileae, apud Joannem Vvalderum, an. 1538 (édition de Joachim Camerarius).

Fontaine, *Un traité anonyme* = P. Fontaine, *Un traité anonyme d'astronomie perse dans le Leidensis BPG 74E*, Mémoire de licence dactylographié, Louvain, 1976.

Goldstein, *Medieval observations* = B. Goldstein, *Medieval observations of Solar and Lunar Eclipses*, dans *Archives Internationales d'Histoire des Sciences*, vol. 29, n° 104 (juin-décembre 1979), pp. 101-156.

HASE = H. HASE, *Joannis Alexandrini cognomine Philoponi de usu astrolabii ...*, dans *Rheinisches Museum*, VI (1839), pp. 121-171.

HEIBERG, *Anonymi logica et quadrivium* = J.-L. HEIBERG, *Anonymi logica et quadrivium, cum scholiis antiquis, Kgl. Danske Videnskabernes Selbkab., Hist.-filol. Meddelelser*, XV, 1, Copenhague, 1929.

IRIGOIN, *Survie et Renouveau* = J. IRIGOIN, *Survie et renouveau de la littérature antique à Constantinople (IXe siècle)*, dans *Cahiers de Civilisation Médiévale*, V^e année, n° 3 (1962), pp. 287-302.

KENNEDY, *Survey* = E. S. KENNEDY, *A survey of Islamic Astronomical Tables*, dans *Transactions of the American Philosophical Society*, 50, 2 (1960), pp. 1-45.

KUNITZSCH, *Almagest* = P. KUNITZSCH, *Der Almagest. Die Syntaxis Mathematica des Claudius Ptolemaüs in arabisch-lateinischer Ueberlieferung*, Wiesbaden, 1974.

KUNITZSCH, *Die arabische Herkunft* = P. KUNITZSCH, *Die arabische Herkunft von zwei Sternverzeichnissen in cod. Vat. gr. 1956*, dans *Zeitschrift der Deutschen Morgenländ. Ges.*, 120 (1970), pp. 281-287.

LEFIN, *Georges Gémiste Pléthon* = A. M. LEFIN, *Le système astronomique de Georges Gémiste Pléthon (texte inédit)*, Mémoire de licence dactylographié, Louvain, 1975.

LEMERLE, *Premier humanisme* = P. LEMERLE, *Le premier humanisme byzantin*, Paris, 1971.

LEMOINE, *Les computs pascaux* = F. LEMOINE, *Les computs pascaux de Barlaam et de Grégoras. Édition, traduction et commentaires*, Mémoire de licence dactylographié, Louvain, 1977.

LENAERTS = A. LENAERTS, *Le Tribiblos astronomique de Théodore Méliténiote*. Livre I, ch. 11. Édition, traduction et commentaires, Mémoire de licence dactylographié, Louvain, 1973-1974.

MOGENET, *Introduction* = J. MOGENET, *L'Introduction de l'Almageste. Mémoires de l'Académie Royale de Belgique, Cl. Lettres*, LI, fasc. 2, Bruxelles, 1956.

MOGENET, *L'influence* = J. MOGENET, *L'influence de l'astronomie arabe à Byzance du IXe au XIVe siècle*, dans *Colloques d'Histoire des Sciences*, I (1972) et II (1973), Louvain, 1976, pp. 44-55.

MOGENET, *Sur quelques scolies* = J. MOGENET, *Sur quelques scolies de l'Almageste*, dans *Le Monde Grec. Hommages à Claire Préaux*, Bruxelles, 1975, pp. 302-311.

MOGENET, *Une scolie inédite* = J. MOGENET, *Une scolie inédite sur les rapports entre l'astronomie arabe et Byzance*, dans *Osiris*, XIV (1962), pp. 198-221.

MOGENET, *Vat. gr. 1291* = J. MOGENET, *Les scolies astronomiques du Vat. gr. 1291*, dans *Bulletin de l'Institut Historique Belge de Rome*, XL (1969), pp. 69-91.

MOGENET-TIHON, *Barlaam* = J. MOGENET et A. TIHON, avec la collaboration de D. DONNET, *Barlaam de Seminara. Traités sur les éclipses de Soleil de 1333 et 1337. Histoire des textes, éditions critiques, traductions et commentaires*, Louvain, 1977.

MOGENET-TIHON, *Le «Grand Commentaire»* = (†)J. MOGENET et A. TIHON, *Le «Grand Commentaire» aux Tables Faciles de Théon d'Alexandrie et le Vat. gr. 190*, dans *L'Antiquité Classique*, 50 (1982) (en cours d'impression).

NEUGEBAUER, *Commentary* = O. NEUGEBAUER, *Commentary on the astronomical Treatise Par. gr. 2425*, dans *Mémoires de l'Académie Royale de Belgique, Cl. des Lettres*, LIX, 4, 1969, pp. 5-45.

NEUGEBAUER, *History* = O. NEUGEBAUER, *A History of Ancient Mathematical Astronomy*, 3 vol., Berlin-Heidelberg-New-York, 1975.

NEUGEBAUER, *Studies* = O. NEUGEBAUER, *Studies in Byzantine Astronomical Terminology*, dans *Transactions of the American Philosophical Society*, New Series, vol. 50, part 2, Philadelphia, 1960, pp. 3-45.

NEUGEBAUER et VAN HOESEN, *Greek Horoscopes* = O. NEUGEBAUER et H. B. VAN HOESEN, *Greek Horoscopes*, *Memoirs of the American Philosophical Society*, 48, Philadelphia, 1959.

NEWTON, *The crime of Claudius Ptolemy* = R. R. NEWTON, *The crime of Claudius Ptolemy*, Baltimore-London, 1977.

PÉCHEUR = J. P. PÉCHEUR, *Le Tribiblos astronomique de Théodore Méliténiote. Éditions, traduction et commentaire des chapitres 1 à 12 du livre III*, Mémoire de licence dactylographié, Louvain, 1972-1973.

PEDERSEN, *Survey* = O. PEDERSEN, *A Survey of the Almagest*, Odense, 1974.

PINGREE, *Abramius* = D. PINGREE, *The astrological school of John Abramius*, dans *Dumbarton Oaks Papers*, 25 (1971), pp. 191-215.

PINGREE, *Chioniades* = D. PINGREE, *Gregory Chioniades and Palaeologan Astronomy*, dans *Dumbarton Oaks Papers*, 18 (1964), pp. 135-160.

PINGREE, *Greek Influence* = D. PINGREE, *The Greek Influence on early Islamic Mathematical Astronomy*, dans *Journal of the American Oriental Society*, 93 (1973), pp. 32-43.

PINGREE, *Indian and Pseudo-Indian* = D. PINGREE, *The Indian and Pseudo-Indian passages in Greek and Latin astronomical and astrological texts*, dans *Viator. Medieval and Renaissance Studies*, 7 (1976), pp. 141-195.

PINGREE, *Political Horoscopes* = D. PINGREE, *Political Horoscopes from the reign of Zeno*, dans *Dumbarton Oaks Papers*, 30 (1976), pp. 135-150.

PINGREE, *The Horoscope of Constantine VII* = D. PINGREE, *The horoscope of Constantine VII Prophyrogenitus*, dans *Dumbarton Oaks Papers*, 27 (1973), pp. 219-231.

PINGREE, *The Horoscope of Constantinople* = D. PINGREE, *The horoscope of*

Constantinople, dans *Prismata. Festschrift für W. Hartner*, Wiesbaden, 1977, pp. 305-315.

PINGREE, *Toledan Tables* = D. PINGREE, *The Byzantine Version of the Toledan Tables : the work of George Lapithe ?*, dans *Dumbarton Oaks Papers*, 30 (1976), pp. 87-132.

PTOLÉMÉE, *Alm.* = *Claudii Ptolemaei opera quae exstant omnia*. Vol. I. *Syntaxis Mathematica*, 2 vol., éd. J.-L. HEIBERG, Leipzig, 1898-1903.

PTOLÉMÉE, *op. min.* = *Claudii Ptolemaei opera quae ...* Vol. II. *Opera astronomica minora*, éd. J. L. HEIBERG, Leipzig, 1907.

RICHÉ, *Éducation* = P. RICHÉ, *Éducation et culture dans l'Occident Barbare* (VIᵉ-VIIIᵉ siècles), Paris, 1962.

ROELENS = B. ROELENS, *Le Tribiblos astronomique de Théodore Méliténiote. Édition, traduction et commentaire du livre II, ch. 1-5 ; 8*, Mémoire de licence dactylographié, Louvain, 1970.

ROME, I, II, III = A. ROME, *Commentaires de Pappus et de Théon d'Alexandrie sur l'Almageste*, I-III. *Studi e Testi*, 54, 72, 106, Rome-Vatican, 1931, 1936, 1943 (réimpr. vol. I, Vatican, 1967).

SAYILI, *The observatory* = Aydin SAYILI, *The observatory in Islam*, Ankara, 1960.

ŠEVČENKO, *Polémique* = I. ŠEVČENKO, *Études sur la polémique entre Théodore Métochite et Nicéphore Choumnos*, Bruxelles, 1962.

SOLON, *The Six Wings* = P. SOLON, *The Six Wings of Immanuel Bonfils and Michael Chrysocokkès*, dans *Centaurus*, 15 (1970), pp. 1-20.

TIHON, *In Memoriam* = A. TIHON, *In Memoriam. Joseph Mogenet (1913-1980)*, dans *Byzantion*, 50 (1980), pp. 636-641.

TIHON, *Notes* = A. TIHON, *Notes sur l'astronomie grecque au Vᵉ siècle de notre ère*, dans *Janus*, 63 (1976), pp. 167-184.

TIHON, *P.C.* = A. TIHON, *Le «Petit Commentaire» de Théon d'Alexandrie aux Tables Faciles de Ptolémée*. *Studi e Testi*, 282, Vatican, 1978.

TIHON, *Scolies* = A. TIHON, *Les scolies des Tables Faciles de Ptolémée*, dans *Bulletin de l'Institut Historique Belge de Rome*, 43 (1973), pp. 49-110.

TIHON, *Un traité astronomique* = A. TIHON, *Un traité astronomique Chypriote du XIVᵉ siècle*, dans *Janus*, 64 (1977), pp. 279-208 ; (II) *ibid.*, 66 (1979), pp. 49-81 ; (III) *ibid.*, 68 (1981), pp. 65-127.

TIHON, *Vénus* = A. TIHON, *Le calcul de la longitude de Vénus d'après un texte anonyme du Vat. gr. 184*, dans *Bulletin de l'Institut Historique Belge de Rome*, 39 (1968), pp. 51-82.

USENER, *Ad historiam* = H. USENER, *Ad historiam astronomiae symbola*, dans *Kleine Schriften*, III, Leipzig-Berlin, 1914, pp. 323-371.

USENER, *De Stephano Alexandrino* = H. USENER, *De Stephano Alexandrino*, dans *Kleine Schriften*, III, Leipzig-Berlin, 1914, pp. 247-321.

Van Goubergen = M. Van Goubergen, *Un traité d'astronomie perse dans le Laur. gr. 28/16*, Mémoire de licence dactylographié, Louvain, 1976.

Wampach = B. Wampach, *Les traités sur les Tables Nouvelles du moine Isaac Argyre. Texte, traduction et commentaire*, Mémoire de licence dactylographié, Louvain, 1978-1979.

Warnon, *Commentaire* = J. Warnon, *Le commentaire attribué à Héliodore sur les Eisagogika de Paul d'Alexandrie. Travaux de la Faculté de Philosophie et Lettres de l'Université Catholique de Louvain*, II, section Phil. Class. I, Louvain, 1967, pp. 197-217.

Westerink, *Ein astrologische Kolleg* = L. G. Westerink, *Ein astrologische Kolleg aus dem Jahre 564*, dans *Byzantinische Zeitschrift*, 64 (1971), pp. 6-21.

II

Le calcul de la longitude de Vénus d'après un texte anonyme du *Vat. gr.* 184

Le texte que nous présentons ici fait partie d'une petite collection de textes astronomiques qui figure, à notre connaissance, dans trois manuscrits : le *Vaticanus gr.* 184, le *Parisinus suppl. gr.* 464 et le *Rossianus* 897 (*gr.* 37) ([1]).

Le *Vaticanus gr.* 184 est un manuscrit sur papier du XIIIe siècle, qui comporte VI et 220 folios de 348 × 247 mm, dont on doit la transcription à plusieurs copistes ([2]).

Les textes de la collection vont du folio 8^r^ (8e ligne *ab imo*) au folio 9^v^. Ils sont précédés d'un traité sur l'astrolabe, f. 1 (*inc.* *Εἰ βούλει γινώσκειν τὴν τοῦ ἀστρολάβου μέθοδον*, *des.* *καθὼς πρότερον διεταξάμεθα*) ([3]), et du traité de Maxime Planude sur le calcul selon les Indiens, f. 2 (*inc.* *Εἴπωμεν δὲ καὶ περὶ τῶν ψήφων*, *des.* *οὗ τὴν πλευρὰν ἐζήτεις εὑρεῖν*) ([4]). Ils sont suivis de scolies et de plusieurs

---

(1) Ces textes nous ont été confiés par M. le Professeur J. Mogenet, qui nous a laissé le soin de les éditer et de les commenter. Nous le remercions de sa générosité et de ses nombreux conseils et encouragements. M. J. Dommanget, Chef du Département d'Astrométrie et de Mécanique Céleste à l'Observatoire Royal d'Uccle, a accepté de diriger la partie astronomique de ce travail. Nous le remercions des nombreuses explications qui ont rendu cet article possible. Que tous deux trouvent ici l'expression de notre gratitude.

(2) G. Mercati et P. Franchi de'Cavalieri, *Codices Vaticani graeci, T. I, Codices* 1-329, Rome, 1923, p. 210-212. Ce manuscrit est également décrit par J.-L. Heiberg, *Claudii Ptolemaei opera quae exstant omnia*, Leipzig, 1903, I, 2, p. III.

(3) Édité par A. Delatte, *Anecdota Atheniensia*, II, Bibl. de la fac. de Ph. et Lettres de l'Univ. de Liège, fasc. LXXXVIII, Liège, 1939, p. 254-262.

(4) Édité par C.-I. Gerhardt, *Das Rechenbuch des Maximus Planudes, nach der Handschriften der Kaiserlichen Bibliothek zu Paris*, Halle, 1865. Mais le texte du *Vat. gr.* 184 présente un *incipit* et un *desinit* différents de ceux de cette édition.

textes mathématiques ou astronomiques. Les textes qui nous intéressent forment une sorte de petit traité astronomique où sont exposées des méthodes rapides pour déterminer les positions du Soleil (*Ψηφηφορία ἡλίου*, f. 8r), de la Lune (*Ψηφηφορία σελήνης*, f. 8v), l'Horoscope (*Ψηφηφορία τοῦ ὡροσκόπου*, f. 8v), et les positions des cinq planètes (*Ψηφηφορία τῶν ε̄ πλανωμένων* : *Περὶ Κρόνου, παράδειγμα* (*sic*) *Διός*, f. 8v ; *Περὶ Ἄρεως*, *Περὶ Ἀφροδίτης* et *Περὶ Ἑρμοῦ*, f. 9r). A partir du folio 9r, qui commence par l'exemple du calcul de la position de Jupiter (*Ὑπόδειγμα · τὰ ἀπ' ἀρχῆς Αὐγούστου...*), l'encre est différente (1). Le folio 9 a été mutilé de son coin inférieur gauche.

Dans tous les cas, la théorie est appuyée d'un exemple pris à la même date, le 1er janvier de l'année 906 (2). Le calcul de la longitude de Vénus est en outre gratifié d'un second exemple, à la date du 1er mars de la mêmea nnée.

Le *Parisinus suppl. gr.* 464 est un manuscrit du XIVe siècle, en papier, de 138 folios de 215 × 145 mm (3). Il contient un texte unique, anonyme, la *Réfutation de toutes les Hérésies*, livres IV-X (Hippolyte de Rome ?) (4). Après le colophon (*Χερσὶ Μιχαὴλ ἥδε βίβλος τελέθει γραφεῖσα*) (5), une main plus tardive a ajouté un texte identique à celui des folios 8-9v du *Vat. gr.* 184, et qui occupe, ici, les folios 135, 136 et 138r-v. Le texte est mutilé de deux ou trois lignes. Le folio 137 qui suit doit être replacé entre les folios 132 et 133.

Dans le *Rossianus* 897 (*gr.* 37), la collection a subi quelques modifications. Le *Rossianus gr.* 37 est un manuscrit en papier de 95 folios de 210 × 160 mm, datant du XVe siècle (6). Il contient des textes relatifs à la géométrie et à l'astronomie. On y retrouve, sous le titre *Πρόχειρος εὕρεσις τῶν πέντε πλανομένων* (*sic*), *καὶ πρῶτον*

---

(1) MERCATI et FRANCHI DE'CAVALIERI, de même que HEIBERG (v. note 2, p. 51) parlent d'un changement de copiste en cet endroit.

(2) Pour la datation, voir plus loin, p. 63-64.

(3) H. OMONT, *Inventaire sommaire des manuscrits grecs de la Bibliothèque Nationale et des autres bibliothèques de Paris et des Départements*, t. III, Paris, 1888, p. 205.

(4) Voir P. TANNERY, *Mémoires Scientifiques* publiés par J.-L. HEIBERG et H.-C. ZEUTHEN, IX, *Philologie*, Toulouse-Paris, 1929, p. 273.

(5) M. VOGEL et V. GARDTHAUSEN, *Die griechischen Schreiber des Mittelalters und der Renaissance*, Leipzig, 1909, p. 325.

(6) Ed. GOLLOB, *Die griechische Literatur in den Handschriften der Rossiana in Wien*, I, dans *Sitzungsberichte der Kais. Akademie der Wissenschaften in Wien, Philos.-hist. Kl.*, vol. 164, 3, Vienne, 1910, p. 93-101.

περὶ Κρόνου, f. 12v, les procédés de calcul des positions des cinq planètes, comme dans les deux autres manuscrits. Les trois premiers « chapitres » de la collection, c'est-à-dire les calculs relatifs au Soleil, à la Lune et à l'Horoscope ont été égarés, ou bien passablement transformés. Aux folios 10v-11r figure une méthode pour trouver la position du Soleil : *Μέθοδος εἰς τὸ εὑρεῖν τὴν* (*sic*) ☉ *ἐν ποίῳ ἐστὶ τῶν ζῳδίων ἐν ᾗ ἂν ἡμέρᾳ ζητεῖν*. Le texte ressemble à celui du *Vat. gr.* 184, mais il y a des différences dans la méthode proprement dite et l'on n'y trouve pas d'exemple. Un texte sur la Lune suit immédiatement, sans titre (*inc. Ψηφοῦμεν τὴν ποσότητα τῆς σελήνης*, f. 11r). La méthode est la même que dans le *Vat. gr.* 184, mais l'explication en est plus longue, et l'exemple différent. Le calcul des positions de la Lune est à son tour suivi du calcul de l'Horoscope (*Περὶ ὁροσκόπου* (*sic*), f. 11r), qui, bien qu'illustré d'un exemple différent, se présente en un texte pratiquement identique à celui des autres manuscrits. Le calcul de l'Horoscope est suivi immédiatement, f. 11v, d'un premier texte sur les éclipses (*Μέθοδος εἰς τὸ εὑρεῖν* ☾*ην ἔκλειψιν καὶ* ☉*ην*. *Inc. Δέον ἀποσημειώσασθαι*, *des.* f. 12r, *ὑπὸ γῆν γένηται ἡ σύνοδος, οἷον ἐν νυκτί*) (1), des temps de révolutions des planètes (*Οἱ περίοδοι τῶν ζ̄ πλανήτων*, f. 12r) et d'un autre texte sur les éclipses, f. 12r-v (*Περὶ ἐκλείψεως* ☉ *καὶ* ☾. *Inc. Σελήνη δὲ κατὰ διάμετρον*, *des. οὐδὲ ἐκλείπειν δόξει*). Viennent enfin, f. 12v, les textes sur les planètes, dont nous ne présentons ici qu'un extrait, le calcul de la longitude de Vénus.

---

(1) Gollob, p. 95, signale un texte analogue dans le *Marcianus gr.* 323, f. 1v : *Μέθοδος εἰς τὸ εὑρεῖν εὐχερῶς Ἡλίου καὶ Σελήνης ἐκλείψεις*. *Inc. Δέον ἀποσημειώσασθαι*, *des. ὀγδόη*. Le *desinit* est différent. Voir *Catalogus Codicum Astrologorum Graecorum*, Bruxelles, 1898-1953 (= *CCAG*), II, p. 2. Ce texte figure aussi, entre autres, dans le *Vat. gr.* 2176, f. 49v, des. *οἷον ἐν νυκτί*, dans le *Pal. gr.* 312, f. 16r (*CCAG*, V, 4, p. 74).

I. — Édition du texte

Περὶ Ἀφροδίτης.

ᾱ *Τὰ ἀπ' ἀρχῆς Αὐγούστου τοῦ Καίσαρος ἔτη ὕφελε παρὰ τῶν η̄, τὸν δὲ καταλειφθέντα ἐντὸς τῶν η̄ ἀριθμὸν σκόπει· καὶ εἰ μέν ἐστι τὸ περιττεῦον ᾱ, ἄρξαι ἀπὸ τῆς κα' μηνὸς μαρτίου τὰς ἡμέρας ἀριθμεῖν ἕως τῆς ἐπιζητουμένης ἡμέρας· καὶ ἀριθμήσας ὁμοῦ, ὕφελε ἐξ αὐτῶν ρ̄κ̄, καὶ τὸν καταλειφθέντα ἀριθμὸν ἀπόλυε ἀπὸ ἀρχῆς τῶν* Π, *διδοὺς ἑκάστῳ τῶν ζῳδίων ἀνὰ κ̄ε̄· καὶ ὅπου καταντήσῃ ὁ ἀριθμός, ἐκεῖ ἔσται ἡ Ἀφροδίτη. Εἰ δὲ οὐκ ἐξαρκεῖ ὁ συναχθεὶς ἀριθμὸς ὡς πρὸς ὕφεσιν τῶν ρ̄κ̄, προστίθει πάντοτε τ̄ξ̄ε̄, ἤτοι κύκλον, καὶ οὕτως ποίου τὴν ἀφαίρεσιν τῶν ρ̄κ̄ καὶ τὰ λοιπὰ ἔκβαλε ὁμοίως.*

β̄ *Εἰ δὲ δύο μόνα εἰσὶ τὰ περιλειπόμενα, ἄρξαι ἀπὸ ιδ' μηνὸς αὐγούστου τὰς ἡμέρας ἀριθμεῖν ἕως τῆς ἐπιζητουμένης ἡμέρας καὶ αὐτῆς, προστιθεὶς κύκλον ἀπὸ α' μηνὸς σεπτεβρίου ἕως φεβρουαρίου ι', καὶ οὕτως ἀφεὶς τὰ ρ̄κ̄, ἀπόλυε ἀπὸ ἀρχῆς τοῦ* ♍ *ἀνὰ κ̄ε̄· εἰ δὲ ζητοίης εὑρεῖν τὴν τοῦ ἀστέρος ἐποχὴν μετὰ τὴν τοῦ φεβρουαρίου παρέλευσιν ἕως συμπληρώσεως τοῦ ὅλου ἐνιαυτοῦ, οὐ δεῖ τὸν κύκλον προστιθέναι τῶν τ̄ξ̄ε̄, ἀλλὰ μόνοις τοῖς εὑρισκομένοις χρῶ.*

γ̄ *Εἰ δὲ γ̄ μόνα εἰσὶ τὰ περιλειπόμενα, ἄρξαι ἀπὸ τῆς ι' μηνὸς ὀκτωβρίου τὰς ἡμέρας ἀριθμεῖν ἕως τῆς ἐπιζητουμένης ἡμέρας καὶ αὐτῆς· καὶ εἰ ἐξαρκεῖ, ἄφες τὰ ρ̄κ̄· εἰ δὲ μή, πρόσθες κύκλον, καὶ μετὰ τὴν ἀφαίρεσιν τῶν ρ̄κ̄, τὰ λοιπὰ ἔκβαλε ἀπὸ* ♑ *· καὶ ὅπου καταντήσει ὁ ἀριθμός, ἐκεῖ ἔσται ἡ Ἀφροδίτη.*

δ̄ *Εἰ δὲ δ̄ εἰσὶ τὰ περιλειπόμενα, ἄρξαι ἀπὸ κβ' μηνὸς ἰουνίου τὰς ἡμέρας ἀριθμεῖν ἕως τῆς ἐπιζητου-*

V = *Vat. gr.* 184
R = *Rossianus* 897 (*gr.* 37)
On ne tient pas compte ici du manuscrit de Paris qui ne présente pratiquement pas de variantes pour ce texte.

1 *Περὶ Ἀφ.*] *περὶ Ἀφ. ἀστέρος* R 2 *τοῦ Καίσαρος om.* R *ἔτη*] *ἔτη πλήρης* R *ὕφελε*] *ὕφειλε* R 3 *καταλειφθέντα*] *-ληφθ-* R 4 *ᾱ*] *μία* V *ἀπὸ τῆς*] *τῆς om.* R *μηνὸς om.* R 5 *ὕφελε*] *ἄφελε* R 6 *τὸν καταλειφθέντα*] *τὰ καταλυφθέντα* R *ἀριθμὸν om.* R *ἀπὸ ἀρχῆς*] *ἀπ' ἀρχῆς* R 8 *ὁ συναχθεὶς ἀριθμὸς*] *ὁ συναχθεὶς ἀριθμὸς ἐκεῖ ἔσται ἡ Ἀφροδίτη. Εἰ δὲ οὐκ ἐξαρκεῖ ὁ συναχθεὶς ἀριθμὸς* V 9 *ὕφεσιν*] *ἄφεσιν* R *προστίθει*] *πρόστιθε* R 10 *οὕτως*] *οὕτω* R *ἀφαίρεσιν*] *ἀφέρεσιν* R 11 *Εἰ om.* V 13 *προστιθεὶς*] *προστίθων* R 14 *ἀφεὶς*] *ἀφαιρεῖν* R 15 *ζητοίης*] *ζητεῖς* R *ἐποχὴν*] *ἀποχὴν* R 17 *τῶν*] *τὰ* V *μόνοις τοῖς εὑρισκομένοις*] *μόνας τὰς εὑρισκομένας* R 18-19 *ἀπὸ τῆς ι' μηνὸς ὀκτωβρίου*] *ἀπὸ τὰς ι' τοῦ σεπτεβρίου* R 20-21 *εἰ δὲ μή, ... τῶν ρ̄κ̄ om.* R 22 *τὰ περι-*

μένης ἡμέρας καὶ αὐτῆς· καὶ ἄφες τὰ ρ̅κ̅, καὶ τὰ λοιπὰ ἔκβαλε ἀπὸ ♍, καὶ εὑρήσεις τὴν Ἀφροδίτην. Εἰ δὲ ε̅ εἰσίν, ἄρξαι ἀπὸ ιδ′ μηνὸς αὐ- ε̅
γούστου, προστιθεὶς καὶ κύκλον ἕως ι′ μηνὸς φεβρουαρίου· καὶ ἄφες ρ̅κ̅· καὶ τὰ λοιπὰ ἔκβαλε ἀπὸ Σκορπίου καὶ εὑρήσεις τὴν Ἀφρο-δίτην. Εἰ δὲ ς̅ εἰσίν, ἄρξαι ἀπὸ ιγ′ μηνὸς δεκεμβρίου τὰς ἡμέρας ς̅
ἀριθμεῖν ἕως τῆς ἐπιζητουμένης ἡμέρας καὶ αὐτῆς, καὶ ἄφες ρ̅κ̅, καὶ τὰ λοιπὰ ἔκβαλε ἀπὸ ♈ ἀνὰ κ̅ε̅, καὶ εὑρήσεις τὴν Ἀφροδίτην. Εἰ δὲ ζ̅ εἰσίν, ἄρξαι ἀπὸ ιδ′ μηνὸς αὐγούστου, καὶ ποίει ὁμοίως καθὼς ἐν τῷ ε′ καὶ β′. Εἰ δὲ η̅ εἰσίν, ὁμοίως ἄρξαι ἀπὸ ιδ′ μηνὸς αὐγούστου καὶ ποίει καθὼς ἐν τῷ β′ καὶ ε′ καὶ ζ′.

Ὑπόδειγμα.

Μηνὶ ἰανουαρίῳ α′ · τὰ ἀπὸ τοῦ Αὐγούστου Καίσαρος ἔτη ϡ̅λ̅ς̅ · ὕφελον αὐτὰ παρὰ τῶν η̅ · λοιπὰ ἔμειναν η̅ · ἄρξαι ἀπὸ τῆς ιδ′ μηνὸς αὐγούστου τὰς ἡμέρας ἀριθμεῖν ἕως ἰαννουαρίου α′, καὶ γίνονται ρ̅μ̅, καὶ ἐπεὶ η̅ εἰσὶ τὰ περιλειφθέντα, ι̅ προσθεῖναι κύκλον ἤγουν τ̅ξ̅ε̅ · ὁμοῦ γίνονται φ̅ε̅ · ἄφες ἐξ αὐτῶν ρκ · λοιπὰ ἔμειναν τ̅π̅ε̅ · λέγω τοίνυν δεκαπεντάκις τὰ κ̅ε̅ γίνονται τ̅ο̅ε̅ · λοιπὰ ι̅ · ἔκβαλλε ἀπ' ἀρχῆς ♏ ἀνὰ κ̅ε̅ καὶ καταντᾷ Ἀφροδίτη ἐν ♒ μοίρᾳ ι′.

Ὑπόδειγμα ἄλλο.

Μηνὶ μαρτίῳ α′ · τὰ ἀπ' ἀρχῆς Αὐγούστου τοῦ Καίσαρος ἔτη ϡ̅λ̅ς̅ · ὕφελον αὐτὰ παρὰ τῶν η̅ · λοιπὰ ἔμειναν η̅ · ἄρξαι ἀπὸ ιδ′ μηνὸς αὐγούστου τὰς ἡμέρας ἀριθμεῖν ἕως μαρτίου α′ · γίνονται ρ̅ϛ̅η̅ · μὴ προσθήσεις κύκλον διότι μετὰ τὸν φεβρουάριον ζητοῦμεν τὴν τοῦ ἀστέρος ἐποχήν, ἀλλ' ἄφες ρ̅κ̅ καὶ τὰ λοιπὰ ἔκβαλε ἀπὸ ♏ ἀνὰ κ̅ε̅ · καὶ καταντᾷ ἡ Ἀφροδίτη ἐν ♒.

λειπόμενα *om.* R 24 ἄφες] ἀφαιροῦ R καὶ τὰ λοιπὰ] καὶ *om.* R ἀπὸ ♍] ἀπὸ ♑ *ut videtur* V 27 ἄφες] ἄφερε R ἀπὸ Σκορπίου] ἀπὸ Λέοντος R 30 καὶ τὰ λοιπὰ] καὶ *om.* R 32 καὶ β′] καὶ τῷ β′ R
35 ἰανουαρίῳ] -νν- R τοῦ Αὐγούστου τοῦ] *om.* R Καίσαρος *om.* R 36 ὕφελον] ὕφειλον R παρὰ] ἐπὶ R ἔμειναν *om.* R τῆς ιδ′] τῆς *om.* R 37 ἰαννουαρίου α′] α′ ἰαν. R καὶ γίνονται] καὶ *om.* R γίνεται R 39 γίνονται *om.* R ἄφες ἐξ αὐτῶν] ἀφ' ὧν ἀφαιροῦ R ἔμειναν *om.* R 40 τὰ κε] τὰ *om.* R γίνονται *om.* R ἔκβαλλε] ἔκβαλε R ἀπ'] ἀπὸ R 41 Ἀφροδίτη] ἡ Ἀφ. R ♒] Διδύμων V μοίρᾳ ι′] ἐπέχων μοίρας ι′ R 42 ἄλλο] ἄλλον R 43 τοῦ Καίσαρος *om.* R ἔτη *om.* R 44 ὕφελον] ὕφειλον R αὐτὰ *om.* R παρὰ] περὶ R ἔμειναν *om.* R 45 ρ̅ϛ̅η̅] ϛ̅η̅ V 46 προσθήσεις] πρ. δὲ R 47 ἄφες] ἀφαιροῦ R καὶ τὰ λοιπὰ] καὶ *om.* R 47 ρ̅κ̅ ... κ̅ε̅ *mutilatum* V.

II. — Traduction

« Pour Vénus.

Divise par huit le nombre d'années depuis le début de César Auguste, et examine ce qui reste en-dessous de huit. Si le reste est 1, commence à compter les jours depuis le 21 mars jusqu'au jour cherché ; et, ayant compté le tout, soustrais-en 120, et compte le reste depuis le commencement des Gémeaux, à raison de 25 par signe ; là où tombera le nombre, là sera Vénus. Si le nombre additionné ne suffit pas pour la soustraction de 120, ajoute chaque fois 365 ou un cercle, et ainsi, fais la soustraction de 120, et compte le reste de la même façon. Si le reste est 2, commence à compter les jours depuis le 14 août jusqu'au jour cherché inclus, ajoutant un cercle depuis le 1er septembre jusqu'au 10 février, et, soustrayant ainsi les 120, compte depuis le commencement du Scorpion, par 25. Si tu cherches à trouver la position de l'astre après être passé par février jusqu'à achèvement de l'année entière, il ne faut pas ajouter un cercle de 365, mais utilise seulement les jours trouvés. Si le reste est 3, commence à compter les jours depuis le 10 octobre jusqu'au jour cherché inclus. S'il suffit, soustrais 12 ; sinon, ajoute un cercle et, après la soustraction de 120, compte le reste depuis le Capricorne. Là où tombera le nombre, là sera Vénus. Si le reste est 4, commence à compter les jours depuis le 22 juin jusqu'au jour cherché inclus, enlève 120, compte le reste depuis la Vierge, et tu trouveras Vénus. S'il reste 5, commence à partir du 14 août, ajoutant également un cercle jusqu'au 10 février, soustrais 120 et compte le reste depuis le Scorpion, et tu trouveras Vénus. S'il reste 6, commence à compter les jours depuis le 13 décembre jusqu'au jour cherché inclus, soustrais 120 et compte le reste depuis le Bélier, par 25, et tu trouveras Vénus. S'il reste 7, commence à partir du 14 août et fais comme pour 5 et 2. S'il reste 8, commence de la même façon à partir du 14 août et fais comme pour 2, 5 et 7.

Exemple.

1er janvier ; années depuis César Auguste : 936. Divise-les par 8, restent 8 ; commence à compter les jours depuis le 14 août jusqu'au 1er janvier, cela fait 140 ; et puisque le reste est 8, il faut ajouter un cercle ou 365 ; en tout, cela fait 505 ; soustrais-en 120, restent 385 ; donc, je dis que 15 fois 25 font 375, restent 10 ; compte depuis le commencement du Scorpion par 25, et Vénus se rencontre dans le Verseau, à 10°.

Autre exemple.

1er mars ; années depuis le début de César Auguste : 936. Divise-les par 8, restent 8 ; commence à compter les jours depuis le 14 août jusqu'au 1er mars : cela donne 198 ; tu n'ajouteras pas de cercle, parce que nous cherchons le lieu de l'astre après février, mais soustrais 120, et compte le reste depuis le Scorpion par 25, et Vénus se rencontre dans le Verseau. »

III. — **Commentaire**

Tel qu'il est exposé dans le texte du *Vat. gr.* 184, le calcul de la position de Vénus peut se résumer comme suit.

On désire trouver la position de la planète à une date quelconque. Pour cela, on divise par huit le nombre d'années depuis le début du règne d'Auguste (30 avant J.-C.), et l'on ne tient plus compte que du reste de la division — il s'agit donc d'un cycle de huit ans. Selon que le reste est 1, 2, ... ou 8, il faut compter les jours jusqu'à la date où l'on cherche la position de l'astre, à partir d'une date donnée en fonction du reste de la division. Le nombre de jours ainsi compté fera l'objet d'une ou de plusieurs corrections. Après quoi, le mouvement apparent de Vénus étant estimé à 30°, soit un signe du zodiaque, en 25 jours, il suffira d'ajouter, à une position donnée pour chaque reste de la division, autant de signes du zodiaque qu'il y a de fois 25 jours dans le nombre de jours comptés.

Pour chaque année d'un cycle de huit ans, se correspondent ainsi des dates et des positions qui serviront d'origines, et qui sont groupées dans le tableau suivant :

Reste	Date origine	Position origine	
1 an	21 mars	Commencement	♊
2 ans	14 août		♏
3	10 octobre		♑
4	22 juin		♍
5	14 août		♏
6	13 décembre		♈
7	14 août		♏
8	14 août		♏

Avant d'être divisé par 25, nous l'avons dit, le nombre de jours doit subir l'une ou l'autre correction. La première, qui vaut pour toutes les années du cycle, consiste à soustraire 120 jours du nombre de jours comptés. La seconde n'est valable que dans certaines conditions : il s'agit d'ajouter 365 jours au nombre de jours comptés, 1°, d'une façon générale, si le nombre de jours n'est pas suffisant pour permettre la soustraction des 120 jours (le texte ne donne cette précision que pour les restes 1 et 3), et 2°, quand le reste est 2, 5, 7 ou 8, si la date où l'on cherche la position de la planète est antérieure au 10 février.

La théorie que nous venons de résumer est ensuite appuyée de deux exemples :

1) Chercher la position de Vénus le 1er janvier 906.

Nombre d'années depuis le début du règne d'Auguste : 936. Diviser par 8, soit 936 : 8 = 117, reste 0 ou 8 : la position de Vénus se calculera donc à partir du 14 août et du commencement du Scorpion. Nombre de jours depuis le 14 août jusqu'au 1er janvier inclus : 140. Le nombre de jours doit, dans ce cas-ci, subir les deux corrections : la soustraction de 120 jours et l'addition de 365 jours : 140 j. + 365 j. = 505 j. ; 505 j. — 120 j. = 385 j. ; 385 j. : 25 = 15, restent 10 : il faudra donc compter 15 signes depuis l'entrée de Vénus dans le Scorpion, ce qui donne comme résultat Vénus dans le signe du Verseau. Le texte précise 10°, reprenant simplement le nombre de jours qui restent après la division par 25.

2) Chercher la position de Vénus le 1er mars 906.

Le début du calcul est identique : même reste, même origine. Mais cette fois, le nombre de jours ne doit plus être augmenté de 365 jours, puisque le 1er mars se situe après le 10 février. Du 14 août au 1er mars, on compte 198 jours (1). 198 — 120 = 78. On divise par 25 : on trouve ainsi 3 signes du zodiaque à compter depuis le début du Scorpion, Vénus se trouve dans le Verseau.

***

(1) Cette fois, le jour donné n'est pas inclus dans le compte des jours.

Le contenu du texte se trouvant ainsi résumé, il importe de bien noter les divers éléments qui constituent cette méthode pratique et originale pour calculer la longitude de Vénus, soit les six points suivants :

1. un cycle de huit ans ;
2. un point de départ, le début du règne d'Auguste ;
3. des dates et des positions origines ;
4. le mouvement de Vénus, de 30° en 25 jours ;
5. une soustraction de 120 jours ;
6. des additions de 365 jours, dans les conditions que nous avons données plus haut.

Au cours des explications qui vont suivre, nous ne nous préoccupons pas de poser le problème des sources : nous essayons d'abord de voir ce que représente ce texte au début du xᵉ siècle, puisque telle est l'époque où le situent les exemples. Après quoi, nous tenterons de retrouver l'origine de ce système, et de le replacer dans l'histoire de l'astronomie grecque.

§ 1. Le mouvement apparent de Vénus.

Pour comprendre le mécanisme du calcul, il faut d'abord se rappeler quelques caractéristiques du mouvement de Vénus. Celle-ci tourne autour du Soleil en 224 jours 7, soit 225 jours à peu près (ce chiffre exprime donc sa durée de révolution sidérale), tandis que la Terre tourne autour de celui-ci en 365 jours 1/4 environ. Pour simplifier, l'on suppose que les deux corps décrivent des orbites circulaires d'un mouvement uniforme, et l'on néglige l'inclinaison du plan de l'orbite décrite par Vénus autour du Soleil sur le plan de l'écliptique (plan dans lequel la Terre tourne autour du Soleil).

Si l'on considère ensemble les trois corps célestes, la Terre, le Soleil et Vénus, on les retrouve dans la même position l'un par rapport à l'autre au bout de 583 jours 92, soit 584 jours à peu près, chiffre qui exprime la durée de révolution synodique de la planète. Pour l'observateur terrestre, c'est le Soleil qui semble tourner autour de la Terre en 365 jours 1/4, tandis qu'il voit Vénus tourner autour de celui-ci en 584 jours environ. L'observateur verra donc le Soleil se déplacer par rapport aux étoiles fixes, c'est-à-dire, dans le zodiaque, d'environ un degré par jour dans le sens direct, et Vénus sera tantôt avant, tantôt après le Soleil, ou bien sera cachée par celui-ci, et ainsi de suite (fig. 1).

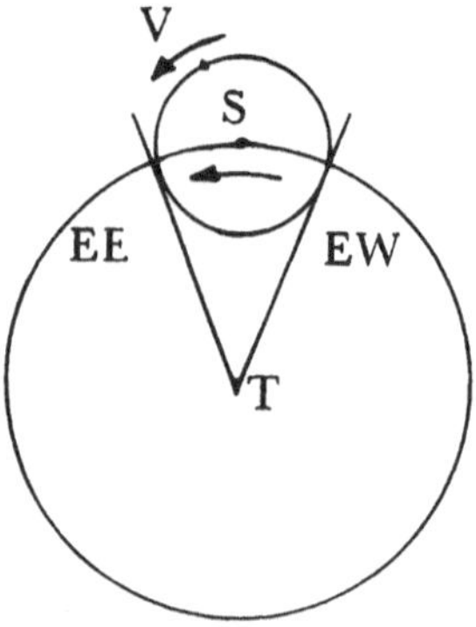

Fig. 1.
EE = Plus grande élongation est ; EW = Plus grande élongation ouest

Maintenant, si l'on porte en graphique les positions apparentes successives de Vénus en longitude en fonction du temps, on constate que, par période synodique, le mouvement apparent de la planète comporte deux parties essentiellement distinctes :

a) une partie de longue durée (environ 480 jours), au cours de laquelle, se déplaçant suivant des longitudes géocentriques croissantes, de sa plus grande élongation ouest (étoile du soir) à sa plus grande élongation est (étoile du matin), Vénus avance dans la même direction que le Soleil, à raison de 30° en 25 jours approximativement. Au cours de cette partie du mouvement, la planète passe au-delà du Soleil.

b) une partie de courte durée (environ 100 jours), au cours de laquelle, passant en avant du Soleil, Vénus devient d'abord stationnaire, puis rétrograde, et de nouveau stationnaire, *grosso modo*, de sa plus grande élongation est à sa plus grande élongation ouest.

Le graphique de la figure 2 représente les positions en longitude de Vénus durant les années 904, 905 et le début de 906 (1). On y voit clairement les deux parties du mouvement.

---

(1) Ce graphique, de même que tous ceux qui figurent dans cet article a été fait à l'aide des tables éditées par Bryant Tuckerman, *Planetary, Lunar and Solar Positions A.D. 2 to A.D. 1649, at Five-day and Ten-day Intervals, Memoirs of the American Philosophical Society*, vol. 59, Philadelphia, 1964. Cet ouvrage sera cité dans la suite Tuckerman. Lorsqu'une position ne sera pas donnée directement par les tables, l'on se contentera d'une simple interpolation, une grande précision n'étant pas nécessaire ici.

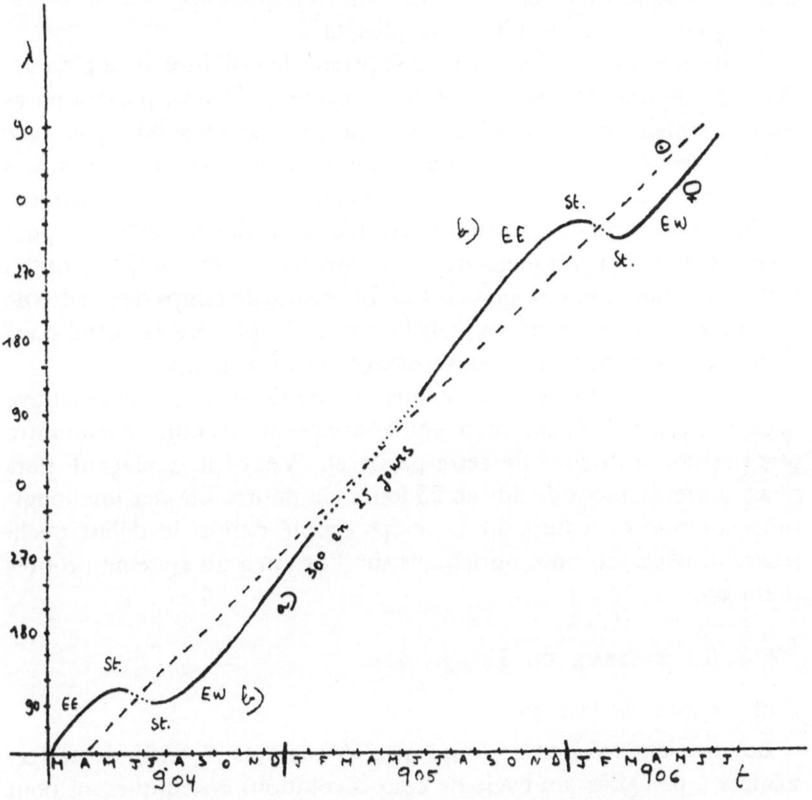

Fig. 2. — Mouvement apparent de Vénus en longitude.

La figure 2 permet également de remarquer un élément important dans la compréhension du calcul, le fait que durant la partie *b* de son mouvement apparent, la planète reste dans un même signe pendant environ 120 jours. Ceci n'est pas tout à fait exact, car il est évident que la zone qui comprend les première station, rétrogradation et deuxième station de la planète ne coïncide pas nécessairement avec les limites d'un signe du zodiaque. Mais, si l'on considère l'entrée de la planète dans les signes du zodiaque, on peut dire *grosso modo* que celle-ci, entrant dans tel signe au début de la partie *b* du mouvement apparent, n'en sort pour reprendre la partie *a* que 120 jours plus tard en moyenne. Ainsi, on voit sur le graphique de la figure 2 que, le 1er mai 904 à peu près, Vénus entrait dans le Cancer, et reprenait la partie *a* de son mouvement apparent, entrant dans le Lion au début du mois de septembre, soit pratiquement quatre mois ou 120 jours plus tard.

Un dernier mot, enfin, sur les conditions de visibilité de la planète. Durant une importante portion de la partie *b*, Vénus, passant en avant du Soleil, voit sa lumière noyée dans les rayons solaires, de sorte qu'elle n'est pratiquement jamais observable ou très peu, de sa plus grande élongation est à sa plus grande élongation ouest, sauf, bien entendu, aux environs de ces dernières. L'observation de Vénus ne peut donc avoir lieu pratiquement de manière aisée et continue, qu'au cours de la partie *a*, sauf pendant un intervalle de temps de l'ordre de quelques mois, pendant lesquels l'éclat de la planète est noyé dans la lumière solaire lors de son passage derrière le Soleil.

Le calcul de la position de Vénus est aisé lorsque celle-ci se trouve dans une partie *a* de son mouvement apparent : il suffit de connaître une position au début de cette partie et, Vénus se déplaçant alors quasi uniformément de 30° en 25 jours, on pourra donner une longitude correcte en comptant le temps écoulé depuis le début de la partie *a*. Mais ici, nous anticipons sur l'examen du système proprement dit.

§ 2. Le système du *Vat. gr.* 184.

a) *Le cycle de huit ans.*

Les Anciens avaient constaté que Vénus achève, en huit années solaires à peu près, un cycle de cinq révolutions synodiques au bout desquelles elle se retrouve, en moyenne, à 2° 1/2 de sa position initiale dans le zodiaque [1]. Sans aucun doute, c'est à ce cycle de cinq révolutions synodiques en huit ans qu'il faut se référer pour comprendre la division par huit du nombre d'années écoulées depuis le début du règne d'Auguste. Les mêmes phénomènes se reproduisant tous les huit ans à peu près aux mêmes dates et aux mêmes positions, on pourra donner à n'importe quel cycle calculé ou

(1) 583 j., 92 × 5 = 2919 j., 6, et 365 j., 25 × 8 = 2922 j. Cfr Ptolémée, *Almageste*, IX, 3 (Heiberg, I, 2, p. 215). Ce cycle était utilisé dans les calculs babyloniens : cfr O. Neugebauer, *The Exact Sciences in Antiquity*, 2nd edition, Providence, 1957, p. 134 ; *Astronomical Cuneiform Texts, Babylonian Ephemerides of the Seleucid period for the motion of the sun, the moon and the planets*, ed. by O. Neugebauer, 3 vol., London, 1955 (= *ACT*), II, p. 300 ; B.-L. Van Der Waerden, *Die Anfänge der Astronomie, Erwachende Wissenschaft*, II, Groningen, 1965, p. 107. Voir p. 70.

observé, une valeur exemplaire : il suffira de tenir compte du décalage moyen de 2° 1/2 qui se produit à la fin de chaque cycle. Le texte du *Vat. gr.* 184 ne mentionne nulle part ce décalage de 2° 1/2. Cette omission est évidemment d'importance : de cycle en cycle, le déficit s'accumule, de sorte qu'un système basé sur l'observation ou le calcul d'un cycle ne sera utilisable que pour l'époque où il a été constitué si l'on ne tient pas compte de ce décalage à la fin de chaque cycle (1).

b) *Explication du système.*

Le schéma du calcul est facile à comprendre. Il suffit, pour un cycle de huit ans, de connaître cinq dates et cinq positions correspondantes qui puissent servir d'origines pour chacune des révolutions synodiques. Si les origines se situent au début d'une partie *a* du mouvement apparent de la planète, le calcul de la longitude de Vénus sera aisé, puisque son mouvement apparent, quasi uniforme, peut être estimé facilement, par simple observation, à 30° en 25 jours, tant que dure cette partie. Si les origines correspondent au début d'une partie *b*, il suffit de savoir que, *grosso modo*, la planète reste dans un même signe pendant 120 jours. Il faudra veiller, alors, à soustraire 120 jours du nombre de jours comptés entre la date origine et celle où l'on cherche la position de Vénus, avant de compter le déplacement de Vénus durant ces jours-là. Tel est dans ses grandes lignes, le principe du système que nous trouvons exposé dans le texte du *Vat. gr.* 184.

c) *Les origines.*

Le texte nous donne un cycle modèle, avec, année par année, les origines qui sont rassemblées dans le tableau qui figure au début de ce commentaire. Le premier problème à résoudre sera donc celui de la signification de ces origines à l'époque du texte. Celui-ci est daté grâce aux exemples : le premier de la collection, celui relatif au Soleil, est daté de la manière suivante : *Ὑπόδειγμα μηνὶ ἰανουαρίῳ α', ἐπινεμήσεως θ', ἔτους ͵ςυιδ'* (*Vat. gr.* 184, f. 8), le 1er janvier, 9e

(1) Au bout de 144 cycles (= 720 périodes synodiques) seulement, le décalage atteint 360°, donc, s'annule. D'où, des « grandes périodes » de 1151 ans (= 144 × (8 ans — 2 jours 1/2 environ)), connues chez les Babyloniens et chez les astrologues Grecs (Rhétorios, dans *CCAG*, I, p. 163) : cfr Van der Waerden, *Anfänge...*, p. 109, 263.

indiction, année du monde 6414, soit le 1er janvier 906. Tous les exemples de la collection sont pris à la même date, mais, pour les planètes, on utilise l'ère d'Auguste. La date est exprimée en entier une nouvelle fois dans l'exemple qui concerne Saturne : *τὰ ἀπὸ τοῦ Αὐγούστου ἔτη ἕως τῆς ἐνισταμένης θ' ἐπινεμήσεως καὶ μηνὸς ἰανουαρίου α', ϡλς* (*Vat. gr.* 184, f. 8v).

D'après Grumel (1), l'ère d'Auguste commence au 1er Thoth, c'est-à-dire au 30 août, de l'année 30 avant J.-C. — peu importe ici que ce soit le 30 ou 31 août. Pour les exemples donnés les 1er janvier et 1er mars, on obtient l'équivalence avec notre ère en comptant 936 — 29 = 907 ap. J.-C. (2). Mais la correspondance avec l'année du monde byzantine, 6414, 9e indiction, nous oblige à situer les exemples en 906 (3). Par ailleurs, les positions obtenues pour Vénus dans ces deux exemples soit, Verseau 10° (310°) pour le 1er janvier, et Verseau sans autre précision (300°) pour le 1er mars, sont correctes pour l'année 906, à environ un demi-signe près (4).

---

(1) V. Grumel, *Traité d'Études Byzantines*, I, *La Chronologie*, Bibl. Byzantine, publiée sous la direction de Paul Lemerle, Paris, 1958, p. 217 ; également W. Kubitschek, *Gundriss der Antiken Zeitrechnung, Handbuch der Altertumswissenschaft*, I, 7, München, 1928, p. 62.

(2) Si l'ère d'Auguste, en effet, commence au 30 ou 31 août, le 1er janvier de la première année d'Auguste se trouve en 29 avant J.-C. On soustrait donc 29 ans, et non 30, pour obtenir la date selon notre ère lorsqu'elle se situe le 1er janvier, ou après le 1er janvier. Grumel, *ibidem*, fait remarquer que l'appellation « années d'Auguste » n'a pu venir qu'après qu'Octave ait eu reçu ce titre du sénat, soit en 27 après J.-C., mais ici, vu l'équivalence avec l'année du monde, il est impossible de prendre cette année comme point de départ.

Par ailleurs, à la fin de la collection, après le *versus politicus* (*Ψηφηφορίας ἐνθαδὶ τέρμα, φίλε*) du *Vat. gr.* 184 (f. 9v), se trouve une scolie qui confirme le point de départ de l'ère d'Auguste en 30 avant J.-C. (pour le 1er janvier) au lieu de 29 : *Ἰστέον ὅτι τὰ τοῦ Αὐγούστου Καίσαρος ἔτη ἀριθμοῦνται ἀπὸ ,ευοη' ἔτους· διὰ τὸ τοῦτο καὶ κατὰ μὲν τὸ ,ςυιδ' ἔτος ἀριθμοῦνται ϡλς : κατὰ δὲ τὸ νῦν ,ςψοη' ἔτος τῆς ιγ' ἐπινεμήσεως ἀριθμηθήσονται ,ατ· καὶ εἰς τὸ ἑξῆς, κατὰ λόγον προβήσονται.* « Il faut savoir que les années de César Auguste se comptent à partir de l'année 5478 ; c'est pourquoi, en 6414, on compte 936. Et pour l'année actuelle 6778 de la 13e indiction (= 1270), on comptera 1300. Et, pour la suite elles augmenteront dans cet ordre ». 5508 — 5478 = 30 av. J.-C. De même, dans le *Rossianus*, f. 14v : *Τὰ ἀπὸ Αὐγούστου Καίσαρος ἔτη λαμβάνονται ἀπὸ τοῦ ,ευοη' ἔτους, καὶ εἰσι κατὰ τὸ νῦν ,ςωγ' ἔτους* (= 1295) *ἔτη ,ατκε.*

(3) 6414 — 5508 = 906 ; cfr Grumel, p. 252 ; Kubitschek, p. 46.

(4) D'après les tables de Tuckerman, on a Vénus à 327° le 1er janvier 906 et à 317° le 1er mars 906.

De plus, les résultats obtenus pour les positions des autres planètes au 1er janvier ne peuvent convenir que pour l'année 906 (1). Il y a donc apparemment dans toute la collection une anomalie dans l'utilisation de l'ère d'Auguste (2).

Pour voir à quoi correspondent les origines, le plus simple était de reporter en graphique les positions de Vénus en longitudes géocentriques, durant les huit années qui précèdent l'année des exemples, et d'essayer d'y situer les éléments du texte (graphique 1).

Considérons, au départ, la datation des exemples, telle qu'elle vient d'être exposée : 1er janvier et 1er mars 906. Les deux exemples comptent 936 ans depuis le début du règne d'Auguste, ce qui, divisé par huit, donne un reste 0 ou 8. Dans ce cas, le nombre de jours doit être compté à partir du 14 août : le 14 août qui précède le 1er janvier 906 est le 14 août 905. On doit tenir compte du fait que le texte donne une date par année, et que l'année byzantine commence le 1er septembre (3). En situant, dès lors, une date par année commençant le 1er septembre, on obtient le cycle suivant :

Reste	Date origine
1 an	21 mars 898
2 ans	14 août 899
3	10 octobre 899
4	22 juin 901
5	14 août 902
6	13 décembre 902
7	14 août 904
8	14 août 905
9=1	21 mars 906

Tout d'abord, il y a lieu de distinguer, parmi ces huit dates, celles qui doivent marquer chacune des cinq révolutions synodiques, soit

(1) Positions des autres planètes le 1er janvier 906 :

	Vat. gr. 184	TUCKERMAN
Saturne	Poissons 1°,5 (331°,5)	334°
Jupiter	Capricorne 10° (280°)	293°
Mars	Lion 2° (122°)	130°
Mercure	Sagittaire 15° (255°)	263°

tandis que, le 1er janvier 907, on a les mêmes planètes aux positions suivantes : Saturne : 345°, Jupiter : 320°, Mars : 295°, Mercure : 271°.

(2) Ceci sera évidemment confirmé — ou infirmé — par l'étude des autres textes de la collection.

(3) GRUMEL, p. 124 et 176.

le 21 mars (reste 1), le 10 octobre (3), le 22 juin (4), le 13 décembre (6), et le 14 août (7).

Cette distribution du cycle aux environs de l'année 906 est celle qui nous est dictée par les indications du texte et la datation des exemples. Elle n'est cependant pas entièrement satisfaisante.

Prenons comme exemple le mouvement apparent de la planète pour les années 899-900 (fig. 3). On voit que Vénus entre dans la Vierge à peu près le 1er juillet 899, et la quitte pour reprendre la partie *a* de son mouvement apparent, entrant dans la Balance le 1er novembre environ, soit quatre mois ou 120 jours plus tard. Pour un maximum d'efficacité, l'origine choisie, et qui coïncide, selon le texte, avec l'entrée de la planète dans un signe du zodiaque, devrait être soit la date d'entrée dans le signe où se produit, *grosso modo*, la partie *b* du mouvement apparent, soit la date où la planète sort de ce signe et recommence la partie *a* de son mouvement apparent. Si les origines se trouvaient dans ce deuxième cas, la soustraction de 120 jours n'aurait pas de raison d'être. Donc, les origines choisies devraient normalement être les dates d'entrée de la planète dans tel signe, au début de la partie *b* du mouvement apparent.

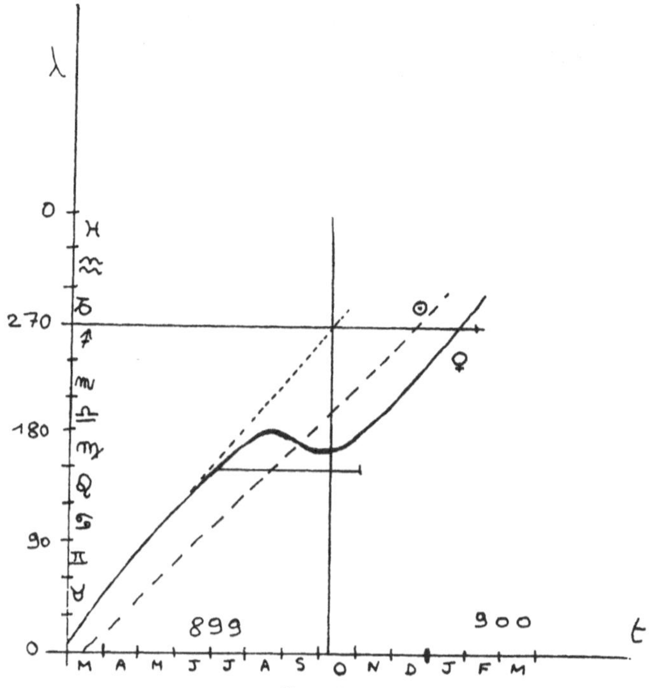

Fig. .3

Or, selon la répartition du cycle que nous avons adoptée, les cinq dates peuvent correspondre à peu près au même moment d'une période synodique, soit à peu près au début d'une partie *a*. Mais les positions qui y correspondent ne sont pas les positions réelles de la planète à cette époque : elles sont nettement en dehors de la « trajectoire » apparente de Vénus pour ces années-là (voir graphique 1). On n'arrive pas à ajuster le cycle de manière à ce qu'il corresponde à la fois aux mouvements de la planète et aux indications du texte (1). On peut dès lors en conclure que le système n'a pas été constitué pour l'époque du texte.

Bien que les origines soient ainsi, en quelque sorte, des origines fictives, elles peuvent néanmoins être utilisées pour trouver des résultats corrects, comme dans le cas des deux exemples. On peut constater (graphique 1), que les origines ainsi réparties se trouvent chaque fois plus ou moins dans le prolongement d'une partie *a*. Lorsqu'intervient la correction de 120 jours — soustraire 120 jours du nombre de jours comptés depuis la date origine jusqu'à celle où l'on cherche la position de Vénus, ou, en d'autres termes, retarder l'origine de 120 jours —, l'origine fictive est alors reportée pratiquement sur la trajectoire apparente de la planète, et peut, dès lors, être utilisée pour une prédiction correcte — compte-tenu de l'époque et du genre de texte — de la longitude de Vénus. Le raisonnement, simplement géométrique, apparaît sur la figure 3 (2).

d) *Les corrections de 365 jours.*

Avec l'explication du cycle de huit ans, des cinq origines, de la correction de 120 jours et du mouvement apparent de Vénus de 30° en 25 jours, le système ne semble rien demander de plus pour constituer un ensemble logique. Mais le fait est que le texte donne non pas cinq, mais huit origines, et ajoute encore des corrections qu'il faut tenter de justifier.

(1) Nous avons fait plusieurs essais dont il serait trop long de rendre compte ici. De toute manière, les difficultés que nous éprouvons à situer ces données aux environs de 906 s'expliqueront lorsqu'il sera évident que le texte n'a pas été constitué pour cette époque et lorsque la source en aura été montrée.

(2) On voit, d'après le graphique 1 et la fig. 3 qu'il y a, bien entendu, une marge d'erreur d'environ un demi, voire presque un signe du zodiaque. D'autre part, les origines, prises au même moment d'une période synodique, devraient se trouver sur une même droite. On constate que l'origine 13 décembre/commencement du Bélier est nettement en dehors de la droite par laquelle on peut joindre pratiquement toutes les autres origines.

Puisque, sur une période de huit années, il y a seulement cinq révolutions synodiques, il y aura nécessairement trois années « vides », c'est-à-dire pour lequelles il suffirait de reprendre l'origine qui se trouve dans l'année précédente. Cela se produit lorsque le reste de la division est 2, 5 ou 8. Dans ces trois cas, le texte donne chaque fois comme origine le 14 août et le commencement du Scorpion. Cette origine est également celle que donne le texte lorsque le reste est 7. En outre, lorsqu'il reste 2, 5, 7 ou 8 ans, il faut ajouter 365 jours si l'on cherche la position de Vénus à une date antérieure au 10 février.

L'explication de cette correction paraît claire dans un cas, lorsque le reste de la division est 8. Selon la datation du cycle que nous avons adoptée, il reste 8 lorsqu'on cherche la longitude de Vénus entre le 1er septembre 905 et le 1er septembre 906. Les deux exemples répondent à cette condition.

La position de Vénus étant cherchée pour le 1er janvier 906, l'origine serait le 14 août 905 si la correction ne devait pas intervenir. Mais en fait, le 1er janvier étant antérieur au 10 février, l'origine sera : 14 août 905 plus 365 jours, soit le 14 août 904, qui est l'une des cinq origines dont nous avons parlé plus haut. Dans ce cas-ci, la correction revient simplement à dire qu'il faut se reporter à l'origine donnée pour l'année précédente.

Cette origine pourra être utilisée pour prédire correctement la longitude de Vénus tant que dure la partie *a* du mouvement apparent, en l'occurrence, jusqu'à la première moitié du mois de décembre 905 environ. Après quoi se produit la partie *b* du mouvement et, au début du mois d'avril 906, la planète reprend la partie *a* du mouvement apparent. A ce moment-là, la même origine, le 14 août 904, ne peut plus être utilisée : il faut une nouvelle origine dans la partie *a* de la révolution suivante, ou bien une position qui l'annonce : l'origine déterminée par le 14 août 905, corrigé de 120 jours, et 0° du Scorpion répond à ce critère, comme on peut en juger d'après le graphique 1.

Cependant, cette correction ne nous satisfait pas entièrement. Les résultats seront erronés lorsqu'on cherchera la position de la planète dans la partie *b* de son mouvement apparent. La charnière que donne le texte pour le changement d'origine, le 10 février, est artificielle ([1]). A quoi répond le choix de cette date ? Est-ce parce

---

(1) Ainsi, en appliquant à la lettre les instructions du texte, on trouverait comme position de Vénus le 10 février 906 : du 14 août au 10 février : 180 jours ; 180 j. + 365 j. =

que le 10 février se trouve à 180 jours, soit une demi-année, du 14 août précédent (1) ? Et surtout, l'extension de cette correction et du choix du 14 août comme origine là où le reste est 2, 5 ou 7 nous reste incompréhensible. Un coup d'œil au graphique permet de se rendre compte de ce que les 14 août qui servent d'origines pour ces années-là ne se situent pas tous de la même façon dans chaque période synodique.

Enfin, l'autre correction de 365 jours ne nous satisfait pas davantage. Il s'agit d'ajouter 365 jours au cas où le nombre de jours ne suffirait pas à une soustraction de 120 jours. Le texte donne cette précision lorsque le reste de la division est 1 ou 3, mais il est évident qu'une telle éventualité peut se présenter chaque fois qu'il faut soustraire 120 jours. L'application de cette correction, banale à première vue donne des résultats qu'il est difficile d'unifier. On voit bien que l'auteur a le souci de répartir son cycle année par année, mais qu'il est embarrassé du fait que les huit années civiles viennent découper arbitrairement les cinq périodes synodiques (2).

---

545 j. ; 545 j. — 120 j. = 425 j. ; 425 j. : 25 = 17 signes à compter depuis le commencement du Scorpion, ce qui donne Vénus dans le Bélier et représente une erreur d'environ 37° par rapport à la position exacte (323° d'après TUCKERMAN). Tandis qu'on obtiendrait. pour le 11 février : 181 j. — 120 j. = 61 j. ; 61 : 25 = 2 signes à compter à partir de 0° du Scorpion, soit Vénus dans le Capricorne, vers 283° ! Ceci montre bien, non seulement que le choix du 10 février est une détermination artificielle, mais aussi que le système ne peut convenir que lorsque la planète se trouve dans la partie linéaire de son mouvement apparent.

(1) On peut constater également que, le 10 février 906, Vénus était pratiquement en conjonction inférieure par rapport au Soleil, mais la planète étant alors inobservable, cette raison ne semblerait pas devoir intervenir, et on ne voit pas comment l'auteur aurait pu calculer ce phénomène.

(2) L'application de ce que nous avons appelé « corrections » de 365 jours donne des résultats parfois assez malheureux. Nous ne revenons pas sur les additions de 365 jours qui sont liées aux années où l'origine est le 14 août. Il reste l'autre « correction », ajouter 365 jours là où le nombre de jours compté n'est pas suffisant pour une soustraction de 120 jours.

L'on peut se demander si, dans l'esprit de l'auteur, ajouter 365 jours ne voulait pas dire, sans plus, se reporter à l'année précédente. Quoi qu'il en soit, ici encore, un grand nombre d'éventualités peuvent se présenter, et il serait fastidieux de multiplier les exemples. En fait, comme on le vérifiera plus loin, le système primitif devait donner une série de cinq origines situées au début de chaque partie *b* du mouvement apparent de la planète. Dès lors, si la soustraction des 120 jours s'avérait impossible, cela voulait dire que la planète se trouvait toujours dans le signe donné : il était inutile de chercher plus

§ 3. Les sources.

Un simple coup d'œil sur le texte du *Vat. gr.* 184 permettait de se rendre compte tout de suite d'une première évidence, c'est qu'il ne s'agit pas d'un système habituel à l'astronomie grecque traditionnelle, qui s'inscrive dans la ligne de Ptolémée ou de ses commentateurs. On ne retrouve rien de ce à quoi ceux-ci nous ont accoutumés : on n'utilise pas de tables, rien n'apparaît du vocabulaire consacré (épicycle, excentrique, anomalie,...). Enfin l'esprit en est très différent dans son caractère empirique et sa prétention à une valeur éternelle.

Seul, le point de départ, le cycle de huit ans, peut trouver sa source dans l'*Almageste*. Au début du livre IX, en effet, Ptolémée, expliquant comment il a construit ses tables des planètes, donne les retours périodiques de chacune de celles-ci. Pour Vénus : « cinq cycles d'anomalie en huit de nos années solaires moins 2 jours 1/4 1/20, et huit révolutions de l'astre moins 2° 1/4 d'une révolution, égales en nombre aux révolutions du soleil » (1). Ptolémée précise, au début du chapitre, qu'il reprend les chiffres calculés par Hipparque (2), et l'on sait que, trois siècles avant Ptolémée, les calculs planétaires babyloniens se basaient pour Vénus sur ce même cycle de cinq révolutions moins 2° 1/2 (3). Notre auteur du xe siècle en a-t-il eu connaissance par Ptolémée ? Hypothèse assez invraisemblable quand on considère tout le reste du calcul.

C'est donc dans une autre direction qu'il fallait orienter cette enquête, en étudiant, par exemple, les traditions astrologiques. Un premier indice en était que le chiffre 8 semble être resté attaché à

---

loin. Le système, en lui-même, était donc extrêmement simple. Tout s'embrouille quand le cycle ne correspond plus à l'époque où l'on veut l'utiliser, et notre auteur complique encore singulièrement en voulant modeler son cycle strictement sur les huit années civiles.

(1) Ptolémée, *Almageste*, IX, 3 : ... *τὰς δὲ τοῦ τῆς Ἀφροδίτης ε̄ ἀνωμαλίας ἐν ἔτεσιν μὲν ἡλιακοῖς τοῖς καθ' ἡμᾶς η̄ λείπουσιν ἡμέραις β- καὶ δ' καὶ κ' ἔγγιστα, περιδρομαῖς δὲ τοῦ ἀστέρος ταῖς ἰσαρίθμοις ταῖς τοῦ ἡλίου η̄ λειπούσαις μοίραις β- δ'*... (Heiberg, I, 2, p. 215).

(2) *Ibidem*, p. 213.

(3) Neugebauer, *Exact Sciences*, p. 134 ; *ACT*, II, p. 300 (théoıie de Vénus, p. 300-302) ; Van der Waerden, *Anfänge...*, p. 107. Précisons, pour la chronologie, que les textes babyloniens où sont attestés ces calculs s'échelonnent de 200 à 125 avant J.-C. (Van der Waerden, *ibidem*, p. 199). Quant aux observations d'Hipparque, on les situe entre 161 et 126 avant J.-C.

la planète chez les astrologues (1). Et, en définitive, nous trouvons dans l'*Anthologie* de Vettius Valens des méthodes pratiques pour déterminer les positions des planètes, qui sont manifestement identiques à celles de la collection anonyme du *Vat. gr.* 184. L'identité des textes ne se limite pas seulement à la méthode, mais se reconna:t jusque dans certaines expressions (2). Ce qui ne voudra pas dire que l'on doive pour autant dénier à l'anonyme du *Vat. gr.* 184 toute espèce d'originalité.

Voici la méthode préconisée par Vettius Valens pour déterminer la longitude de Vénus :

Vettius Valens, I, XX (Kroll, p. 34-35) (3) :

Τὴν δὲ Ἀφροδίτην οὕτως· τὰ ἀπὸ Καίσαρος ἕως οὗ ζητεῖς ἔτους ἀναλαβὼν μέριζε παρὰ τὸν η̅, τὸν δὲ καταλειφθέντα ἐντὸς τῶν η̅ ἀριθμὸν σκόπει εἰ ἔχει ἐποχὴν στηριγμοῦ, κἀκείνῃ χρησάμενος ἀναλάμβανε τὸ πλῆθος τῶν ἡμερῶν ἕως τῆς ἐπιζητουμένης ἡμέρας, ἐάνπερ ἐπιδέχηται· εἰ δ' οὐκ (4), *τῇ ὑπεράνω χρῶ, καθάπερ ἐπὶ τῆς Σελήνης· ἐὰν γὰρ πρὸ γενέσεως εὑρεθῇ ἡ ἐποχὴ αὕτη, χρηστέον. ἐὰν δὲ μετὰ τὴν γένεσιν, τῇ ὑπεράνω· συναθροίσας δὲ τὸ κεφάλαιον καὶ ἀφελὼν τοῦ ζῳδίου τὴν ἐποχὴν ἀπόλυε ἑκάστου ζῳδίου μοίρας ρκ̅* (5), *τουτέστι τοῦ στηριγμοῦ τὰς λοιπὰς ἀπὸ τοῦ ἐχομένου ζῳδίου, ἀπὸ* (6) *τῆς ἐποχῆς ἀπόλυε, ἑκάστῳ ζῳδίῳ διδοὺς ἀνὰ κε̅· ὅπου δ' ἂν*

(1) Voir Bouché-Leclerq, *L'Astrologie Grecque*, Paris, 1899 (réimpression anastatique Bruxelles, 1963), p. 493, 501 ... A propos du minimum d'années de vie octroyé par les planètes, Bouché-Leclerq dit : « ... Mais les 15 ans de Mars, les 8 ans de Vénus et les 20 ans de Mercure sont probablement à classer parmi les arcanes ». M. Mogenet nous signale d'autres références à ce cycle de 8 ans dans la littérature astrologique : Paul d'Alexandrie (*Paulus Alexandrinus Εἰσαγωγικά*, ed. Ae. Boer, Leipzig, 1958), p. 97 ; *CCAG*, VII, p. 121, ligne 26. Voir également : *CCAG*, V, 3, p. 132, ligne 23 ; V, 4, p. 144, ligne 25.

(2) La similitude d'expression apparaîtra plus clairement lors d'une étude d'ensemble de tous les textes. Elle est particulièrement frappante dans le court texte relatif à Mercure.

(3) Le texte reproduit ici est celui de W. Kroll, *Vettii Valentis Anthologiarum Libri*, Berlin, 1908, à l'exception de quelques erreurs qui ont été corrigées et seront signalées au moment opportun. En outre, le texte a été collationné sur deux manuscrits : le *Pal. gr.* 312 (xvie s.), f. 35[r] (*CCAG*, V, 4, p. 75) et le *Vat. gr.* 1066 (xve s.), où l'on trouve, ff. 14[r]-16[r], le ch. I, XX de Vettius Valens, sous le titre : *Ψῆφος τῶν ε̅ ἀστέρων ἀπὸ χειρός* (*CCAG*, V, 1, p. 75). Mais les variantes apportées par ces manuscrits ne sont guère susceptibles d'éclaircir les difficultés du texte.

(4) *εἰ δ' οὐκ*] *εἰ δ' οὖν* Kroll. *

(5) La phrase semble tout à fait corrompue.

(6) *ἀπὸ post* Cumont *del.* Kroll.

καταλήξῃ ὁ ἀριθμός, ἐκεῖ ἔσται ἡ Ἀφροδίτη· αἱ δὲ ἐποχαὶ τῶν στηριγμῶν πρόδηλοι ἔσονται ἐκ τῶν περιλειπομένων ἐτῶν· ἐὰν περισσεύῃ οἷον α', γ', δ', ϛ', ζ', στηρίζει· ἐὰν δὲ β', ε', ὁδεύει, ἡ οὖν πρώτη ἐποχὴ ἐφέξει Φαμενὼθ ι' Ταύρῳ, αἱ γ' Φαωθὶ ι' Τοξότῃ, αἱ δ' Παυνὶ κβ' Λέοντι, αἱ ϛ' Τυβὶ η' Ἰχθύσιν, αἱ ζ' Μεσωρὶ ιδ' Ζυγῷ, εἰς τὸ η' ἔτος τὸν στηριγμὸν ἐπέχουσα.

* Exemples (Kroll, p. 35-36) :

Τὴν δὲ Ἀφροδίτην οὕτως· ρλθ ἐμέρισα παρὰ τὸν η, λοιπαὶ γ, αἳ σημαίνουσι στηριγμόν, ἐποχὴν δὲ Φαωθὶ ι' Τοξότῃ· παραλαμβάνω τὰς λοιπὰς τοῦ Φαωθί, κ, ἀπὸ δὲ Ἀθὺρ ἕως Μεχὶρ, ρκ, καὶ τοῦ Φαμενὼθ τὰς ιη, γίνονται ὁμοῦ ρνη· ἐκ τούτων ἀφαιρῶ τοῦ στηριγμοῦ καὶ τοῦ Τοξότου ρκ, λοιπὰ λη, ἃ ἀπολύω ἀπὸ Αἰγοκέρωτος ἀνὰ κε· καταλήγει Ὑδροχόῳ· ἐκεῖ Ἀφροδίτη.

Ἐπειδὴ δὲ δοκεῖ πολλὴ περὶ τὴν γένεσιν ὑπάρχειν ** (1), *καὶ ἐπὶ ἑτέρας γενέσεως ἐκθήσομαι· Ἀδριανοῦ γ'* (2) *Ἀθὺρ λ', τὰ ἀπὸ Αὐγούστου γίνονται ρμη· ἃ ἐμέρισα παρὰ τὸν η, λοιπὰ δ', αἳ σημαίνουσιν ἐποχὴν Παυνὶ κβ' Λέοντι· ἐπεὶ οὖν οὐ χρηματίζει αὕτη ἡ ἐποχὴ διὰ τὸ ὑπὲρ τὴν γένεσιν εὑρεθῆναι, ἀνατρέχω εἰς τὴν ἀνωτέραν, ἥτις ἐστὶ τρίτη Φαωθὶ ι' Τοξότῃ· λαμβάνω τὰς λοιπὰς κ τοῦ Φαωφὶ καὶ ἀπὸ Ἀθὺρ ἕως Μεσωρὶ τ καὶ ἐπαγομένων ε· γίνονται τκε τοῦ προεληλυθότος ἔτους καὶ αὐτοῦ τοῦ καταγομένου ἔτους ἀπὸ θὼθ ἕως λ' Ἀθὺρ ϙ, γίνονται αἱ πᾶσαι υιε· ἐκ τούτων ἀφαιρῶ τοῦ στηγιρμοῦ καὶ τοῦ ζῳδίου Τοξότου ρκ, λοιπαὶ σϙε· ταύτας ἀπὸ Αἰγοκέρωτος ἀνὰ κε, καταλήγει Τοξότῃ κ'· ἐκεῖ ὁ ἀστήρ.*

Ἄλλως· Ἀδριανοῦ δ' Μεχὶρ ιγ', ἀπὸ Αὐγούστου ρμθ· παρὰ τὸν η, λοιπαὶ ε, αἳ οὔτε ἐποχὴν οὔτε στηριγμὸν σημαίνουσιν· ἀνατρέχω εἰς τὴν ἐπάνω ἐποχήν, ἥτις ἐστὶ Παυνὶ κβ' Λέοντι· ἀναλαμβάνω τὰς λοιπὰς η τοῦ Παυνὶ καὶ Ἐπιφὶ καὶ Μεσωρὶ καὶ ἐπαγομένας ε, γίνονται ογ· καὶ τοῦ καταγομένου ἔτους ἀπὸ θὼθ ἕως Μεχὶρ ιγ', γίνονται ρξγ· γίνονται σλϛ· ἐκ τούτων ἀφαιρῶ στηριγμοῦ καὶ ζῳδίου Λέοντος ρκ, λοιπαὶ ριϛ· ταύτας ἀπὸ Παρθένου ἀνὰ κε, καταλήγουσιν Αἰγοκέρωτι μοίραις ιϛ· ἐκεῖ ἡ Ἀφροδίτη.

Traduction.

« Pour Vénus, comme ceci : comptant les années depuis César (Auguste) jusqu'à celle où tu cherches (la position de l'astre),

---

(1) « *Supple* ἀσάφεια, ἀπορία *vel sim.* », Cumont.
(2) Ἀδριανοῦ γ' *Vat. gr.* 1066] Ἀ. δ' Kroll.

divise par huit et examine si le reste, à l'intérieur des huit, comporte une station, et, l'utilisant (comme origine), compte la quantité des jours jusqu'au jour cherché si c'est possible. Sinon, utilise la précédente, comme pour la Lune. En effet, si l'on trouve cette origine avant la naissance, il faut l'utiliser. Si c'est après la naissance, utiliser la précédente. Et, assemblant le tout, et enlevant le signe de l'origine (1), soustrais de chaque signe 120 degrés (2), c'est-à-dire le reste de la station depuis le signe occupé, compte à partir de l'origine à raison de 25 par signe. Là où cessera le nombre, là se trouvera Vénus. Les lieux des stations seront clairs d'après les années qui restent. Si le reste est 1, 3, 4, 6, 7, la planète stationne ; s'il est 2, 5, elle avance. La première origine sera 10 Phamenoth, Taureau ; la 3e, 10 Phaophi, Sagittaire ; la 4e, 22 Payni, Lion ; la 6e, 8 Tybi, Poissons ; la 7e, 14 Mesori, Balance, jusqu'à la 8e année occupant une station (3). »

Exemples.

(Année de Trajan 13, 18 Phamenoth).

« Pour Vénus, comme ceci. J'ai divisé par huit 139. Il reste 3, ce qui signifie une station, et, comme origine, 10 Phaophi, Sagittaire. Je prends le reste de Phaophi, 20, de Athyr à Méchir, 120, et les 18 jours de Phamenoth : en tout, cela fait 158. De cela, je retire 120 de la station et du Sagittaire. Restent 38, que je compte par 25 depuis le Capricorne. On tombe dans le Verseau : là se trouve Vénus.

Puisqu'il semble y avoir beaucoup de ... à propos de la naissance, je ferai un exposé pour une autre naissance. Année d'Hadrien 3, 30 Athyr, ce qui fait, depuis Auguste, 148 années. J'ai divisé celles-ci par 8, il reste 4, ce qui signifie comme origine 22 Payni, Lion. Puisque cette origine n'a pas d'utilité du fait qu'elle est trou-

---

(1) Cette traduction ne correspond pas au texte qui est à peu près incompréhensible dans ce passage. Le sens doit en être qu'il faut faire abstraction du signe donné comme origine ou « lieu de station », ainsi qu'on le voit d'après la façon dont l'auteur procède dans les exemples, où les signes sont comptés « par 25 » à partir du signe qui suit immédiatement celui donné comme origine. Ce point sera expliqué plus loin.

(2) Il semble y avoir ici identification entre les « jours » et les « degrés ». Si 1 jour égale 1 degré lorsqu'il s'agit du Soleil, il n'en va pas de même pour Vénus, puisque celle-ci parcourt 30° en 25 jours. Jusqu'à ce qu'on ait divisé le nombre de jours par 25, toutes les opérations se font avec un nombre de jours.

(3) Ici également, la construction grammaticale de la phrase est incompréhensible.

vée après la naissance, je remonte à la précédente, qui est la 3e, 10 Phaophi, Sagittaire. Je prends les 20 jours qui restent de Phaophi et, de Athyr à Mésori, 300, et les 5 épagomènes. Cela fait 325 jours de l'année précédente, et, de l'année en cours, 90 jours de Thoth jusqu'au 30 Athyr, l'ensemble donne 415. De cela, j'enlève 120 de la station et du signe du Sagittaire, restent 295 jours. Je les compte par 25 depuis le Capricorne, on tombe à 20° du Sagittaire : là se trouve l'astre.

Autrement. Année 4 d'Hadrien, 13 Méchir, depuis Auguste, 149 ans. Divisés par 8, il reste 5, ce qui ne signifie ni origine ni station. Je remonte à l'origine précédente qui est 22 Payni, Lion. Je prends les 8 jours qui restent de Payni, Epiphi, Mesori, et 5 épagomènes (1), ce qui fait 73, et, de l'année en cours, de Thoth jusqu'au 13 Méchir, 163, ce qui fait 236. De cela, j'enlève les 120 de la station et du signe du Lion, restent 116. Je les compte depuis la Vierge, par 25, on tombe à 16° du Capricorne. Là se trouve Vénus. »

Malgré les obscurités du texte, le système exposé par Vettius Valens se comprend aisément. L'explication en est, dans ses grandes lignes, celle que nous avons proposée plus haut pour le texte du *Vat. gr.* 184. On voit d'ailleurs tout de suite qu'il s'agit du même système : tous les éléments essentiels s'y retrouvent :

1. le cycle de huit ans ;
2. l'ère d'Auguste comme point de départ ;
3. des dates et des positions origines ;
4. le mouvement de Vénus de 30° en 25 jours ;
5. la correction de 120 jours.

Il manque seulement au texte de Vettius Valens le 6e point, les additions éventuelles de 365 jours — élément accessoire par rapport à l'ensemble.

On pourra donc appliquer à ce texte le même schéma d'explication que précédemment. Cette fois-ci, cependant, les origines données et la correction de 120 jours trouvent une justification beaucoup plus satisfaisante. A l'encontre de l'anonyme du xe siècle qui ne donne pas cette précision, Vettius Valens indique ici qu'il s'agit des

---

(1) Il semble que Vettius Valens aurait dû compter ici 6 épagomènes, cette année-là étant une année bissextile (cfr note 2, p. 76). Mais toute la suite du calcul se fait en fonction de 5, et non 6, épagomènes.

stations de la planète. Grâce aux exemples qui appuient la théorie, il est facile de vérifier.

Le graphique 2 donne les positions de Vénus en longitude pour les années 107-115 après Jésus-Christ. Le premier exemple est donné à la date du 18 Phamenoth, année 13 de Trajan, année d'Auguste 139, ce qui correspond au 14 mars 110 après Jésus-Christ (1). A cette date, le reste est 3 : l'origine utilisée sera donc le 10 Phaophi, soit le 7 octobre 109 après J.-C. Ce qui permet de donner le cycle suivant :

Reste	Date origine
1	10 Phamenoth = 6 mars 108
3	10 Phaophi = 7 octobre 109
4	22 Payni = 16 juin 111
6	8 Tybi = 3 janvier 113
7	14 Mesori = 7 août 114

Cette fois, les dates correspondent pratiquement à l'entrée de la planète dans le signe indiqué, soit l'entrée dans le signe où devait se produire la première station de la planète (2). Comme nous l'avons fait remarquer au début, la planète met alors 120 jours à parcourir un signe du zodiaque. D'où la nécessité :

1. de soustraire 120 jours du nombre de jours comptés depuis la date d'entrée dans le signe donné ;
2. de prendre comme origine le commencement du signe qui suit immédiatement le signe donné par le texte : ce signe aura été parcouru pendant les 120 jours et ne devra donc plus être compté une seconde fois.

Les origines de Vettius Valens n'ont donc rien de fictif, comme c'était le cas, semblait-il, dans le texte du *Vat. gr.* 184, et le résultat trouvé pour le premier exemple, soit, Vénus dans le Verseau, est correct (3).

---

(1) Pour la chronologie dans Vettius Valens, voir O. Neugebauer et H.-B. Van Hoesen, *Greek Horoscopes, Memoirs of the American Philosophical Society*, vol. 48, Philadelphia, 1959, p. 180. Le 18 Phamenoth correspond au 14 mars. Année d'Auguste 139 = 139 — 29 = 110 ap. J.-C. ; année 13 de Trajan = 96 + 13 + 1 = 110 après J.-C. Pour la chronologie des empereurs romains, voir Kubitschek, p. 62.

(2) Lorsque la partie *b* du mouvement apparent se produit sur deux signes à la fois, le signe donné comme origine est celui où se produit la 1ère station de la planète, par exemple, le Lion pour le 22 Payni (16 juin 111) et la Balance pour le 14 Mesori (7 août 114) : voir graphique 2.

(3) D'après Tuckerman, on a Vénus à 307° le 14 mars 110 ap. J.-C.

Les deux autres exemples se situent dans le cycle qui suit immédiatement, et que l'on trouvera représenté par le graphique 3. Celui-ci couvre les années 115 à 123 après Jésus-Christ. Le second exemple consiste à trouver la position de Vénus le 30 Athyr de l'année 4 — mais il faut corriger en 3 — d'Hadrien, année d'Auguste 148, soit le 26 novembre 118 après Jésus-Christ (1). Le troisième exemple est pris à la date du 13 Méchir de l'année 4 d'Hadrien, année d'Auguste 149, ce qui correspond au 8 février 120 après Jésus-Christ (2). Les origines sont cette fois :

1	10 Phamenoth	= 6 mars 116 ap. J.-C.
3	10 Phaophi	= 7 octobre 117
4	22 Payni	= 16 juin 119
6	8 Tybi	= 3 janvier 121
7	14 Mesori	= 7 août 122

Pratiquement les conclusions sont identiques à celles du cycle précédent (3) et, ici aussi, les résultats trouvés pour les exemples sont pratiquement corrects (4).

Que la méthode soit la même dans les deux cas, voilà qui ne fait aucun doute. La parenté entre les deux textes se confirme également lorsqu'on examine les données concrètes, et d'abord, les cinq origines :

---

(1) Le 30 Athyr correspond au 26 novembre. Année d'Auguste 148 = 148 — 30 = 118 ap. J.-C. ; cette année-là correspond à l'année 3 d'Hadrien, et non à l'année 4 : 115 + 3 = 118 après J.-C.

(2) Année d'Auguste 149 = 149 — 29 = 120 après J.-C. ; l'année 120 après J.-C. est une année bissextile, il faudrait donc compter 6 épagomènes, et le 13 Méchir correspond alors au 8 février. Année 4 d'Hadrien = 115 + 4 + 1 = 120 ap. J.-C. D'après Neugebauer, *Greek Horoscopes*, p. 180, Vettius Valens utilise le calendrier alexandrin, ce que l'examen des positions de Vénus dans les graphiques 2 et 3 confirme suffisamment : il faut donc admettre une erreur de l'auteur lorsqu'il compte 5 épagomènes au lieu de 6 dans ce troisième exemple.

(3) Cette fois, le signe donné pour le 22 Payni (Lion) est incorrect, puisque toute la partie *b* du mouvement se produit dans le Cancer. Mais l'erreur n'est que de 1 ou 2 degrés (cfr Tuckerman).

(4) D'après Tuckerman, le 26 novembre 118, Vénus était à 259° (texte : 20° du Sagittaire ou 260°) ; le 8 février 120, à 296° (texte : 16° du Capricorne ou 286°). Dans les deux derniers exemples de Vettius Valens, le résultat donné indique une position précise à l'intérieur d'un signe du zodiaque. Le nombre de degrés est simplement le nombre de jours qui restent après la division par 25, ce qui ne manque pas d'illogisme, puisque durant ces jours-là aussi, la planète se déplace de 30° en 25 jours ou de 1°, 2 par jour. Ce détail, qui se remarque également dans le premier exemple du texte du *Vat. gr.* 184 (p. 58) est un autre indice de la confusion jours/degrés sous-jacente à tous ces textes (cfr note 2, p. 73).

Reste	Origines					
	Vettius Valens			Vat. gr. 184		
	jour	mois	signe	jour	mois	signe
1	10	Phamenoth (7)	♉	21	mars	♊
3	10	Phaophi (2)	♐	10	octobre	♑
4	22	Payni (10)	♌	22	juin	♍
6	8	Tybi (5)	♓	13	décembre	♈
7	14	Mésori (12)	♎	14	août	♏

Évidemment, il est impossible de comparer ces données sans les transposer quelque peu. Vettius Valens utilise le calendrier alexandrin (1), l'auteur du xe siècle, le calendrier julien. Si ce dernier avait reçu des dates exprimées à la manière égyptienne ou alexandrine, il était certainement capable de les convertir en dates juliennes. Une fois converties, les dates origines de Vettius Valens deviennent : 10 Phamenoth / 6 mars, 10 Phaophi / 7 octobre, 22 Payni / 16 juin, 8 Tybi / 3 janvier, 14 Mésori / 7 août. Bien qu'aucune de ces dates ne corresponde exactement à celles du *Vat. gr.* 184, on est frappé par le fait que les dates sont choisies dans les mêmes mois — avec une exception pour le 13 décembre —, et surtout par les similitudes : 10 Phaophi // 10 octobre, 22 Payni // 22 juin, 14 Mésori // 14 août, comme si, en convertissant des dates qu'il aurait trouvées dans Vettius Valens, l'auteur du xe siècle s'était contenté d'une correspondance approximative entre les mois égyptiens et les mois juliens : Thoth = septembre, Phaophi = octobre, et ainsi de suite. Toute séduisante qu'elle soit, cette hypothèse se trouve infirmée par deux exceptions : pourquoi le 10 Phamenoth serait-il devenu le 21 mars, et surtout, le 8 Tybi, le 13 décembre ?

Abandonnons ce problème pour comparer les positions origines dans les deux textes. On constate chaque fois un décalage d'un signe du zodiaque, le texte du *Vat. gr.* 184 donnant toujours le signe qui suit immédiatement celui qui figure dans le texte de Vettius Valens. La différence n'est qu'apparente, puisqu'en fait, dans le système de Vettius Valens, au moment de compter le déplacement

(1) Voir note 2, p. 76.

apparent de la planète à raison d'un signe par 25 jours, on ne prend pas comme origine le début du signe indiqué dans le tableau, mais le commencement du signe suivant, le premier ayant été parcouru durant la période des stations. Ce point apparaît clairement, sinon dans la théorie, du moins d'après la façon dont il procède dans les trois exemples. En décalant d'un signe toutes les origines, l'anonyme du xᵉ siècle n'a donc fait que suivre les instructions de Vettius Valens.

Il y a encore d'autres différences entre les deux systèmes, qui semblent manifester une volonté d'indépendance de l'auteur du *Vat. gr.* 184 par rapport à son modèle supposé, Vettius Valens. Différences dans la présentation : l'auteur du xᵉ siècle procède année par année, et donne huit origines, alors que cinq suffisaient. Nous avons dit plus haut que nous ne comprenions pas le choix du 14 août comme origine lorsqu'il reste 2, 5 ou 8, sinon dans le cas de l'année huit où le choix du 14 août revient à appliquer une instruction de Vettius Valens, et qui est évidente : si l'année ne comporte pas d'origine, il faut utiliser celle de l'année précédente. Originalité également dans l'intervention du 10 février pour les années 2, 5 ou 8. On remarque aussi que l'auteur a supprimé toute référence explicite à l'astrologie, et qu'il évite soigneusement de parler de « stations » pour expliquer la correction de 120 jours. S'est-il rendu compte de ce que cela ne correspondait plus ?

On peut dire pour conclure que le texte du *Vat. gr.* 184 présente une méthode de calcul de la longitude de Vénus qui n'a pas été constituée pour l'époque où les exemples permettent de situer le texte, c'est-à-dire aux environs de 906. L'auteur a repris non seulement une méthode, mais également des données concrètes—les origines — qui auraient dû, pour un bon fonctionnement du système, être revisées ou observées pour cette époque. Il s'est borné à reprendre un système qu'il avait trouvé tout fait, en essayant de l'adapter, le repensant à sa manière, y ajoutant des corrections, l'illustrant par des exemples originaux.

Quant à la source de notre auteur, elle semble se trouver dans le texte de Vettius Valens, et ce, malgré les deux divergences dans les dates origines 10 Phamenoth / 21 mars et 8 Tybi / 13 décembre, car la ressemblance des textes et des méthodes de part et d'autre est telle qu'elle exclut toute hésitation (1).

---

(1) Une fois encore, ceci apparaîtra de manière plus évidente lors d'une étude d'ensemble de tous les textes.

Il est évident que le système de Vettius Valens, parfaitement cohérent pour l'époque de ses exemples, ne pouvait plus être appliqué tel quel huit siècles plus tard, puisqu'il ne tient pas compte du décalage qui s'accumule à la fin de chaque cycle. L'astronome du xe siècle aura procédé par tâtonnement, et il se fait que, grâce à une modification du point de départ (30 av. J.-C. au lieu de 29 au 1er janvier), le système peut donner des résultats relativement corrects (1).

Un dernier mot, enfin, pour situer ce petit texte dans l'histoire de l'astronomie ancienne. Le premier exemple de Vettius Valens est pris à la date du 18 Phamenoth, année 13 de Trajan (110 après Jésus-Christ). Or, il se fait que l'on dispose de documents astronomiques égyptiens exactement contemporains de cet exemple, et dont l'édition critique est due à M. Neugebauer (2) : on ne peut donc

---

(1) Le prolongement normal du cycle de Vettius Valens jusqu'en 906 devrait se présenter comme suit : en ajoutant aux années du cycle du second exemple de Vettius Valens (voir p. 76) 784 ans, ce qui est un multiple de huit, on obtiendrait :

Reste	Vettius Valens	xe siècle
1	mars 116	mars 900
3	octobre 117	octobre 901
4	juin 119	juin 903
6	janvier 121	décembre 904/ janvier 905
7	août 122	août 906

et ainsi de suite. Pour que les dates correspondent bien au reste indiqué, il faut situer le point de départ, le début du règne d'Auguste, en 29 avant J.-C. (pour les dates antérieures au 1er septembre) : 900 + 29 = 929 ; 929 : 8 = 116, reste 1, etc. Mais, avec cette répartition du cycle, les origines sont évidemment inutilisables : en près de 800 ans, le décalage a eu le temps de s'accroître considérablement ! Ce pourquoi, la modification du point de départ (qui apparaît d'après l'équivalence avec l'année du monde et les résultats obtenus pour les positions des cinq planètes) est, soit une erreur, soit le résultat des tâtonnements de l'auteur qui s'est aperçu que, de cette façon, il obtenait de bons résultats pour l'année 906. Il faudra voir si l'on aboutira à la même conclusion pour les autres planètes ...

(2) O. Neugebauer, *Egyptian Planetary Texts*, dans *Transactions of the American Philosophical Society*, New Series, vol. XXXII, part II, Philadelphia, 1942, p. 209-250. Ces documents sont au nombre de trois :

1. Le Papyrus Berlin P. 8279, qui donne les dates d'entrée des planètes dans les signes du zodiaque pour les années 14 à 41 d'Auguste (16 av. J.-C. à 12 ap. J.-C.).
2. Les « Stobart Tablets», soit :
   Stobart A, pour les années 4 à 10 de Vespasien (71 à 78 ap. J.-C.) ;
   C, pour les années 9 de Trajan à 3 d'Hadrien (105 à 119 ap. J.-C.) ;
   E, pour les années 11 à 17 d'Hadrien (126 à 133 ap. J.-C.).

négliger d'amorcer quelques comparaisons. Tous ces documents consistent en des tables qui donnent, année par année, les dates d'entrée des planètes dans les signes du zodiaque. C'est dire qu'on y trouve tous les éléments nécessaires à l'établissement d'un « calendrier » tel qu'il figure dans le texte de Vettius Valens. L'un de ces documents, les tables dites « Stobart C_1 et C_2 » couvrent les années 9 de Trajan à 3 d'Hadrien, soit 105 à 119 après Jésus-Christ. Il est très simple d'y relever les dates d'entrée de Vénus dans les signes indiqués par Vettius Valens et cela, pour les années correspondant au cycle représenté par le graphique 2, de manière à construire un cycle exactement parallèle à celui de Vettius Valens (1) :

Années juliennes	Années de Trajan	Reste	Vettius Valens	Stobart C 1 & 2
108 ap. J.-C.	11	1	Phamenoth (7), 10 ♉	(7) 11 ♉
109	13	3	Phaophi (2), 10 ♐	(2) 9 ♐
111	14	4	Payni (10), 22 ♌	(10) 24 ♌
113	16	6	Tybi (5), 8 ♓	(5) 18 ♓
114	17	7	Mésori (12), 14 ♎	(12) 18 ♎

Les « Stobart Tablets » C s'arrêtent en 119 après Jésus-Christ et ne permettent donc pas de poursuivre la comparaison pour le cycle suivant. Nous nous bornons à relever, sans les commenter, ces quelques éléments de comparaison, dont étude systématique nous entraînerait pour l'instant trop loin du sujet de cet article. Mais on peut encore noter, par exemple, que l'estimation à 120 jours de la durée de la partie *b* du mouvement apparent de Vénus est une schématisation des valeurs que l'on trouve consignées dans les documents égyptiens. Ainsi, pour ce même cycle, on a :

3. Le Papyrus Tebtynis II, 274, qui reprend à peu près les données des « Stobart Tablets » pour les années 10 à 18 de Trajan (107 à 115 ap. J.-C.).

Les deux premiers textes sont en écriture démotique, le dernier est un texte grec. Le Papyrus de Berlin utilise le calendrier égyptien, les « Stobart Tablets », le calendrier alexandrin. Cfr Neugebauer, *Egyptian Planetary Texts*, p. 210-211, 241 ; pour le calendrier, p. 229-230. Ces textes ont été également étudiés par M. Van der Waerden dans *Egyptian « Eternel Tables »*, *Koninklijke Nederlandsche Akademie van Wetenschappen*, I, reprinted from *Proceedings*, Vol. L, N° 5, p. 536-547 ; II, reprinted from *Proceedings*, Vol. L, N° 7, p. 782-788, Amsterdam, 1947.

(1) Dans le tableau, comme dans la liste qui suivra, les chiffres entre parenthèses représentent les mois.

année 11 de Trajan	de (7) 11 ♉		
	à (11) 14 ♊	117 jours	
13	de (2) 9 ♐		
	à (6) 9 ♑	120	
14-15	de (10) 24 ♌		
	à (2) 13 ♍	115	
16	de (5) 18 ♓		
	à (9) 16 ♈	118	
17-18	de (12) 18 ♎		
	à (4) 12 ♏	119	

De même, l'adoption d'un vitesse constante de 30° en 25 jours durant la partie *a* du mouvement apparent de Vénus représente aussi une simplification par rapport aux tables égyptiennes, où le temps nécessaire à la planète pour passer d'un signe au suivant varie, durant cette partie du mouvement, avec quelques exceptions, de 24 à 25 jours (1).

Conclusion

La parenté du texte anonyme du xe siècle avec le passage étudié de Vettius Valens est incontestable, en dépit des différences constatées entre les deux systèmes. L'étude des mouvements apparents de Vénus a d'ailleurs suffisamment montré que le système n'avait pas été imaginé pour l'année 906. Celui-ci, tel que nous le possédons, a sans doute été constitué pour l'époque du premier exemple de Vettius Valens et semble être issu de l'astronomie qui apparaît dans les documents planétaires égyptiens, dont il présente une schématisation. S'il est vrai que ces tables égyptiennes sont des exemples de ces « tables éternelles » dont parlent Ptolémée (2) et

(1) Cfr Van der Waerden, *Anfänge...*, p. 279 ; *Egyptian « Eternal Tables »*, I, p. 538-539 ; p. 540, note 13. Pour revenir à l'anonyme du xe siècle, on peut relever, dans le *Rossianus* 897 (*gr.* 37), peu après la collection, des « périodes des planètes » dans lesquelles le temps nécessaire à Vénus pour passer d'un signe au suivant, est estimé à 24 jours : *ὁ Κρόνος ποιεῖ εἰς ἕκαστον ζῴδιον χρόνους ... ἡ 'Αφροδίτη ἡμέρας* $\overline{\kappa\delta}$ (f. 15r). Voir également les périodes des planètes dans le *Vat. gr.* 1291 (ixe-xe siècle), f. 1r : ... *ἡ δὲ 'Αφροδίτη (περιπατεῖ τὴν καθ' εὐθεῖαν ὁδὸν) ἡμέρας* $\overline{\kappa\eta}$ (*pro* $\overline{\kappa\varepsilon}$), *(τὸ δὲ νυχθήμερον) λεπτὰ* $\bar{o}$, *ἤγουν μοῖραν καὶ λεπτὰ* $\bar{\iota}$ (édité par J. Mogenet dans *Les scolies astronomiques du Vat. gr.* 1291, dans *Bull. de l'Inst. Hist. Belge de Rome*, 1969 (à paraître).

(2) Ptolémée, *Almageste*, IX, 2 (Heiberg, I, 2, p. 211, 4 et ss.) : *τούτοις γὰρ ἐπιβεβλήκασι μὲν σχεδόν, ὅσοι διὰ τῆς καλουμένης αἰωνίου κανονοποιίας τὴν ὁμαλὴν*

un horoscope de 81 après J.-C. (1), le texte de Vettius Valens, et par conséquent, celui du *Vat. gr.* 184, doivent s'inscrire, eux aussi, au dossier de ces « tables éternelles », et la phrase où Ptolémée condamne les systèmes qui en sont issus, peut à merveille s'appliquer au texte de Vettius Valens.

La survivance de cette astronomie au xe siècle est un fait curieux et peut-être isolé, et qui, en tout cas, n'était plus compris trois siècles plus tard, ce qui valut à ce texte, comme à tous ceux de la collection, l'athétèse d'un lecteur mécontent qui, à la fin du xiiie siècle, a écrit en marge du folio 8 du *Vat. gr.* 184 :

Ταῦτα ὡς οὐκ ἀληθῆ ὀβελίζονται ἕως τῆς ψηφηφορίας τοῦ Ἑρμοῦ καὶ αὐτῆς.

καὶ ἐγκύκλιον κίνησιν ἠθέλησαν ἐνδείξασθαι, διεψευσμένως δ' ἅμα καὶ ἀναποδείκτως, οἱ μὲν μηδ' ὅλως, οἱ δ' ἐπὶ ποσὸν ἀκολουθήσαντες τῷ προκειμένῳ.

« C'est à cela, sans doute, que s'appliquèrent tous ceux qui, au moyen de tables dites éternelles voulurent expliquer le mouvement moyen et circulaire, à la fois de manière mensongère et sans preuves, parvenant, les uns pas du tout, les autres, pour un certain temps, au but qu'ils se proposaient ».

(1) Publié par Kenyon, *Cat. Pap. Br. Mus.*, I, No 130, Col. I, p. 133 : référence donnée par Neugebauer, *Egyptian Planetary Texts*, p. 239, note 89. L'édition de ce texte a été reprise par Neugebauer, *Greek Horoscopes*, p. 21 (No 81, col. I, ligne 13).

A propos des « Tables éternelles », voir Neugebauer, *Egyptian...*, p. 239, 243, qui fait remonter ce type d'astronomie à une époque antérieure à 200 avant J.-C., parce que Apollonius de Perge utilisait déjà les méthodes avec excentriques et épicycles, *ibidem*, p. 242.

GRAPHIQUE 1.— Mouvement apparent de Vénus en longitude pour les années 897–906. (*Vat. gr.* 184, voir p. 65).

1er exemple: 1er janvier 906, ♀ à 10° du Verseau.
2e exemple: 1er mars 906, ♀ dans le Verseau.

Sur ce graphique, on a d'abord déterminé les 8 origines (dates et commencement des signes) données dans le tableau de la p. 57.
Ensuite, la position ne changeant pas, on a effectué la correction de 120 jours, comme nous l'expliquons p 67 et ss.

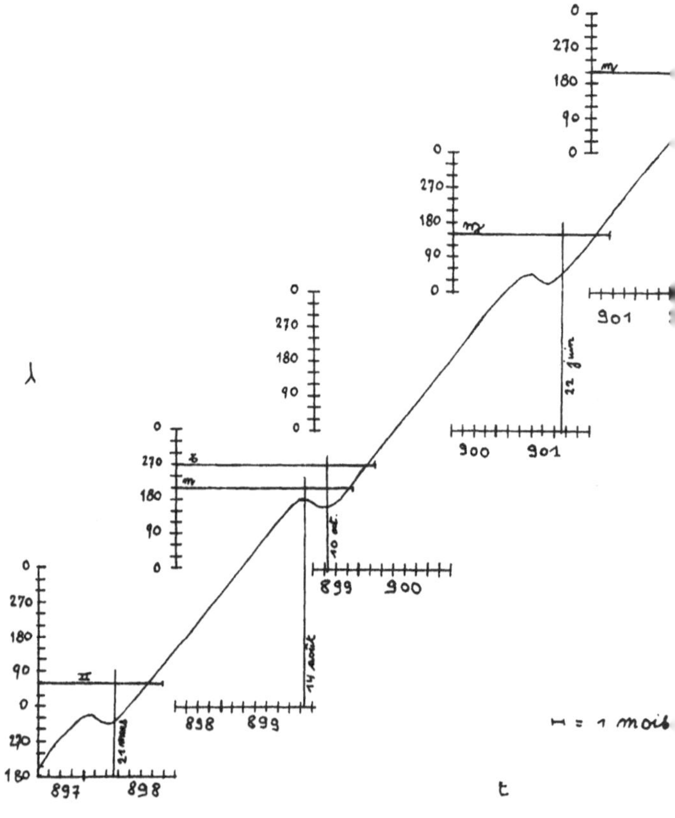

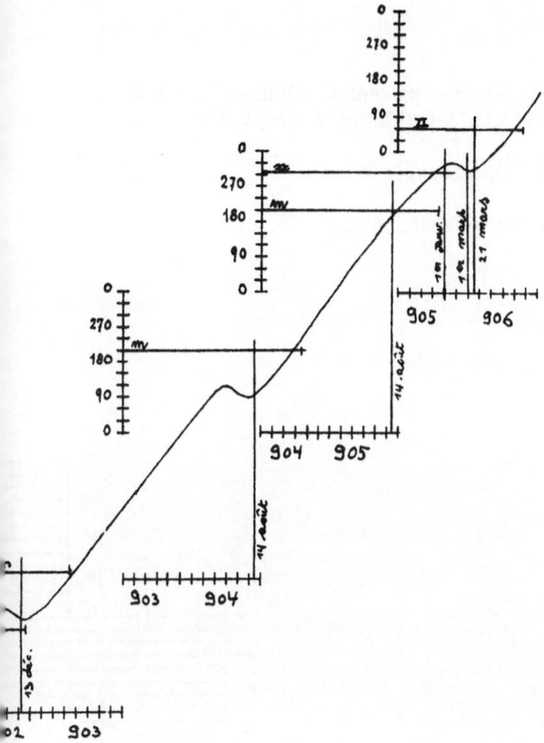
0
270
180
90
0
VI
0
270
180
90
0
IIx
IV
1er janv.
1er mars
21 mars
905
906
0
270
180
90
0
IV
14 août
904
905
14 août
903
904
13 déc.
02
903

GRAPHIQUE 2.— Mouvement apparent de Vénus en longitude pour les années 107–115 ap. J.-C. Vettius Valens, I, XX:

1er exemple: 14 mars 110, ♀ dans le Verseau.

On trouve ici les origines qui sont données p. 75.

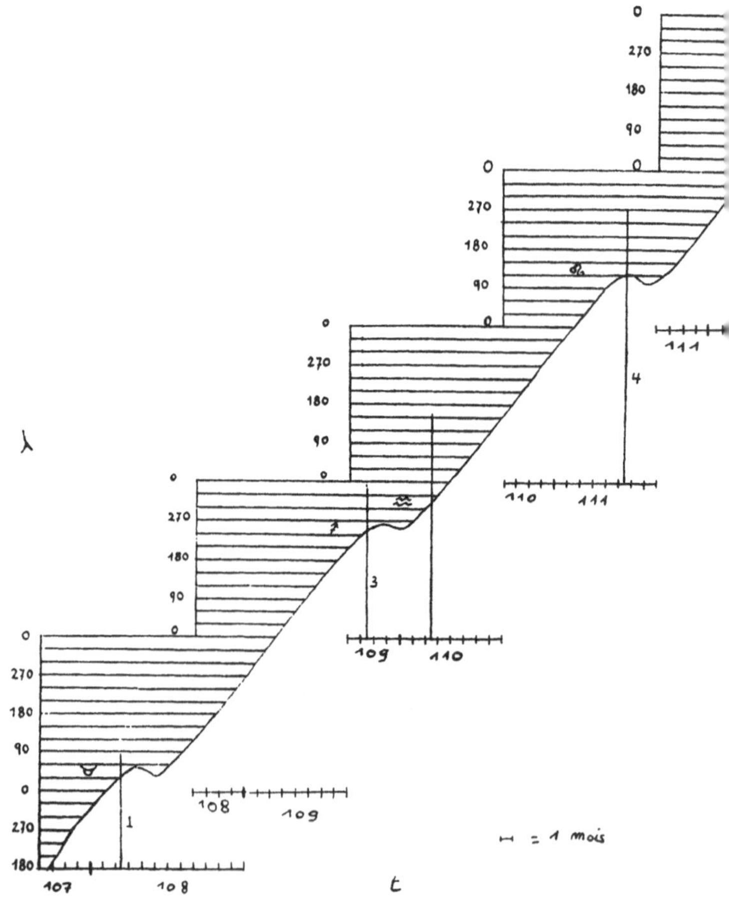

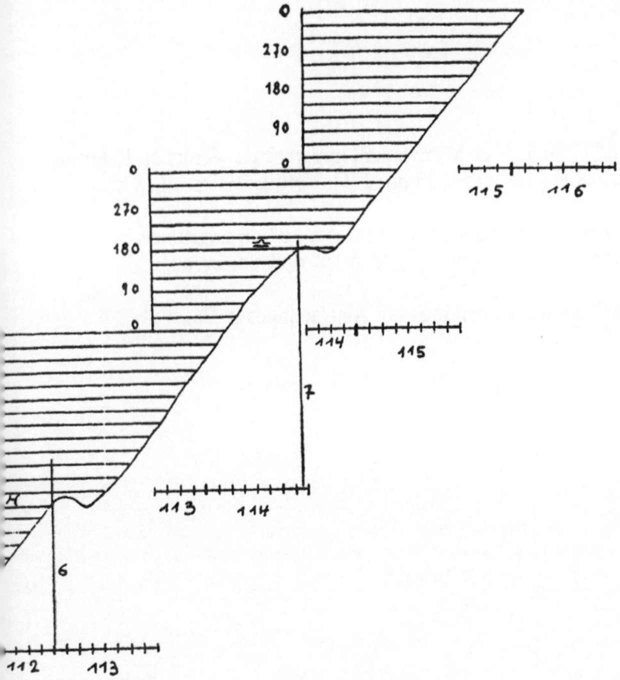
0
270
180
90
0
115
116
0
270
180
90
0
114
115
7
113
114
6
112
113

GRAPHIQUE 3.—Mouvement apparent de Vénus en longitude pour les années 115–123 ap. J.-C. Vettius Valens, I, XX:

2er exemple: 26 novembre 118, ♀ à 20° du Sagittaire.
3er exemple: 8 février 120, ♀ à 16° du Capricorne.

On trouve ici les origines qui sont données p. 76.

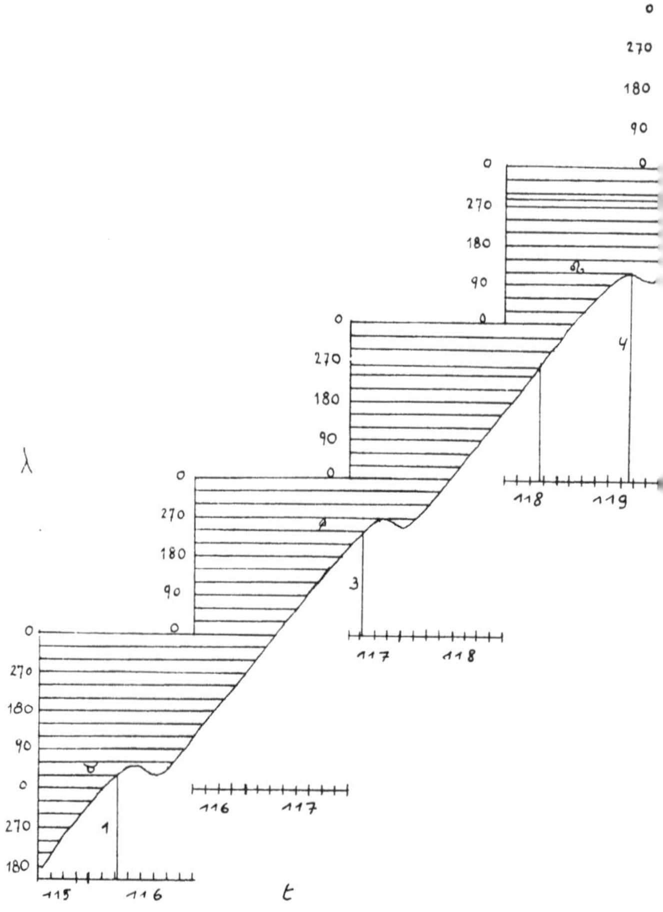

II

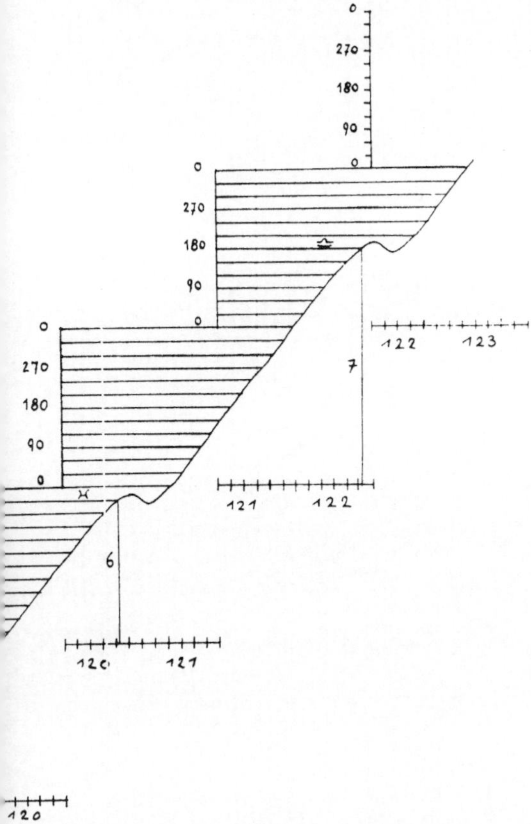
0
270
180
90
0
0
270
180
90
0
0
270
180
90
0
122
123
7
121
122
6
120
121
120

III

Le calcul de la longitude des planètes d'après un texte anonyme du *Vat. Gr.* 184

Dans le *Bulletin de l'Institut Historique Belge de Rome* 39 (1968), nous avons publié un curieux texte anonyme sur le calcul de la longitude de Vénus, qui avait été soumis à notre attention par le Professeur J. Mogenet (1). Ce petit texte, daté de 906 et visiblement inspiré des méthodes de Vettius Valens l'astrologue égyptien du IIe siècle de notre ère, fait partie d'un ensemble de même inspiration que nous nous proposons de compléter ici. Les méthodes de Vettius Valens pour le calcul de la longitude des planètes ont, depuis, été étudiées en détail par le Professeur O. Neugebauer (2). Il reste donc à présenter ici les adaptations de 906, telles qu'elles apparaissent dans les manuscrits suivants :

V = *Vat. gr.* 184 (XIIIe s.), ff. 8-9v.
P = *Paris. Suppl. gr.* 464 (XIVe s.), ff. 135, 136, 138r-v.
R = *Rossianus gr.* 37 (897) (XVe s.), ff. 10v-14v (3).

I. Edition du texte

§ 1. *Ψηφηφορία ἡλίου.*

Ταῖς συναγομέναις ἀπὸ α΄ σεπτεβρίου ἡμέραις ἕως τῆς ἐπιζητουμένης ἡμέρας πάντοτε προστίθει $\overline{ρνη}$, *καὶ τὰ ὁμοῦ γινόμενα ἔκβαλε ἀπὸ Κριοῦ διδοὺς ἑκάστῳ τῶν ζῳδίων* $\bar{λ}$ · *καὶ ὅπου δ᾿ ἂν καταντήσῃ ὁ ἀριθμός, ἐν ἐκείνῳ τῷ ζῳδίῳ*

(1) A. Tihon, *Le calcul de la longitude de Vénus d'après un texte anonyme du Vat. gr. 184*, dans *Bulletin de l'Institut Historique Belge de Rome*, 39 (1968), pp. 51-82.
(2) O. Neugebauer, *A History of Ancient Mathematical Astronomy*, 3 vol., Berlin-Heidelberg-New- York, 1975, pp. 793-801.
(3) Descriptions dans Tihon, *Vénus*, pp. 51-53.

φήσομεν εἶναι τὸν ἥλιον. Ὑπόδειγμα μηνὶ ἰανουαρίῳ, α΄, Ν θ΄, ἔτους ͵ϛυιδ΄· αἱ συναγόμεναι ἀπὸ ἀρχῆς σεπτεβρίου ἡμέραι ἕως πρώτης ἰανουαρίου μετὰ καὶ αὐτῆς, ρ̅χ̅γ̅· πρόσθες αὐταῖς ρ̅ν̅η̅ · ὁμοῦ γίνονται σ̅π̅α̅ · λέγομεν τοίνυν ἐννάκις τὰ λ̅, γίνονται σ̅ο̅, λοιπαὶ ι̅α̅ · δίδωμι οὖν ♈ ♉ ♊ ♋ ♌ ♍ ♎ ♏ ♐ ἀνὰ λ̅, καὶ καταντᾶ ἐπέχων ὁ ἥλιος ἐν Αἰγοκέρωτι μοῖραν ια΄.

§ 2. *Ψηφηφορία σελήνης.*

Τὴν ποσταίαν τῆς σελήνης πάντοτε δωδεκαπλασίαζε, καὶ τὰ γινόμενα ἔκβαλε ἀπὸ τῆς μοίρας τοῦ ζῳδίου ἐν ᾧ ἐστιν ὁ ἥλιος, διδοὺς ἑκάστῳ τῶν λοιπῶν ζῳδίων ἀνὰ λ̅, καὶ ὅπου δ᾽ἂν καταντήσῃ ὁ ἀριθμός, ἐν ἐκείνῳ τῷ ζῳδίῳ φήσομεν εἶναι τὴν σελήνην.

Ὑπόδειγμα, μηνὶ καὶ Ν τῇ αὐτῇ, ἡμέρᾳ δ΄ τῆς σελήνης · λέγομεν οὖν δωδεκάκις τὰ δ̅, μ̅η̅ · ἄρξαι ἀπὸ Αἰγόκερω καὶ δὸς αὐτῷ μοίρας ι̅θ̅ · ἕνδεκα γὰρ εἶχεν ὁ ἥλιος ἐν αὐτῇ · λοιπαὶ μένουσιν κ̅θ̅ · ἔστιν οὖν ἡ σελήνη ἐν τῷ Ὑδροχόῳ ἔχουσα μοίρας κ̅θ̅.

§ 3. *Ψηφηφορία τοῦ ὡροσκόπου.*

Τὰς ἀπὸ ἀνατολῆς ἡλίου ὥρας ὅσας βούλει πολλαπλασίαζε πάντοτε παρὰ τῶν ι̅ε̅ · καὶ προστίθει τῷ ἀπὸ τοῦ πολλαπλασιασμοῦ ἀριθμῷ τὰς τοῦ ἡλίου μοίρας

R. f. 10^{v}-11^{r} : *Μέθοδος εἰς τὸ εὑρεῖν τὴν* (sic) *ἥλιον ἐν ποίῳ ἐστὶ τῶν ζῳδίων ἐν ᾗ ἂν ἡμέρᾳ ζητεῖν.*

Τὰς ἀπ᾽ἀρχῆς τοῦ σεπτεβρίου μηνὸς ἡμέρας ψηφ(ίζε) μέχρι τοῦ μηνὸς ἐν ᾧ ζητεῖς τὸν ἥλιον καὶ προστιθεὶς ρ̅ο̅β̅, δία τὸ τῆς ἰσημερίας τῆς ἐαρινῆς μέχρι α΄ τοῦ σεπτεβρίου, τουτέστι τοῦ θὼθ κατ᾽ Αἰγυπτίους καὶ ἀναλύσας εἰς λ̅ καὶ ι̅ ὥρας, καὶ ὅσας τριακοντάδας εὑρήσεις, ἀνάλυε ἀρχόμενος ἀπὸ τοῦ Κριοῦ καὶ μέχρι συμπληρώσεως τῶν Ἰχθύων · ὅσας εὑρήσει<ς> κάτωθεν τῶν τριάκοντα, τοσαύτας ἔχει μῆνας ὁ ἥλιος εἰς τὸ ζῴδιον.
P

5. *ἰανουαρίῳ*] *ἰανν-* P 6. *ἰανουαρίου*] *ἰανν-* P 13. *ζῳδίων*] *add τῶν λοιπῶν* P
17. *αὐτῇ*] *αὐτῷ* P *μένουσιν*] *-σι* P *κ̅θ̅*] *ι̅θ̅* V 18. *κ̅θ̅*] *ι̅θ̅* V

R. f. 11^{r}. (*sine titulo*) *Ψηφοῦμεν τὴν ποσότητα τῆς σελήνης κατ᾽ ἐκείνην τὴν ἡμέραν ἣν ζητοῦμεν, καὶ τὰς εὑρισκομένας ἡμέρας πολλαπλασιάζομεν ἐπὶ τὰ ι̅β̅ διὰ τὸ ἑκάστην ἡμέραν περιπατεῖν τὴν σελήνην · προστίθεμεν καὶ τὰς μοίρας ἃς ἔχει ὁ ἥλιος εἰς τὸ ζῴδιον κατ᾽ ἐκείνην τὴν ἡμέραν · ἔστι γὰρ καὶ ἡ μοῖρα τρόπον τινὰ ἔχουσα μέτρον ἡμέρας · καὶ τὰ γινόμενα ἐκ τοῦ πολυπλασιασμοῦ δίδομεν ἑκάστῳ ζῳδίῳ μοίρας λ, ἐξ οὗ ζῳδίου ἐστὶν ὁ ἥλιος · καὶ ὅπου δ᾽ἂν λήξῃ ὁ ἀριθμός, ἐν ἐκείνῳ τῷ ζῳδίῳ λέγομεν τὴν σελήνην εἶναι · τὰ δὲ κάτωθεν τῶν λ̅ εὑρισκόμενα δηλοῦται τὰς μοίρας ἐν αἷς ἐστιν ἡ σελήνη τοῦ ζῳδίου · ὡς ἐν ὑποδείγματι λάβωμεν τὸ<ν> ἥλιον ὅτι ἐστὶν τὸ* (sic) *μοῖραν ε΄ · ἔστι δὲ καὶ ἡ ποσότης τῆς σελήνης δεκάτη · ταῦτα ἐπὶ τὰ ι̅β̅ γί(νεται) ρ̅κ̅ · προστίθεμεν καὶ τὰς ε̅ μοίρας τοῦ ἡλίου · γί(νεται) ρ̅κ̅ε̅ · δίδωμεν ἑκάστῳ ζῳδίῳ μοίρας λ̅ · καὶ γί(νεται) ζῴδια δ̅ · καὶ ἀρχόμενοι ἀπὸ Ταύρου καταντῶμεν εἰς τὴν Παρθένον ἐν μοίρᾳ ε΄.*

19. *Tit. Περὶ ὁροσκόπου* R.
20. *πολλαπλασίαζε*] *πολυ-* R *πάντοτε om* P
21. *προστίθει*] *προστίθου* R *τῷ ... ἀριθμῷ*] *τούτοις* R

ὅσας ἂν τύχῃ ἔχων ἐν τῷ ζῳδίῳ καὶ τὸν οὕτω συναχθέντα ἀριθμὸν ἔκβαλε ἀπὸ τῆς ἀρχῆς τοῦ ζῳδίου ἐν ᾧ ἐστιν ὁ ἥλιος διδοὺς ἑκάστῳ τῶν ζῳδίων ἀνὰ λ̄ · καὶ ὅπου ἂν καταντήσῃ ὁ ἀριθμὸς ἐκεῖνο φήσομεν ὡροσκοποῦν τὸ ζῴδιον. Ὑπόδειγμα · ὥρα ἡμερινὴ γʹ · πέντε καὶ δεκάκις τὰ γ̄ · με̄ · καὶ ὁ ἥλιος ἔχει ἐν τῷ Αἰγοκέρωτι μοίρας ια̅ · ὁμοῦ γίνονται μοῖραι νς̄ · ἐξ αὐτῶν δὸς Αἰγοκέρωτι λ̄ · λοιπαὶ ἔμειναν κς̄ · λέγομεν τοίνυν ὡροσκοπεῖν τὴν τοῦ Ὑδροχόου κςʹ μοῖραν · ἐπὶ δὲ νυκτὸς τὰς ἀπὸ δύσεως ἡλίου ὥρας ὅσας βούλει πολλαπλασίαζε παρὰ τῶν δεκάπεντε · καὶ τὸν συναγόμενον ἀριθμὸν μετὰ τῆς προσθέσεως τῶν τοῦ ἡλίου μοιρῶν ἔκβαλλε ἀπὸ τοῦ κατὰ διάμετρον ἡλίου ζῳδίου · καὶ εὑρήσεις τὸ ὡροσκοποῦν ζῴδιον καὶ τὴν τούτου μοῖραν.

Ψηφηφορία τῶν ε̄ πλανωμένων.

§ 5. Περὶ Κρόνου.

Τὰ ἀπʹ ἀρχῆς Αὐγούστου ἔτη πλήρη ἀναλάμβανε καὶ ὑφέξελε αὐτὰ παρὰ τῶν λ̄ · καὶ τὰ καταλειφθέντα ἐλάττω τῶν λ̄ πολλαπλασίαζε παρὰ τῶν ιβ̄ · καὶ τῷ γινομένῳ ἀριθμῷ πρόσθες ὅσας ἂν τριακοντάδας ὑφεξέλῃς ἀνὰ ε̄ · καὶ ἀπὸ ἀρχῆς σεπτεβρίου μηνὸς ἕως οὗ ἐπιζητεῖς ἑκάστου μηνὸς ἀνὰ γ̄ · καὶ ἑνώσας ἔκβαλλε ἀπὸ Καρκίνου διδοὺς ἑκάστῳ τῶν ζῳδίων ἀνὰ λ̄ · καὶ ὅπου δʼἂν καταντήσῃ ὁ ἀριθμός, ἐκεῖ ἔσται ὁ Κρόνος.

Ὑπόδειγμα · τὰ ἀπὸ τοῦ Αὐγούστου ἔτη ἕως τῆς ἐνισταμένης θʹ ἐπινεμήσεως καὶ μηνὸς ἰανουαρίου αʹ ϡλς̄ · ὕφελον αὐτὰ παρὰ τῶν λ̄ · τριακοντάκις γὰρ λα̅ ·

22. ἔκβαλε] -λλε P
23. ἀνὰ λ̄] λ̄ ἀνὰ R
24. ἂν] δʼἂν R ὡροσκοποῦν] ὡροσκοπεῖν R Ὑπόδειγμα] *add* ἔστω R
25. πέντε ... με̄] τρὶς οὖν ιε̄, με̄ R. Αἰγοκέρωτι] Λέοντι R
26. ια̅] θ̄ R γίνονται ... νς̄] νδ̄ R Αἰγοκέρωτι] τῷ Λέοντι R ἔμειναν κς̄] κδ̄ R
27. τοίνυν] οὖν R ὡροσκοπεῖν] ὡρωσκοπεῖν P Ὑδροχόου κςʹ] Παρθένου κδʹ R. δὲ *deest in* P
28. δεκάπεντε *deest in* P
29. προσθέσεως] προθέσεως R ἡλίου μοιρῶν *om* P (ἡλίου *deletum* ?) ἔκβαλλε] ἔκβαλε R
32. *Tit.* Πρόχειρος εὕρεσις τῶν πέντε πλανομένων καὶ πρῶτον περὶ Κρόνου R.
34. ἀπʹ] ἀπὸ R πλήρη *om* R ὑφέξελε] ὕφειλε R
36. ὑφεξέλῃς] ὕφειλες R ἀπὸ] ἀπʹ R
37. ἔκβαλλε] ἔκβαλε R
38. ἀνὰ] ἀπὸ R
40. Ὑπόδειγμα *om* P τοῦ *om* PR
41. ἰανουαρίου] ἰανν- P ὕφελον] ὕφειλον R παρὰ] ἐπὶ R τῶν *om* P

ϡλ · λοιπὰ ἔμειναν ζ · δωδεκαπλασίασον αὐτά · δωδεκάκις γὰρ τὰ ζ γίνονται οβ · πρόσθες τούτοις τὸν ἀπὸ τοῦ πολλαπλασιασμοῦ τῆς λα τριακοντάδος ἀριθμὸν ἅπερ εἰσὶν ρνε · καὶ ἀπὸ τοῦ σεπτεβρίου μηνὸς ἕως ἰανουαρίου α τῶν δ μηνῶν ἀνὰ γ · καὶ τοῦ ἰανουαρίου α L ʼδιὰ τὸ ἐπιζητεῖν ἡμᾶς ἐν ἀρχῇ τοῦ αὐτοῦ μηνός · ὁμοῦ γίνονται σμ L · ἀπόλυε ἀπὸ ἀρχῆς Καρκίνου ἀνὰ λ · λέγομεν τοίνυν ὀκτάκις τὰ λ σμ · λοιπὰ ἔμειναν μοίρας τὸ ἥμισυ · καὶ καταντᾶ ὁ Κρόνος ἐπέχων ἐν Ἰχθύσι τῆς πρώτης μοίρας τὸ ἥμισυ.

§ 6. *Περὶ τοῦ Διός.*

Τὰ ἀπʼ ἀρχῆς Αὐγούστου Καίσαρος ἔτη ὕφελε παρὰ τῶν δώδεκα · καὶ πρόσθες τῷ γινομένῳ ἀριθμῷ ὅσας ἂν δωδεκάδας ὑφεξέλῃς ἀνὰ μίαν · ἔξωθεν δὲ τούτων πρόσθες ἄλλα ҁ, καὶ ἀπὸ σεπτεβρίου μηνὸς ἕως οὗ ζητεῖς ἑκάστου μηνὸς ἀνὰ β καὶ ἑνώσας ἔκβαλλε ἀπὸ Ταύρου διδοὺς ἑκάστῳ τῶν ζῳδίων ἀνὰ ιβ · καὶ ὅπου καταντήσῃ ὁ ἀριθμός, ἐκεῖ ἔσται ὁ Ζεύς.

Ὑπόδειγμα. Τὰ ἀπʼἀρχῆς Αὐγούστου Καίσαρος ἔτη ϡλς · ὕφελον αὐτὰ παρὰ τῶν ιβ · λέγομεν γὰρ δωδεκάκις τὰ οη · γίνονται ϡλς · λοιπὰ ἔμειναν οὐδέν · κράτει λοιπὸν τῶν οη δωδεκάδων ἀνὰ ἕν, ἅπερ εἰσὶν οη · πρόσθες τούτοις ἄλλα ҁ · καὶ ἀπὸ αʼ μηνὸς σεπτεβρίου ἕως ἰαννουαρίου αʼ ἑκάστου μηνὸς ἀνὰ δύο · ὁμοῦ γίνονται ρς · ἔκβαλε οὖν αὐτὰ ἀπʼ ἀρχῆς Ταύρου διδοὺς ἑκάστῳ τῶν ζῳδίων ἀνὰ ιβ · λέγω τοίνυν ὀκτάκις τὰ ιβ · γίνονται ҁς · λοιπὰ ἔμειναν ι · καὶ καταντᾶ ὁ Ζεὺς ἐπέχων Αἰγοκέρωτος μοῖραν ι.

42. ἔμειναν *om* R   δωδεκαπλασίασον] -πλασιον R   δωδεκάκις ... ζ *om* R
43-44. τὸν ἀπὸ ... ἀριθμὸν] τῆς τριακοστῆς καὶ μιᾶς τριακοντάδος ἀνὰ ε R   τοῦ] αης R
ἰανουαρίου] ἰανν- P   α] *add* πρόσθες R
45. ἰανουαρίου] ἰαου P
46. ὁμοῦ] καὶ ὁμοῦ R   ἀπὸ] ἀπʼ R
47. τὰ *om* R   λοιπὰ] λοιπὸν P *om* R   ἔμειναν] ἔμεινεν R   μοίρας τὸ *om* R
καταντᾶ] εὑρίσκεται R   49. Περὶ τοῦ] παράδειγμα
50. Καίσαρος] Καίσσαρος P *om* R   ὕφελε] ὕφειλε R   παρὰ] περὶ R
51. γινομένῳ] λειπομένῳ R   ὑφεξέλῃς] ὑπεξελʼ R
53. ἔκβαλλε] ἔκβαλε R
54. ὁ Ζεὺς] ὁ τοῦ Διὸς ἀστὴρ R
55. Καίσαρος] Καίσσαρος P *om* R   ἔτη] *add* εἰσι R   ὕφελον] ὕφειλον R
56. λέγομεν ... ϡλς *om* R   ἔμειναν *om* R
57. λοιπὸν] τοίνυν PR.   ἕν] μίαν R
58. σεπτεβρίου *deest in* P
59. ὁμοῦ *om* R
60. τοίνυν *om* R   τὰ *om* R   τὰ ιβ ... ι *deest in* P (*mutilatum*)   γίνονται *om* R
ἔμειναν *om* R
61. -ντᾶ ὁ Ζεὺς *deest in* P (*mutilatum*)   ἐπέχων Αἰγοκέρωτος] ἔχων ἐν Αἰγοκέρωτι R
Αἰγοκέρωτος ... ι *deest in* P (*mutilatum*)

§ 7. *Περὶ Ἄρεως.*

Τὰ ἀπὸ τοῦ Αὐγούστου τοῦ Καίσαρος ἔτη ϡλϛ ὕφελε αὐτὰ παρὰ τῶν λ̄ · τὸν δὲ καταλειπόμενον ἀριθμὸν ἐλάττω τῶν λ̄ σκόπει · καὶ εἰ μὲν ἄρτιός ἐστιν ὁ καταλειφθεὶς ἀριθμός, ἀπὸ τοῦ Κριοῦ ἔκβαλε · εἰ δὲ περιττός, ἀπὸ τοῦ Ζύγου · μετὰ οὖν τὸ διακρίναι τὸν ἀριθμὸν εἰ ἄρτιός ἐστι ἢ περιττός, δίπλωσον αὐτὸν καὶ πρόσθες αὐτῷ ἀπὸ σεπτεβρίου μηνὸς ἕως οὗ ζητεῖς ἑκάστου μηνὸς ἀνὰ δύο L˙ · καὶ ἀθροίσας ὁμοῦ, εἰ μὲν ὑπὲρ τὰ ξ̄ γένηται ὁ ἀριθμός, καταλιπὼν τὰ ξ̄, τὰ λοιπὰ ἔκβαλε ἢ ἀπὸ τοῦ Κριοῦ ἢ ἀπὸ τοῦ Ζυγοῦ καθὼς ὁ προρρηθεὶς δηλώσει ἀριθμός, διδοὺς ἑκάστῳ τῶν ζῳδίων ἀνὰ ε̄ · καὶ ὅπου καταντήσει ὁ ἀριθμός, ἐκεῖ ἔσται ὁ τοῦ Ἄρεως · εἰ δὲ ἔνδον τῶν ξ̄ εὑρέθη ὁ συναχθεὶς ἀριθμός, τοῖς αὐτοῖς χρῶ καθὼς ὑποδέδεικται.

Ὑπόδειγμα · τὰ ἀπὸ τοῦ Αὐγούστου τοῦ Καίσαρος ἔτη ϡλϛ · ὕφελον αὐτὰ παρὰ τῶν λ̄ · λοιπὰ μένουσιν ϛ̄ · δῆλον οὖν ὅτι ἀπὸ Κριοῦ δεῖ ἡμᾶς ποιῆσαι τὴν ὕφεσιν, διὰ τὸ ἄρτιον εἶναι τὸν ζ̄ · ταῦτα γοῦν δίπλωσον καὶ γίνονται ιβ̄ · καὶ πρόσθες αὐτοῖς ἀπὸ σεπτεβρίου μηνὸς ἕως ἰαννουαρίου α´ ἀνὰ δύο L˙ · ὁμοῦ γίνονται κβ̄ · ἄρξαι ἀπὸ Κριοῦ διδοὺς ἑκάστῳ τῶν ζῳδίων ἀνὰ ε̄, καὶ καταντᾷ ὁ Ἄρης ἐν τῷ Λέοντι.

§ 8. *Περὶ Ἀφροδίτης* : *vide Bulletin de l'Institut Historique Belge de Rome* 39 (1968), pp. 54-55.

62. *Περὶ Ἄρεως deest in* P (*mutilatum*)
63. *τοῦ*$_1$ *om* R *τοῦ Καίσαρος om* R *ὕφελε*] *ὑφέξελε* P *ὕφειλε* R *αὐτὰ παρὰ deest in* P (*mutilatum*) *παρὰ*] *περὶ* R
63-64. *λ̄ τὸν δὲ κατα- deest in* P (*mutilatum*)
64. *καταλειπόμενον*] *καταλειφθέντα* R *ἐλάττω τῶν λ̄ om* R *εἰ*] *ἡ* R *ἐστιν*] *-ι* R *ὁ deest in* P (*mutilatum*)
65. *ὁ καταλειφθεὶς ἀριθμὸς om* R *καταλειφθεὶς*] *-λειφθὴς* P (*κατα- mutilatum*) *τοῦ om* R *ἔκβαλε*] *-λλε* P *τοῦ om* R
66. *ἐστι*] *-ιν* PR
67. *ἑκάστου μηνὸς om* R
68. *ὑπὲρ*] *ἔξω* R
69. *ἔκβαλε*] *-λλε* R *ἢ*$_1$ *om* R *τοῦ*$_1$ *om* R *τοῦ*$_2$ *om* R *προρρηθεὶς*] *προρη-* R
70. *καταντήσῃ*] *-σει* P
71. *Ἄρεως*] *add ἀστὴρ* R *εἰ*] *ἡ* R *εὑρέθη*] *εὑρέθει* R
73. *τοῦ*$_1$ *om* R *τοῦ*$_2$ *om* P *τοῦ Καίσαρος om* R *Καίσαρος*] *Καίσσαρος* P *ἔτη*] *πλήρης ἔτη εἰσι* R *ὕφελον*] *ὕφειλον* R *αὐτὰ*] *ταῦτα* R
74. *παρὰ*] *περὶ* R *mutilatum in* P *μένουσιν om* R *ὅτι*] *ὡς* P *ποιῆσαι*] *ποιῆται* R
75. *ὕφεσιν*] *ἄφεσιν* R *ἀφ-* (?) P (*mutilatum*) *δίπλωσον*] *δίπλασον* R
76. *ὁμοῦ*] *καὶ ὁμοῦ* R
78. *Λέοντι*] *add ἐπέχων μοίρας β om* R

§ 9. <*Περὶ 'Ερμοῦ*

Ταῖς συναγομέναις ἀπὸ α' σεπτεμβρίου ἡμέρα>ις ἕως τῆς ἐπιζητουμένης ἡμέρας καὶ αὐτῆς πάντοτε <προστίθει $\overline{\rho\xi\beta}$ *καὶ τὴν ὁμάδα ἔκβαλλε ἀπὸ Κριοῦ δι>δοὺς ἑκάστῳ τῶν ζῳδίων ἀνὰ* $\overline{\lambda}$ *καὶ ὅπου δ'ἄν <καταλήξει ὁ ἀριθμὸς ἐκεῖ ἔσται ὁ 'Ερμῆς.*

'Υπόδειγμα>· ταῖς συναγομέναις ἀπὸ ἀρχῆς τοῦ σεπτεβρίου <ἡμέραις ἕως ἰανουαρίου α' μετὰ καὶ αὐτῆς γινόνται $\overline{\rho\kappa\gamma}$ *· πρό>σθες οὖν αὐταῖς* $\overline{\rho\xi\beta}$ *· ὁμοῦ γίνονται* $\overline{\sigma\pi\varepsilon}$ *· <ἔκβαλε αὐτὰ ἀπὸ ἀρχῆς Κριοῦ ἀνὰ τῶν* $\overline{\lambda}$ *· πάντοτε > μὲν οὖν · ἔγγιστα τοῦ ἡλίου ζήτει αὐτὸν · οἷον ἐν ἀρχῇ τοῦ ζῳδίου ἐστὶν ὁ ἥλιος · ἐν τῷ ὄπισθεν αὐτοῦ δυνατὸν αὐτὸν εὑρεθῆναι · ἐὰν δὲ ἐπὶ τέλει, ἐν τῷ ἑξῆς ζῳδίῳ, ὡς καὶ νῦν ὁ μὲν ἥλιος ἐν μέσῳ τοῦ Αἰγοκέρωτος, καὶ ὁ 'Ερμῆς ἐν μέσῳ τοῦ Τοξότου · ἐννάκις τὰ* $\overline{\lambda}$ *γίνονται* $\overline{\sigma o}$ *· λοιπὰ* $\overline{\iota\varepsilon}$ *καὶ καταντᾶ ὁ 'Ερμῆς ἐν τῷ ὄπισθεν ἡλίου ζῳδίῳ, ἤγουν ἐν τῷ Τοξότῳ ἐπέχων μοῖραν ιε'.*

79-87. *Textus mutilatus est in* V : *supplevi.*
79. *'Ερμοῦ] add ἀστέρος* R
80. *ἀπὸ α' deest in* P (*mutilatum*) *σεπτεμβρίου] add μηνὸς* R *ἡμέρα>ις] ἡμέρας* R
81. *προστίθει deest in* P (*mutilatum*) *ὁμάδα] ὁμοῦ γινόμενα* P *ἔκβαλλε] -βαλε* R
83. *ἔσται ὁ deest in* P (*mutilatum*)
84. *Ταῖς συναγομέναις] αἱ συναγόμεναι* R *ἀπὸ] ἀπ'* R *τοῦ om* R
84-85. *ἕως ἰανουαρίου deest in* P (*mutilatum*)
85. *γίνονται om* P *οὖν αὐταῖς] αὐτοῖς* R
86. *γίνονται* $\overline{\sigma\pi\varepsilon}$ *deletum in* P *γίνονται om* R *ἔκβαλε] -λλε* P *ἀνὰ] παρὰ* P *περὶ* R *μὲν οὖν om* P (*mutilatum*)
87. *ἐστιν] ἐστι* R *ὁ ἥλιος deest in* P (*mutilatum*)
88. *εὑρεθῆναι] εὑρέθη* R *ἐν τῷ deest in* P (*mutilatum*)
89. *μέσῳ] μέσῃ* PR *'Ερμῆς] hic desinit* P *μέσῳ] μέσῃ* R
90. *ἐννάκις ...* $\overline{\sigma o}$ *] οἷον θ'·λ· σο* R
91. *ἡλίου om* R *μοῖραν] μοίρας* R

II. Traductions et commentaires

§ 1. Calcul de la longitude du Soleil.

a) *Traduction* :

«Calcul du Soleil. A la somme des jours depuis le 1er septembre jusqu'au jour cherché, ajoute toujours 158 et compte le résultat depuis le Bélier en donnant à chaque signe 30°. Là où tombera le nombre, nous dirons que c'est dans ce signe que se trouve le Soleil.

Exemple : 1er janvier, 9e indiction, année 6414. La somme des jours depuis le commencement de septembre jusqu'au 1er janvier inclus est de 123 jours. Ajoutes-y 158. En tout, cela fait 281. Nous disons donc : 9 fois 30 égale 270. Reste 11. Je compte par 30, donc : Bélier, Taureau, Gémeaux, Cancer, Lion, Vierge, Balance, Scorpion, Sagittaire, et le Soleil se trouve à 11° du Capricorne».

b) *Commentaire* :

Cette méthode pour calculer la position du Soleil est traditionnelle. On la trouve dans les *Eisagògika* de l'astrologue Paul d'Alexandrie (4), et elle réapparaît dans de nombreuses scolies astronomiques anonymes, par exemple, celles du *Vat. gr.* 1291 (5). Elle diffère, par contre, du système préconisé par Vettius Valens (6). Le principe en est simple : le 1er Thoth, devenu ici le 1er septembre, le Soleil est censé occuper une position de 158° (7). Pour le reste, on considère simplement que le Soleil parcourt 1° par jour. L'équivalence entre le 1er Toth et le 1er septembre est classique dans ce genre de textes.

L'exemple, pris pour le 1er janvier 906 (année du monde 6414, 9e indiction), donne le calcul suivant :

- nombre de jours entre le 1er septembre et le 1er janvier inclus : 123 ;
- 123 + 158 = 281
- à compter depuis 0° du Bélier à raison de 30° par signe : le Soleil se trouve à 11° du Capricorne.

D'après les tables de TUCKERMAN, le Soleil se trouvait à cette date à 286° (8).

Le calcul expliqué – sans exemple – par le *Rossianus gr.* 37 est légèrement différent, et présente avec le texte du *Vat. gr.* 1291 des ressemblances textuelles évidentes (9). La méthode du *Rossianus* diffère en ceci qu'on ajoute, non plus 158, mais 172 jours au nombre de jours comptés depuis le 1er septembre, ce qui est expliqué comme le nombre de jours qui

(4) *Paulus Alexandrinus Εἰσαγωγικά. Elementa Apotelesmatica*, ed. Ae. BOER, Leipzig, 1958, p. 79.

(5) J. MOGENET, *Les scolies astronomiques du Vat. gr. 1291*, dans *Bulletin de l'Institut Historique Belge de Rome*, 40 (1969), pp. 69-71 ; p. 74, 86-87.

(6) W. KROLL, *Vettii Valentis Anthologiarum libri*, Berlin, 1908, p. 33.

(7) Voir l'explication dans MOGENET, *Scolies*, pp. 86-87.

(8) B. TUCKERMAN, *Planetary, Lunar and Solar Positions A.D. 2 to A.D. 1649, Memoirs of the American Philosophical Society*, vol. 59, Philadelphia, 1964.

(9) Comparer MOGENET, *Scolies*, p. 74.

séparent le 1er septembre de l'équinoxe du printemps. Ceci suppose que l'équinoxe de printemps tombait le 12 mars – le 13, si l'on inclut le 1er septembre dans les 172 jours. Les tables de TUCKERMAN montrent que, au début du XVe siècle, l'équinoxe de printemps tombait le 12 mars : on a donc ici une modernisation du texte, en accord avec la datation du *Rossianus*.

§ 2. Calcul de la longitude de la Lune.

a) *Traduction* :

«Calcul de la Lune. Multiplie toujours par 12 le quantième de la Lune et compte le résultat depuis le degré du signe où se trouve le Soleil, en donnant à chacun des signes qui restent 30°. Là où tombera le nombre, nous dirons que c'est dans ce signe que se trouve la Lune.

Exemple : même mois et même indiction, 4e jour de la Lune. Nous disons donc : 12 fois 4, 48. Commence depuis le Capricorne et donne-lui 19°, car le Soleil se trouvait à 11° de ce signe. Il reste 29°. La Lune est donc dans le Verseau, à 29°».

b) *Commentaire* :

La méthode est élémentaire : on multiplie par 12 le quantième du mois lunaire et le chiffre obtenu est compté, à raison de 30° par signe, à partir de la position du Soleil. L'exemple est pris, à nouveau, le 1er janvier 906, qui était le quatrième jour de la Lune – d'après les tables de GOLDSTINE, la Nouvelle Lune a eu lieu, effectivement, le 28 décembre 905 (10). Le texte trouve la Lune à 29°. D'après les tables de TUCKERMAN, la Lune se trouvait à 333.2° le 1er janvier 906. Ici encore, un texte similaire figure dans les scolies du *Vat. gr.* 1291 (11).

Le *Rossianus gr.* 37 explique une méthode identique, avec un exemple différent : le Soleil se trouvant à 5° (du Taureau), la Lune en est à son 10e jour. On compte donc :

$10 \times 12° = 120°$

à compter depuis la position du Soleil, ce qui donne la Lune à 5° de la Vierge. Le texte ne précise pas la datation de cet exemple (12).

(10) H. H. GOLDSTINE, *New and Full moons 1001 B.C. to A.D. 1651, Memoirs of the American Philosophical Society*, vol. 94, Philadelphia, 1973.

(11) MOGENET, *Scolies*, p. 74, 87.

(12) Les renseignements astronomiques ne sont pas suffisamment précis pour permettre une datation assurée. Comme la Lune en est à son 10e jour, que le Soleil se

§ 3. L'horoscope.

a) *Traduction* :

«Calcul de l'horoscope. Multiplie toujours par 15 les heures que tu veux depuis le lever du Soleil. Ajoute au produit de la multiplication les degrés que le Soleil occupe dans le signe et compte la somme ainsi obtenue depuis le commencement du signe dans lequel se trouve le Soleil, en donnant à chaque signe 30°. Là où tombera le nombre, nous dirons que c'est ce signe qui est horoscope.

Exemple : 3e heure du jour. 15 fois 3, 45. Le Soleil occupe 11° du Capricorne. En tout, cela fait 56. De ceux-ci, donne 30° pour le Capricorne. Reste 26. Nous disons donc que l'horoscope est 26° du Verseau.

Pour la nuit, multiplie par 15 les heures que tu veux depuis le coucher du Soleil. Et compte le résultat, après addition des degrés du Soleil, depuis le signe diamétralement opposé à celui du Soleil, et tu trouveras le signe et le degré de l'horoscope».

b) *Commentaire* :

Ici encore, le procédé est élémentaire et bien connu ; on le retrouve également dans le *Vat. gr.* 1291 ([13]). Sachant que, en 1 heure équinoxiale, 15° d'équateur franchissent l'horizon, on multiplie par 15 le nombre d'heures depuis le lever du Soleil – ou depuis son coucher. Le résultat est compté depuis la position du Soleil – ou depuis le point diamétralement opposé.

L'exemple donné fait suite aux précédents : le Soleil étant à 11° du Capricorne, à 3 heures du jour, on compte : $3 \times 15 = 45$ depuis le lieu du Soleil, ce qui donne l'horoscope à 26° du Verseau.

Le *Rossianus gr.* 37 explique la même méthode, mais l'accompagne d'un exemple différent : le Soleil étant à 9° du Lion, à 3 heures du jour, on trouvera l'horoscope à 24° de la Vierge.

§ 4. Calcul de la longitude des planètes : Saturne.

a) *Traduction* :

«Calcul des cinq planètes. Saturne.

trouve à 5° du Taureau, la Lune, à 5° de la Vierge, il faut trouver une conjonction qui ait eu lieu aux environs de 25° du Bélier : par ex., en 1350, en 1361 ..., en 1399, en 1407 etc. (d'après GOLDSTINE).

(13) MOGENET, *Scolies*, p. 72, 79-80.

Compte les années pleines depuis le commencement d'Auguste et divise-les par 30, et multiplie par 12 le reste en-dessous de 30. Et, au résultat, ajoute le nombre de trentaines multiplié par 5, et chaque mois depuis septembre jusqu'à celui où tu cherches multiplié par 3. Et additionnant (le tout), compte depuis le Cancer en donnant à chaque signe 30°. Là où tombera le nombre, là sera Saturne.

Exemple. Années depuis Auguste jusqu'à la 9e indiction en cours et le 1er janvier : 936. Divise-les par 30 : 30 fois 31, 930 ; reste 6. Multiplie-les par 12 : 12 fois 6, en effet, font 72. Ajoutes-y le résultat de la multiplication (par 5) des 31 trentaines, soit 155, et les 4 mois depuis le mois de septembre jusqu'au 1er janvier, multipliés par 3, et 1 1/2 pour janvier, parce que nous cherchons pour le début de ce mois. En tout, cela fait 240 1/2. Compte par 30 depuis le commencement du Cancer. Nous disons donc, 8 fois 30, 240. Reste un demi-degré, et Saturne se retrouve occupant la moitié du premier degré des Poissons».

b) *Commentaire* :

Avec les planètes, on aborde cette fois des méthodes beaucoup moins répandues que celles exposées jusqu'ici. Comme nous l'avons montré à propos de Vénus [14], l'auteur anonyme s'est inspiré des recettes présentées par Vettius Valens, dont l'analyse a été faite depuis lors par le Professeur O. Neugebauer [15]. Voici comment on procède dans le cas de Saturne :

Vat. gr. 184	Vettius Valens (*ed.* Kroll, pp. 33-34)
1. Compter les années écoulées depuis le début du règne d'Auguste	1. idem
2. diviser par 30	2. idem
3. multiplier le reste par 12	3. idem
4. ajouter le nombre de trentaines multiplié par 5	4. idem
5. ajouter le nombre de mois depuis septembre jusqu'au mois cherché multiplié par 3	5. ajouter le nombre de mois depuis Thoth multiplié par 1
6. –	6. ajouter le nombre de jours multiplié par 2'
7. compter par 30° depuis 0° du Cancer	7. idem

(14) Cfr note 1.
(15) Cfr note 2.

Exemple (1er janvier 906)	Vettius Valens (KROLL, p. 35) (18 Phamenoth, année 13 de Trajan = 14 mars 110 p.C.)
1. 936 ans [16]	1. 138 années pleines [16]
2. 936 : 30 = 31 ; reste 6	2. 138 : 30 = 4 ; reste 18
3. 6 × 12 = 72	3. 18 × 12 = 216
4. 31 × 5 = 155	4. 4 × 5 = 20
5. 4 mois (de septembre à janvier) × 3 = 12 ; + 1 1/2 = 13 1/2	5. 7 mois (de Thoth à Phamenoth) × 1 = 7
7. Total : 72 + 155 + 13 1/2 = 240 1/2 à compter depuis 0° du Cancer, à 30° par signe : = 0° 30' des Poissons (TUCKERMAN : 334°)	7. Total : 216 + 20 + 7 = 243 à compter depuis 0° du Cancer, à 30° par signe : = Poissons (sans précision de degrés) (TUCKERMAN : 325°)

Le système de Vettius Valens est facile à comprendre :

1. Vettius Valens utilise l'ère d'Auguste. En fait, pour lui, l'ère d'Auguste commence le 1er Thoth (30 août) 30 a.C.
2. 3. 5. 6. Le calcul procède comme si Saturne était dotée d'un mouvement uniforme, sans tenir compte des stations et des rétrogradations. On estime donc que Saturne parcourt :
   360° en 30 ans
   12° en 1 an
   1° en 1 mois
   2' en 1 jour.
4. En fait, la durée de révolution sidérale de Saturne n'est pas de 30 ans, mais de 29 ans 167 j., soit 10759 j. En estimant à 30 ans la durée de celle-ci, on compte, par période de 30 ans, un excédent que le texte estime à 5°, soit un excédent de 150 × 0° 2' = 5°, ce qui supposerait une estimation de la durée de révolution sidérale de Saturne à 29 années

(16) Les problèmes de chronologie de Vettius Valens sont clairement exposés dans NEUGEBAUER, *History* II, p. 793, où sont soulignées les discordances entre les totaux utilisés (139 ans ou 138 ans) pour la même date. Le *Vat. gr.* 184 utilise partout le même total : 936 ans, qui suppose d'une manière constante, que l'ère d'Auguste commence en 31/30 a.C. (30 a.C. au 1er janvier). Voir TIHON, *Vénus*, p. 64, note 2, et *passim*.

égyptiennes + 215 j. = 10800 j. [17], alors que Ptolémée l'estimait à 29 années égyptiennes + 158 j. = 10743 j. [18].

7. Il reste à compter le résultat obtenu par suite de ces opérations à partir de 0° du Cancer, à raison de 30° par signe. Ceci suppose que Saturne se trouvait à 0° du Cancer au commencement de l'ère d'Auguste, ce qui n'est pas précisément correct : d'après Neugebauer, Saturne se trouvait à 21°30' des Gémeaux [19].

Le texte du *Vat. gr.* 184 procède de manière identique, sauf en ce qui concerne les opérations 5 et 6. Comment expliquer cette différence ? Le plus simple est de penser que l'auteur a cherché par là un moyen de compenser le décalage entre le résultat correct et celui que donnait, à son époque, le système de Vettius Valens, appliqué sans changement, à savoir :

5. 4 mois × 1 = 4
6. 1 jour × 2' = 2'
7. Total : 72° + 155° + 4° 2' = 231° 2' à compter depuis 0° du Cancer, ce qui donne 321° 2' au lieu des 330° 30' trouvés dans le texte [20].

L'auteur aurait ainsi imaginé un moyen arbitraire de rapprocher son résultat de la position de Saturne qu'il pouvait avoir observée. Inutile de souligner, bien sûr, que cette correction ne pouvait convenir qu'à son seul exemple !

§ 5. Longitude des planètes : Jupiter.

a) *Traduction* :

«A propos de Jupiter. Divise par 12 les années depuis le commencement de César Auguste, et ajoute au résultat obtenu [21] le nombre de douzaines multiplié par 1. Et, en dehors de celles-ci, ajoute encore 20, et chaque mois depuis septembre jusqu'au mois où tu cherches multiplié par 2. Et, additionnant, compte depuis le commencement du Taureau en donnant à chaque signe 12°. Là où tombera le nombre, là sera Jupiter.

(17) Comparer avec les valeurs données dans NEUGEBAUER, *History* II, pp. 782-783. Notre estimation est approximative.

(18) Chiffre donné par O. PEDERSEN, *A Survey of the Almagest*, Odense, 1974, p. 270.

(19) NEUGEBAUER, *History* II, p. 795.

(20) La différence est de 9° 28' soit, pratiquement, la différence entre la position de Saturne au départ de l'ère d'Auguste -1 (Gémeaux 21° 30') et celle donnée par Vettius Valens (Cancer 0°). La coïncidence est trop belle !

(21) Il faudrait plutôt ici : «au reste obtenu» (τῷ καταλειπομένῳ ἀριθμῷ).

Exemple. Années depuis le commencement de César Auguste : 936. Divise-les par 12. Nous disons, en effet, 12 × 78 font 936. Il ne reste rien. Compte ensuite les 78 douzaines multipliées par 1, ce qui fait 78. Ajoutes-y encore 20, et depuis le 1er septembre jusqu'au 1er janvier, chaque mois multiplié par 2. Et tout cela fait 106. Donc compte-les depuis le commencement du Taureau, en donnant à chaque signe 12°. Je dis donc 8 × 12 font 96. Reste 10. Jupiter se retrouve occupant 10° du Capricorne».

b) *Commentaire* :

Voici d'abord la comparaison entre ce système et celui de Vettius Valens :

Vat. gr. 184	Vettius Valens (KROLL, p. 34)
1. Compter les années depuis Auguste	1. id.
2. diviser par 12	2. id.
3. –	3. multiplier le reste par 12
4. compter les douzaines × 1	4. id.
5. ajouter 20	5. –
6. compter les mois de septembre au mois donné × 2	6. compter chaque mois × 1
7. –	7. compter les jours × 5' 9' (ou 1/5 1/9) (?)
8. compter le total depuis 0° du Taureau à raison de 12° par signe	8. id.

Exemple (1er janvier 906)	Exemple (année 13 de Trajan, 18 Phamenoth = 14 mars 110 p.C.)
1. 2. 936 : 12 = 78 reste 0	1. 2. 138 : 12 = 11 reste 6
3. –	3. 6 × 12 = 72
4. 78 × 1 = 78	4. 11 × 1 = 11
5. 78 + 20 = 98	5. –
6. 4 mois × 2 = 8	6. 7 mois × 1 = 7
7. –	7. –

8. 98 + 8 = 106
106 : 12 = 8 signes
à compter depuis 0° du Taureau.
Reste 10 : Jupiter se trouve à 10° du Capricorne
(Tuckerman: 293°)

8. 72 + 11 + 7 = 90
90 : 12 = 7 signes
à compter depuis 0° du Taureau.
Reste 6 = Sagittaire (sans précision de degrés)
(Tuckerman : 261°)

On part du même principe que pour le calcul de Saturne : on ne tient pas compte des stations ou des rétrogradations de la planète, qui est supposée avoir un mouvement régulier de :

360° en 12 ans
30° en 1 an
2° 30' en 1 mois
0° 5' en 1 jour.

D'autre part, Vettius Valens réduit tous les chiffres du système à 1/2° 30' de leur valeur. On comprend, dès lors, les opérations, en leur rendant leur signification première :

3. multiplier les années qui restent par 12 [× 2° 30'], soit par 30°.
6. multiplier les mois par 1 [× 2° 30'], soit par 2° 30'.
7. multiplier les jours par 0° 2' [× 2° 30'], soit 0° 5'. Le texte de Vettius Valens, qui donne 5' 9'' (ou 1/5 1/9 ?), est manifestement corrompu [22]. On notera que cette opération n'intervient pas dans l'exemple.
8. compter les signes à raison de 12 [× 2° 30'], soit 30°.

L'opération 4 s'explique par le fait que la révolution sidérale de Jupiter est, non de 12 ans, mais de 11 ans 315 jours environ. Ce qui veut dire que en 12 ans, Jupiter parcourt 360° et un excédent qui peut être évalué approximativement à 50 j. × 5' = 4° 10' [23]. Vettius Valens estime cet excédent à 1 [× 2° 30'] = 2° 30', ce qui est nettement insuffisant. Enfin, la position donnée au départ de l'ère d'Auguste, 0° du Taureau, est une simplification, destinée sans doute, à donner comme origine le commencement du signe le plus proche de la position réelle. Celle-ci était, selon Neugebauer, de 20° 15' du Bélier [24].

(22) On y lit ε'θ' (Kroll, p. 34, l. 10). Le chiffre 5 pourrait être la trace d'un calcul antérieur à la réduction par 1/2° 30'. Comme l'écrit O. Neugebauer, «The text itself is in an abominable condition» (*History* II, p. 793).

(23) Neugebauer, *History* II, p. 795, l'évalue à 4° 5'. Les 2° 30' du texte supposent une révolution sidérale de 11 années égyptiennes + 335 j.

(24) *Ibidem*.

Le texte du *Vat. gr.* 184 a dû, cette fois encore, apporter des modifications à la méthode qui lui servait de modèle. C'est que, dans le cas de Jupiter, celle-ci donnait des résultats catastrophiques : pas moins de 60° d'erreur, puisqu'on trouve Jupiter à 10° du Scorpion au lieu des 10° du Capricorne (25). Pour combler ce déficit, l'auteur anonyme commence par ajouter 20 [× 2° 30' = 50] et double la valeur du mouvement assigné à chaque mois. Ce système, valable encore une fois pour son seul exemple, lui permet de donner un résultat assez acceptable. On remarquera que le texte utilise le reste tel quel, alors que si 12 représente 30°, 1 représente 2° 30' et, par conséquent, le reste de 10 représente 25°. On obtiendrait ainsi 25° du Capricorne comme position de Jupiter le 1er janvier 906, ce qui est proche de la réalité : les tables de Tuckerman donnent à cette date 293°. Mais l'auteur ne tient pas compte de cela et obtient 10° du Capricorne.

§ 6. Longitude des planètes : Mars.

a) *Traduction* :

«A propos de Mars. Les 936 années depuis César Auguste, divise-les par 30. Et examine le reste inférieur à 30. Et si le nombre qui reste est un chiffre pair, compte depuis le Bélier ; s'il est impair, depuis la Balance. Donc, après avoir décidé si le nombre est pair ou impair, double-le et ajoute chaque mois depuis septembre jusqu'au mois où tu cherches multiplié par 2 1/2. Et, rassemblant le tout, si le nombre est supérieur à 60, laissant les 60, compte le reste depuis le Bélier ou depuis la Balance conformément à ce que montrera le nombre dit plus haut, en donnant à chaque signe 5° : là où tombera le nombre, là sera Mars. Et si le total est trouvé en-dessous de 60, j'utilise le chiffre lui-même, comme il a été montré.

Exemple. Année depuis César Auguste : 936. Divise-le par 30. Reste 6. Il est clair donc qu'il nous faut faire le décompte depuis le Bélier, parce que 6 est un nombre pair. Donc multiplie-les par 2 : cela fait 12. Et ajoutes-y les mois de septembre au 1er janvier multipliés par 2 1/2. Et tout cela fait 22. Commence depuis le Bélier en donnant à chaque signe 5° et Mars se retrouve dans le Lion».

(25) 936 : 12 = 78 ; 78 + 4 = 82 ; 82 : 12 = 6 (reste 10). Donc, 6 signes à compter depuis 0° du Taureau, ce qui donne Jupiter dans le Scorpion, à 10°. Le calcul à l'aide des *Tables Faciles* donne Jupiter à 20° 13' du Capricorne.

b) *Commentaire* :

Voici d'abord la comparaison entre les deux méthodes :

Vat. gr. 184	Vettius Valens (Kroll, pp. 34-35)
1. Compter les années depuis Auguste	1. id.
2. diviser par 30	2. id.
3. si le reste est pair : compter depuis 0° du Bélier impair : compter depuis 0° de la Balance	3. id.
4. multiplier le reste par 2	4. id.
5. multiplier le nombre de mois depuis septembre jusqu'au mois donné par 2 1/2	5. id. (depuis Thoth)
6. additionner 4 et 5 et soustraire 60 si le résultat y est supérieur	6. id.
7. compter le reste depuis l'origine indiquée au 3 à raison de 5° par signe	7. id.

Exemple (1er janvier 906)	Exemple (année 13 de Trajan, 18 Phamenoth = 14 mars 110)
1. 936	1. 139
2. 936 : 30 = 31 reste 6	2. 139 : 30 = 4 reste 11 (*sic* !)
3. 6 étant un chiffre pair, on doit compter depuis 0° du Bélier	3. chiffre impair, donc compter depuis 0° de la Balance
4. 6 × 2 = 12	4. 11 × 2 = 22
5. 4 × 2 1/2 = 10	5. 7 × 2 1/2 = 17 (*sic*)
6. 10 + 12 = 22	6. 22 + 17 = 39
7. 22 : 5 = 4 signes à compter depuis le Bélier soit Mars à 2° du Lion (Tuckerman : 128°)	7. 39 : 5 = 7 signes à compter depuis 0° de la Balance : Mars dans le Taureau (Tuckerman : 42°)

Aucune différence, cette fois, entre les deux méthodes. Toutes deux reposent sur un cycle de 30 ans qui représente la période au bout de laquelle les révolutions synodique et sidérale de Mars coïncident approximativement.

En effet :

30 années égyptiennes = 10950 jours

représentent à peu près :

a) 16 révolutions sidérales = 16 × 683 j. = 10928 j.

b) 14 révolutions synodiques = 14 × 780 j. = 10920 j.

Ces chiffres, repris à Vitruve et à Cléomède (26), peuvent convenir pour une explication du système. Donc, il faut 30 années égyptiennes moins environ 1 mois pour que les révolutions synodique et sidérale de Mars coïncident (27).

Pour le reste, Mars est supposé effectuer sa révolution sidérale en deux ans, et parcourir

360° en 2 ans

180° en 1 an

15° en 1 mois

0° 30' en 1 jour.

Enfin, les chiffres sont réduits au 1/6 de leur valeur puisque 1 signe = 30° = 5.

On peut ainsi comprendre toutes les opérations. 1.2.3. s'expliquent par le cycle de 30 ans et l'estimation grossière de la durée de la révolution sidérale à 2 ans. L'opération 4 est une rectification de cette estimation. Mars, en effet, met 683 j. (28) à parcourir 360°. Or, 2 années égyptiennes font 730 jours. Ce qui veut dire que, en 730 j., Mars parcourt en fait :

360° + [47 j. × 0° 30'] = 360° + 23° 30', soit un excédent de 24° environ. Réparti sur chaque année, cet excédent vaudra 12° par an. Ceci explique pourquoi on doit multiplier par 2[× 6°] chaque année d'un cycle de 30 ans. L'opération 5 est simplement l'évaluation du mouvement moyen de Mars pendant 1 mois : 2 1/2 × 6 = 15°. Enfin, si le total des opérations 4 et 5 dépasse 60 [× 6 = 360°], on en soustrait évidemment 60, et on compte pour chaque signe 5[× 6 = 30°] – dans R. le reste est repris tel quel, au lieu d'être multiplié par 6. Dans son analyse, le Prof. Neugebauer souligne combien le système de Mars est particulièrement grossier (29), et Vettius

(26) NEUGEBAUER, *History* II, p. 783.

(27) En fait, il s'en faut de beaucoup :
16 révolutions sidérales = 687 j. × 16 = 10992 j., et
14 révolutions synodiques = 780 j. × 14 = 10920 j. (30 années juliennes = 10957 j.).

(28) Ici encore, nous utilisons la valeur qui semble le mieux répondre du texte.

(29) NEUGEBAUER, *History* II, p. 796.

Valens ne réussit à obtenir un résultat correct qu'en escamotant 8 années de reste (30) ! L'auteur du xe siècle a eu de la chance : son résultat s'avère assez proche de la position de Mars le 1er janvier 906 : 2° du Lion (122°) au lieu de 128° (TUCKERMAN).

§ 7. Longitude des planètes : Vénus.

Voir TIHON, dans note (1).

§ 8. Longitude des planètes : Mercure.

a) *Traduction* :

«A propos de Mercure. Aux jours additionnés depuis le 1er septembre jusqu'au jour cherché inclus, ajoute toujours 162 et compte l'ensemble depuis le Bélier à raison de 30°, et là où tombera le nombre, là sera Mercure.

Exemple. Aux jours additionnés depuis le commencement de septembre jusqu'au 1er janvier inclus, soit 123, ajoute donc 162. En tout cela fait 285. Compte-les depuis le commencement du Bélier par 30. Cherche toujours la planète tout près du Soleil, par exemple : le Soleil est au commencement d'un signe : il est possible de la trouver dans le signe qui précède (31) ; et si le Soleil est à la fin (d'un signe), dans le signe qui suit, comme maintenant, le Soleil est au milieu du Capricorne et Mercure au milieu du Sagittaire. 9×30 font 270. Reste 15. Mercure se retrouve dans le signe qui précède le Soleil, soit dans le Sagittaire, occupant 15 degrés.

b) *Commentaire* :

Le calcul présenté pour Mercure ne fait que reproduire – parfois textuellement – la méthode de Vettius Valens. Celle-ci équivaut au départ à calculer la position du Soleil : ajouter 162 jours, en effet, c'est-à-dire le nombre de jours qui séparent l'équinoxe de printemps (21 mars) du 1er

(30) Nous avons essayé, en vain, de restaurer le texte. L'erreur peut avoir été involontaire, mais le fait qu'elle permette à l'auteur de trouver le signe correct rend sa bonne foi très suspecte. Autre explication : il manque une opération destinée à compenser vaille que vaille l'imprécision du cycle de 30 ans.

(31) L'exemple montre qur l'expression ἐν τῷ ὄπισθεν désigne le signe qui précède (c'est-à-dire en sens rétrograde) le Soleil, tandis que ἐν τῷ ἑξῆς désigne le signe qui suit (en sens direct). Tout ceci est repris textuellement à Vettius Valens (KROLL, p. 35).

septembre (non inclus) et compter le total à raison de 30° par signe, ce qui implique une vitesse moyenne de 1° par jour. On trouve ainsi, dans le cas précis, le Soleil à 15° du Capricorne, ce qui représente une variante par rapport à la méthode énoncée plus haut (32).

Une fois trouvée la position du Soleil, le texte du *Vat. gr.* 184 déclare, comme Vettius Valens, qu'il faut toujours chercher Mercure auprès du Soleil, et qu'on le trouvera :

a) dans le signe qui précède celui du Soleil (= en sens rétrograde) si le Soleil est au commencement d'un signe ;
b) dans le signe qui suit (= en sens direct) si le Soleil est à la fin d'un signe.

La règle ainsi énoncée est évidemment insuffisante. Il faudrait à tout le moins préciser qu'elle n'est valable que a) lorsque la planète est proche de sa plus grande élongation ouest ; b) proche de sa plus grande élongation est. L'élongation maximale de Mercure, en effet, ne dépasse jamais un signe du zodiaque (33).

Avant de risquer une restauration du texte, comparons les exemples :

Vat. gr. 184 (1er janvier 906)	Vettius Valens (13 Mechir, année 4 d'Hadrien = 8 février 120 p.C.)
– du 1er septembre au 1er janvier : 123 j. – 123 + 162 = 285 – à compter depuis 0° du Bélier, à 30° par signe : Soleil : 15° du Capricorne – Mercure : 15° du signe précédent, soit 15° du Sagittaire (Tuckerman : 263° environ).	– du 1er Thoth au 13 Mechir : 163 j. – 163 + 162 = 325 – depuis 0° du Bélier, à 30° par signe : Mercure : 25° du Verseau (34) (Tuckerman : 299°)

(32) Voir ci-dessus, p. 11.
(33) Sur la valeur des élongations maximales de Mercure, voir A. Tihon, *Les scolies des Tables Faciles de Ptolémée*, dans *Bulletin de l'Institut Historique Belge de Rome* 43 (1973), pp. 49-110 : p. 91, note 4.
(34) On serait tenté de corriger l'exemple, sur le modèle du *Vat. gr.* 184, en suppléant : <Soleil> 25° du Verseau. <Mercure : 25° du Capricorne>, ce qui donnerait un résultat plus proche de la vérité. Cependant, ce qui semble le but du texte est simplement de savoir si la planète se trouve, ou non, dans le même signe que le Soleil. A cette date, Mercure est presque dans le Verseau.

L'étude détaillée que nous avons faite pour Vénus, comme celles de O. Neugebauer pour les autres planètes, ont bien montré que ces textes sont une tentative de généralisation des méthodes numériques qui correspondaient simplement à l'état du ciel à l'époque de Vettius Valens ([35]). Pour Mercure, on pouvait s'attendre à trouver, comme pour Vénus, un cycle élaboré, basé sur la recurrence des révolutions synodiques dans l'année civile, et tenant compte également des entrées du Soleil – ou de la planète – dans les signes du zodiaque. C'est ce système qui avait été utilisé pour Vénus. Dès lors, il semble impossible que le texte de Vettius Valens tel qu'il nous est parvenu, avec une règle aussi simpliste et aussi inexacte, reflète vraiment la méthode primitive. Mais il n'est pas facile de reconstituer celle-ci. Notre impression est que le texte primitif devait également préciser pour quels signes du zodiaque les règles a et b se vérifiaient. On peut alors penser que le texte se complétait d'une énumération des signes pour la règle a, d'une autre pour la règle b ([36]). Voici, fort schématisée, une tentative de reconstitution pour l'année 120 p.C. (voir graphiques) :

	Soleil	Mercure
a) 0°-10°	♓	♒
0°-10°	♈	♓
0°-10°	♋	♊
0°-10°	♍	♎
0°-10°	♒	♑
0°-10°	♓	♒
b) 20°-30°	♈	♉
20°-30°	♉	♊
20°-30°	♌	♍
20°-30°	♍	♎
20°-30°	♐	♑

(35) Etudes citées dans les notes (1) et (2).

(36) L'avantage de cette solution est qu'elle apporterait peu de perturbations au texte grec. On pourrait imaginer ...*οἷον ἐν ἀρχῇ ἦν τοῦ ζῳδίου (τῶν ζῳδίων ?)* <♓ ♈... *κτλ*>· *ἐὰν δὲ ἐπὶ τέλει* < *τῶν* ♈ ♉... *κτλ*>. Ou alors, un complément d'information qui aurait disparu à la fin du paragraphe.

Restent alors

	Soleil	Mercure
0°-30°	♊	♊
0°-30°	♎	♎
0°-30°	♑	♑

et une exception à la règle b :

	Soleil	Mercure
20°-25°	♒	♒ ou ♑ [37].

Ce genre de reconstitution pour incertaine qu'elle soit, nous paraît assez conforme à l'esprit de ces textes et au genre d'astronomie attestée en Egypte dans le courant du IIe siècle de notre ère [38]. Quant à l'adaptation de 906, elle semble indiquer une chose : c'est que l'adaptateur a veillé à obtenir un résultat assez proche de l'observation.

***

Quelques mots, à présent, pour conclure. Ce petit ensemble astronomique anonyme conservé dans le *Vat. gr.* 184 et ses quelques copies apparaît plus comme une curiosité que comme un document astronomique important. Mais c'est précisément sa rareté et son étrangeté même, qui en font tout l'intérêt. Rareté due à sa datation, d'abord : le xe siècle, et même son tout début – 906 – n'abonde pas en documents astronomiques, fussent-ils d'importance secondaire. Etrangeté que lui confèrent, ensuite, les méthodes employées. En adaptant à son époque les procédés de Vettius Valens (ca 120 p.C.), notre anonyme faisait une tentative à tout le moins originale, et cet essai, dont la valeur scientifique est plutôt discutable, montre au moins ceci : c'est que notre lecteur de Vettius Valens a pris la

(37) En schématisant les données du graphique, on peut considérer qu'elles donnent Mercure dans le même signe que le Soleil. C'est précisément le cas de l'exemple de Vettius Valens. Ayant trouvé comme résultat 25° du Verseau, il ne cherche pas la planète dans un autre signe que le Soleil.

(38) Voir Tihon, *Vénus*, p. 79 ss. Nous n'avons pas pu consulter à temps l'ouvrage de O. Neugebauer, *Egyptian Planetary Texts*, dans *Transactions of the American Philosophical Society*, New Series, vol. XXXII, part II, Philadelphia, 1942, pp. 209-250, pour pouvoir comparer les données des tables égyptiennes avec la règle de Vettius Valens. Inutile de souligner, aussi, qu'un tel cycle ne pouvait être valable que pour un an. Nous avons pris comme exemple l'année choisie par Vettius Valens, 120 p.C.

peine de regarder le ciel à la date voulue et s'est ingénié à faire coïncider ses calculs avec l'observation élémentaire – effort que ne feront pas toujours les grands savants byzantins du XIVe siècle.

Quant au texte de Vettius Valens, son importance historique est beaucoup plus grande, puisqu'il reflète un type d'astronomie contemporain de Ptolémée, vigoureusement condamnée par celui-ci ([39]), héritière de l'astronomie babylonienne et basée, comme celle-ci, sur des schémas arithmétiques. Ce type d'astronomie survivra longtemps par le biais des traditions astrologiques. Cependant, les adaptations de telles méthodes pour le calcul de la longitude des planètes restent assez rares parmi les textes astronomiques byzantins ([40]).

(39) Ptolémée, *Almageste* IX, 2 (ed. HEIBERG, I, 2, p. 211) : cfr TIHON, *Vénus*, p. 81, note 2.

(40) Des textes d'allure analogue figurent au f. 49v du *Vat. gr.* 2176 (ca 1361) et aux ff. 247v-248 du *Laur. gr.* 28/14 (XIVe s.). Mais nous n'avons pas encore réussi à élucider ces textes.

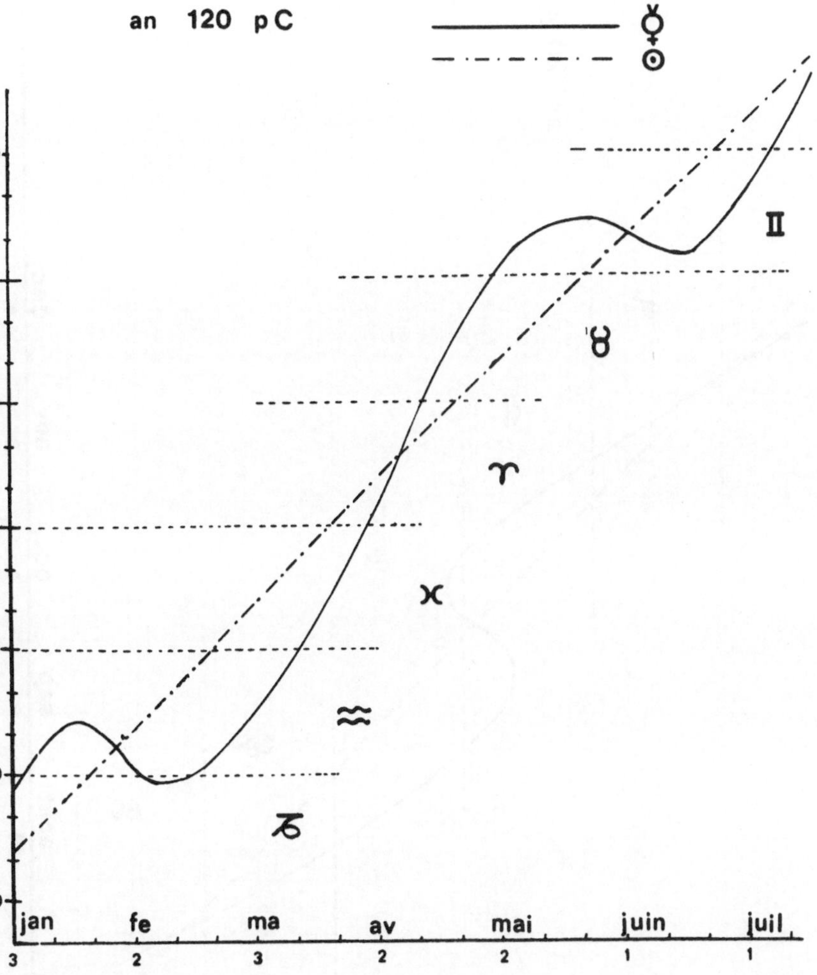
an 120 p C
☿
☉
90
60
30
0
330
300
270
♊
♉
♈
♓
♒
♑
jan
fe
ma
av
mai
juin
juil
3
2
3
2
2
1
1

III

28

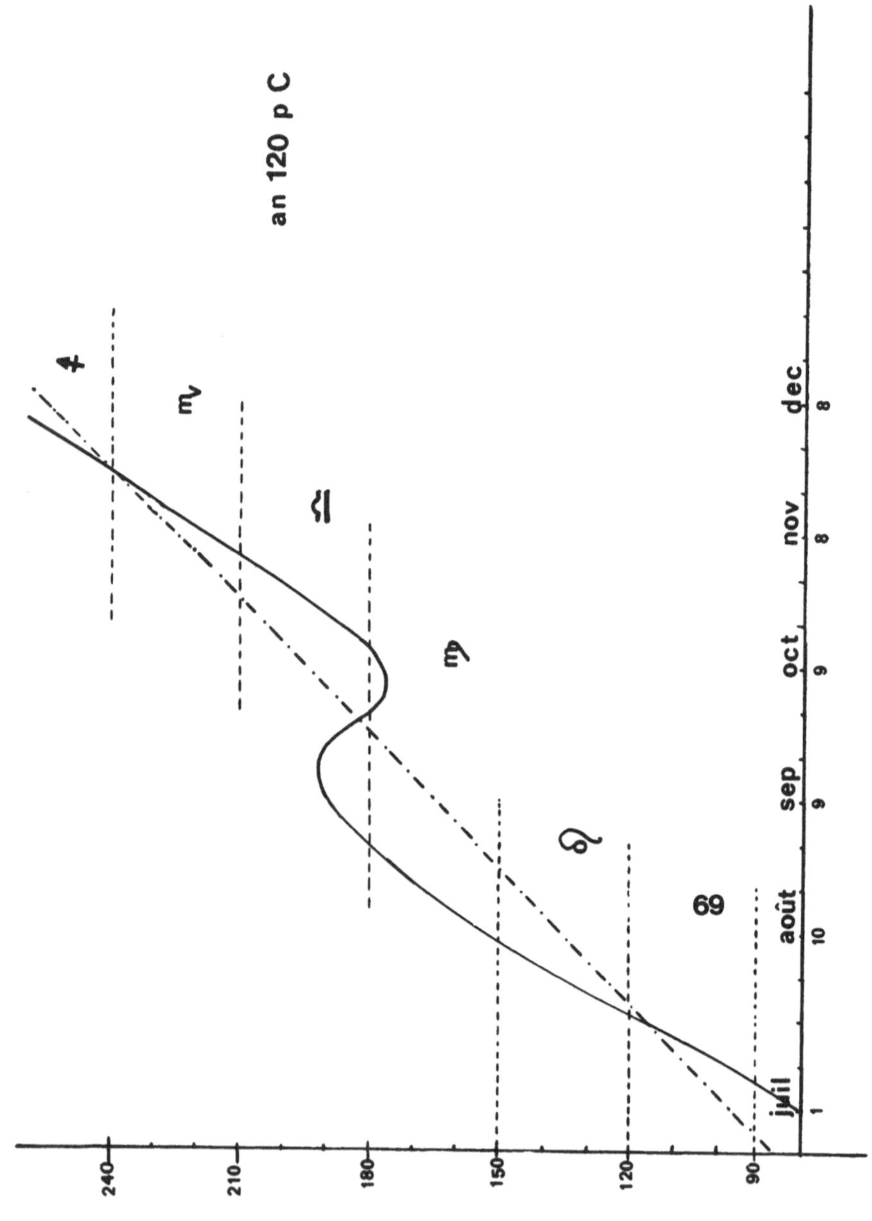
an 120 p C
240
210
180
150
120
90
juil
août
sep
oct
nov
dec
1
10
9
9
8
8
♋
♌
♍
♎
♏
♐

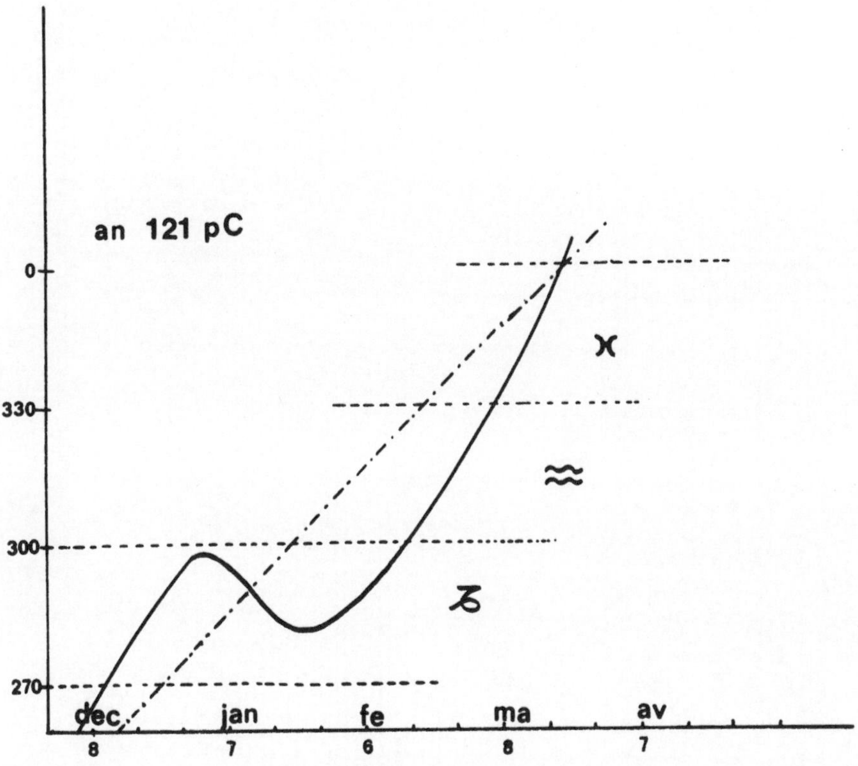
an 121 pC
0
330
300
270
dec
jan
fe
ma
av
8
7
6
8
7

IV

SUR L'IDENTITÉ DE L'ASTRONOME ALIM *

Le XIe siècle apparaît comme une époque particulièrement intéressante dans l'histoire de l'astronomie byzantine. C'est alors qu'on rencontre pour la première fois des témoignages sur la pénétration de l'astronomie islamique dans le monde byzantin. Le plus ancien de ces documents est un texte édité par mon maître, feu le Professeur J. Mogenet [1]. Il s'agit d'une scolie datable des environs de 1032, écrite en marge d'un des plus importants manuscrits de l'*Almageste*, le *Vat. gr.* 1594, ff. 2-5. Le *Vat. gr.* 1594 est un splendide manuscrit du IXe siècle, mais la scolie en question est d'une main plus récente, qu'il est difficile de dater: XIIe ou XIIIe siècle [2]? Le texte lui-même semblerait avoir été rédigé aux environs de 1032 ss.

Dans cette scolie, un savant anonyme qui semble bien au fait de l'astronomie de Ptolémée et qui connaît les commentaires de Théon, fait une comparaison entre les tables de Ptolémée, *Almageste* et *Tables Faciles*, avec des données qui viennent d'astronomes plus récents qu'il appelle les *neôteroi*, et qui sont les astronomes arabes du temps du calife al-Ma'mûn. L'auteur donne la valeur de la précession (1° en 66 ans), la longueur de l'année tropique (365j 1/4 - 1/110), le mouvement journalier du Soleil (0;59, 8,20°), l'excentricité du Soleil (2; 5,49 parties). Il mentionne une observation d'équinoxe d'automne faite en 829. Ces renseignements sont complétés par d'autres scolies de la même main qui figurent en un autre endroit du *Vat. gr.* 1594 (f. 58v et 62): il y est question d'une observation de l'équinoxe d'automne faite à Damas en 829 et la longueur de

* Cet article n'aurait pas été possible sans l'aide de R. Mercier qui a analysé toutes les données relatives aux tables d'Alim et les deux horoscopes dont il est question ici: ses résultats sont consignés dans l'article cité note 8, publié dans le même numéro de cette revue. Je le remercie très vivement de son aide et de ses nombreuses remarques.

[1] J. Mogenet, "Une scolie inédite du *Vat. gr.* 1594 sur les rapports entre l'astronomie arabe et Byzance", dans *Osiris, 14* (1962), 198-221 (= Mogenet, 1962).

[2] J. Mogenet, "Sur quelques scolies de *l'Almageste*", dans *Le monde grec. Hommages à Claire Préaux* (Bruxelles, 1975), 302-311 (= Mogenet, 1975): v. p. 303.

l'année tropique y est calculée jusqu'à la dizième fraction sexagésimale: 365;14,27,15,47,46,34,15,40, 1,13 (à corriger en 43). [3]

Mais revenons à la première scolie, celle des folios 2-5. L'auteur précise qu'il ne dispose pas des tables établies par ces *neôteroi*. Par contre il va utiliser les tables d'un astronome plus récent qu'il appelle Alim ('Αλήμ). Il se sert des valeurs de celui-ci pour calculer les positions moyennes du Soleil pour les années 1032-1036. D'autres renseignements sur les tables d'Alim sont donnés dans un court texte, également édité par J. Mogenet, intitulé "Pour faire une table selon Alim" et conservé dans deux manuscrits: le *Neapolitanus* II C 33 et l'*Oxoniensis Seldenianus* 16 (= *Seld. supra* 17). Dans son étude, J. Mogenet, selon la suggestion de E. Kennedy, avait proposé d'identifier Alim avec l'astronome arabe ibn al-A'lam, mort en 985 et dont l'oeuvre, aujourd'hui perdue, semble avoir exercé une grande influence [4]. Mais récemment, cette identification a été mise en doute par A. Jones [5], en raison des discordances qui existeraient entre les données des textes publiés par J. Mogenet et celles du *zîj* perdu d'ibn al-A'lam, reconstituées par E. Kennedy [6]. Or il existe dans les manuscrits byzantins d'autres renseignements inédits sur les tables d'Alim, ce qui permet de reprendre ici la question de l'identification de cet astronome.

À ma connaissance, les sources byzantines qui nous parlent d'Alim sont les suivantes:

(1) la scolie du *Vat. gr.* 1594, ff. 2-5, éditée par J. Mogenet, 1962, 203-217;

(2) un texte du *Seldenianus* 16 (= *Seld. supra* 17), f. 140r-v donnant les paramètres des planètes et intitulé "Pour faire une table selon Alim". La première partie de ce texte a été éditée également par J. Mogenet, 1962, p. 218, d'après le *Neapolitanus* II C 33, f. 430r-v. L'édition de J. Mogenet ne donne pas le texte complet: elle s'arrête à la ligne 16 du texte (=fin du f. 430 du *Neap.*). Le *Neapolitanus* s'arrête après les mouvements de Saturne.

(3) des horoscopes calculés "selon le résumé (?) de la table d'Alim" (κατὰ τὴν περίληψιν τοῦ κανονίου 'Αλίμ) conservés également dans le *Seldenianus* 16, ff. 114-115v et datés de 1153 et 1162. Les mêmes horoscopes sont conservés dans le *Neapolitanus* II C 33, ff. 402v-403v. [7]

[3] Mogenet, 1975, 309-311. La scolie qui relate cette observation figure aussi dans le *Vat. gr.* 180, f. 59v et dans le *Marc. gr.* 312 (= 710), f. 54v.

[4] Mogenet, 1962, 217 ss.

[5] A. Jones, "An Eleventh-century Manual of Arabo-Byzantine Astronomy", *Corpus des Astronomes Byzantins*, III (Amsterdam, 1987), p. 16 et note 13.

[6] E.S. Kennedy, "The Astronomical Tables of Ibn al-A'lam", dans *Journal for the History of Arabic Science*, 1 (1977), 13-23.

[7] Ces horoscopes sont signalés dans D. Pingree, *Hephaestionis Thebani Apotelesmaticorum Epitomae quattuor, ed. ...*, II (Leipzig: Teubner, 1974), xix-xx.

1. *La scolie du* Vat. gr. *1594*

Voici un résumé de ce que nous apprend cet auteur anonyme au sujet des tables d'Alim. Les §§ sont ceux de l'édition de J. Mogenet, 1962.

(§ 32) L'auteur n'a pas trouvé les tables des *neôteroi* (les astronomes du temps d'al-Ma'mûn), mais dispose de celles d'Alim qui s'est basé sur les observations de ces derniers.

(§ 37) Les tables d'Alim donnent, pour la fin du mois de février 6540 (= 1er mars 1032):

position moyenne du Soleil: 344;56° environ. Plus loin (§ 44) le texte donne la valeur précise: 344;55,48,28°

soit, depuis l'apogée: 260°.

(§ 38) Puisque l'apogée bouge, il y a une table séparée commune à tous les astres donnant le mouvement de l'apogée.

Les tables des mouvements moyens, notamment du Soleil, donnent les positions depuis 0° du Bélier, apogée inclus.

La position de l'apogée était:

en 6338 (=829/830) 90°

en 6540 (=1031/1032) 93°.

(Les expressions ςτλη ἔτη ... et ἔτη, ςφμ ... laisseraient supposer qu'il y a respectivement 6338 et 6540 années achevées, mais d'après les §§ 26 et 44, on voit qu'il s'agit des années en cours.)

Ces valeurs, à savoir la position de l'apogée au départ de l'ère utilisée (soit 829/830, soit 1031/1032) sont inscrites séparément et appelées *themelion*.

(§ 39) Lors de la création du monde (5509/5508 a.C.):

l'apogée du Soleil se trouvait à 351;44°

l'apogée de Saturne se trouvait à 159° (le chiffre est probablement incomplet).

Pour les autres astres, comme exposé dans les tables.

Le texte ne précise pas le jour pour lequel ces *themelia* sont donnés. Le fait que, plus loin (§ 44), les mouvements moyens du Soleil sont calculés pour le 1er mars permet de supposer que les positions données ici valent également pour le 1er mars (5508 a.C.).

(§ 40) Pour effectuer un calcul, il faut additionner le *themelion* (propre à chaque astre) et le mouvement de l'apogée (commun à tous les astres).

Les §§ 38 et 39 supposent un mouvement de précession de 1° en 70 ans (soit 70 × 365j), mais les chiffres sont soit incomplets, soit grossièrement simplifiés. En effet:

en 6338, on compte:

(6337 × 365,25j)/(365 × 70)=90;35,26°

en 6540

(6539 × 365, 25j)/(365 × 70)=93;28,42° soit 93;<29>° environ.

La valeur de l'apogée du Soleil le 1er mars 1032 n'est pas clairement indiquée dans le texte. D'après les données de celui-ci, on peut déduire les valeurs suivantes:

a) 344;56°−260°=84;56° (§ 37)

b) 351;44°+93°=84;44° (§§ 38-39).

Dans ce cas, il y a discordance avec la valeur (a) puisque

84;44°+260°=344;44° et non 344;56°.

c) Cependant les valeurs 90° et 93° pour le mouvement de l'apogée depuis la création du monde (§ 38) apparaissent comme de grossières simplifications, peu compatibles avec la précision qui caractérise l'ensemble du texte. On a peine à croire que les tables d'Alim, dont la précision apparaît plus loin avec les mouvements moyens du Soleil, se soient contentées d'une approximation aussi rudimentaire en ce qui concerne le mouvement de précession. Si l'on adopte la valeur corrigée de 93;<29>°, on obtient alors:

351;44°+93;<29>°=85;13°.

Cette solution aurait l'avantage de nous rapprocher de la valeur obtenue selon les tables d'ibn al-A'lam, calculée par R. Mercier de 85;12,51°. [8] Dans ce cas il faudrait considérer les 260° du § 37 comme une simplification de

344;56°−85;13°=259;43°.

(Ceci n'est pas entièrement satisfaisant, car dans tous les autres cas où les minutes ne sont pas indiquées, nous pouvons considérer les chiffres comme incomplets. Ici, on n'obtient pas un bon résultat avec une correction du type 260;< >°.)

Le nombre donné pour l'apogée de Saturne semble lui aussi incomplet. On obtient en effet, pour l'apogée de Saturne le 1er mars 1032:

159°+93°=252°,

ce qui pourrait être corrigé en

159;<?>° +93;<29>° = 252;<?>° ou 253° environ (il est impossible de corriger ce chiffre avec précision, car les minutes font défaut). D'après les vérifications de R. Mercier, les tables d'ibn al-A'lam donneraient pour l'apogée de Saturne à cette époque 253; 2,51° soit 253; 3° environ [9]. On pourrait alors suggérer de corriger le texte en

159;<34>°+93;<29>°=253; 3°.

Mais il faut reconnaître que les valeurs des deux apogées, celui du Soleil et celui de Saturne, sont mal attestées. Malheureusement les apogées des autres planètes ne sont pas donnés, l'auteur se contentant de renvoyer aux tables (§ 39).

[8] R. Mercier, "The Parameters of the Zīj of Ibn al-A'lam", dans *Archives internationales d'histoire des sciences*, 39 (1989), section 3.

[9] *Ibid.*

(§§ 41-42) Les tables d'Alim donnent les positions moyennes depuis 0° du Bélier en incluant l'apogée et la position au départ de l'ère.

Pour prendre la prosthaphérèse, il faut d'abord soustraire l'apogée de la position moyenne.

(§ 43) Les tables d'Alim sont faites année par année, incluant les années bissextiles, depuis la fondation du monde.

(§ 44) Comment construire la table des mouvements moyens du Soleil, sachant que

pour 366j. le mouvement du Soleil est de 360;44,48,41°

pour 365j. le mouvement du Soleil est de 359;45,40,21°

et que la position au départ (29 février achevé, soit 1er mars) 1032 est 344; 55,48,28°

(voir les calculs reconstitués par J. Mogenet, 1962, p. 214, note 43).

(§§ 45-46) Autre manière de construire la table:

on calcule d'abord les valeurs des années bissextiles, soit:

(359;45,40,21° × 4) + 0;59, 8,20° = 0; 1,49,44°, à ajouter à la position de départ (qui est une année bissextile) pour avoir les valeurs des années bissextiles. On complète les lignes intermédiaires en ajoutant:

359;45,40,21°.

(§ 47) Autre méthode:

au lieu d'ajouter 359;45,40,21°, soustraire 0;14,19,39° (= 360°−359; 45,40,21°).

(§ 48) Les tables d'Alim donnent pour chaque année depuis la fondation du monde la position de l'apogée et le mouvement moyen du Soleil, incluant les années bissextiles.

(§ 49) Les tables d'Alim comme les *Tables Faciles* donnent les valeurs pour les jours qui commencent et non qui finissent.

Les renseignements donnés par l'auteur anonyme semblent suggérer qu'il dispose d'un arrangement byzantin des tables d'Alim, puisque les années et le mouvement de précession y sont comptés depuis la fondation du monde. Il ne donne pas de précision sur le calendrier utilisé, sinon qu'il comporte les années bissextiles et que les positions sont données pour le 1er mars.

Le texte ne donne pas la longueur de l'année tropique selon Alim, mais selon les *neôteroi*: 365;14,27 jours (§ 31). On a vu que, dans un autre endroit du même manuscrit, la longueur de l'année, toujours selon les observations des *neôteroi*, est calculée de:

365;14,27,15,47,46,34,15,40, 1,13 (à corriger en 43) jours.

2. *La construction de la 'table d'Alim'* (Seldenianus *16, f. 140r-v;* Neapolitanus *II C 33, f. 430r-v)*

a. Description des manuscrits

Le *Seldenianus* 16 (= *Seldenianus supra* 17)[10] est un manuscrit sur papier de 212 folios de 192 × 135 mm, dû à plusieurs mains. Les folios qui nous intéressent (ff. 114-140) peuvent être datés de la première moitié du XVe siècle grâce au filigrane (lettre R, ressemble à BRIQUET 8935 [1420] ou 8936 [1443-9]).

Il s'agit d'une compilation d'oeuvres scientifiques, d'un niveau assez élémentaire, et de textes astrologiques. En voici sommairement le contenu:

f. 1: texte non identifié

ff. 2-7v: table des matières

ff. 8-86v: le *De omnifaria doctrina* de Michel Psellos [11]

ff. 86v-158v: divers textes de sciences naturelles ou d'astronomie générale, d'astrologie, etc. Le détail en est donné dans le *CCAG* [12]. D'après D. Pingree, les ff. 117v-139v contiennent une compilation de chapitres d'Héphestion de Thèbes [13].

ff. 158v-163: un *quadrivium* anonyme daté de 1007-1008 [14]

ff. 163v-164v: des notes sur les sept climats

ff. 164v-168v: un petit traité d'astronomie générale (*inc.* Ἀστρονομία ἐστὶ γνῶσις ... *des.* ποιοῦσι μοίρας τξ)

ff. 168v-170v: une lettre de Pierre le Philosophe au patriarche Lucas à propos de l'astrologie [15]

ff. 170v-177: des notions d'astronomie générale du même auteur [16]

ff. 177v-180: des commentaires à Aratos et autres textes similaires [17]

[10] Description: H.O. Coxe, *Catalogi codicum mss Bibliothecae Bodleianae*, t. 1 (Oxford, 1853), col. 593-594; S. Weinstock, *Catalogus codicum Astrologorum graecorum* (= *CCAG*) IX, 1, *Codices Britannicos* (Bruxelles, 1951), 62-74. *Seldenianus* 16 est la désignation du catalogue de Coxe. Elle correspond actuellement à *Selden supra* 17. La note manuscrite *Arch. Selden supra* 17 qui se trouve dans le catalogue de Coxe à la Bodleian Library et qui est reprise dans le *CCAG* est une erreur.

[11] *Michael Psellos. De omnifaria doctrina*, éd. L.G. Westerink (Nijmegen, 1948), 5.

[12] *CCAG*, IX, 1, 62-74.

[13] Pingree, *Hephaestionis* ... (v. note 7), II, xx.

[14] Le texte du *Seldenianus* 16 correspond à l'édition de J.-L. Heiberg, *Anonymi logica et quadrivium, cum scholiis antiquis, Kgl. Danske Videnskabernes Selbkab. Hist.-filol. Meddelelser*, XV, 1 (Copenhague, 1929), 107-115, l. 16.

[15] Editée par Ae. Martin et D. Bassi dans *CCAG*, IV, 156-158.

[16] *CCAG*, IX, 1, 72.

[17] *Ibid.*

ff. 180-185v: un exposé sur la sphère et divers textes astronomiques
ff. 185v-186v: un texte de St Maxime sur les cycles lunaires
ff. 187-193: des extraits de la *Géométrie* de Héron [18]
ff. 193-210: divers textes astronomico-astrologiques.

Le premier document qui nous intéresse dans ce manuscrit se trouve au folio 140r-v. Il s'agit d'un court texte intitulé "Pour faire une table selon Alim" et donnant les mouvements moyens des planètes, pour les années ordinaires et les années bissextiles. Comme on l'a dit plus haut, la première partie de ce texte est la même que celle éditée par J. Mogenet d'après un manuscrit de Naples, le *Neapolitanus* II C 33, f. 430r-v.

Le *Neapolitanus* II C 33 est un manuscrit sur papier de 530 folios de 212 × 148 mm. Copié en 1495 par Jean Xerocalitos [19]. On retrouve dans ce manuscrit des textes déjà signalés dans le *Seldenianus* 16, par exemple, de *De omnifaria doctrina* de Michel Psellos (ff. 317-375) [20], ou les textes de Pierre le Philosophe (ff. 443v-457v). Pour le reste, on se réfèrera à la description donnée par les catalogues [21].

En ce qui concerne les paramètres des planètes, le *Neapolitanus* est incomplet: il s'arrête après les mouvements de Saturne. Le *Seldenianus* 16 est donc ici notre meilleur témoin.

b. Édition du texte

Εἰς τὸ ποιεῖν (1) κανόνιον κατὰ τὸν Ἁλίμ (2).

Ἐπὶ τῶν ὁμαλῶν κινημάτων τοῦ ἡλίου ὀφείλ(ει) ἀφίνειν κατὰ ἕκαστον χρ(όνον) ιδ κ, εἰς δὲ τὰ τρίτα λεπτὰ προστ(ι)θ(έναι)(3) κα· ὅταν δὲ πληρωθ(ῇ) καὶ οὐδὲν εἶ(4) ἄλλο πρὸς ἀφ(ίνειν) (?)· τοῦτο δὲ γίνεται κατὰ τριετίαν· εἰς δὲ τετραετίαν ὀφείλ(ει) προστιθέν(αι)(5) μδ μη μα· εἶτα πάλιν ἄρχ(ειν) τοῦ ψήφου· οὕτως ὀφείλ(ει) ποιεῖν ἐπὶ παντ(ὶ) ἀστέρι· ὁμοίως καὶ ἡ κίνησις τοῦ τῶν πλανήτων ἀπογ(είου) ὀφείλ(ει) προστιθέν(αι) καθ' ἕκαστον

[18] *Ibid.*, 73.

[19] M. Vogel et V. Gardthausen. *Die griechischen Schreiber des Mittelalters und der Renaissance* (Leipzig, 1909, réimpr. 1966), 181, ne signalent que ce manuscrit pour ce copiste.

[20] Non signalé par Westerink (v. note 11).

[21] Description dans *CCAG*, IV (1903), 49-63; S. Cyrillus, *Codices graeci manuscripti Regiae Bibliothecae Borbonicae* ..., II, 7-20 (où le manuscrit est cité II C 34); G. Pierleoni, *Catalogus codicum graecorum. Bibliothecae Nationalis Neapolitanae,* vol. I ('Indici e cataloghi nuova serie', VII) (Roma, 1962), 280-292. En ce qui concerne les textes astrologiques, le *CCAG* IX, 1, dans la description du *Selden* 16, signale les textes qui figurent également dans le *Neapolitanus.*

χρ(όνον) εἰς τὰ(6) δεύτερα λε(πτὰ) να· εἰς δὲ τὰ τρίτα λε(πτὰ) κς· κατὰ δὲ πέντε ἔτη προστ(ι)θ(έναι) εἰς τὰ δεύτερα λε(πτὰ) να λδ· ἐν ἄλλῳ δὲ να λγ. Εἰς δὲ τὰ ὁμαλὰ κινήματα τοῦ ἀναβιβάζοντος πρόστιθε(7) καθ' ἕκαστον χρ(όνον) ιθ ιθ μγ γ· κατὰ δὲ πέντ(ε) ἔτη πρόστ(ι)θ(ε)(8) ιθ κβ νγ μβ. Εἰς δὲ τὰ ὁμαλὰ κινήματα ἐπὶ σελήνης πρόστ(ι)θ(ε) καθ' ἕκαστον χρόνον ρκθ κγ β ιζ(9)·(f. 430v N) κατὰ δὲ ε ἔτη πρόστ(ι)θ(ε) ρμβ λγ λζ ιη· ἐπὶ τὰ ὁμαλὰ κινήματα ἐκκέντρου σελήνης εἰς τ(ὰ) ἔτ(η) προστεθῆναι καθ' ἕκαστον χρόνον πη μγ ⟨γ ζ⟩ (10)· κατὰ δὲ ε ἔτη ρα μς νζ γ. 'Επὶ δὲ τοῦ Κρόνου ιβ ιγ λε μη· κατὰ δὲ ε ἔτ(η) (f. 140v S) ιβ ιε ις κδ(11). 'Επὶ δὲ τοῦ Διὸς λ κ λδ μ· κατὰ δὲ ε ἔτη προστ(ί)θ(ε) λ κε λγ νγ. 'Επὶ δὲ τοῦ ῎Αρεως ρϛα ⟨ιζ ι⟩(12) να· κατὰ δὲ ε ἔτη ρϛα μη λζ λα. 'Επὶ δὲ τῆς 'Αφροδίτης σκε ι μς λη· κατὰ δὲ ε ἔτ(η) σκε λη μς ζ. 'Επὶ δὲ τοῦ 'Ερμοῦ νγ νς μβ λβ· κατὰ δὲ ε ἔτη νζ γ ϛ λθ.

N = *Neapolitanus* II C 33 S = *Seldenianus* 16.

(1) ποιῆν S *ut videtur*
(2) 'Αλίμ Mogenet
(3) προσθέτειν Mogenet
(4) *sic* NS
(5) προσθέτειν Mogenet προστεθέν(αι) N
(6) τὰ *om* Mogenet
(7) προστιθέναι Mogenet προστθ N
(8) προστιθέναι Mogenet
(9) *Hic desinit* Mogenet
(10) ⟨γ ζ⟩ *supplevi: spatio vacuo om* S *sine spatio om* N
(11) *Hic desinit* N
(12) ⟨ιζ ι⟩ *supplevi: spatio vacuo om* S

c. Commentaire

Le début du texte a été expliqué par J. Mogenet: pour le Soleil, pour les années de 365 j, au lieu de calculer

+ 359;45,40,21°, on compte:

(360°) – 0;14,20° + 0;0,0,21° (cfr 1., § 47)

et, pour les années bissextiles, ajouter

+ 0;44,48,41° (cfr 1., § 44).

La suite donne tous les mouvements moyens de la Lune, du noeud, et des cinq planètes, pour les années ordinaires et les années bissextiles. Le mouvement journalier se déduit simplement de la différence entre les deux années (en procédant ainsi, on obtient une valeur simplifiée pour les tierces; pour un mouvement journalier plus précis, il faut diviser les valeurs annuelles par 365 et 366 j.). Les corrections ont été faites sur base de la cohérence interne:

Seldenianus 16 (f. 140)

Soleil	365j	360–0;14,20 + 0;0,0,21 = 359;45,40,21
	366j	360;44,48,41
	1j	(0;59, 8,20)
Apogée	365j	0; 0,51,26
	366j	0; 0,51,34 ou 33
	1j	0; 0, 0, 8 ou 7
Noeud	365j	19;19,43, 3
	366j	19;22,53,42
	1j	0; 3,10,39
Lune	365j	129;23, 2,17
	366j	142;33,37,18
	1j	13;10,35, 1
anomalie lunaire	365j	88;43,<3, 7> (mss om)
	366j	101;46,57, 3
	1j	13; 3,53,56
Saturne	365j	12;13,35,48
	366j	12;15,<36>,24 (mss 16,24)
	1j	0; 2, 0,36
Jupiter	365j	30;20,34,40
	366j	30;25,33,<56> (mss 53)
	1j	0; 4,59,16
Mars	365j	191;<17,10>,51 (mss om)
	366j	191;48,37,31
	1j	0;31,26,40
Vénus	365j	225;<1>,46,38 (mss 225;10 ...)
	366j	225;38,46, 7
	1j	0;36,59,29
Mercure	365j	53;56,42,32
	366j	57; 3, 6,39
	1j	3; 6,24, 7

Qu'il s'agisse du même Alim que dans la scolie du *Vat. gr.* 1594, voilà qui ne fait aucun doute – ceci avait déjà été souligné par J. Mogenet. Les valeurs données ici sont très proches des paramètres des tables d'ibn al-A'lam, reconstitués par E. S. Kennedy [22] et par R. Mercier [23]. Ceci lève toute hésitation quant à l'identification de l'astronome Alim avec ibn al-A'lam.

3. *Les horoscopes de 1153 et 1162* (Seldenianus *16, f. 114-115v, et* Neapolitanus *II C 33, ff. 402v-403v)*

Les derniers documents en relation avec les 'tables d'Alim' sont des horoscopes datés de 1153 et 1162 conservés dans les deux manuscrits déjà utilisés précédemment.

Voici comment ces horoscopes se présentent dans le *Seldenianus* 16:

– au f. 112 commence un petit ensemble astrologique intitulé χρῆσμα τεχνωθὲν παρὰ τοῦ Οὐάλεντος. *Inc.* Εἰ μὲν οὖν ἀρχαῖοι ... . Cet ensemble se termine au f. 114 par une petite table (a) intitulée τοῦτό ἐστι τὸ ἐξαναλόγου τοῦ ἡλίου καὶ τῶν ἀστέρων καὶ τῶν ἐπαναφόρων τῶν ζῳδίων, suivie immédiatement du diagramme d'un *themation* (b): c'est l'horoscope qui nous intéresse ici. Celui-ci est daté de 1162 par une note (c) en marge extérieure du même f. 114, écrite dans le sens de la longueur:

'Εγένετο ἡ ἐρώτησις μηνὶ φευ(βρουαρίου) β ἡμέρα ς' Ν ι'· ἔτ(ει) ,σχο, ὥρ(α) δ'· ὕψωμα ἀνατολικὸν λδ· ἐρώτησεν 'Ιω(άννης) ὁ Συναδινὸς εἰ μέλλω (*sic*).

Cette note sera commentée plus loin. Le diagramme est suivi d'une courte note sans intérêt sur les lieux astrologiques (d) et ensuite, une double ligne, à l'encre rouge et noire, sépare tout ce qui précède d'un autre ensemble.

– Ce nouvel ensemble commence, en dessous de la ligne de séparation, toujours au f. 114 par le titre suivant (e): Μερικὰ ἀποτελέσματα ἐκ διαφόρων ἀποτελεσματικῶν· Οὐάλεντος· Μασάλη· 'Ρητορίου· Μαξίμου· 'Υφαιστίου· Προταγόρου καὶ ἑτέρων, qui termine le f. 114. Le f. 114v commence par un diagramme intitulé ἄλλο θέμα (f), daté de 1153 suivi d'une interprétation (g), dont le début sera édité ci-dessous.

Dans le *Neapolitanus* II C 33, la présentation diffère légèrement: on y trouve , f. 402v, à la suite du même texte, la table (a), le diagramme de 1162 (b) et la note marginale (c); au f. 403, le diagramme de 1153 (f) suivi de la note (c), puis du titre (e) et enfin de l'interprétation (g).

[22] Kennedy (note 6), 19 ss.
[23] Mercier (note 8), section 2.1.

Malgré la ligne de séparation du *Seldenianus*, il est clair que ces deux horoscopes font partie d'un même ensemble astrologique: leur datation est fort proche, et le client est le même, Jean Synadinos. Les dates, 1153 et 1162, font penser que la compilation astrologique dont ils font partie, ou du moins son modèle [24], a été faite sous le règne de Manuel Comnène (1143-1180), empereur bien connu pour son goût de l'astrologie. D'autres éléments de la même époque apparaissent dans ces deux manuscrits, ainsi la lettre de Pierre le Philosophe adressée au patriarche Lucas Chrysobergès, qui occupa le trône patriarchal de 1156 à 1169.[25]

a. L'horoscope de 1153

Avant d'étudier le diagramme, voyons d'abord comment l'astrologue introduit son commentaire:

a) Texte grec

S, f. 114v (=N, f. 403r-v).

Ἰ⟨ησο⟩ῦ καὶ ταῖς πρεσβείαις τῆς παναμώμ(ου) καὶ παναχράντ(ου) ὑπερευλογημ(ένης) Θ(εοτό)κου καὶ πάντων τῶν ἁγίων γέγονεν ἡ εὐτυχὴς καὶ εὐλογημένη (1) ἐρώτ(ησις) καθολικ(ὴ) (2) τοῦ θεοφιλάκτου Ἰω(άννου) τοῦ Συναδινοῦ τοῦ παρόντος φευβ(ρουαρίου) μηνὸς τῆς πα ... (3) α΄ N τοῦ ͵ςχξα΄ ἔτους ἀπὸ κτίσεως κόσμου, ὕψωμ(α) ἀνατολικὸν ζ, σελήνης οὔσης ἡμέρᾳ ια΄· ἔστι δὲ ἡ ἡμέρα τῆς ἑβδ(όμαδος) παρα(σκευὴ) (4) ὥρ(α) οὐδὲν λε(πτὰ) ν· ἀναφορ(ὰ) ὡροσκόπου τν νη΄. ὁ δὲ ὡρόσκοπος καὶ τὰ δ κέντρα καὶ ἐπαναφοραὶ (5) τούτοις καὶ τὰ ἀποκλίματα καὶ αἱ ἐποχαὶ τῶν ἀστέρων καὶ οἱ σχηματισμοὶ καὶ οἱ κλῆρ(οι) καὶ τὰ δωδεκατημόρια τῶν φώτων καθὼς τὸ παρὸν θεμάτιον συνετέθ(η)· ἣν ἡ καθολικὴ (6) ἐρώτ(ησις) κατὰ τὴν ἀκριβῆ (7) εὐ ... (8) ψῆφον τῶν παλαιῶν καὶ σοφῶν Αἰγυπτίων καὶ Ἑλλήνων κατὰ τὴν περίληψιν τοῦ κανονίου Ἀλίμ· συνεργ(είᾳ) καὶ βοηθείᾳ τοῦ τὰ πάντα δημιουργήσαντος Θ(ε)οῦ.

(1) ἡ ... εὐλογημένη] ἡ ὑπερ (*cancellatum*) ευ° καὶ εὐτυχὴς ἐρωτ. N
(2) καθολικὸν *ut videtur* S
(3) *hic spatium vacuum* N S: πα⟨ρούσης⟩ *forse legendum*

[24] Ce point demanderait une étude plus approfondie de la collection.
[25] Martini et Bassi dans *CCAG*, IV, 156 ss.

(4) *incertum*
(5) -αι *correxi*: -ος S
(6) -ὴ *correxi*: -κὸν S
(7) -ῆ *correxi*: -ῆς S *add* καὶ N
(8) *compendium quod non legi possum* (εὐλογημένην ?) NS.

b) Traduction

"Par Jésus et par l'intercession de la Mère de Dieu sans blâme, très pure et très bénie, et de tous les Saints, a eu lieu l'interrogation universelle heureuse et
* bénie de Jean Synadinos gardé de Dieu (Theophylaktos) au présent mois de février de la première indiction (présente ?) de l'année 6661 depuis la fondation du monde; élévation orientale (du Soleil) 7°, la Lune étant à son 11e jour. Le jour de la semaine était un vendredi (?), l'heure, 0h 50m. Ascension de l'horoscope: 350° 58′. L'horoscope et les quatre centres, les épanaphores et les apoclimats, les positions des astres, leurs configurations et leurs sorts, et les dodécatémories des luminaires, comme exposé dans le présent *thematíon*. L'interrogation universelle a été faite selon le calcul vrai et béni (?) des anciens et savants Égyptiens et Grecs, selon le résumé (?) de la table d'Alim, avec le concours et l'aide de Dieu, le créateur de toutes choses".

c) Commentaire

Ce prologue nous donne le nom du personnage pour qui le *thematíon* a été dressé, Jean Synadinos, que je n'ai pas pu identifier. La date est indiquée de la manière suivante:

6661 = depuis la création du monde = 1153
1e indiction (exact)
mois de février.

Le jour manque, mais d'après les positions des planètes, il s'agit du 5 février. Le texte précise qu'il s'agit d'un vendredi (mais la lecture est douteuse), ce qui est inexact: le 5 février 1153 était un jeudi.

L'heure est donnée: 0h 50m (après le lever du Soleil), et la hauteur du Soleil sur l'horizon est: 7°. Le texte ajoute que la Lune était à son 11e jour. D'après les tables de Goldstine [26], la nouvelle Lune a eu lieu le 26 janvier 1153, ce qui donne la Lune commençant son 11e jour le 5 février.

[26] H.H. Goldstine, *New and Full Moons 1001 BC. to A.D. 1651*, Philadelphia, 1973.

Le lieu pour lequel a été faite cette consultation astrologique n'est pas précisé. On est tenté de penser, de prime abord, qu'il s'agit de Constantinople. L'ascension de l'horoscope qui est donnée ici, soit 350° 58′ pour Poissons 14° 33′ (voir ci-dessous les données du diagramme) ne convient pas pour la latitude traditionnelle du climat de Byzance (43° 5′ dans les *Tables Faciles*), mais bien pour une latitude de 40° environ [27]. Ceci se rapprocherait davantage du climat de l'Hellespont (40° 56′). Remarquons toutefois que des documents astronomiques byzantins du XIe siècle placent Constantinople à une latitude de 41°: c'est le cas du manuel anonyme du *Paris. gr.* 2425 [28] et de l'astrolabe de Brescia [29]. Mais la latitude du lieu pour lequel a été établi cet horoscope ne peut pas être déterminée avec exactitude [30].

L'astrologue nous apprend qu'il a travaillé selon les anciens et savants Égyptiens et Grecs, ainsi qu'avec la table d'Alim. Le "calcul (ou le résultat du calcul) vrai et béni(?) selon les anciens et savants Égyptiens et Grecs" recouvre probablement des méthodes de calcul astrologiques. Il y a une épithète abrégée se rapportant à ψῆφος qui est peut-être une pieuse annotation commençant par εὐ- dont l'auteur est prolixe. Alim est un nom qui revient souvent dans les textes astrologiques [31], mais ici, la 'table d'Alim' ne peut être qu'une table astronomique. En effet, la précision des position des planètes données dans le *themation* exclut que l'astrologue ait pu utiliser les tables de Ptolémée [32] ou des méthodes de calcul plus grossières comme celles de Vettius Valens [33]. L'expression κατὰ τὴν περίληψιν τοῦ κανονίου 'Αλίμ n'est pas tout à fait claire. Περίληψις peut signifier "compréhension", "le fait de mettre ensemble", ou bien "résumé" [34]: s'agit-il d'un abrégé des tables d'Alim? On ne voit pas très bien en quoi consisterait ce résumé. Quoi qu'il en soit, d'après les calculs de R. Mercier, les

[27] Mercier (note 8), section 4.2.1.

[28] Jones (note 5), 14; 36-37 (lignes 3-4).

[29] O.M. Dalton, "The Byzantine Astrolabe at Brescia", dans *Proceedings of the British Academy*, *12* (1926), 133-146:139.

[30] Mercier (note 8), section 4.2.1.

[31] Cfr *CCAG*, II, 12 et 131-132 (*Marc. gr.* 324); III, 16 (*Ambr.* G 69 *sup.*); V, 1, p. 53 (*Angelicus* 29); V, 2, p. 14 (*Vat. gr.* 191); V, 3, p. 11 (*Vat. gr.* 1056); V, 4, p. 87 (*Pal. gr.* 312); VIII, 4, p. 62 (*Paris. gr.* 2507).

[32] Mercier (note 8), section 4.2.2 et 4.3.2.

[33] Sur ces méthodes, voir O. Neugebauer, *A History of Ancient Mathematical Astronomy*, 3 vols (Berlin-Heidelberg-New York, 1975), II, 793-801; A. Tihon, "Le calcul de la longitude de Vénus d'après un texte anonyme du *Vat. gr.* 184", dans *Bulletin de l'Institut Historique Belge de Rome*, *39* (1968), 51-82; "Le calcul de la longitude des planètes ...", *ibid.*, *52* (1982), 5-29.

[34] E.A. Sophocles, *Greek Lexicon of the Roman and Byzantine Periods*, Cambridge-Leipzig, 1914 (réimpr. Hildesheim, 1975), *s.v.*

positions des planètes données dans cet horoscope correspondent de fort près aux résultats obtenus par les tables d'ibn al-A'lam [35]. Enfin cette collection astrologique est suivie du texte commenté plus haut (2.) sur la manière de construire une 'table d'Alim': visiblement il s'agit d'un même ensemble et on peut conclure que notre astrologue a dû utiliser pour ses horoscopes la version byzantine des tables d'ibn al-A'lam.

d) Diagramme

Voici à présent les données qui figurent dans le diagramme (S, f. 114v = N, f. 403). Les symboles utilisés dans le manuscrit sont:

ὅρ = limite

ι' = décan

le trigone est représenté par un triangle.

Les mentions πο. et διεπ. désignent le chronocrator du jour (πολεύων) et de l'heure (διέπων).

Pour toutes ces notions on se reportera à l'ouvrage de Bouché-Leclercq (= B. L.) [36].

ἄλλο θέμα.

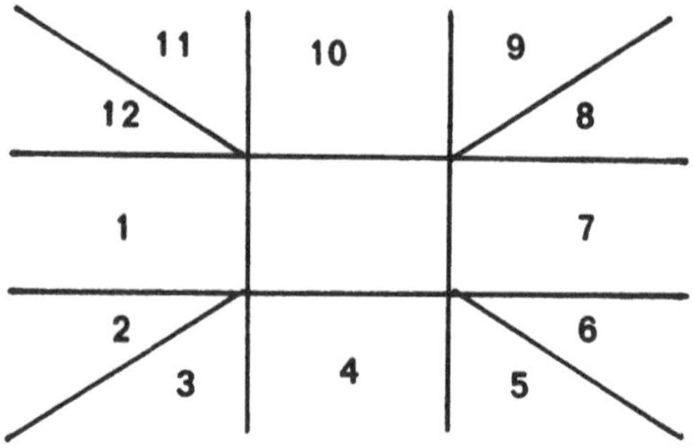

1. Horoscope: Poissons 14° 33'
   limite Jupiter
   trigone Vénus Mars Lune
   πο. διεπ. Vénus

[35] Mercier (note 8), section 4.2.2 et 4.4.

[36] A. Bouché-Leclercq, *L'astrologie grecque*, Paris, 1899 (réimp. Bruxelles, 1963) (= B.L.).

2. Bélier 19° 53′

3. Taureau 21° 3′

4. Gémeaux 22° 59′
limite Mars
décan Soleil
trigone Vénus Lune Mars (ceci ne correspond pas à B.L., 202-203)

5. Cancer 17° 4′

6. (le lieu 6 manque: les données qui figurent ici sont une dittographie de celles du 7.)
Vierge 14° 33′
limite Vénus
décan Vénus
trigone Vénus Lune Mars

7. Vierge 14° 33′
limite Vénus
décan Vénus
trigone Vénus Lune Mars

8. Balance 19° 21′

9. Scorpion 21° 3′

10. Milieu du ciel: Sagittaire 22° 59′
limite Saturne
décan Saturne
trigone Soleil Jupiter Saturne
Jupiter: Sagittaire 6° 54′12″
limite Jupiter
décan (?) (le ms a ιβμοι)
Mars: Capricorne 2° 12′ (ou Capricorne (0°) 2′12″?) (Pingree, *Hephaestionis*..., xix, donne Capricorne (0°) 20′10″. Les mss ont une lecture ambiguë). Le plus proche du calcul est Capricorne 2° 12′ (v. Mercier, note 8, section 4.2.2).
limite Mercure
Soleil: Sagittaire 9° 59′(ceci est certainement fautif, mais on ne voit pas à quoi correspond cette position)
limite Jupiter

11. Capricorne 17° 4′
    Mercure: Verseau 1° 27′45″ (les mss ont le symbole de Vénus au lieu de Mercure)
    limite Mercure

12. Verseau 15° 56′
    Soleil: Verseau 23° 50′31″
    limite Mars
    décan Lune
    Vénus: Verseau 24° 6′48″
    limite Mars

Les limites ("confins") (ὅρια) sont conformes au tableau donné dans B. L., 207 (système égyptien).

Les décans sont conformes à B. L., 228 (décans planétaires).

Les trigones planétaires correspondent à B. L., 203, sauf le 4. Ces trigones n'ont rien à voir avec la position réelle des planètes.

Les mentions πο. et διεπ. correspondent au tableau dans B. L., 480 (Vénus pour le 6ᵉ jour et pour la 1ᵉ heure).

En ce qui concerne les positions des planètes et des douze lieux, on se reportera à l'étude de R. Mercier [37]. On verra que les positions des planètes sont fort proches de celles obtenues à l'aide des tables d'ibn al-A'lam.

La position de Saturne (qui devait se trouver dans le 6ᵉ lieu) n'est pas donnée, mais le texte précise que Saturne était en rétrogradation (ce qui est exact) et diamétralement opposé au Soleil (ce qui est approximativement correct).

Ce diagramme est aussi commenté dans le texte dont nous n'avons donné que l'introduction, mais il n'est pas possible détailler ici ce commentaire. L'ensemble de cette collection astrologique mériterait une étude plus complète.

b. L'horoscope de 1162

Il s'agit ici d'un simple diagramme (S, f. 114=N, f. 402v). En marge, on lit la note Ἐγένετο κτλ. éditée plus haut (note c).

La datation donnée dans cette note est discordante. Le texte donne le 2 février 6670 (=1162), un vendredi (6ᵉ jour), 10ᵉ indiction, à 4h.

[37] Mercier (note 8), section 4.2.1 et 4.2.2.

L'année, l'indiction et l'heure sont correctes. Le jour est inexact: les positions des planètes correspondent au 19 février qui était un lundi. Le client est le même: Jean Synadinos. Le texte précise la hauteur du Soleil sur l'horizon est: 34°. Cette fois, il n'y a aucune précision sur le mode de calcul et aucune interprétation. Pas plus que pour le précédent le lieu n'est mentionné; l'analyse des douze lieux conduit à une latitude de 41°. [38]

Même diagramme avec les annotations suivantes:

1. Horoscope: Gémeaux 2° 5′

2. Gémeaux 26° (à lire 20° 6′?)

3. Cancer: 15° 50′

4. Lion 8° 23′
   Jupiter: Vierge 8° 23′ (correction suggérée par Mercier, note 8, section 4.3.2; S a 50° 23′; N, 50° 53′. Pingree, *Hephaestionis* ..., xix, donne Vierge 10° 53′).

5. Vierge 16° 5′

6. Balance 28° 7′

7. Saturne: Sagittaire 5° 51′
   Sagittaire 2° 8′

8. Sagittaire 26° (ou 20° 6′?)

9. Capricorne 15° 50′
   Vénus: Capricorne 21° 54′

10. Milieu du ciel: Verseau 8° 23′
    Soleil: Poissons 7° 25′

11. Lune: Bélier 13°. Mais dans un autre petit tableau du même folio la position de la Lune est précisée: 13° 43′.
    Poissons 16° 5′
    Mercure: Poissons 9° 43′

12. Bélier 28° 7′.

[38] *Ibid*, section 4.3.1.

Dans la case centrale du diagramme N a ajouté:

Lune πο.

Mars διεπ. ce qui est conforme au tableau dans B. L., 480 (la Lune chronocrator du 2ᵉ jour, lundi, et Mars, de la 4ᵉ heure).

Pour les positions des planètes et les douze lieux, voir l'étude de R. Mercier [39]. Bien qu'il n'y ait cette fois aucune précision sur le mode de calcul, on peut penser que les positions des planètes ont été établies également avec les tables d'Alim, soit les tables d'ibn al-A'lam.

Conclusion

Grâce au petit texte du *Seldenianus* 16, qui donne avec une grande précision les mouvements des planètes selon les tables d'Alim, ainsi qu'aux études de E. Kennedy et de R. Mercier sur les tables d'ibn al-A'lam, il est permis de lever toute ambiguïté sur l'identité de l'astronome que les Byzantins ont connu sous le nom d'Alim. On peut donc conclure, conformément à la suggestion de J. Mogenet, qu'il s'agit bien de l'astronome arabe ibn al-A'lam. Il est possible dès lors de retracer la diffusion de ses tables dans le monde byzantin. On trouve en effet pour la première fois une trace de leur adaptation byzantine aux environs de 1032. Un siècle plus tard, vers 1153 et 1162, elles sont utilisées – peut-être ailleurs qu'à Constantinople – pour établir des horoscopes. Ensuite, on en perd toute trace: on n'en entendra plus parler au XIVᵉ siècle, du moins, à notre connaissance. Les XIᵉ et XIIᵉ siècles sont connus, dans l'histoire de l'astronomie byzantine, comme des périodes où l'influence islamique se manifeste très fortement. Au XIᵉ siècle, avec le texte de 1032 étudié ici, mais aussi avec un important manuel datable des années 1060-1072, récemment édité par A. Jones dans le *Corpus des Astronomes Byzantins* [40], largement inspiré de sources arabes, en particulier al-Khwârizmî et Ḥabash al-Ḥâsib. Quant au XIIᵉ siècle, il n'est guère surprenant d'y trouver un astrologue utilisant des tables islamiques. D'autres documents pratiquement contemporains de ces horoscopes attestent une forte influence orientale auprès des astronomes et des astrologues byzantins. Il s'agit des textes contenus dans le *Vat. gr.* 1056. On y trouve notamment des méthodes relatives à l'utilisation de l'astrolabe "d'après un livre sarrazin" (f. 15 ss.), des tables d'étoiles calculées pour les années 1156 (f. 30v et 33) et 1161 (f. 31r-v). Une phrase d'introduction explique que ces listes d'étoiles ont été établies d'après trois tables: les tables Hakémites (ibn Yûnus, mort en

[39] *Ibid*, section 4.3.2.
[40] Jones, cfr note 5.

1009), celles de Kûshyâr ibn Labbân (mort en 1000) et aussi d'après des informations ramenées d'Égypte par l'auteur. En fait, P. Kunitzsch a montré que ces tables d'étoiles dérivent des *Tabulae Probatae* (829-830).[41] D'autres noms d'astronomes ou d'astrologues arabes sont cités ailleurs dans ce manuscrit, mais ces textes n'ont pas encore été étudiés en détail. À cause de cette influence islamique, le XIIe siècle apparaît donc en parfaite continuité avec le XIe siècle. Il reste probablement d'autres documents à découvrir qui aideraient à préciser l'étendue de cette influence.

[41] P. Kunitzsch, "Die arabische Herkunft von zwei Sternverzeichnissen in *Cod. Vat. gr.* 1056", dans *Zeitschrift der Deutschen Morgenländ. Gesellschaft*, *120* (1970), 281-287.

V

LES TABLES ASTRONOMIQUES PERSANES À CONSTANTINOPLE DANS LA PREMIÈRE MOITIÉ DU XIVe SIÈCLE (*)

1. Dans la seconde moitié du XIIIe siècle, la domination mongole en Iran coïncide avec un essor remarquable des études astronomiques comparable à celui qui se produisit du temps du calife al-Ma' mūn. En 1259, Īlkhan Hūlāgū, petit-fils de Gengis Khan, souverain féru d'astrologie, fonde l'observatoire de Marāgha, au sud de Tabrīz, qui deviendra l'un des plus grands observatoires du monde islamique, attirant chercheurs et étudiants aussi bien d'Occident que d'Extrême-Orient ([1]). Un peu plus tard, Ghāzān Khān (1295-1304) aurait à son tour fondé un observatoire à Tabrīz et, sous le règne de ce souverain éclairé, Tabrīz devient aussi un centre d'études international ([2]).

Exactement à cette époque, soit vers les années 1293-1302, on assiste chez les Byzantins à tout un courant qui tente d'importer et d'adapter à Constantinople des traités et des tables astronomiques arabes et persanes. Cette vague d'importation est attestée par un petit nombre de manuscrits. Deux d'entre eux sont des documents d'époque :

– le *Vat. gr.* 211 (V) copié à la fin du XIIIe siècle ou au tout début du XIVe siècle, avant 1308/1309 ([3])
– le *Vat. gr.* 191, ff. 108-127 ; 170^v-172 ; 317^v-319, *ca* 1302 ([4])

(*) Un résumé de cette étude a été présenté au 17e Congrès International des Études byzantines de Washington (3-8 août 1986).

(1) A. Sayili, *The Observatory in Islam*, Ankara, 1960, pp. 189 ss.

(2) *Ibid.*, pp. 226 ss.

(3) Description : G. Mercati et P. Franchi de' Cavalieri, *Codices Vaticani graeci* I, *Codices 1-329*, Rome, 1923, pp. 264-269. Un *terminus post quem* est donné par des notes ajoutées par plusieurs autres mains, dont les plus anciennes portent les dates de 1308/9 (ff. 160^v ; 234) (cf. D. Pingree, *The Astronomical Works of Gregory Chioniades*. Vol. I. *The Zīj al-'Alā'ī*, part I : Text, translation, commentary (*Corpus des Astronomes Byzantins* [= *CAB*] II, 1), Amsterdam, 1985, p. 24.

(4) Description : Mercati et Franchi de' Cavalieri, *op. cit.*, pp. 220-227. Également A. Turyn, *Codices graeci Vaticani saeculis XIII et XIV scripti annorumque notis instructi*, Vatican, 1964, pp. 89-97 (tab. 54-68) qui le date des environs de

Les autres sont des copies plus tardives :

- le *Laur. gr.* 28/17 (L) copié vers le milieu du XIVe siècle, après 1346 ([5])
- le *Vat. gr.* 185, ff. 1-67v, datable de 1345-1360 environ ([6])
- le *Vat. gr.* 1058 (v), ff. 261-460, datable pour cette partie des environs de 1346-1360 ([7])

auxquelles on ajoutera quelques copies moins importantes comme le *Bodleianus Seldenianus* 20 (= *Arch. Seld.* B 17), f. 1-7v, qui reprend les chapitres du *Vat. gr.* 191 ([8]).

Ces manuscrits contiennent des traités — ou simplement quelques chapitres — et des tables astronomiques, rédigés et copiés en grec, et qui sont des adaptations d'ouvrages astronomiques arabes ou persans, à savoir, essentiellement : le *Zīj al-'Alā'ī* de l'astronome al-Fahhād (*ca* 1176) ([9]), le *Zīj as-Sanjarī* d'al-Khāzinī (*ca* 1120) ([10]), l'enseignement de Shams Bukhārī (relatif au *Zīj al-'Alā'ī*) ([11]), le traité sur l'astrolabe de Shams Bukhārī ([12]), des tables non identifiées au départ de 1093 et quelques autres textes ([13]). Le *Vat. gr.* 211 a conservé les titres des tables en écriture arabe. Tout ceci

* *notis instructi*, Vatican, 1964, pp. 89-97 (tab. 54-68) qui le date des environs de 1296. La datation donnée ici est celle des fragments astronomiques qui portent la date de 1302 (cf. f. 108).

(5) *CAB* II, 1, p. 23 ; *CCAG*, 1, 3. Sur la datation de ce manuscrit, voir ci-dessous p. 479.

(6) Description : MERCATI et FRANCHI DE' CAVALIERI, *op. cit.*, pp. 212-216. Sur la datation voir ci-dessous p. 481.

(7) Description : J.-L. HEIBERG, *Byzantinische Analekten*, dans *Abhandlungen zur Geschichte der Mathematik* 9 (1899), p. 161-174. O. NEUGEBAUER, *Studies in Byzantine Astronomical Terminology*, dans *Translations of the American Philosophical Society*, New Series, 50, 2 (1960), pp. 32-36 ; *CAB* II, 1, pp. 25-27. Pour le contenu du manuscrit, ajouter : ff. 497-498, la *Stèle de Canope* de Ptolémée suivie (ff. 498-499) des observations d'Héliodore (ed. J.-L. HEIBERG, *Ptolemaei opera quae exstant omnia*, II, *Opera astronomica minora*, Leipzig, 1907, pp. XXXV-XXXVII. Sur la datation de ce manuscrit, cf. infra p. 480.

(8) Description dans H. O. COXE, *Catalogi codicum mss Bibliothecae Bodleianae*, t. I, Oxford, 1853, p. 596.

(9) *CAB* II, 1, pp. 7-8. E. S. KENNEDY, *A Survey of Islamic Astronomical Tables*, dans *Transactions of the American Philosophical Society*, New series 46, 2 (1956), pp. 123-177, n° 84.

(10) *CAB* II, 1, pp. 23 ss. KENNEDY, *op. cit.*, n° 27.

(11) *CAB* II, 1, pp. 16-17.

(12) Ce traité, qui figure dans le *Vat. gr.* 1058, f. 237-245v apparaît aussi dans d'autres manuscrits que ceux cités ici : le *Vat. gr.* 210, ff. 3-7v, *Marc. gr.* 309, ff. 154-160v notamment.

(13) Voir la description du contenu des manuscrits dans *CAB* II, 1, pp. 23-28.

constitue un ensemble important d'astronomie islamique dont D. Pingree a entrepris l'édition dans le *Corpus des Astronomes Byzantins*, sous le nom de Grégoire Chioniadès ([14]).

Les exemples les plus récents relevés dans ces adaptations byzantines se répartissent entre les années 1293 et 1302 ([15]), de sorte que l'époque où elles furent réalisées ne fait aucun doute. Leur attribution à Georges (ou Grégoire) Chioniadès a été proposée par D. Pingree ([16]). Parmi les arguments sur lesquels se fonde l'attribution à Chioniadès figure essentiellement le récit que fait Georges Chrysococcès auteur d'une *Syntaxe Perse* (encore inédite) rédigée peu après 1347, dans la préface de son œuvre. Ce récit a été trop souvent reproduit pour être rapporté ici autrement que dans ses grandes lignes ([17]) : Chrysococcès y raconte comment il a appris l'astronomie auprès d'un prêtre de Trébizonde nommé Manuel, et que ce dernier détenait les traductions de traités astronomiques persans faites par un certain Chioniadès. Ce Chioniadès s'était rendu en Perse, y avait appris l'astronomie et avait ramené de nombreux livres astronomiques persans qu'il avait ensuite traduits en grec. C'est sur l'un de ceux-ci que Chrysococcès, selon ses dires, a basé sa propre *Syntaxe Perse* ([18]). Selon D. Pingree, les tables contenues dans les manuscrits V, v et L – c'est-à-dire celles qui appartiennent au *Zīj al-'Alā'ī* et au *Zīj as-Sanjarī* – constituent les sources de la plupart des tables utilisées par Chrysococcès dans sa *Syntaxe* : d'où l'attribution à Chioniadès, faite par D. Pingree ([19]) des traductions contenues dans les manuscrits V, v et L. Quant au reste du matériel astronomique persan contenu dans les manuscrits recensés plus haut, D. Pingree l'attribue également à Chioniadès ([20]).

Le récit de Chrysococcès semble confirmé dans ses grandes lignes par ce qu'on sait de la biographie de Chioniadès, récemment mise au point par L. G. Westerink ([21]) sur base notamment de lettres conservées de Chioniadès.

(14) Voir référence note 3, et *part* 2 : *Tables*, Amsterdam, 1986.
(15) *CAB* II, 1, pp. 17-18.
(16) D. Pingree, *Gregory Chioniades and Palaeologan Astronomy*, dans *Dumbarton Oaks Papers* 18 (1964), pp. 135-160.
(17) Edition notamment dans H. Usener, *Ad historiam astronomiae symbola*, dans *Kleine Schriften* III, Leipzig-Berlin, 1914, pp. 356-357.
(18) *Ταύτην δὲ μόνην τὴν Σύνταξιν ἣν ὡς κρείττονα πασῶν καὶ ἀκριβεστέραν παραδέδωκεν, ὡς ὁ ἡμῶν διδάσκαλος ἔλεγε καὶ ἀληθεύων ἐφαίνετο, χωρὶς ἑρμηνείας ἐξελλήνισεν οὕτω ταύτην δεξάμενος ἐκ Περσῶν διὰ ζώσης μόνης ἑρμηνευομένην φωνῆς* ... (cité d'après le *Vat. gr.* 210, f. 8).
(19) Pingree, *Gregory Chioniades* (note 15), pp. 141 ss.
(20) *Ibidem*, p. 143 et Westerink (cf. infra note 21), p. 234.
(21) L. G. Westerink, *La profession de foi de Grégoire Chioniadès* dans *Revue des Études Byzantines* 38 (1980), pp. 233-245.

On y apprend que Georges (Grégoire étant probablement le nom monastique ou épiscopal) fut chargé par le s. Synode et l'empereur Andronic II de la défense des intérêts des chrétiens de Tabriz avec le titre d'évêque ([22]) et qu'il aurait fait non pas un, mais plusieurs séjours en Perse avec des retours à Trébizonde et à Constantinople. Vers 1310-1314, il parle de lui-même comme d'un vieillard ([23]).

Les dossiers savamment rassemblés par D. Pingree et par L. G. Westerink fournissent donc un ensemble d'éléments très favorables à l'attribution de ces traductions à Chioniadès. Mais ceci appelle quelques remarques. Il faut souligner, en effet, que cette attribution repose seulement sur un faisceau de présomptions : aucune de ces adaptations n'est signée, aucun nom d'auteur n'y figure. La main de Chioniadès, connue par une souscription et des notes dans un manuscrit de la Columbia University, New York, *Smith Western Add.* 10 ([24]) n'apparaît pas dans les documents qui datent de la fin du XIIIe siècle, le *Vat. gr.* 191 et le *Vat. gr.* 211, ce qui eût évidemment constitué une preuve décisive. Westerink, se référant à D. Pingree, attribue à la main de Chioniadès les chapitres astronomiques qui se trouvent dans le *Vat. gr.* 191 (ff. 108-111^v^ et 169^v^-172^v^) ([25]). Ceux-ci concernent les tables de 1093 (contenues également dans ce manuscrit mais dues à une autre main, ff. 112^v^-127) et contiennent des exemples datés de 1302. Mais il n'y a toutefois aucune ressemblance entre cette écriture et celle de la souscription du NY *Smith West. Add.* 10 ([26]).

(22) WESTERINK, *ibidem*, p. 235.

(23) *Ibidem*, p. 240.

(24) *Ibidem*, p. 237. Le diagramme du f. 113 de ce manuscrit est reproduit sur la couverture de *CAB* II, 1 et 2. Cf. f. 72 : ... *διὰ φων(ῆς) ἐμοῦ τοῦ ἐλαχίστου καὶ οἰκτροῦ Γεωργίου Χιονιάδου* (également cité par WESTERINK, p. 238).

(25) WESTERINK, *op. cit.*, p. 234, en effet, se référant à D. Pingree, suggère que le réviseur du *Vat. gr.* 191, appelé R par TURYN, *Codices graeci Vaticani* (note 4) et à qui l'on doit les notes astronomiques qui nous intéressent ici (ff. 108-111^v^ en particulier) pourrait être Chioniadès. Pour les ff copiés par R, voir TURYN, *op. cit.*, p. 90. Voir également D. PINGREE, *The Byzantine Tradition of Vettius Valens' Anthologies*, dans *Harvard Ukranian Studies* 7, 1983, pp. 532-541 : spécialement p. 533.

(26) Pour l'écriture de R, voir TURYN, *op. cit.*, tab. 54. J'ai pu examiner sur place les deux manuscrits. Je n'ai pas trouvé trace de l'écriture des notes de Chioniadès dans le NY *Smith West. Add.* 10, dans le *Vat. gr.* 191 ni dans le *Vat. gr.* 211. Le *Vat. gr.* 495, signalé par WESTERINK, *op. cit.*, pp. 237-238, contenant des notes de Chioniadès sur Jean Damascène n'est pas non plus un autographe. On y trouve plusieurs diagrammes astronomiques (f. 12^v^, f. 27^v^, f. 237^v^ ...) qui semblent repro-

D'autre part, comme on le verra plus loin, les relations entre la *Syntaxe Perse* de Chrysococcès et le contenu des manuscrits V v L ne sont pas encore établies avec précision ([27]). Enfin, il n'est pas démontré que tout le corpus d'astronomie persane conservé de cette époque doive être attribué à un auteur unique ; plusieurs indices, en effet, comme des variations dans les adaptations de noms persans, dans la graphie du zéro ..., pourraient peut-être laisser entendre que plus d'une personne ont travaillé à ces adaptations. Ceci demanderait des recherches plus approfondies.

Ces réserves étant posées, on a affaire ici à un mouvement d'adaptation d'une ampleur remarquable, et l'on peut soupçonner qu'une partie seulement du matériel qui a été importé à cette époque nous est parvenue. Tout ceci s'inscrit dans une époque où l'empire byzantin, comme le reste de l'Occident, faisait des tentatives de rapprochement avec l'empire mongol : des alliances s'étaient développées sous le règne de Michel VIII ([28]) et l'on sait que, en 1302, une ambassade fut envoyée à Ghāzān Khān par Andronic II ([29]). Or, c'est précisément à cet empereur que l'astronome persan Shams Bukhārī, dont l'enseignement se trouve rapporté dans le *Laurentianus gr.* 28/17 ([30]), dédicace la version grecque de son traité sur l'astrolabe ([31]). Il est difficile

duire grossièrement, mais avec des variantes, les diagrammes du NY *Smith Western Add.* 10.

(27) Cf. ci-dessous pp. 478-479.

(28) Sur les relations entre l'empire byzantin et les Mongols, voir notamment B. Spuler, *Die Mongolen in Iran, Politik, Verwaltung und Kultur der Ilchanzeit 1220-1350*, Leipzig, 1939, pp. 65-67. Les alliances conclues par Michel VIII avec les Mongols sont relatées notamment par Pachymère III, 5 ; VI, 35 ; VI, 36 (v. Georges Pachymère, *Relations Historiques*. Introductions et notes par A. Failler. Traduction française par V. Laurent, Paris, Belles Lettres, 1984, I, pp. 234-235 ; p. 242 ; p. 658 ...).

(29) *Cambridge History of Iran*, vol. 5 : *The Saljuq and Mongol Periods*, ed. J. A. Boyle, Cambridge, 1968, p. 392.

(30) Édité dans *CAB*, II, 1, pp. 36 ss.

(31) Cf. *Marc. gr.* 309, f. 154 : ... *ἐπῆλθέ μοι αὕτη ἡ προθυμία, ᾧ ὄνομα Σιάμψ, ὁ τῷ ἡλίῳ ὁμωνυμῶν κατὰ τὴν Ἀρράβων φωνήν, οὐ μὴν καὶ κατ' εἶδος, ἐφ' ᾧ καὶ ἐζήτησα αὐτὸς τῷ ἡλίῳ εὑρεῖν ἰδέαν παρεμφερῆ, οἷα δὴ καὶ ἡ σελήνη μὴ ἔχουσα φῶς οἰκεῖον, ἀλλ' ἐξ ἡλίου τοῦτο λαμβάνουσα· διὰ τῆς ἐπιστήμης τοίνυν ταύτης, ἐσπούδασα ὡς ἐξ ἡλίου τοῦ βασιλέως Αὐσόνων οὗ καὶ τὸ ὄνομα νίκη ἀνδρῶν, καὶ ἡ ἐπωνυμία ἐκ λόγων τῶν παλαιῶν, λαβεῖν ὡς ἐξ ἡλίου διὰ τοῦ ὀνόματος φωτισμὸν ὥσπερ ἡ σελήνη· ἐβουλήθην τοίνυν εὑρεῖν ἐξισούμενόν τι μέγιστα ἢ ὀνόματι τῷ ἐμῷ ἢ τρόπῳ τῷ σῷ· κρεῖττον δ' οὐχ εὗρον μέσον ἀμφοῖν ἢ τὸν ἀστρολάβον* ... «... il m'est venu ce désir, à moi dont le nom est Shams, l'homonyme du Soleil selon la langue arabe, mais non certes par l'apparence ; pour cette raison, j'ai cherché

d'apprécier la signification de cette dédicace — on n'a aucune trace que ce traité ait été effectivement reçu par Andronic II — ni le fait qu'elle ait disparu dans une partie de la tradition manuscrite ([32]). Autre point intéressant à signaler : il semble que, sur la fin de sa vie, Chioniadès ait eu des ennuis puisqu'il crut nécessaire d'écrire une profession de foi chrétienne, éditée par Westerink, en réponse à des accusations d'attachement à des croyances étrangères ([33]).

2. Pour la période qui suit cette première génération et qui va, approximativement de 1302, 1308 à 1340, 1346 environ, l'astronomie persane semble disparaître presque complètement dans les manuscrits : à ma connaissance aucune copie de tables ou de textes d'astronomie perses n'a été conservée pour cette période ([34]), aucun commentaire n'a été rédigé entre l'époque de

moi-même à trouver une forme presque semblable au Soleil, comme la Lune qui n'a pas de lumière propre, mais qui reçoit sa lumière du Soleil ; grâce à cette science, donc, je me suis efforcé de capter la lumière du Soleil qu'est le roi des Ausones dont le nom est «Victoire des Hommes» et le surnom «Paroles des Anciens», ainsi que du Soleil dont je porte le nom, comme le fait la Lune. J'ai donc voulu, Très grand Roi, trouver quelque chose qui fût l'égal de mon nom ou de tes manières, et je n'ai rien trouvé de mieux entre les deux que l'astrolabe ...».

Le texte de la préface semble supposer l'envoi d'un véritable astrolabe et pas seulement d'un traité.

(32) Ce prologue est absent du *Vat. gr.* 210 (f. 3) et du *Vat. gr.* 1058 (f. 237).

(33) Ed. WESTERINK, *op. cit.*, pp. 243-245.

(34) Je n'ai pas trouvé, jusqu'à présent, de manuscrit d'astronomie arabe ou persane (il n'est pas question ici des manuscrits d'astrologie qui n'ont pas fait l'objet de cette enquête) copié entre 1310 et 1340 à l'exception d'un cas inattendu : le *Paris gr.* 2425, que l'on date habituellement du XVe siècle (*CCAG* 8, 4, pp. 22 ss.) mais que le filigrane situe vers 1333-1336 ou un peu plus tard (lettre S pour les folios 77 ss jusqu'à la fin du codex = BRIQUET 9017, attesté en 1333-1334 et aussi tenailles = BRIQUET 14077, attesté en 1336). Ce manuscrit contient une adaptation byzantine effectuée vers 1060-1072 utilisant les tables de l'astronome Ḥabash al Ḥāsib (cf. O. NEUGEBAUER, *Commentary on the Astronomical Treatise Par. gr. 2425, Mémoires de l'Académie Royale de Belgique*, Cl. Lettres, t. LIX, fasc. 4, Bruxelles, 1969). Il semblerait, à lire les innombrables fautes (itacismes et autres) que cette copie ne vienne pas d'un milieu intellectuel distingué de la capitale. Édition par A. JONES, *An Eleventh-century Manuel of Arabo-Byzantine Astronomy* (*CAB* III), Amsterdam, 1987.

À Chypre, vers 1330-1340, un gentilhomme comme Georges Lapithe n'avait aucun complexe à recourir à l'astronomie étrangère (cf. lettre de Georges Lapithe à Nicéphore Grégoras, *P.G.* 148, col. 59 et l'édition de P. A. M. LEONE, *Nicephori Gregoriae epistolae*, t. II (Matino, 1982) pp. 406-408 ; voir D. PINGREE, *The Byzantine version of the Toledan Tables : the work of George Lapithe ?* dans *Dumbarton Oaks Papers* 30 (1976), pp. 87-132).

Chioniadès et celle de Chrysococcès. Sans doute, la disparition n'est-elle pas totale, mais si l'on considère les documents byzantins d'astronomie perse conservés pour les années 1310-1340, le bilan est extrêmement mince : des notes ajoutées dans le *Vat. gr.* 211 montrent que ce manuscrit a été lu vers 1320-1322 ([35]) ; d'autres notes montrent que les tables de 1093 conservées dans le *Laur. gr.* 28/17 et dans le *Vat. gr.* 185 ont été examinées vers 1320-1323 – le *Vat. gr.* 191 qui a aussi ces tables n'a pas ces notes ([36]). Mais il n'y a ni copie de tables, ni rédaction de nouveaux traités comme on les verra proliférer après 1346. Les tables perses sur lesquelles Chrysococcès et Méliténiote écriront leurs commentaires n'apparaissent pas avant 1346 et aucune table, parmi celles que nous avons pu examiner ([37]) ne donne les mouvements moyens pour une date antérieure à 1340/1341 (= 710 Yezdegerd) à l'exception d'un cas fort curieux : dans le *Vat. gr.* 210, les années sont données depuis 601 Y (= 6740 = 1231/2), mais les chiffres des mouvements moyens ne sont inscrits de première main qu'à partir de 710 Y ; une autre main a ensuite ajouté les chiffres de 688 Y (= 1318) ou 691 Y (= 1323) à 709 Y: je ne sais comment expliquer ce curieux retour en arrière ([38]).

Le seul personnage dont l'activité se situerait durant cette période est le prêtre Manuel, le maître de Chrysococcès, dont l'enseignement pourrait se situer aussi bien vers 1340 que vers 1320 ss. On ne possède sur celui-ci que très peu d'informations et le personnage reste énigmatique. On a tenté, sans grande conviction, de l'identifier avec Manuel Bryennios, auteur d'un volumineux traité d'*Harmonique* ([39]) et maître d'astronomie de Théodore Métochite ([40]). Mais cette identification reste douteuse. Outre le récit de

(35) *Vat. gr.* 211, ff. 174v ; 180v ; 234 ; cf. PINGREE, *Gregory Chioniades* (cité note 15), p. 141, note 47 ; *CAB* II, 1, p. 24.

(36) *Vat. gr.* 185 : 1318/1319 (ff. 1 ; 2v ; 5 ; 10) ; 1322/3 (f. 15) ; 1323/4 (ff. 12v ; 17v).

Laur. gr. 28/17 : au bas des tables de 1093, mention de l'année 1318/1319. Le *Laur. gr.* 28/17 a d'autres notes chronologiques portant diverses dates (1308/9, 1321/2 ... ff. 107v-168) qui semblent toutes recopiées du *Vat. gr.* 211.

Vat. gr. 191 : mêmes tables ff. 112v-127, mais pas de notes.

(37) Liste donnée en annexe, pp. 486-487.

(38) *Vat. gr.* 210, ff. 47v ; 54 ; 65 ; 77v. Ce changement d'écriture m'a été signalé par R. Mercier.

(39) Éd. G. H. JONKER, *The Harmonics of Manuel Bryennius*, Groningen, 1970.

(40) Discussion, *ibidem*, p. 32, note 84. Également I. ŠEVČENKO, *Études sur la polémique entre Théodore Métochite et Nicéphore Choumnos*, Bruxelles, 1962, pp. 115-116, note 6.

Chrysococcès, on trouve mention d'un certain Manuel, prêtre de Trébizonde, dans une note reproduite dans un certain nombre de manuscrits du XVe siècle, mais il n'est pas certain qu'il s'agisse du même personnage et l'interprétation de la note ne nous paraît pas évidente ([41]). Il est très clair, par contre, d'après ce que dit Chrysococcès dans la conclusion de son traité, que les activités de son maître étaient fondamentalement axées sur la pratique de l'astrologie. Son maître, dit-il, établissait des éphémérides pour toute une année et suscitait ainsi l'admiration de ses contemporains ([42]). Il se fait que l'on a conservé des éphémérides astrologiques composées à Trébizonde pour l'année 1336/1337 dans le *Monacensis gr.* 525 (ff. 155-172) au milieu d'œuvres d'André Libadinos. Ces pronostics ont été édités plusieurs fois, mais sans les tableaux qui constituent les éphémérides elles-mêmes ([43]). Si l'on compare ces tableaux avec la description qu'en donne Chrysococcès dans sa *Syntaxe Perse* ([44]), la ressemblance est extrême et l'on est évidem-

(41) *Paris. gr.* 2501, f. 27 ; *Vat. gr.* 1058, f. 6 (main du XVe s.) (PINGREE, *CAB* II, 1, p. 26) ; *Pal. gr.* 278, f. 87^{v}. Voici le texte de cette note d'après le *Pal. gr.* 278 : *κατὰ τὴν περσικὴν μέθοδον ἣν ἔλεγεν ὁ Παπᾶς Μανουὴλ ὁ Τραπεζούντιος ἐκεῖνος κινεῖται ὁ ἥλιος τῇ ἐκκέντρῳ αὐτοῦ κινήσει τοὺς ρκ χρόνους λεπτὰ νθ· ἔχει γοῦν ὅτι ἤρξατο τοῦ τοιούτου ἐπιλογισμοῦ ἔτη ϛς κατὰ τὸ νῦν ,ϛϡιζ^{ον} ἔτος* (= 1408/9), *ἐτελείωσε δὲ τὴν τοιαύτην προσθήκην ἐν ἔτει ἀπὸ κτίσεως κόσμου ,ϛωκα^{ῳ}* (= 1312/3) *καὶ πάλιν ἀρχὴν ἔλαβε τῆς προσθέσεως ἀπὸ τοῦ ,ϛωκβ^{ου} ἔτους.* À partir de *ἔχει* ... le texte se réfère peut-être à tout autre chose (prolongations de tables ?).

(42) *Vat. gr.* 210, f. 35^{v}, l. 8 ss. : *Εἰ γάρ τις ἐκ τῆς Συντάξεως ταύτης ἐφημερίδας τοῦ ὅλου ἐνιαυτοῦ ἐκβάλλει ὡς ὁ ἡμῶν ἐποίει διδάσκαλος, καὶ σπεύσει γινώσκειν τὰς ὑπὸ τοῦ Θεοῦ δεδομένας δυνάμεις τοῖς ἄστροις, τουτέστι, τὰς κράσεις καὶ ποιοτήτας καὶ τὰς δηλώσεις πάντων ὧν ἐν τῇ τοῦ θεματίου ἐκθέσει ἐμνημονεύσαμεν, τοῖς πᾶσιν ἔσται θαυμαστός, ἐκ τῆς τῶν ὄντων τε καὶ μελλόντων προρρήσεως, ὥσπερ καὶ ὁ ἡμῶν ἐκεῖνος διδάσκαλος* ... «Si quelqu'un à l'aide de cette Syntaxe établit des éphémérides pour l'année entière comme le faisait notre maître, et s'efforce de connaître les puissances données par Dieu aux astres, c'est-à-dire les mélanges, les qualités et les significations de tout ce que nous avons rappelé dans l'exposé du thème, il sera admirable aux yeux de tous du fait de sa prédiction du présent et du futur, comme l'était notre maître ...».

(43) *CCAG* 7, pp. 152-160 ; S. LAMPROS, *Τραπεζουντιακὸν ῾Ωροσκόπιον τοῦ ἔτους 1336*, dans *Νέος ῾Ελληνομνήμων* 13 (1916) pp. 33-50. L'attribution de ces éphémérides à André Libadinos est rejetée par O. LAMPSIDIS, *Ἀνδρέου Λιβαδηνοῦ Βίος καὶ ἔργα*, Athènes, 1975.

(44) Le *Vat. gr.* 210, f. 26^{v}, donne un tableau d'éphémérides au milieu de la *Syntaxe* de Chrysococcès. Ce tableau fait pour l'année 1353 ne semble pas faire partie du traité lui-même car il est en désaccord avec les chiffres donnés dans le texte (ceux-ci se réfèrent à l'année 1346). Merci à R. Mercier pour les datations.

ment tenté d'attribuer ces éphémérides à Manuel lui-même, mais ceci demanderait plus ample investigation ([45]). Un peu plus loin, Chrysococcès annonce son intention de rédiger un ouvrage astrologique en se basant notamment sur les traductions de traités perses faites par son maître ([46]). Ceci montre que le mouvement de traduction ne s'est pas arrêté, mais semble s'être consacré, en ce qui concerne Manuel du moins, aux traités d'astrologie.

3. À partir de 1346/1347, ou, si l'on prend comme repère l'année de départ des tables de Chrysococcès, 1340/1341, traités et copies de tables astronomiques persanes se multiplient.

a. Il est remarquable que les trois copies tardives citées plus haut, le *Laurentianus gr.* 28/17, le *Vat. gr.* 1058 et le *Vat. gr.* 185, soient sensiblement contemporaines et se situent vers le milieu du XIVe siècle ou peu après.

Le *Laurentianus gr.* 28/17 a été généralement daté de 1323, sur base de la note suivante (f. 223^{v}) que l'on considérait comme un colophon : *ἔτους ,ςωλα ἀπ' Ἀλεξάνδρου ,αχλδ· ὁ χρόνος τῶν Μουγ(ου)λ(ίων) ὁ χοῖρος.* En fait cette note n'est pas un colophon, mais la copie d'une note qui se trouve au f. 36^{v} du *Vat. gr.* 211, où elle a été ajoutée par une autre main, qui est, elle, l'original de 1322/1323. Le copiste du *Laurentianus gr.* 28/17, après avoir retranscrit le texte qui se trouve sur la page en question du *Vat. gr.* 211, a simplement reproduit à la fin du texte la note de son modèle. En un autre

(45) Les éphémérides de Trébizonde utilisent les mois arabes, Chrysococcès les mois persans. Une édition avec analyse de ces éphémérides par R. Mercier paraîtra prochainement dans le *CAB*.

(46) *Vat. gr.* 210, f. 35^{v}, l. 16 ss. : *Τούτου χάριν σκοπὸν ἐθέμην πραγματείαν συντάξαι ἐν τέτρασι βιβλίοις εἰς τρία τμήματα τούτων ἕκαστον μεριζόμενον, περιέχουσαν τὰ δηλούμενα ὑπό τε τῶν ζῳδίων αὐτῶν καὶ τῆς τῶν πλανωμένων τε καὶ ἀπλανῶν κινήσεως· οὐ πᾶσαν οἴκοθεν ἐργασόμενος, ἀλλ' ἐκ Περσῶν μὲν ἔχων, ὅσα παρὰ τοῦ ἡμῶν διδασκάλου βαρβάρως ἐξελληνίσθησαν, εἰ καί τινα ῥυθμὸν ἑλληνικὸν πολλὰ μοχθήσας τούτοις ἐνέθηκα, τὰ πλείω δὲ καὶ ἐκ τῶν ἑλληνικῶν βιβλίων ληψόμενος* ... «À cause de cela, je me suis proposé comme but de composer un traité en quatre livres divisés en trois sections chacun contenant ce qui est révélé par les signes du zodiaque eux-mêmes et le mouvement des planètes et des astres fixes, sans œuvrer entièrement de moi-même, mais tenant des Perses tout ce qui a été hellénisé de manière barbare par notre maître, même si j'y ai introduit un rythme grec en peinant beaucoup, et prenant la plus grande partie des livres grecs ...».

Je ne sais pas si l'on a conservé ce traité d'astrologie de Chrysococcès. Dans certaines collections astrologiques (*e.g. Angelicus gr.* 29) figure une table d'étoiles calculée pour l'année 1346/1347 et basée sur le *Zīj-i Īlkhānī* (cf. P. KUNITZSCH, *Das Fixsternverzeichnis in der «Persischen Syntaxis» des Georgios Chrysokokkes*, dans *Byzantinische Zeitschrift* 57 (1964), pp. 382-411).

endroit du *Laur. gr.* 28/17 se trouvent également reproduites diverses notes chronologiques dont deux sont datées de 1344/5 et 1345/6 (f. 167^{v}) ([47]). Or, toutes ces notes sont de la main du copiste : le *Laur. gr.* 28/17 ne peut donc pas avoir été copié avant 1346. Cette datation n'est pas contredite par le filigrane, dont le modèle, très répandu, est attesté entre 1336 et 1350 ([48]). Enfin, l'écriture présente une parenté nette avec celle du copiste qui a * retranscrit la *Tribiblos astronomique* (*ca* 1352) de Théodore Méliténiote dans le *Vat. gr.* 792. Or ce dernier manuscrit est généralement considéré comme l'autographe de Méliténiote ([49]) ou du moins, comme la copie effectuée par son secrétaire ou l'un de ses proches. La parenté entre l'écriture du *Vat. gr.* 792 et celle du *Laur. gr.* 28/17 est telle que l'on peut suggérer que ces deux manuscrits sont dus sinon au même copiste, du moins, au même secrétariat. De plus la préface du livre III de la *Tribiblos* semble s'inspirer du traité de Shams Bukharī contenu dans le *Laurentianus gr.* 28/17 ([50]). Il y a donc là un ensemble de faits qui font penser que le *Laur. gr.* 28/17 est une copie effectuée sinon par Méliténiote lui-même, du moins à sa demande et par son secrétariat.

Le *Vaticanus gr.* 1058 est couramment daté du xve siècle sur base de textes portant les dates de 1408, 1409 ss. ([51]). Mais en fait il y a deux parties dans ce manuscrit. La première (écriture I) comprend les ff. 2-260 et est incontestablement du xve siècle. La seconde partie est due à deux mains différentes : écriture II (ff. 261-331^{v} et 472-499) et écriture III (ff. 332-471) en plus de notes dues à une quatrième main (IV, ff. 1-2 ; f. 499). Les textes qui nous intéressent ici sont dus aux mains II et III et ont été transcrits sur papier datant des environs de 1353-1360 ([52]). La main III qui a copié les tables astronomiques est la même que celle qui a transcrit la *Syntaxe Perse* de

(47) *Laur. gr.* 28/17, f. 167^{v} : *κόσμου ἀρχῆς ,ςωνγ· Περσῶν ,ψιδ* ... (= 1344) ; *Ῥωμαίων ἔτη κατὰ τὸ ,ςωνδ ' ἔτος* ... (= 1345).

(48) Ressemble à Briquet, 7345-7347 (1336-1341) ou 7350 (1345) ; Mošin, 4275 (1338) ; 4276 (1341) ; 4278 (1345) ; 4290 (1345) ; 4303 (1350).

(49) G. Mercati, *Notizie di Procoro, Demetrio Cidone, Manuel Caleca e Teodore Meliteniota ed altri appunti per la storia della letteratura bizantina del secolo xiv, Studi e Testi* 56, Vatican, 1931, pp. 172-191.

(50) Pingree, *Gregory Chioniades* (cité note 15), p. 145.

(51) Cf. f. 6 ; f. 246 ... Voir description du manuscrit dans *CAB*, II 1, pp. 25-28.

(52) Notamment Briquet 707 (1353) ou Briquet 705 (1345) ou Mošin 258 (1359) ; Briquet 15772 (?) (1352), pour les folios 261 ss. Pour l'autre partie du manuscrit (ff. 1-260), Briquet 15864 (1419). Je n'ai pas eu le temps de relever tous les filigranes du *Vat. gr.* 1058.

Chrysococcès dans le *Vat. gr.* 210 (ff. 8 ss.). On peut voir que ces textes et tables du *Vat. gr.* 1058 ont été lus et étudiés soigneusement par un lecteur qui semble de peu postérieur.

Le *Vaticanus gr.* 185 peut être daté, pour les ff. 1-67ᵛ, des années 1345-1360, sur base des filigranes ([53]).

b. À en juger par les datations des tables (1340/1341 = 710 Y) et des exemples choisis (1346, éclipse de Soleil du 7 août 1347), la *Syntaxe Perse* de Georges Chrysococcès doit avoir été la plus ancienne «Syntaxe Perse» de cette génération ([54]). C'est à Chrysococcès, et à lui seulement que l'on doit l'histoire du prêtre Manuel et de Chioniadès. Méliténiote, dans le troisième livre de sa *Tribiblos Astronomique*, n'en dit rien, pas plus qu'il ne cite Chrysococcès. Les relations entre la *Syntaxe Perse* de Chrysococcès et le corpus d'astronomie perse de la fin du XIIIᵉ siècle ne sont pas encore établies clairement. Chrysococcès avait lu, semble-t-il, les traités conservés dans le *Vat. gr.* 211. Ainsi, par exemple, les chapitres sur la chronologie semblent dériver en droite ligne du *Zīj as-Sanjarī* tel qu'il apparaît dans le *Vat. gr.* 211. mais avec des variantes intéressantes. Par contre toutes les tables de longitude du Soleil, de la Lune et des cinq planètes viennent du *Zīj-i Īlkhānī* de Naṣīr ad-Dīn aṭ-Ṭūsī, ainsi que l'a montré récemment R. Mercier ([55]). Or le *Zīj-i Īlkhānī* ne figure pas dans les manuscrits recensés au 1 : il y est fait plus d'une fois allusion, mais on n'en a pas conservé d'adaptation grecque antérieure à Chrysococcès. Si l'on se fie au récit de celui-ci, on devrait alors supposer que Chioniadès avait également «hellénisé» le *Zīj-i Īlkhānī* ([56]). Le traité et les tables de Chrysococcès ont connu une large diffusion dans les manuscrits ([57]).

c. C'est le même jeu de tables, sans aucune différence, apparemment, qu'un recul de 10 ans (720 Y au lieu de 710 Y) qui se trouve expliqué dans le livre

(53) MOŠIN 224 ou 248 ; 2833-2835 ; 2037, attesté vers 1342-1355. Les tables (ff. 24 ss.) sont au départ de 1341.

(54) Les tables du *Vat. gr.* 185, ff. 24-67ᵛ pourraient peut-être représenter un état antérieur des tables de Chrysococcès telles qu'elles apparaissent par exemple dans le *Vat. gr.* 210, ff. 47 ss. En marge du f. 24 du *Vat. gr.* 185, exemple pour le 30 avril 1340.

(55) R. MERCIER, *The Greek «Persian Syntaxis» and the Zīj-i Īlkānī*, dans *Archives Internationales d'Histoire des Sciences* 112, 3 (1984), pp. 35-60.

(56) Voir le passage cité note 17. Ce passage semble dire que Chioniadès n'avait fait que mettre en grec les tables elles-mêmes, «sans explication» (*χωρὶς ἑρμηνείας*). *

(57) Voir liste donnée en annexe, pp. 486-487.

III de la *Tribiblos Astronomique* de Théodore Méliténiote, rédigée, semble-t-il, entre 1352 et 1368 ([58]). Théodore Méliténiote était revêtu de plusieurs dignités et fonctions officielles : Grand Sacellaire, *Διδάσκαλος τῶν διδασκάλων* (directeur de l'école patriarchale de Constantinople), archidiacre ([59]). Son ouvrage, composé selon une tripartition chère à l'auteur ([60]) compte trois livres consacrés respectivement (I) aux opérations arithmétiques et à l'astrolabe ; (II) aux calculs selon l'*Almageste* et les *Tables Faciles* ; (III) à l'astronomie perse. On en a conservé l'autographe, ou du moins la copie faite dans son entourage immédiat, le *Vat. gr.* 792, ainsi que nous l'avons rappelé plus haut. La préface de ce livre III s'inspire, ainsi que D. Pingree l'a fait remarquer, du long *Zīj* de Shams Bukharī du *Laur. gr.* 28/17, dont nous pouvons penser, à présent, qu'il a été copié dans la maison de Méliténiote. On voit par là que Méliténiote avait accès à des documents aujourd'hui disparus, sans doute les originaux du XIIIe siècle, et qu'il était peut-être mieux informé que ce que l'on aurait généralement tendance à penser. Méliténiote vante abondamment les auteurs arabes et persans, mais ne dit rien, sinon d'une manière quelque peu méprisante, de ses prédécesseurs grecs ([61]). Il ne confirme pas le récit de Chrysococcès relatif au prêtre Manuel et à Chioniadès, et laisse dans l'anonymat le traité du *Laur. gr.* 28/17 où est rapporté l'enseignement de Shams Bukhārī. On ignore comment Méliténiote avait appris l'astronomie perse, et quels élèves il a formés. Quant aux relations entre le *Tribiblos* et la *Syntaxe* de Chrysococcès, elles devraient encore être examinées en détail.

Avec Méliténiote, l'astronomie persane entre à l'Université. Elle le fait avec élégance et en bonne compagnie, escortée de Ptolémée et de Théon. Alors que la *Syntaxe Perse* de Chrysococcès est fortement teintée d'astrologie, celle-ci est absente de la *Tribiblos*, dont l'auteur s'est livré, en com-

(58) J'ai utilisé le dossier rassemblé sur Méliténiote par Mlle R. Leurquin qui prépare une thèse de doctorat sur la *Tribiblos Astronomique.* Voir R. LEURQUIN, *La Τρίβιβλος ἀστρονομικὴ de Théodore Méliténiote*, à paraître dans *Janus*.

(59) Tous ces titres sont donnés en tête de la *Tribiblos* dans le *Vat. gr.* 792, mais *διάκονος* y a été changé en *ἀρχιδιάκονος* (même main).

(60) Méliténiote est l'auteur d'une *Ἱερὰ Τρίβιβλος* (MERCATI, *op. cit.*, note 45), pp. 180-181 et d'une œuvre intitulée *Εἰς τριάδα τριπλῆν ἐξηγήσεις τοῦ διὰ τεσσάρων ἁγίου εὐαγγελίου* (cf. Ch. ASTRUC, *Le livre III retrouvé du commentaire de Théodore Méliténiotès sur les Évangiles (Paris gr. 180), Travaux et Mémoires* 4 (1970), pp. 411-429).

(61) Cf. *Vat. gr.* 792, f. 244^v = USENER, *Ad historiam astronomiae* (cité note 16), p. 337, ll. 10 ss. (*Vat. gr.* 1059).

mençant son traité, à une violente diatribe contre l'astrologie ([62]). Le livre III de la *Tribiblos* a connu un très grand succès. Détaché de l'ensemble, il a poursuivi une carrière indépendante sous le titre de *Παράδοσις τῶν περσικῶν κανόνων*, parfois sous le nom d'Isaac Argyre, parfois remanié ultérieurement ([63]).

d. À partir de ces deux traités, voire simultanément, les mêmes tables se répandent partout dans le monde byzantin. Elles sont adaptées à Chypre peu de temps après 1347 ([64]), et les manuscrits sont nombreux pour la fin du XIVe siècle et le début du XVe. Elles sont utilisées à Rhodes, à Mitylène par des anonymes ou des personnages identifiés : Jean Abramios, Eleutherios Elios, Denys, Matthieu Paléologue ([65]) et d'autres encore, mais elles subiront la concurrence d'autres tables : juives, latines ou autres ([66]).

* * *

L'examen des manuscrits byzantins d'astronomie arabe et persane des XIIIe et XIVe siècles met en évidence de manière nette le fait suivant : entre les années 1308-1346 environ, l'importation à Constantinople d'ouvrages astronomiques arabes et persans qui avait été entreprise sur une grande échelle vers 1296/1302 s'arrête presque complètement, pour autant, bien entendu que l'on puisse en juger d'après les manuscrits conservés. Ce temps d'arrêt coïncide avec l'époque où se multiplient les copies de Ptolémée et de Théon et où les grands savants byzantins, tels Nicéphore Grégoras, Barlaam et d'autres, portent à leur point culminant l'étude et la pratique de l'astrono-

(62) Cf. H. HUNGER, *Die Hochsprachliche Profane Literatur der Byzantiner*, Munich, 1978, II, p. 254.

(63) Voir liste donnée en annexe.

(64) Anne TIHON, *Un traité astronomique chypriote du XIVe siècle*, dans *Janus* 64 (1977), pp. 279-308 ; *Janus* 66 (1979), pp. 49-81 et *Janus* 68 (1981), pp. 65-127.
En plus du *Baroccianus* 166, sur lequel ces études ont été basées, ce traité est attesté dans deux autres manuscrits : *Athos, Iviron* 126 (cf. LAMPROS, *Catalogue of the Greek Manuscripts on Mount Athos*, vol. II, Cambridge, 1900, pp. 23-24) que m'a signalé M. C. Constantinides et le *Baroccianus* 100. Je remercie M. Constantinides et le Cyprus Research Center qui m'ont prêté un microfilm du mss. *Iviron* 126.

(65) PINGREE, *Gregory Chioniades* (note 15), p. 159 ; TIHON, *Un traité astronomique chypriote* (cf. note 60) I, pp. 303-305.

(66) Sur tout ceci, voir PINGREE, *The astrological School of John Abramius*, dans *Dumbarton Oaks Papers* 25 (1971), pp. 191-215 ; TIHON, *L'Astronomie Byzantine (du Ve au XVe siècle)*, dans *Byzantion*, 51 (1981), pp. 603-624.

mie de Ptolémée. Vers 1341-1346, l'astronomie perse réapparaît brusquement et se diffuse partout.

Pourquoi ce temps d'arrêt ? Pourquoi cette soudaine diffusion ? À ces questions, on peut hasarder quelques réponses, mais aucune ne semble pleinement satisfaisante. On est tenté d'accuser le snobisme des intellectuels byzantins de la haute société ([67]) qui, à la suite de Théodore Métochite, ne juraient que par Ptolémée, sans admettre que ses tables étaient périmées ([68]). À leur décharge cependant, il faut remarquer qu'il n'était probablement pas aisé de s'initier à l'astronomie orientale à Constantinople à cette époque – les manuscrits d'astronomie persane, on l'a vu, ne semblent pas avoir été diffusés durant cette période.

L'astronomie persane étant fortement teintée d'astrologie, on pourrait penser que la crainte de condamnations pour pratique de l'astrologie a pu jouer un rôle. Mais Nicéphore Grégoras pratiquait une astrologie distinguée et, par ailleurs, les mêmes raisons devaient jouer aussi pour la seconde moitié du XIVe siècle : il est symptomatique que la conclusion de la *Syntaxe Perse* de Chrysococcès consiste, d'une part, en une justification de l'astronomie par l'astrologie, mais aussi en une profession de foi chrétienne en ce qui concerne la croyance dans le pouvoir des astres ([69]), tandis que Méliténiote se livre à une attaque virulente contre les astrologues.

Les tables de Chrysococcès sont au départ de 1340/1341, fin du règne
* d'Andronic II et début de la guerre civile : cette coïncidence mérite peut-être de retenir l'attention. Il serait intéressant de voir si, dans d'autres domaines scientifiques les mêmes bloquages ont joué durant cette période ou si, au contraire, c'est un phénomène propre à l'astronomie, ou purement accidentel.

On ne peut manquer non plus de remarquer la différence entre le matériel importé à la première génération et celui qui sera utilisé dans la seconde moitié du XIVe siècle. Le premier comprend plusieurs types de tables et aussi des données beaucoup plus théoriques, comme les célèbres figures pré-

(67) Le Professeur I. Ševčenko, qui a bien voulu discuter avec moi de ces problèmes, a attiré mon attention sur les différences sociales qui séparent les continuateurs de Ptolémée (Métochite, Grégoras, Barlaam ...) et les obscurs personnages, comme le prêtre Manuel dont on n'arrive pas à retrouver la trace, qui se sont mis à l'étude de l'astronomie perse.

(68) Voir toutefois J. MOGENET, A. TIHON, R. ROYEZ, A. BERG, *Nicéphore Grégoras. Calcul de l'éclipse de Soleil du 16 juillet 1330*, (= *CAB* I), Amsterdam, 1983, p. 21.

(69) USENER (note 16), p. 371.

coperniciennes du *Vat. gr.* 211 ([70]), qui, à ma connaissance, n'ont été reproduites dans aucun autre manuscrit. Chez Chrysococcès et ses épigones, on se borne à un objectif essentiellement pratique : l'établissement des éphémérides. Toute la trigonométrie non ptolémaïque semble avoir disparu chez Chrysococcès et, à ma connaissance, dans les traités byzantins postérieurs. Plutôt que de continuité, c'est peut-être aussi, en un sens, de rupture qu'il faudrait parler lorsqu'on compare les efforts qui apparaissent à la fin du XIIIe siècle et ceux qui seront poursuivis dans la seconde moitié du XIVe siècle.

(70) Reproduction dans O. NEUGEBAUER, *A History of Ancient Mathematical Astronomy*, 3 vol., Berlin-Heidelberg-New York, 1975, vol. 3, p. 1456 (pl. IX). Également dans N. SWERDLOW et O. NEUGEBAUER, *Mathematical Astronomy in Copernicus' De Revolutionibus*, 2 vol., New York-Berlin-Heidelberg-Tokyo, 1984, vol. 2, pp. 567-568.

INVENTAIRE DES MANUSCRITS (*)

1) *Syntaxe Perse* de Georges Chrysococcès (texte)

Ambrosianus E 80 sup (*gr.* 294), ff. 68-91 ?
I 112 sup (*gr.* 469), ff. 2-27^{v} ?
Leidensis BPG 74 E, ff. 80-85^{v}
Londinensis Burneianus 91, ff. 39-100^{v}
Marcianus gr. 309, ff. 41-66^{v}
327, ff. 24-78^{v}
Oxoniensis Canonicianus gr. 81 (extraits ?)
Baroccianus 58 (extraits ?)
Parisinus gr. 2401, ff. 1-36
2402, ff. 1- ?
2461, ff. 151^{v}-187^{v}
Suppl. gr. 1148
Scorialensis R.1.14 (gr. 14), ff. 17-42
Σ.1.11 (gr. 71), ff. 1-71
Vaticanus gr. 209, ff. 1-31^{v}
210, ff. 8-39^{v}
Palatinus gr. 278, ff. 95-125
Vindobonensis Ph. gr. 190, ff. 86-137

2) *Tribiblos Astronomique* de Théodore Méliténiote

Vaticanus gr. 792
1059
Londinensis Burneianus 91 (extraits)
92 (extraits)

3) *Παράδοσις τῶν Περσικῶν κανόνων*

Laurentianus gr. 28/13, ff. 2-17
Laurentianus gr. 28/16, ff. 3-20^{v}
Londinensis Burneianus 91, ff. 10-28^{v}
Marcianus gr. 323, ff. 71-94^{v}
328, ff. 30-60^{v}
333, ff. 146-176^{v}
336, ff. 12-28
Oxoniensis Baroccianus 58, ff. 1-42^{v}
Canonicianus gr. 81, ff. 1 ss.
Seldenianus 6 (*Seldenianus* supra 7), ff. 36^{v} ss.

(*) Cet inventaire n'est pas exhaustif.

Parisinus gr. 2107, ff. 141-145^{v}
2501, ff. 1 ss.
Vaticanus Palatinus gr. 278, ff. 13-27^{v}
gr. 1047, ff. 12 ss. *

4) *Tables astronomiques «perses»*

Ambrosianus E 80 sup (gr. 294), ff. 91^{v} ss.
I 112 sup. (gr. 469), ff. 28^{v} ss.
Laurentianus gr. 28/13, ff. 20 ss.
28/16, ff. 27 ss.
Londinensis Burneianus 91, ff. 101 ss.
Marcianus gr. 309, ff. 79^{v}-152
323, ff. 95-165^{v}
326, ff. 55 ss.
327, ff. 49 ss.
328, ff. 61^{v}-132
333, ff. 200 ss.
336 ?
Oxoniensis Baroccianus 58, ff. 48-165
63, ff. 1 ss.
166, ff. 81-154^{v}
Canonicianus gr. 81
Paris. gr. 2107, ff. 146 ss.
2401, ff. 36 ss.
2461, ff. 188 ss.
2501, ?
Scorialensis R.1.14 (gr. 14), ff. 44 ss.
Σ.1.11 (gr. 71), ff. 52^{v}-130
Vaticanus gr. 185, ff. 24 ss.
209, ff. 20-31^{v}
210, ff. 43 ss.
792, ff. 247^{v} ss.
1047, ff. 54^{v} ss.
Palatinus gr. 278, ff. 29 ss.
Vindobonensis Ph. gr. 87
Ph. gr. 108, ff. 33-156
Ph. gr. 190, ff. 138-254^{v}

5) *Traité anonyme chypriote (ca 1347)*

Athos Iviron 126
Oxoniensis Baroccianus 100
Baroccianus 166

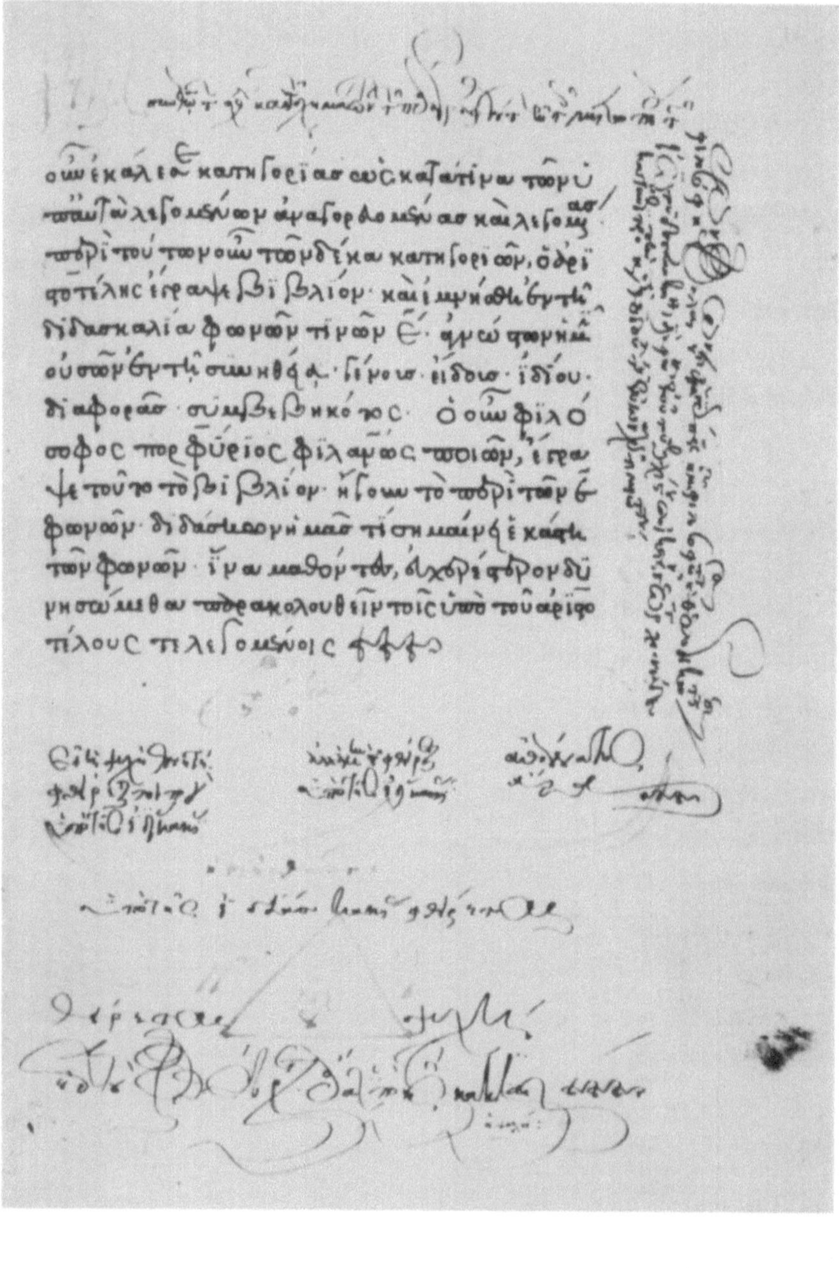

1. *New York Smith West. Add.* 10, f. 72.
(Rare Book and Manuscript Library, Columbia University).
Souscription de Chioniadès (marge extérieure).

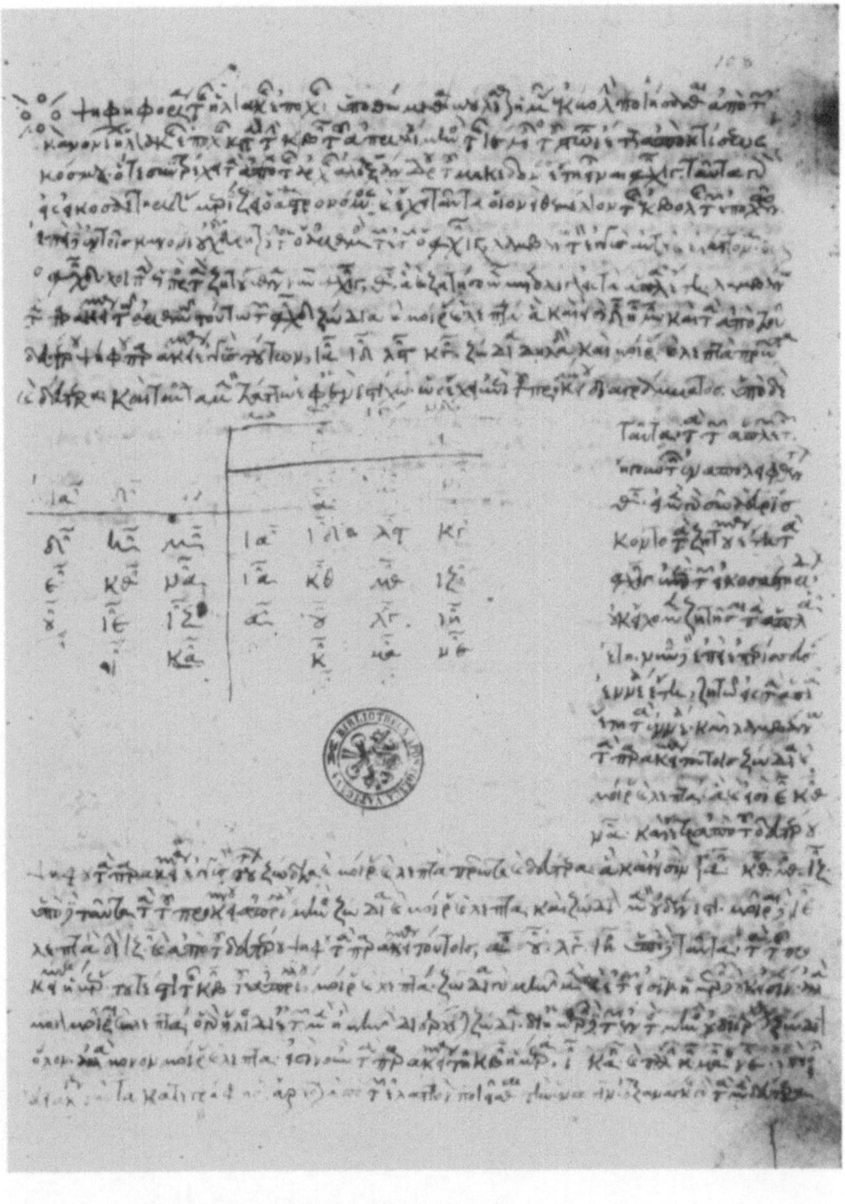

2. *Vat. gr.* 191, f. 108.

V

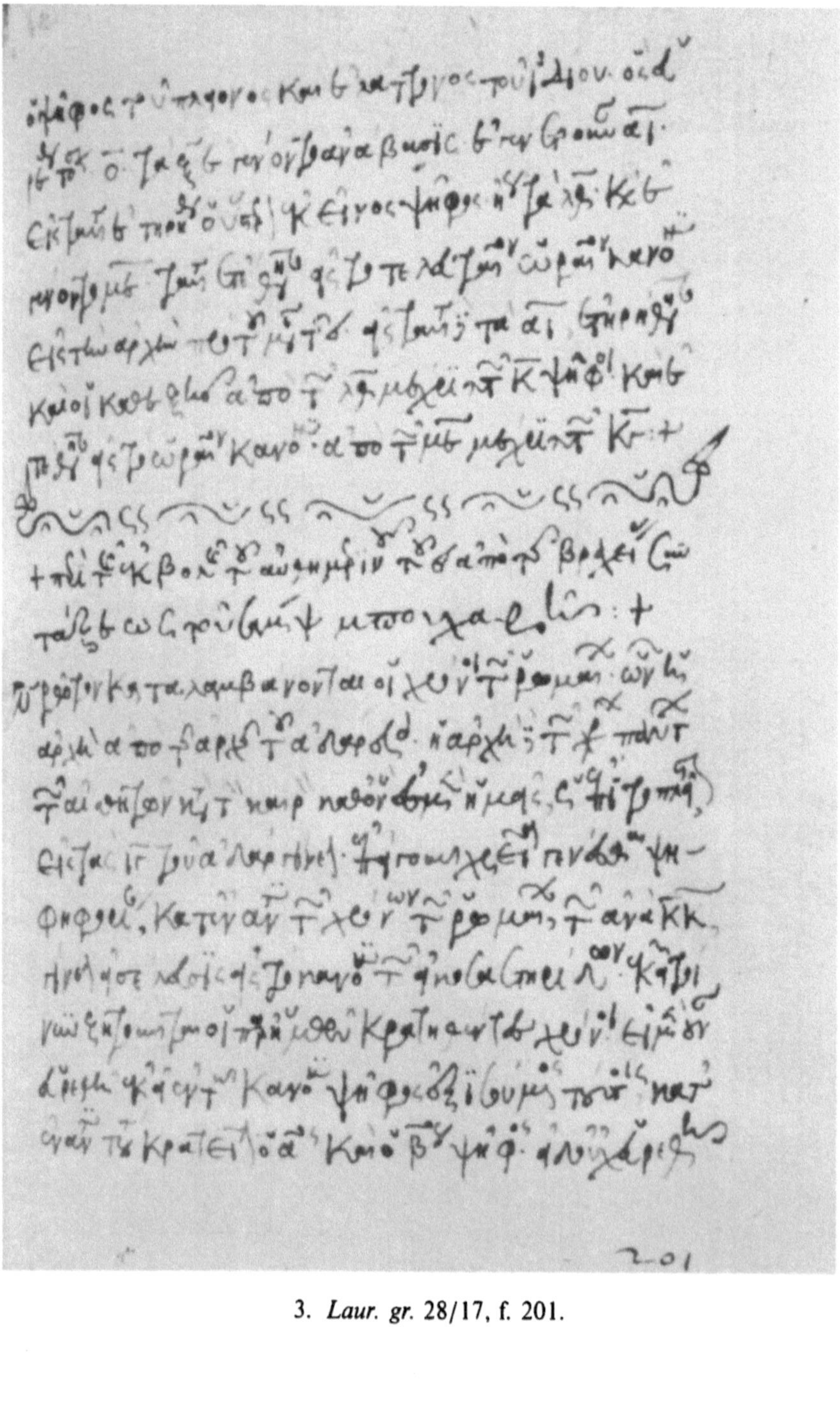

3. *Laur. gr.* 28/17, f. 201.

4. *Vat. gr.* 792, f. 28ᵛ.

VI

TABLES ISLAMIQUES À BYZANCE (*)

Si l'astronomie byzantine se caractérise d'une façon générale par un manque d'originalité, de créativité et surtout par un manque dramatique d'observations, elle s'est montrée en revanche fort réceptive, à certaines époques, aux influences extérieures, islamiques en particulier. Le but de cet exposé est de présenter un survol des documents byzantins qui contiennent ou font allusion à des tables astronomiques islamiques.

Les documents byzantins ne sont pas toujours faciles à analyser. On trouvera parfois dans les manuscrits des ensembles complets de tables ou des traités cohérents accompagnés des tables appropriées, mais aussi très souvent des ensembles de notes mal rédigées, incohérentes, privées des tables auxquelles elles se réfèrent. Beaucoup de documents sont décevants : amorces de tables, mentions astronomiques éparses glanées dans des traités sur l'astrolabe ou des compilations astrologiques : tout cela constitue des sources fort ingrates à exploiter.

Pour la clarté, je diviserai mon exposé en trois grandes périodes :

A. xie et xiie siècles
B. fin xiiie et xive siècle
C. fin xive et xve siècle

A. XIe ET XIIe SIÈCLES

C'est au xie siècle qu'apparaît le premier courant d'influence islamique sur l'astronomie byzantine. Cette influence se poursuit apparemment jusqu'à la fin du xiie siècle. Voici par ordre chronologique les documents connus pour cette période :

(*) Cet article est la version détaillée d'une communication présentée au *xviiith International Congress of History of Science* (section *Exact Sciences of the Arabs*), Hambourg, 4 août 1989.

1. La scolie du *Vat. gr.* 1594, ca 1032 ss
2. Le manuel anonyme du *Paris. gr.* 2425, ca 1060-1072
3. Syméon Seth, ca 1058 ou 1085
4. Le *Vat. gr.* 1056, ca 1155-1160
5. L'*Ox. Seldenianus* 16 (= *Seld. supra* 17), ca 1153-1162.
6. Les scolies de l'*Hypotypose* de Proclus.

A1. La scolie du *Vat. gr.* 1594

Cette scolie, éditée et commentée par J. Mogenet (1) est transcrite en marge d'un manuscrit de l'*Almageste*, le *Vat. gr.* 1594 (IXe siècle), ff. 2-5. La main qui a écrit cette scolie est plus tardive, probablement du XIIIe siècle. C'est une copie d'un document antérieur. La rédaction de cette scolie doit avoir eu lieu vers les années 1032 ss.

Cette scolie contient des renseignements sur :

a) les *neôteroi*, à savoir les astronomes du calife al-Ma'mûn

b) les tables d'Alim, c'est-à-dire ibn al-A'lam.

a) Les renseignements donnés sur les *neôteroi* sont assez sommaires : l'auteur ne dispose pas des tables élaborées par eux. Il en donne simplement les éléments suivants :

— la valeur de la précession d'1° en 66 ans

— la longueur de l'année tropique : 365j 1/4 - 1/110

— le mouvement journalier du Soleil : 0 ; 59, 8, 20°

— l'excentricité du Soleil : 2 ; 5, 49 parties

— observation d'équinoxe d'automne en 829.

On peut compléter ces renseignements par d'autres scolies, écrites de la même main en un autre endroit du même manuscrit (ff. 58v et 62v), qui parlent d'une observation d'équinoxe d'automne faite à Damas en 829 et calculent la longueur de l'année tropique de 365 ; 14, 27, 15, 47, 46, 34, 15, 40, 1, 13 (à corriger en 43) (2).

b) Les renseignements sur les tables d'Alim sont beaucoup plus importants. En effet, l'auteur dispose d'une adaptation byzantine

(1) J. Mogenet, *Une scolie inédite sur les rapports entre l'astronomie arabe et Byzance*, dans *Osiris* 14 (1962), pp. 198-221.

(2) J. Mogenet, *Sur quelques scolies de l'Almageste*, dans *Le Monde Grec. Hommage à Claire Préaux*, Bruxelles, 1975, pp. 302-311.

des tables de cet astronome qui peut être identifié avec ibn al-A'lam († 985). Malheureusement, l'auteur ne donne pas les tables elles-mêmes, et ses informations concernent surtout les mouvements moyens du Soleil ([3]). Heureusement, d'autres textes vont nous aider à compléter notre documentation sur les tables byzantines d'Alim (*infra* **A5**).

A2. Le manuel anonyme du *Paris. gr.* 2425

Il s'agit ici d'un ouvrage beaucoup plus long, une sorte de manuel conservé dans plusieurs manuscrits dont le plus important est le *Paris. gr.* 2425 (début XIVe siècle) récemment édité par A. Jones dans le *CAB* ([4]). Ce manuel anonyme, visiblement inspiré de sources arabes, a dû être composé à Constantinople vers les années 1060-1072ss, à en juger par les exemples, notamment le calcul d'une éclipse solaire observée par l'auteur à Constantinople, le 20 mai 1072 — fait rare chez les Byzantins, l'auteur semble avoir réellement observé cette éclipse ([5]).

Les sources arabes, identifiées par O. Neugebauer ([6]) et par A. Jones, sont principalement :

a) le commentaire d'ibn al-Muthannâ (Xe siècle) à al-Khwârizmî (ca 840). A ce commentaire, le manuel byzantin emprunte les méthodes de calcul d'une éclipse solaire et A. Jones a trouvé que le texte grec est une transcription presque littérale des règles d'al-Muthannâ ([7]).

b) les tables d'Ḥabash al-Ḥâsib. Ḥabash est cité deux fois dans le texte grec et les quelques tables conservées dans le *Paris. gr.* 2425 viennent du *Zîj al-Dimashqî* ([8]), notamment une table

(3) Mogenet (note 1) ; A. Tihon, *Sur l'identité de l'astronome Alim* dans *Archives Internationales d'Histoire des Sciences* n. 122 (vol. 39) (1989), pp. 3-21 ; R. Mercier, *The parameters of the Zîj of ibn al-A'lam*, *ibidem*, pp. 22-50.

(4) A. Jones, *An Eleventh-century Manual of Arabo-Byzantine Astronomy*, *Corpus des Astronomes Byzantins* III, Amsterdam, 1987.

(5) *Ibidem*, p. 173.

(6) O. Neugebauer, *Commentary on the Astronomical Treatise Par. gr. 2425*, *Mémoires de l'Académie Royale de Belgique* 59, fasc. 4, Bruxelles, 1969.

(7) Jones (note 4), p. 12.

(8) *Ibidem*, p. 13.

comprenant des sinus et sinus verses. Malheureusement ce manuel n'est accompagné que d'un très maigre lot de tables.

Avec ce manuel, c'est la première fois que l'on voit apparaître à Byzance des fonctions trigonométriques autres que les cordes de Ptolémée. C'est aussi la première fois qu'un astronome byzantin a accès directement à quelques-uns des grands traités arabes du IXe siècle. A. Jones pose la question de savoir si ce manuel n'est pas le reflet d'une diffusion beaucoup plus large des traités arabes dans les milieux byzantins. La question ne peut pas être tranchée avec certitude, mais la suite de notre exposé tend à y apporter une réponse positive. On notera, comme le souligne Jones, la parfaite hellénisation du vocabulaire scientifique, qui n'a gardé aucune trace des termes arabes, contrairement à ce qu'on trouvera aux XIIIe-XIVe siècles, ou dans des documents du XIIe siècle.

A3. Syméon Seth

Syméon Seth, médecin, astrologue, traducteur de fables arabes en grec, exerça ses activités sous les règnes de plusieurs empereurs depuis Isaac Comnène (1057-1059) jusqu'à Alexis Comnène (1081-1118) (9). Il est l'auteur de traités de sciences naturelles et de cosmologie présentés de façon très générale. On sait qu'il a séjourné en Égypte où il a observé une éclipse de Soleil le 25 février 1058 (10). Anne Comnène dans son *Alexiade* rapporte qu'il avait suscité l'admiration générale en prédisant la mort de Robert Guiscard en 1085 (11). Syméon Seth figure dans cet inventaire à un double titre :

a) il connaît la valeur de la précession d'1° en 66 ans qu'il cite deux fois dans ses traités (12) et qu'il attribue comme **A1** aux *νεώτεροι*

(9) H. HUNGER, *Die hochsprachliche profane Literatur der Byzantiner*, 2 vols. (*Handbuch der Altertumswissenschaft*, XII, 5, 1 & 2), München, 1978 : 2, pp. 307-308.

(10) A. DELATTE, *Anecdota Atheniensia et alii II : Textes grecs relatifs à l'histoire des sciences*, Liège, 1939, p. 10.

(11) *Anne Comnène, Alexiade*, vol. II (livres V-X), texte établi et traduit par B. LEIB, Paris, *Les Belles Lettres*, 1943 (2e éd. 1967), p. 57.

(12) DELATTE (note 10), pp. 46 et 124.

b) on a conservé sous son nom, dans le *Vat. gr.* 1056, f. 32, une petite table d'étoiles éditée par D. Pingree ([13]). Cette table mentionne seulement neuf étoiles qui, nous dit-il, ne figurent pas dans le livre d'Apomasar (Abû Ma'shar, né à Balk, le 10 août * 787, mort le 9 mars 886). Par rapport aux longitudes de Ptolémée, les longitudes données par Seth accusent un écart variable, de + 14 ; 10° à + 15 ; 30°. Sa source n'a pas été identifiée.

A4. Le *Vat. gr.* 1056

Le *Vat. gr.* 1056 est un manuscrit en papier du XIVe siècle, dû à une main principale et plusieurs autres mains ([14]). Il s'agit d'un manuscrit astrologique contenant du matériel d'origine islamique (Apomasar, Massala ...), juive, indienne ou pseudo-indienne ([15]). Près d'une vingtaine de noms d'astrologues arabes ou juifs apparaissent, en effet, dans ce manuscrit. On en trouvera une description détaillée dans le *Catalogus codicum astrologorum graecorum* ([16]).

Plusieurs éléments font penser que la compilation contenue dans ce manuscrit s'est constituée au XIIe siècle : au f. 1, on lit une note datée de 1119/1120 ; au f. 6v, *themation* pour la proclamation de l'empereur Manuel Comnène, le 31 mars 1143, suivie d'une note, ajoutée par une autre main, mentionnant la mort de Manuel le 24 septembre 1179 ; au f. 7, autre *themation* pour la proclamation d'Alexis Comnène, le 1er avril 1081, suivi d'un *themation* non daté pour la mort (?) de l'empereur Alexandre ([17]). Ces *thematia* sont d'une autre écriture que l'écriture

(13) D. Pingree, *The Indian and Pseudo-Indian Passages in Greek and Latin Astronomical and Astrological Texts*, dans *Viator* 7 (1976), pp. 141-195 : p. 177 ; 192.

(14) Je n'ai pas trouvé de filigrane dans ce manuscrit, de sorte qu'il est difficile d'en préciser la datation.

(15) D. Pingree, *Gregory Chioniades and Palaeologan Astronomy*, dans *Dumbarton Oaks Papers* 18 (1964), pp. 135-160 : pp. 138-139 ; P. Kunitzsch, *Die arabische Herkunft von zwei Sternverzeichnissen in Cod. Vat. gr. 1056*, dans *Zeitschrift der Deutschen Morgenländ. Ges.* 120 (1970), pp. 281-287.

(16) *CCAG*, V, 3, pp. 7-64.

(17) Sur ces *thematia* voir Pingree, *Chioniades* (note 15), pp. 138-139, note 29.

principale de ce manuscrit. D'autres éléments du XIIe siècle sont : des tables d'étoiles datées de 1156 et 1161 (*v. infra*) ; f. 115, horoscope calculé pour le 9 avril 1106 ([18]).

Dans tout ce matériel, on trouve des éléments astronomiques importants, mais ce manuscrit n'a pas encore été étudié en détail. Les renseignements que nous donnons ici sont basés sur les études de D. Pingree ([19]), A. Jones ([20]), et sur un examen personnel, mais nous ne pouvons pas prétendre ici à une analyse complète et définitive.

On peut relever dans ce manuscrit :

a) un «traité sur l'astrolabe»
b) des tables d'étoiles datées de 1156 et 1161
c) des tables
d) quelques exemples
e) une liste des sept climats
f) les horoscopes des ff. 6v-7.

a) *«Traité sur l'astrolabe»*

Aux ff. 15v-21 se trouve un ensemble de 27 courts chapitres sur l'astrolabe, intitulés : «Ont été compilées des méthodes variées tirées d'un livre sarrazin, sur la manière de prendre avec l'astrolabe, l'horoscope et les douze lieux, et de connaître ce qui est inscrit dans l'astrolabe». Dans ce traité, on relève plusieurs termes arabes : *μούρη* (f. 15v ; 17), la languette (l'index) = *murî* ([21]) ; *Κότπ* (f. 19v), le pôle de l'astrolabe = *quṭb* ([22]).

(18) D. PINGREE, *Hephaestionis Thebani apostelesmaticorum epitomae quattuor ..., ed.*, Leipzig (coll. Teubner) 1974, II, p. XXI.
(19) PINGREE, v. notes 13 et 15.
(20) JONES, note 4, p. 18. La seule description de ce manuscrit se trouve dans le *CCAG* (v. note 16).
(21) W. HARTNER, *The Principle and Use of the Astrolabe*, dans *Oriens-Occidens* I, Hildesheim, 1968, pp. 301 ; 309 ; P. KUNITZSCH, *Mittelalterliche astronomisch-astrologische Glossare mit arabischen Fachausdrücken, Sitzungsberichte der Bayerische Akademie der Wissenschaften, Ph.-hist. Kl.*, 1977, 5, pp. 1-59 : p. 41.
(22) C. A. NALLINO, *Al-Battânî sive Albatenii opus astronomicum*, 2 vol., Milan, 1903-1907 (réimpr. Francfort 1969), p. 349 ; KUNITZSCH (note 21), p. 42.

Dans le dernier chapitre (f. 21), il y a un exemple pour prendre l'horoscope de nuit à partir de la hauteur d'une étoile qui sera analysé plus loin (d).

b) *Les listes d'étoiles*

Aux ff. 30v-33, se trouvent des listes d'étoiles qui ont déjà été étudiées par P. Kunitzsch ([23]) et qui se présentent comme ceci :

1) ff. 30v et 33 : une table barrée datée de 6664 (4e indiction) (= 1155/1156), due à une main A différente de celle du copiste principal, à l'encre noire. Le titre (encre rouge) annonce que la liste a été compilée d'après trois tables : celles de *Χέκεμ*, de *Κουσιὰρ* et d'après des informations ramenées d'Égypte par l'auteur. La date porte des traces de correction. La plupart des longitudes et parfois les latitudes ont été corrigées à l'encre brune, ainsi que plusieurs noms d'étoiles. Le correcteur a inscrit en marge une note donnant la valeur de la précession : 0 ; 0, 54, 33° par an (= 1°/66 ans). Finalement la table a été barrée apparemment par le correcteur (à l'encre brune) et remplacée par une autre plus moderne.

2) f. 31 : deuxième table, due à une autre main, B, différente de A et du correcteur, ainsi que de la main principale du manuscrit — les folios 31 et 32 ont été intercalés entre les folios 30 et 33. Cette deuxième table est datée de 6669, 9e indiction (= 1160/1161). Le titre reprend à peu près le même texte et se réfère aux mêmes sources.

3) Au f. 32, une autre main, C, a ajouté une petite liste d'étoiles, non datée, sous le nom de (Syméon) Seth : celle-ci a déjà été présentée plus haut (A3).

Les listes (1) et (2) ont été analysées par P. Kunitzsch, qui a montré qu'elles dérivaient des *Tabulae Probatae* (*Zîj al-Mumtaḥan*) de Yaḥyâ ibn abî Manṣûr († 830), avec une constante de + 5° de longitude pour la liste de 1156, de + 5° 5' pour celle de 1161. Les autorités citées, *Χέκεμ*, *i.e.* le *Zîj al-Ḥâkimî* de Ibn Yûnus († 1009), et *Κουσιὰρ*, *i.e.* Kûshyâr ibn Labbân (ca 1009), n'ont joué aucun rôle dans la compilation de ces listes d'étoiles. L'auteur byzantin les cite, peut-être parce qu'il disposait d'un manuscrit comportant aussi leurs œuvres, parmi d'autres. Même si l'on n'a

(23) Kunitzsch : v. note 15.

conservé aucune trace d'influence directe des tables Hakémites sur des textes astronomiques byzantins, cette mention montre que le *Zîj al-Ḥâkimî* a pu être importé à Constantinople au XIIe siècle. De même pour Kûshyâr ibn Labbân.

c) *Tables astronomiques*

(1) ff. 33v, 36-38 : table d'ascensions obliques pour le 4e climat, Rhodes. Cette table, incomplète, porte dans le manuscrit le n° 5.

Table en cinq colonnes : arguments (longitude du Soleil), ascensions obliques, temps horaires (= longueur d'1h saisonnière en degrés d'équateur), heures du jour, hauteur méridienne.

La table a été calculée pour une latitude de 37° (53° de hauteur méridienne pour 30° des Poissons) ([24]).

(2) f. 34v : table du coucher du Soleil pour chaque degré, selon les heures saisonnières.

Cette table donne apparemment la durée du crépuscule (et de l'aube). En bas du folio, une note donne grossièrement la durée du crépuscule pour les mois juliens. Malheureusement le bas du folio est mutilé. Il est difficile de dire pour quel climat la table a été faite.

(3) ff. 39-40 : ascensions droites pour une obliquité de 23 ; 35° ([25]). Cette table porte dans le manuscrit le n° 6.

(4) f. 41r-v : table des hauteurs du Soleil et des heures, numérotée 7. Selon Jones ([26]) : temps du jour comme fonction de la hauteur du Soleil pour le temps en question et pour midi. Les hauteurs maximales pour midi consignées dans la table sont 21°, 22° ... jusqu'à 30°.

Une telle table est mentionnée dans le manuel anonyme du XIe siècle (**A2**) ([27]). La table a été calculée selon la formule approximative expliquée dans O. Neugebauer ([28]).

(5) ff. 42v-44 : table abrégée (*κατὰ σύντομον*) pour le 5e climat : cette table permet de trouver les lieux astrologiques à partir de l'horoscope. Elle porte le n° 11 dans le manuscrit.

(24) JONES (note 4) : p. 18.

(25) *Ibidem.*

(26) *Ibidem.*

(27) JONES (note 4), pp. 126-127 (ch. 66) ; commentaire : pp. 174 (ch. 66) et 154 (ch. 42).

(28) NEUGEBAUER (note 6), pp. 11-12.

Les tables qui apparaissent dans ce manuscrit sont fort incomplètes : le n° qu'elles portent montre qu'il s'agissait à l'origine d'un ensemble beaucoup plus important, qu'il n'est pas possible de reconstituer. On voit par la table 4, et par les exemples ci-dessous, les liens qui existent entre **A2** et le contenu astronomique du *Vat. gr.* 1056.

d) *Quelques exemples*

(1) Exemple du f. 21.

Cet exemple figure à la fin des chapitres sur l'astrolabe (ci-dessus, a). Il explique comment prendre l'horoscope de nuit au moyen d'une étoile.

Voici les éléments qui figurent dans cet exemple :
(1) date : mois de mars, 4e indiction
(2) hauteur occidentale de Stachys (α Virgo = Spica) sur l'horizon : 14°
(3) longitude de Stachys : Balance 11 ; 42° (= 191 ; 42°)
(4) ascension oblique de ce point pour le 5e climat : 192 ; 38°
(5) latitude écliptique (déclinaison) de ce point : 4 ; 55, 32°
(6) latitude de Stachys : 2 ; 6° vers le sud
déclinaison + latitude = 7 ; 1 ; 32° vers le sud
(7) sinus (εὐθεία ὀρθή) correspondant : 7 ; 20, 23.
L'exemple est inachevé et la méthode n'est pas expliquée.

Cet exemple n'est pas daté clairement, mais on peut essayer d'en déduire la datation d'après la longitude de Stachys. En effet, les listes d'étoiles qui figurent dans le même manuscrit (b) donnent pour Stachys les longitudes suivantes :
f. 31 (1161) : Balance 11 ; 54°
f. 33 (1156) : Balance 11 ; 49°
En comptant une précession de 54″ par an (cfr b), on arrive en 1148/1149, mais ceci ne correspond pas à la 4e indiction (il faudrait pour cela 1141 ou 1156).

Pour le reste, on retiendra que l'auteur disposait probablement d'une table analogue à celle éditée par A. Jones ([29]), qui regroupe sinus, latitude lunaire et déclinaison du Soleil (**A2**) : c'est ce qui apparaît dans les points 5 et 7. Une telle table ne figure pas

(29) Jones (note 4), p. 140.

dans le *Vat. gr.* 1056. Le terme employé pour désigner le sinus est le même que dans **A2**. D'après A. Jones ([30]), les éléments contenus dans cette table dériveraient d'Ḥabash al-Ḥâsib. Les tables d'ascensions obliques pour le 5e climat utilisées dans l'exemple (point 4) ne figurent pas non plus dans le *Vat. gr.* 1056 ([31]).

(2) Exemple du f. 15

Les chapitres sur l'astrolabe sont précédés d'un chapitre (ff. 14-15) expliquant comment calculer l'horoscope et les autres lieux à partir des tables. À la fin (f. 15), se trouve un exemple, où l'on voit que l'auteur utilise la table d'ascensions obliques pour le 4e climat (Rhodes) qui se trouve aux ff. 36-38 du *Vat. gr.* 1056 (cfr c, table 1) et qui a été établie ([32]) pour une latitude de 37° ([33]).

(30) *Ibidem*, pp. 178-179.

(31) Les autres éléments qui figurent dans cet exemple sont assez discordants :

4) l'ascension oblique correspondant à 191 ; 42° pour le 5e climat ($\varphi =$ 41°), soit 192 ; 38° semble erronée (elle devrait être de 195° environ). La mention du 5e climat suggère que l'exemple vaut pour Constantinople qui, dans **A2** est rangée dans le 5e climat (Jones (note 4), pp. 32-33).

5) La déclinaison 4 ; 55, 32° correspondrait à 192 ; 23, 36° si on suppose une obliquité de 23 ; 35° (cfr table éditée par Jones (note 4), p. 140).

6) La latitude de l'étoile, 2 ; 6° est conforme à celle mentionnée dans les listes (b)

7) Le sinus (*εὐθεία ὀρθή*) correspondant à 7 ; 1, 32° est donné de 7 ; 20, 23 (pour R = 60) (en réalité 7 ; 20, 19).

Et surtout le calcul est inachevé et on ne voit pas très bien quel en est la démarche.

(32) Jones (note 4) p. 18. La table donne la hauteur du Soleil à midi pour 30° des Poissons de 53° (d'où 90° - 53° = 37°).

(33) En effet, voici les éléments de cet exemple :
longitude du Soleil : Gémeaux 27°
lieu diamétralement opposé : Sagittaire 27°
hauteur occidentale : 26° ce qui correspond à 1h 47m
hauteur méridienne : 76°
temps honaires pour 27° des Gémeaux : 18 ; 12°
18 ; 12° × 1 ; 47h = 32 ; 27°
l'ascension oblique de 27° du Sagittaire : 286° environ
286° — 32 ; 27° = 253 ; 33° soit 254° environ
que l'on reporte dans la table du climat adéquat pour trouver l'horoscope correspondant à cette ascension.

Le climat n'est pas précisé, mais on voit que l'auteur utilise la table

e) *Liste des sept climats*

Au f. 35v, on trouve une notice sur les sept climats, ou plus exactement les sept zones, qui donne le tableau suivant (latitudes du commencement, du milieu et de la fin du climat ; longueur du jour le plus long ; hauteur maximale du Soleil à midi :

(1) Méroè : 12 ; 45° - 16 ; 45° - 20° 1/2 - 13h — Soleil 90°
(2) Soènè : 20° 1/2° - 24° - 27° 1/2 - 13h 1/2 — Soleil 84 ; 35° *
(3) Basse Égypte : 27° 1/2 - 30° - 33 ; 40° - 14h — Soleil 80 ; 30°
(4) Rhodes et Grèce : 33 ; 41° - 36° - 39° - 14h 1/2 — Soleil 76 ; 30°
(5) Hellespont : 39 ; 1° - 41 ; 20° - 43° 1/2 - 15h — Soleil 72 ; 35°
(6) Milieu du Pont : 43 ; 31° - 45° - 47° - 15h 30 — Soleil 68 ; 35°
(7) Borysthène : 47 ; 1° - 48 ; 55° - 50 1/2° - 16h — Soleil 64 ; 40°

Les limites des climats correspondent à peu près à celles d'al-Khwârizmî (34) :

al-Khwârizmî	*Vat. gr.* 1056
(1) 12 ; 30° - 20 ; 30°	12 ; 45 - 20 ; 30
(2) 20 ; 30° - 27 ; 30°	id
(3) 27 ; 30° - 33 ; 40°	id

d'ascensions obliques pour le 4e climat (Rhodes), qui se trouve aux ff. 36-38 du *Vat. gr.* 1056 (latitude : 37°) (cfr c, table 1). En effet, dans la table des ff. 36-38 du *Vat. gr.* 1056 (cfr c, table 1), on trouve pour 27° du Sagittaire :
ascension : 285 ; 54°
temps horaires : 11 ; 48° (d'où pour 27° des Gémeaux : 18 ; 12°)
heures du jour : 9 ; 27h
hauteur méridienne : 29 ; 27°
(pour 27° des Gémeaux, $\delta = 23 ; 32, 56°$
et la hauteur est :
$90° - \varphi + \delta = 90° - 37° + 23 ; 32, 56° = 76 ; 32, 56°$
pour 27° du Sagittaire : $90° - \varphi - \delta = 90° - 37° - 23 ; 32, 56° = 29 ; 27, 4°$).

(34) E. Honigmann, *Die sieben Klimata und die πόλεις ἐπίσημοι*, Heidelberg, 1929, pp. 144-150.

(4) 33 ; 40° - 39°	id
(5) 39° - 43 ; 30°	id
(6) 43 ; 30° - 47 ; 15°	43 ; 31° - 47°
(7) 47 ; 15° - 50 ; 30°	47 ; 1° - 50 ; 30°

Si on compare les valeurs médianes avec celles de Ptolémée :

Vat. gr. 1056	Ptolémée
16 ; 45°	16 ; 27°
24°	23 ; 51°
30°	30 ; 22°
36°	36°
41 ; 20°	40 ; 56°
45°	45 ; 1°
48 ; 55°	48 ; 32°

La hauteur maximale du soleil peut être recalculée comme ceci : $90° - \varphi + \omega$ (en supposant $\omega = 23 ; 35°$) :

(1) (180° -) 96 ; 50° = 83 ; 10°
(2) 89 ; 35°
(3) 83 ; 35°
(4) 77 ; 35°
(5) 72 ; 15°
(6) 68 ; 35°
(7) 64 ; 40°

Mais seuls les deux derniers résultats correspondent à ceux du texte.

f) *Les horoscopes des ff. 6v-7*

Ces *thematia* dont nous avons parlé en présentant le manuscrit concernent :

(1) la proclamation de l'empereur Manuel Comnène le 31 mars 1143 ;

(2) La proclamation d'Alexis Comnène le 1er avril 1081 (positions données pour le 2 avril) ;

(3) la mort de l'empereur Alexandre (celui-ci n'est pas datable).

Comme on l'a dit plus haut, ces *thematia* ont déjà été présentés par D. Pingree ([17]). Il n'y a dans le manuscrit aucun renseignement sur les tables utilisées pour calculer ces horoscopes, mais d'après les calculs faits par R. Mercier ([35]), les positions des planètes ne peuvent pas avoir été calculées avec les tables de Ptolémée et il serait possible que l'astrologue ait utilisé les *Tables Hakémites* : cette possibilité serait d'autant plus séduisante que les *Tables Hakémites* sont citées ailleurs dans le manuscrit (cfr b). Toutefois la main qui a transcrit ces horoscopes n'apparaît pas ailleurs dans ce manuscrit et les liens entre ceux-ci et le reste du manuscrit sont peut-être fortuits. L'hypothèse reste donc très incertaine.

Le *Vat. gr.* 1056 devrait faire l'objet d'une étude plus attentive. En attendant, les quelques éléments relevés ici montrent que plusieurs tables d'origine islamique avaient fait l'objet d'adaptations en grec et circulaient dans le monde byzantin, au XIIe siècle. Les liens entre ce manuscrit et le manuel présenté en **A2** sont évidents : l'exemple **A4** d(1) utilise une table de **A2** ; inversement la table **A4** c(4) est utilisée dans **A2**, ce qui tend à montrer que l'importation de ces tables remonte au XIe siècle. L'origine précise du matériel importé ou cité dans le *Vat. gr.* 1056 n'est pas entièrement déterminée : Ḥabash al-Ḥâsib (d, 1), les *Tables Vérifiées* (b), al-Khwârizmî (e). Les *Tables Hakémites* et Kûshyâr ibn Labbân sont simplement cités (b) ; à cela s'ajoute une grande quantité de matériel astrologique que nous n'avons pas à présenter ici.

A5. L'*Oxoniensis Seldenianus* 16 (= *Seld. supra* 17)

Dans ce manuscrit du XVe siècle, on relève :

a) un court texte non daté donnant les mouvements moyens des tables d'Alim (f. 140r-v)

b) des horoscopes datés de 1153 et 1162 établis à l'aide des tables d'Alim (ff. 114-115v).

Ces mêmes documents se retrouvent également dans un manuscrit de Naples, le *Neapolitanus gr.* III C 33, respectivement aux ff. 430r-v(a) et 402v-403v(b), mais (a) y est incomplet.

(35) Communication personnelle. Je remercie R. Mercier pour les calculs de ces horoscopes.

J'ai présenté ces documents dans un article récent ([36]), et ceux-ci ont fait l'objet d'une étude plus approfondie de R. Mercier ([37]). Nous reprendrons ici simplement les conclusions suivantes : (1) l'astronome que les Byzantins appellent Alim est bien ibn al-A'lam (mort en 985) ; (2) les tables décrites et utilisées ici sont les adaptations byzantines décrites dans la scolie de 1032 présentée en **A1**. On voit donc que les tables d'Alim ont été adaptées en grec dès 1032 et qu'elles étaient encore utilisées en 1153 et 1162 par un astrologue inconnu. Ceci est un cas heureux où la source byzantine apporte plus de précision que les sources arabes conservées puisque les mouvements moyens sont donnés jusqu'aux tierces, au contraire des sources arabes.

A6. Les scolies de l'*Hypotypose* de Proclus

Il s'agit ici de quelques scolies relatives à l'*Hypotypose* de Proclus, éditées par K. Manitius à la suite du traité lui-même ([38]). La scolie n° 94 (p. 253) mentionne le mouvement moyen du Soleil
* selon Ptolémée et selon les *nerôteroi* en attribuant par erreur la valeur du premier aux seconds et inversement : «selon Ptolémée, 59′ 8″ 20‴, selon les *neôteroi*, 59′ 8″ 17‴. La scolie 316 (p. 276) est plus intéressante : «*les neôteroi* disent que les Ourses se meuvent jusqu'à 8° vers le Levant, c'est-à-dire en sens direct, et qu'ensuite elles rétrogradent et se rétablissent aux (positions) du commencement». Cette scolie concerne un passage où Proclus réfute le mouvement attribué par Ptolémée à la sphère des étoiles fixes (p. 234). Il prend comme exemple les Ourses qui, dit-il, cesseraient d'être toujours visibles si un tel mouvement existait. C'est pourquoi sans doute le scoliaste parle du mouvement des Ourses. Pour le reste, on reconnaît le mouvement de trépidation des équinoxes décrit par Théon d'Alexandrie dans son *Petit Commentaire* ([39]), mais le scoliaste l'attribue aux *neôteroi*, c'est-

(36) Tihon, v. note 3.
(37) Mercier, v. note 3.
(38) *Procli Diadochi hypotyposis astronomicarum positionum*, ed. K. Manitius, Leipzig, 1909 : pp. 240-275.
(39) A. Tihon, *Le «Petit Commentaire» de Théon d'Alexandrie aux Tables Faciles de Ptolémée. (Studi e Testi*, 282), Città del Vaticano, 1978, pp. 236 et 319.

à-dire aux Arabes. A quels auteurs fait-il allusion ? Al-Battânî mentionne la théorie exposée par Théon, mais ne la reprend pas à son compte (40).

Aucun élément ne nous permet de dater ces scolies : je les ai rangées dans cette première période à cause de l'emploi du terme *νεώτεροι* qui, à ma connaissance, n'apparaît plus dans les textes postérieurs. Toutefois, il s'agit d'un indice chronologique assez mince.

Conclusion

Aux XIe et XIIe siècles, la pénétration de l'astronomie islamique auprès des astronomes et astrologues byzantins apparaît comme particulièrement importante : c'est ce qu'on peut déduire d'une documentation incomplète, fragmentaire, mais qui laisse deviner que les astronomes byzantins du temps avaient accès à une documentation beaucoup plus vaste, dont une partie au moins était adaptée en grec. Cette présence de l'astronomie et de l'astrologie islamique à Byzance à l'époque des Comnènes est confirmée par Anne Comnène qui, dans son *Alexiade* (VI, 7) (41), mentionne quatre astrologues qui fréquentaient la cour de son père Alexis : le premier est (Syméon) Seth présenté plus haut (**A3**), dont on sait qu'il avait voyagé en Égypte, deux autres étaient Égyptiens et le dernier, le moins adroit, était Athénien.

C. Fin XIIIe siècle et XIVe siècle

Voici les textes recensés pour cette période :

1. Le corpus d'astronomie perse de la fin du XIIIe siècle (Georges Chioniadès) ;

2) Les éphémérides de Trébizonde (1336)

3) La *Syntaxe Perse* de Georges Chrysococcès (ca 1347)

4) La *Tribiblos astronomique* de Théodore Méliténiote (ca 1352-1368)

5) Version chypriote des *Tables Tolédanes* (ca 1337-1340)

6) Traité anonyme chypriote (ca 1346 ss.)

(40) Nallino (note 22), pp. 126-127.

(41) Anne Comnène, *Alexiade* (v. note 3), p. 58.

B1. Le corpus d'astronomie perse de la fin du XIIIe siècle (Georges Chioniadès)

La deuxième vague d'importation de l'astronomie islamique dans les milieux byzantins apparaît à la fin du XIIIe siècle et au tout début du XIVe siècle. Il s'agit cette fois d'astronomie persane apportée du Nord de l'Iran alors gouverné par les Mongols. Plusieurs études, principalement de D. Pingree ([42]), ont retracé l'histoire de l'introduction à Constantinople de traités astronomiques persans entre les années 1292-1302 environ. Aussi nous ne reprendrons pas cette histoire de manière détaillée. Disons pour résumer qu'un important «corpus» de traités astronomiques arabes et persans a été traduit en grec à cette époque et introduit à Constantinople.

Ce corpus comprend essentiellement les traités suivants :

* (1) le *Zîj al-'Âlâ'î* d'al-Fahhad (ca 1176), à travers l'enseignement de Shams Bukharî (ca 1293-1296). Trois opuscules en grec : a) *Composition perse d'astronomie* ; b) *calcul généthlialogique* ; c) *Canons corrigés.*

Ceux-ci ont été édités par D. Pingree dans le *Corpus des Astronomes Byzantins* ([43]).

(2) le *Zîj as-Sanjarî* d'al Khâzinî (ca 1120)

(3) des tables au départ de 1093

(4) divers autres textes et figures.

Ces traductions sont conservées essentiellement dans les manuscrits suivants : les *Vaticani gr.* 185, 191, 211, et 1058 et le *Laurentianus gr.* 28/17 ([44]). Ces traductions ou adaptations sont anonymes dans les manuscrits. En se fondant sur le récit de Georges Chrysococcès (**B3**), D. Pingree a proposé d'attribuer celles-ci à Georges (ou Grégoire) Chioniadès. Ce dernier s'était rendu en Perse pour y apprendre l'astronomie et avait ramené

(42) PINGREE, *Chioniades* (note 15).

(43) D. PINGREE, *The Astronomical Works of Gregory Chioniades*, Vol. I : * *The Zîj al-'Âlâ'î* part 1 : Text, translation, commentary ; part 2 : Tables, *CAB* II, 2 vols, Amsterdam, 1985-1986.

(44) Sur ces manuscrits, voir PINGREE, *CAB* II (note 42) ; A. TIHON, *Les tables astronomiques persanes à Constantinople dans la première moitié du XIVe siècle*, dans *Byzantion* 57 (1987), pp. 471-487.

à Trébizonde et à Constantinople des traités persans qu'il avait traduits en grec. Cette attribution est très vraisemblable, mais devrait peut-être nuancée, car il est probable que plusieurs personnes ont dû collaborer à la constitution de ce corpus. Quoi qu'il en soit, il est clair que ces textes proviennent d'un même milieu.

Cette fois, on a affaire à des ensembles beaucoup plus cohérents que les maigres documents des XIe-XIIe siècles. On ne voit guère de continuité avec ce qui a précédé. Ceci apparaît clairement dans la terminologie technique. Ainsi les termes désignant les fonctions trigonométriques sont complètement différents :

sinus = *εὐθεία ὀρθὴ* **A2, A4**
περσίκιον («poche»), **A2**
τραχηλαία («col», «encolure» ?) **B1**.

sinus verse = *εὐθεία ἀντίστροφος* **A2**,
σαγίτα **B1**

D'une façon générale, il y a très peu de termes arabes dans **A2** ; **B1** en est truffé au point que la compréhension de ces textes devait poser de sérieuses difficultés à un lecteur byzantin.

Il est probable que tous les textes traduits alors ne nous sont pas parvenus. Ainsi on peut penser que le *Zîj-i Îlkhânî* de Naṣîr ad-Dîn aṭ-Ṭûsî (ca 1270) a été sinon traduit, du moins utilisé à cette époque : il y est fait allusion dans le traité (1). *

Il faut naturellement attendre que tout ce corpus soit édité et commenté pour en faire une évaluation définitive. Un des documents les plus remarquables de ce corpus sont les figures «précoperniciennes» du *Vat. gr.* 211, ff. 115-121, inspirées notamment du *Tadhkira* de Naṣîr ad-Dîn aṭ-Ṭûsî ([45]), et qui ne sont conservées à notre connaissance dans aucun autre manuscrit.

B2. Les éphémérides de Trébizonde (1336)

Cette première vague d'introduction de traités astronomiques persans n'aura pas d'effets immédiats à Constantinople : les textes ne sont pas tout de suite diffusés, ni adaptés, ni commentés. Il

(45) N. M. Swerdlow et O. Neugebauer, *Mathematical Astronomy in Copernicus' De Revolutionibus*, 2 vols, New York-Berlin-Heidelberg-Tokyo, 1984 : vol. 1, pp. 47-48 et vol. 2, pp. 567-568.

faudra attendre 1340-1347 environ pour voir une diffusion massive de tables perses dans le monde byzantin (46). Dans l'intervalle, c'est-à-dire dans les années 1302-1340, c'est à Trébizonde que semble se poursuivre une activité dans ce domaine : on a conservé des éphémérides astrologiques, anonymes, donnant les positions des planètes, jour par jour, pour toute une année (1er mars 1336-1er mars 1337), calculées d'après des tables arabes, probablement le *Zîj-i Îlkhânî* et le *Zîj al-'Âlâ'î* (47). Ces éphémérides sont conservées dans le *Monacensis* gr. 525, ff. 155-172, au milieu d'œuvres d'André Libadenos. Cette proximité a fait naguère attribuer la paternité de ces éphémérides à Libadenos, mais cette attribution est inexacte (48). On a quelque raison de penser que l'auteur pourrait en être Manuel de Trébizonde, le maître de Chrysococcès (**B3**), mais ce n'est pas démontré (49).

B3. La *Syntaxe Perse* de Georges Chrysococcès (ca 1347)

La *Syntaxe Perse* de Georges Chrysococcès, rédigée vers 1347 ss, est le plus connu des traités byzantins d'astronomie perse. Ce traité est inédit, sauf pour quelques chapitres (50), et n'a jamais fait l'objet d'une étude approfondie. On en connaît surtout la préface, qui raconte comment l'auteur a appris l'astronomie. Voulant étudier cette science, Georges Chrysococcès, qui était médecin, se rendit à Trébizonde auprès du prêtre Manuel, qui détenait les livres et les traductions faites par Georges Chioniadès. Suit alors l'histoire de ce dernier : Chrysococcès nous raconte comment Chioniadès s'était rendu en Perse pour y apprendre l'astronomie. Chrysococcès va donc rédiger un traité en se basant sur une *Syntaxe* qui était, aux dires de son maître (Manuel),

(46) Tihon, *Tables astronomiques* ... (note 43).
(47) R. Mercier (édition et analyse des tables en préparation pour le *CAB*).
(48) Le texte qui commente ces éphémérides a été édité, sans les tables, par F. Boll dans *Catalogus codicum astrologorum graecorum* VII, pp. 152-160 et par S. Lampros, *Trapezountiakon horoscopion tou etous 1336*, dans
* *Neos Hellenomnémôn* 13 (1916), pp. 33-50. L'attribution à Libadins est réfutée par O. Lampsidis, *'Ανδρέου Λιβαδήνου βίος καὶ ἔργα*, Athènes, 1975, p. 23.
(49) Tihon, *Tables astronomiques* ... (note 43), pp. 478-479.
(50) H. Usener, *Ad historiam astronomiae symbola*, dans *Kleine Schriften*, III, Leipzig-Berlin, 1914, pp. 323-371 : pp. 356-371.

«la meilleure et la plus précise de toutes» et que Chioniadès avait «hellénisée sans interprétation, l'ayant reçue des Perses interprétée seulement de vive voix» ([51]). Ceci semblerait vouloir dire que Chioniadès aurait mis en grec des tables seules, sans en avoir donné de commentaire.

R. Mercier a montré que les tables perses de Chrysococcès viennent en majeure partie du *Zîj- i Îlkhânî* de Naṣîr ad-Dîn aṭ-Ṭûsî ([52]). En ce qui concerne le commentaire lui-même, il y a certainement des relations entre les traités **B1** et la rédaction de Chrysococcès, mais elles ne sont pas établies clairement. Il est difficile de porter un jugement sur l'œuvre de Chrysococcès, faute d'une édition critique de sa *Syntaxe Perse*. Mais on peut tout de même remarquer que l'auteur ne comprend pas toujours exactement ce dont il traite : il y a des erreurs de méthodes ([53]), il utilise une table géographique inadéquate, etc. Il ne connaît pas le méridien d'origine des tables (72° E), qu'il situe dans une ville appelée *Τυβήνη*, ce qui est de toute évidence une erreur ([54]). L'adaptation était loin d'être parfaite, mais ce traité a eu un succès immédiat et s'est répandu partout. En conséquence, on ne voit plus trace après cela d'utilisation des traités **B1**, ni d'effort pour importer d'autres traités arabes ou persans, du moins avant le XVe siècle. Les problèmes traités chez Chrysococcès se limitent au calcul des longitudes et des latitudes, aux syzygies et aux éclipses, et à tout ce qui est nécessaire pour l'établissement d'ephémérides ou de thèmes astrologiques. Les fonctions trigonométriques disparaissent, et le but avoué de l'auteur est l'astrologie. Les exemples choisis sont pris en 1346 et 1347, et les tables ne commencent pas avant 1340/1341.

(51) *Ibidem*, p. 357.

(52) R. MERCIER, *The Greek «Persian Syntaxis» and the Zîj-i Îlkhânî*, dans *Archives Internationales d'Histoire des Sciences*, vol. 34, n° 34, n° 112, 3 (1984), pp. 35-60. Voir aussi D. PINGREE, *In Defence of Gregory Chioniades*, dans *Archives Internationales d'Histoire des Sciences*, vol. 35, n° 114/115 (1985), pp. 436-438.

(53) Voir par exemple A. TIHON, *Un traité astronomique chypriote du XIVe siècle*, dans *Janus* 66 (1979), p. 56.

(54) D. PINGREE, *Δάρας τὸ νῦν λεγόμενον ταύρες*, dans *Bulletin de l'Académie Royale de Belgique, Cl. Lettres* 48 (1962), pp. 323-326 ; MERCIER, *The Greek Persian* ... (note 52), pp. 56-58.

B4. La *Tribiblos astronomique* de Théodore Méliténiote (ca 1352-1368)

Il s'agit ici d'un monumental traité astronomique en trois livres : le premier traite d'arithmétique et de l'astrolabe ; le deuxième, des calculs selon Ptolémée, *Almageste* et *Tables Faciles*, le troisième, d'astronomie persane, c'est-à-dire des mêmes tables que Chrysococcès. On a la chance d'en avoir conservé l'autographe, le *Vat. gr.* 792. L'édition des livres I, par Mlle R. Leurquin a paru récemment dans le *CAB* (55). Seul le livre III nous intéresse ici. La préface du livre III s'inspire du traité **B1** (a), que Méliténiote avait recopié de sa main dans le *Laur. gr.* 28/17, et les tables sont au départ de 720 Yezdegerd (1350/1) au lieu de 710 Y (1340/1) chez Chrysococcès. Méliténiote semble avoir corrigé quelques erreurs de Chrysococcès, mais en substance, il s'agit bien des mêmes tables et des mêmes méthodes. Le livre III étant inédit lui aussi, on n'a pas encore fait de comparaison systématique entre ces deux œuvres.

Le livre III a connu une existence indépendante sous le titre *Παράδοσις τῶν Περσικῶν κανόνων*, mais souvent le texte y est retravaillé, les exemples modifiés. Cette *Paradosis* apparaît dans une quinzaine de manuscrits au moins (56).

B5. Version chypriote des *Tables Tolédanes* (ca 1337-1340)

Dans le *Vat. gr.* 212, manuscrit copié à Chypre aux environs des années 1337-1340, on trouve une adaptation des *Tables Tolédanes* (al-Zarqâlî, ca 1070), qui a été analysée par D. Pingree (57). L'auteur, que D. Pingree propose d'identifier avec Georges Lapithe, y compare les *Tables Tolédanes* avec les tables de Ptolémée et parfois les *Tables Alphonsines*. Chypre se trouve

(55) R. Leurquin, *La Tribiblos astronomique de Théodore Méliténiote (Vat. gr. 792)* dans *Janus* 72, 4 (1985), pp. 257-282) ; *Théodore Méliténiote. Tribiblos Astronomique*, livre I, Amsterdam, 1990. Le livre II paraîtra prochainement.

(56) Tihon, *Tables astronomiques ...* (note 43), pp. 486-487 ; Leurquin, *Tribiblos* (note 54).

(57) D. Pingree, *The Byzantine Version of the Toledan Tables : the Work of George Lapithes ?*, dans *Dumbarton Oaks Papers* 30 (1976), pp. 87-132.

alors sous la domination de la maison française des Lusignans et est tout naturellement soumise aux influences occidentales auxquelles Byzance à ce moment-là semble complètement fermée. Cette adaptation grecque des *Tables Tolédanes*, qui semble surtout destinée à l'usage personnel de l'auteur, n'aura guère de postérité, à notre connaissance. Dans ce même manuscrit, est cité le nom d'un certain Jean l'Astrologue, auprès de qui l'auteur a recueilli les positions des planètes pour les 23/24 avril et 27/28 avril 1340. On ne sait pas qui est ce personnage, ni comment ces positions ont été calculées.

B6. Traité anonyme chypriote, ca 1346 ss.

Les tables de Chrysococcès ont été adaptées pour Chypre dans un petit traité que j'ai analysé naguère ([58]), et qui est conservé dans trois manuscrits : *Barocciani* 100 et 166, et *Athous, Iviron* 126. Dans l'ensemble, les tables et les méthodes de l'anonyme chypriote sont identiques à celles de Chrysococcès, mais avec de notables exceptions. Tout d'abord, la table des mouvements moyens de la Lune a été adaptée pour la longitude de Chypre, conformément aux tables de correction pour les longitudes géographiques qui se trouvent chez Chrysococcès. Mais surtout, la table de l'anomalie solaire est complètement différente et celle de l'anomalie lunaire a de légères variantes par rapport à celles de Chrysococcès. L'ère de départ utilisée est le 13 mars 1008, que l'auteur appelle, visiblement par erreur, «ère de Melixa».

Selon une étude inédite de P. Tavardon ([59]), les modifications apportées aux tables d'anomalies solaire et lunaire auraient pour conséquence d'ajuster le calcul de l'éclipse de soleil du 7 août 1347 à l'observation de l'éclipse à Chypre. En effet, si l'on utilise les tables de Chrysococcès sans les modifications propres au traité chypriote, on trouve la conjonction vraie à 0h 43m, heures équinoxiales à partir de midi, le 7 août 1347 (= Aban 716 Y)

(58) A. Tihon, *Un traité astronomique chypriote du XIVe siècle*, dans *Janus* 64 (1977), pp. 279-308 ; *ibidem* 66 (1979), pp. 49-81 ; *ibidem* 68 (1981), pp. 65-127.

(59) P. Tavardon, *Recherche sur l'astronomie byzantine ; un aspect de la première renaissance des Paléologues*, Thèse de doctorat, Toulouse, 1987, pp. 535 ss.

et la conjonction apparente à 1h 12m après midi, alors que l'auteur chypriote trouve, avec ses tables modifiées, la conjonction apparente à 11h 55m avant midi, soit à 10h 5m du matin. Or, le maximum de l'éclipse a dû se produire dans l'île de Chypre, entre 10h et 10h 13m du matin. Ce sont les seules modifications apportées aux anomalies lunaire et solaire qui permettent ce résultat, la méthode étant scrupuleusement identique de part et d'autre. La conclusion qu'en tire P. Tavardon est que les tables d'anomalies solaire et lunaire ont dû être corrigées par tâtonnement (la table d'anomalie solaire, en effet, est tout à fait aberrante), en vue de faire coïncider le calcul de l'éclipse avec son observation.

C. Fin du xive siècle et xve siècle

À la fin du xive siècle et au début du xve, il y a beaucoup d'activités astronomiques, de nombreux textes à recenser, mais ceux-ci sont souvent fort confus, incomplets, difficiles à identifier. Ce sont en général des variations sur les tables perses de Chrysococcès ou Méliténiote, assorties parfois de violentes critiques sur l'astronomie de Ptolémée, qui est pourtant toujours étudiée et utilisée. On connaît plusieurs noms d'astronomes-astrologues : Jean Abramios, Eleutherios Elios, Dionysios ([60]), qui se situent dans la lignée de Chrysococcès. On constate à cette époque un intérêt marqué pour les éclipses ([61]), qui sont calculées aussi bien par les tables de Ptolémée que par les tables perses et aussi peut-être par des tables qui ne sont pas identifiées, mais qui circulaient à Byzance, à cette époque, comme on le verra bientôt. On trouve aussi quelques essais de construire de nouvelles tables, soit à partir de Ptolémée (les plus connues sont celles d'Isaac Argyre au départ de 1368, mais il y en a d'autres), soit sur Chrysococcès (par exemple, Matthieu Paléologue, ca 1436) ([62]), mais en général nous n'avons conservé que des

(60) D. Pingree, *The Astrological School of John Abramius*, dans *Dumbarton Oaks Papers* 25 (1971), pp. 191-215.

(61) Pingree, *ibidem* ; A. Tihon, *Calculs d'éclipses byzantins de la fin du xive siècle*, dans *Le Muséon* 100 (1987), pp. 353-361.

(62) Pingree, *Chioniades* (note 15), p. 159 ; Tihon, *Un traité astronomique chypriote* (note 56), (1977), pp. 302-305.

ébauches de tables, ou des fragments, mais pas d'ensembles cohérents.

Cependant les horizons des astronomes byzantins s'élargissent. A côté des variations sur les tables perses et de l'étude de Ptolémée, en effet, on adapte toutes sortes de tables étrangères : tables latines (*i.e.* tables alphonsines) adaptées vers 1380 par Demetrius Chrysoloras (inédit), tables juives (les *Six Ailes*), d'Immanuel Bonfils adaptées par Michel Chrysococcès (ca 1435) ([63]), tables de Jacob ben David Yom Tob (Bonjorn) adaptées par Marc Eugenikos (ca 1448) ([64]), le *Chemin Pur* (*Orah Selulah*) d'Isaac ben Salomon ben Zaddiq al Hadid adapté par Matthieu Camariotès (ca 1490) ([65]).

Mais le système astronomique le plus curieux produit dans la première moitié du xve siècle est sans contredit celui de Georges Gémiste Pléthon, le philosophe de Mistra. On lui doit un petit traité astronomique composé vers 1433 et conservé dans un manuscrit de Vienne, le *Vindobonensis Ph. gr.* 140 (ff. 78-90) (également dans le *Palatinus gr.* 278, ff. 135 ss, anonyme et sans tables).

Le système imaginé par Pléthon est un système sophistiqué, totalement dépourvu de sens pratique et répondant à un certain nombre de considérations d'ordre mystique. On sait que Pléthon avait imaginé un calendrier luni-solaire, inspiré des Grecs anciens et des Romains, dans lequel l'année commençait à première nuit qui suit la première conjonction venant après le solstice d'hiver (13 décembre), à minuit, ce qui symbolisait le retour de la lumière ([66]).

Dans ses tables astronomiques, Pléthon a multiplié les complications, ce qui les rend peu compréhensibles à une première

(63) P. Solon, *The Hexapterygon of Michael Chrysococces*, dans *Centaurus* 15 (1970), pp. 1-20.

(64) *Ibidem.*

(65) Sur les textes cités ici, voir A. Tihon, *L'astronomie byzantine (du ve au xve siècle)*, dans *Byzantion* 51 (1981), pp. 603-624 : p. 619.

(66) M. Anastos, *Pletho's Calendar and Liturgy*, dans *Dumbarton Oaks Papers* 4 (1948), pp. 183-305. Voir Joannes Lydus, *De Mensibus*, *ed.* R. Wuensch, Stuttgart (coll. Teubner) 1967 (repr. de l'édition Leipzig, 1908), 1, 7, p. 10 et Plutarque, *Aetia Romana*, dans *Moralia*, II, ed. W. Nachsrädt, W. Sieveking et S. Titchener, Leipzig (coll. Teubner) 1971 : 268 c.d., pp. 284-285.

approche. Par exemple, lorsqu'il donne les positions au départ de différentes ères, les longitudes sont comptées non à partir de 0° du Bélier, mais à partir de 0° du Capricorne.

À Mistra, Pléthon, était parfaitement bien placé pour avoir connaissance des traités scientifiques islamiques, sinon directement, du moins par l'intermédiaire de son maître juif ou de traductions occidentales que pouvaient lui procurer ses amis italiens ([67]). Effectivement, Pléthon a, de toute évidence, utilisé des tables islamiques, notamment al-Battânî, dont le nom est cité au-dessus d'une colonne de prosthaphérèse solaire et qui semble avoir été sa source principale. On notera que Pléthon, 13 ans après avoir composé son traité, l'a corrigé en 1446, en donnant de nouveaux paramètres pour les périodes de 19 ans, ainsi que l'atteste une note au f. 83v du même manuscrit. Le traité de Pléthon fera l'objet d'une étude ultérieure.

Conclusion

Étant donné l'état provisoire de nos connaissances, il est difficile de conclure cet exposé de manière définitive. On constate que la pénétration de tables islamiques dans le monde byzantin semble avoir été fort importante dans le courant des XIe-XIIe siècles, puisque, à cette époque, il existait une adaptation byzantine des tables d'ibn al-A'lam (**A1** et **A5**) et que des œuvres importantes, comme celles d'al-Khwârizmî ou Ḥabash al-Ḥâsib, ont été utilisées dans un manuel anonyme (**A2**). Malheureusement peu de tables ont été conservées et notre documentation est très fragmentaire. Comme dans tant d'autres domaines, la disparition des documents, le manque de continuité avec la période qui suit doivent sans doute être mis en relation avec le sac de Constantinople lorsque la ville fut prise par la quatrième croisade en 1204.

Pour la période suivante, la fin du XIIIe et du XIVe siècle, les documents sont beaucoup mieux conservés, mais il faut poursuivre les éditions commencées (**B1**), mener à bien les éditions en préparation (**B2** et **B4**) et entreprendre les autres : un traité comme la *Syntaxe Perse* de Georges Chrysococcès (**B3**), qui a exercé

(67) F. MASAI, *Pléthon et le platonisme de Mistra*, Paris, 1956, p. 61-62.

une influence aussi décisive sur l'astronomie byzantine, mériterait une édition critique particulièrement soignée. De même le curieux traité de Pléthon mériterait une édition (C), ne fût-ce qu'en raison de la personnalité remarquable de l'auteur.

Sans vouloir surestimer l'importance de l'astronomie byzantine, on peut dire que l'étude des manuscrits astronomiques byzantins et les éditions des traités importants peuvent apporter une contribution non négligeable à l'histoire de l'astronomie islamique et de sa diffusion dans le monde chrétien d'Orient.

VIIa

UN TRAITÉ ASTRONOMIQUE CHYPRIOTE DU XIVe SIÈCLE *

Dans une lettre à Nicéphore Grégoras (1295-1360), Georges Lapithe, gentilhomme chypriote, homme de lettres distingué[1]), interroge son correspondant à propos des tables astronomiques qu'il utilise pour faire ses calculs. 'Veuille me répondre brièvement sur ceci', lui dit-il, 'avec quelles tables fais-tu tes calculs? Que prends-tu comme origines et de quand datent-elles? Combien de temps les sépare de maintenant? Je ne pense pas, en effet, que tu emploies les tables de Ptolémée qui tombent loin de l'exactitude en raison de la quantité de temps écoulé. D'autre part, en ce qui concerne les interprétations astrologiques, à qui te fies-tu pour les exposer, à Ptolémée seulement, ou à quelqu'un d'autre? Les Italiens, en effet, avec lesquels le sort a voulu que nous cohabitions, se servent très peu de Ptolémée pour les deux parties, je veux dire la partie théorique et la partie pratique, et ils se fient davantage aux modernes (*tois neôterois*). En effet, ils ne se contentent pas seulement des tables arabes, qui commencent à partir de Mahomet, mais ils en utilisent beaucoup d'autres.

Enseigne-moi donc tout cela clairement, et si possible, demande que l'on m'envoie des copies de tables de calcul (car c'est ainsi que les Latins appellent les instructions pour faire les calculs), pour que je sois à même de les comparer avec les leurs'[2]).

Chypre, au début du XIVe siècle, était depuis longtemps sous domination occidentale. L'île, en effet, avait été conquise en 1191 par Richard Coeur de Lion, acquise ensuite par les Templiers qui la rendirent bientôt à Richard, vendue finalement à Guy de Lusignan en 1192. Pendant trois siècles, les Lusignan vont régner à Chypre et lui assurer jusqu'en 1489 une relative stabilité politique. Il n'est donc pas étonnant qu'en ce début du XIVe siècle, l'île soit beaucoup plus ouverte dans le domaine scientifique aux influences extérieures, tant occidentales qu'orientales. Pour Georges Lapithe, il ne fait aucun doute que les tables de Ptolémée sont périmées et il n'imagine pas que Nicéphore Grégoras puisse encore les utiliser — en quoi il se faisait sans doute des illusions sur la largeur d'esprit de Nicéphore Grégoras, qui ne semble guère s'être servi d'autres tables que celles de Ptolémée[3]). Quant aux tables astronomiques modernes ayant cours à Chypre dans la première moitié du XIVe siècle, le témoignage de Georges Lapithe est abondamment confirmé par les documents. L'un des plus remarquables est le *Vaticanus gr.* 212 dont la provenance chypriote n'est pas douteuse et qui peut être daté des environs de 1340[4]). Ce manuscrit contient notamment une version grecque des tables alphonsines (Tolède 1252) et une version grecque des tables tolédanes d' Al-Zarqalî (*ca* 1100) traduites par Gérard de Crémone[5]).

Un autre document astronomique chypriote inédit est le traité astronomique contenu dans un manuscrit de la *Bodleian Library* d'Oxford, le *Baroccianus gr.* 166[6]).

Le *Baroccianus gr.* 166 est un manuscrit en papier de 293 folios de 280 × 210 mm. Le filigrane relevé pour le début du codex (f. 4) est attesté en 1566[7]), ce qui permet de dater le manuscrit de la seconde moitié du XVIe siècle. On distingue plusieurs copistes (ff. 1 - 64^v; 65 - 165^v (?); 166 ss...).

Ce manuscrit contient:

1. ff. 1 - 25^v: un traité astronomique anonyme[8]);
2. ff. 26-78^v: des tables astronomiques s'y rapportant;
3. ff. 81-154^v: une autre série de tables astronomiques;
4. ff. 162 - 165^v: un texte astrologique attribué à Proclus[9]);
5. ff. 166 - 183^v et 184 - 190^v: les deux traités d'Autolycus de Pitane, les *Levers et Couchers* et la *Sphère en mouvement;*
6. ff. 209 ss: des traités sur l'astrolabe;
7. 244 ss: *l'Arithmétique* de Diophante;
8. ff. 254 ss et 262 ss: les deux traités de Théodose de Tripoli, les *Habitations* et les *Jours et les Nuits.*

L'examen du traité des ff. 1 - 25^v et des tables qui s'y rapportent (ff. 26^v - 78^v) montre immédiatement qu'il s'agit d'un traité d'astronomie perse, comportant un prologue et 24 chapitres, rédigé à Chypre vraisemblablement dans l'année 1347 ou peu après.

En voici la table des matières:

Préliminaires.

Ch. 1. L'année perse.
Ch. 2. Le mois perse.
Ch. 3. Le jour perse.
Ch. 4. Longitude du Soleil.
Ch. 5. Longitude de la Lune.
Ch. 6. Les heures.
Ch. 7. Les syzygies.
Ch. 8. Heures des syzygies.
Ch. 9. Obliquité du Soleil.
Ch. 10. Les noeuds.
Ch. 11. Latitude de la Lune.
Ch. 12. Eclipses de Lune.
Ch. 13. Grandeur des éclipses.
Ch. 14. Eclipses de Soleil.
Ch. 15. Longitude des cinq planètes.
Ch. 16. Latitude des planètes supérieures.
Ch. 17. Latitude des planètes inférieures.
Ch. 18. 'Montées' et 'descentes' des planètes.
Ch. 19. Rétrogradations et stations.
Ch. 20. Mouvements journaliers des planètes.
Ch. 21. Conversion des heures.
Ch. 22. L'horoscope.
Ch. 23. Le milieu du ciel.
Ch. 24. L'horoscope.

Tous les chapitres, ou presque, comportent un exemple, choisi à la même date, le 1er septembre 1346, date à laquelle il y eut une éclipse de Lune[10]). Le ch. 14, bien sûr, sur les éclipses de Soleil, fait exception et est illustré du calcul de l'éclipse du 7 août 1347[11]). Ces exemples laissent entendre que le traité n'a pas dû être rédigé longtemps après 1347. La localisation à Chypre est exprimée de manière non ambiguë dans les chapitres 14 (qui parle du climat de Chypre) et 21 ('... pour le climat de Chypre ou celui de Rhodes, car c'est de celui-là que se rapproche Chypre') et surtout dans les tables, où une scolie, sur laquelle on aura l'occasion de revenir, déclare que les tables ont été aménagées pour la longitude de Chypre (f. 30). Du reste, certaines caractéristiques de langage et la terminologie employée dans la chronologie suffiraient à indiquer la provenance chypriote de ce traité[12]).

L'étude qui va suivre a pour but de donner un échantillon des méthodes et de l'originalité de ce traité. On traitera successivement — et succinctement — de la chronologie (§ 1), du calcul de la longitude du Soleil (§ 2) et du calcul de la longitude de la Lune (§ 3). Ces échantillons permettront de situer provisoirement ce traité par rapport aux autres ouvrages d'astronomie perse connus à ce jour dans le monde byzantin, soit particulièrement:

a) Les traités contenus dans le *Vat. gr.* 211 (XIIIe/XIV^{e}s.)[13]), le *Laur. gr.* 28/17 (début XIVe s.)[14]) et le *Vat. gr.* 1058 (XVe s.[15]). Il s'agit, comme l'a montré M. D. Pingree[16]), des traductions faites par Grégoire
* Chioniadès aux environs des années 1298 à 1302 du *Zîj al-'Ala' î* d'Al -
* Fahdad (ca 1150)[17]), du *Zîj as-Sanjarî* d'Al - Khâzinî (*ca* 1120)[18]) et d'un traité de Shams Bukharî (*ca* 1320)[19].

b) La *Syntaxe Perse* de Georges Chrysococcès, rédigée peu après 1347. De cet ouvrage contenu dans de nombreux manuscrits[20]), seuls quelques extraits ont été édités par Usener[21]). Nous le lisons dans le *Vat. gr.* 210 (XIVe s.), ff. 8 - 35 (tables, ff. 43 - 147^{v})[22]).

c) La *Tribiblos astronomique* de Théodore Méliténiote, dont le livre III est consacré à l'astronomie perse. Rédigé peu après 1352, cet ouvrage est inédit. Contenu dans le *Vat. gr.* 792 qui est l'autographe de Méliténiote[23]).

d) La *Paradosis tôn Persikôn kanonôn* attribuée erronément à Isaac Argyre[24]). Il s'agirait de la première esquisse ou d'un démarquage du livre III de la *Tribiblos* de Méliténiote[25]). Contenue dans de nombreux manuscrits[26]).

e) Le traité anonyme du *Vat. gr.* 210, ff. 40 - 42^{v}. Il s'agit d'un simple mode d'emploi des tables de Chrysococcès, sans exemples et qui s'inspire vraisemblablement de la *Syntaxe* de Chrysococcès[27]).

f) Le traité anonyme du *Leidensis* BPG 74 E, ff. 86 - 93^{v}. Il s'agit d'un fragment d'un traité rédigé à Rhodes vers 1393 et qui utilise les tables de Chrysococcès ou de Méliténiote[28]).

En fait, dans l'examen du traité du *Baroccianus gr.* 166, nous nous bornerons à une comparaison systématique avec les tables de Chrysococcès (b). Aucune différence, en effet, n'apparaît entre celles-ci et les tables de Méliténiote (c) sinon que ces dernières débutent en 1351/1352. Les autres traités (d, e, f) dérivent soit de Chrysococcès, soit de Méliténiote.

Quant aux traductions de Chioniadès (a), si elles ont servi de modèle à Chrysococcès, elles s'en écartent cependant par des points de méthode et surtout par la terminologie. Or, le traité du *Baroccianus gr.* 166 semble se rapprocher davantage de celui de Chrysococcès: c'est donc par rapport à ce dernier que la comparaison s'avérait la plus intéressante.

* *
*

§ 1. LA CHRONOLOGIE

Le traité début en ces termes: 'Il faut que nous sachions que les tables (les *kanones* ou les *taulai, i. e. tabulae*) ont été faites en Perse, pour l'ère de la royauté de Melixa, roi des Perses, pour le mois perse de Pharouartè, le 1er jour, lorsque la sixième heure était achevée et que la septième commençait pour ce lieu'.

Suivent alors des précisions sur le calendrier perse: longueur de l'année (365 jours), noms des mois. Viennent ensuite d'autres définitions, classiques depuis le *Petit Commentaire* de Théon: table, colonne, noms des signes du zodiaque, subdivisions des degrés, multiplications sexagésimales, subdivisions de l'heure, position d'un astre, noms et ordre des planètes, les *kephalaia* ou sections chronologiques, sens direct et sens rétrograde.

Ces préliminaires achevés, les trois premiers chapitres sont consacrés à la chronologie: comment trouver les années des Perses (Ch. 1), les mois (Ch. 2) et les jours (Ch. 3).

Voici la traduction du premier chapitre:

'Comment trouver les années des Perses.

Puisque le commencement des tables (*kanones*) ou de ces *taulai (i. e. tabulae)* qui contiennent les mouvements des planètes devait se faire à un moment et à un lieu, parce que le mouvement de toutes les choses qui se meuvent se fait dans des temps et un lieu, à cause de cela, ce fut arrangé par les Perses là où ils composèrent ce traité. Soit, pour le lieu, 8° ½ des Poissons, et pour le temps, la première année de la royauté de Melixa comme nous l'avons dit. Parce que, alors, le commencement de l'année eut lieu le 13 mars, lorsque le Soleil entre dans le commencement du Bélier. Et, depuis alors jusqu'à maintenant, il y a 338 années perses et 1346 années du Christ. Donc, lorsque nous voulons trouver les années perses dont nous nous servons pour le calcul, nous décomptons des années du Christ 1008 ans, et toutes celles qui restent, ce sont les années perses.'

D'emblée, le traité du *Baroccianus gr.* 166 s'écarte des autres traités d'astronomie perse mentionnés plus haut, soit ceux de Chrysococcès, de Méliténiote et les traités anonymes qui en dérivent. Ceux-ci emploient tous l'ère de Yezdegerd (16 juin 632 p. C.), celui-là se réfère explicitement à l'ère de Malikshah, ce qui ne va pas sans poser de sérieux problèmes.

* Jalal al-din Malikshah était le troisième sultan de la dynastie seldjoukide. Il régna de 1072 à 1092. Sous son règne, plusieurs astronomes, parmi
* lesquels on cite ᶜUmar Khayyâm et Al - Khazînî élaborèrent une réforme du calendrier[29]). L'ancien calendrier perse, en effet, se composait d'une année vague de 365 jours: 12 mois de 30 jours et 5 épagomènes. Un tel calendrier ne tardait pas à être complètement décalé par rapport aux saisons. Des intercalations avaient bien été prévues — notamment par addition d'un mois de 30 jours tous les 120 ans[30]) —, mais elles furent négligées après la conquête arabe. Il en résultait de nombreux inconvénients, notamment pour la perception des impôts, et il arrivait que la fête du *Naurûz*, fête du réveil de la nature qui se confondait traditionnellement avec le Nouvel An perse, dût se célébrer en hiver. Malikshah prit donc la décision de réformer le calendrier. Selon Taqizadeh, la décision aurait été prise l'année 467 de l'hégire, où le Nouvel An perse tombait le 26 février 1075[31]). Une commission de huit astronomes fut alors réunie et le résultat fut la décision de changer le calendrier pour l'année suivante: le Nouvel An perse qui tombait normalement le 26 février, fut placé le 15 mars 1076, jour de l'équinoxe de printemps[32]). Le nouveau calendrier devait coïncider le plus exactement possible avec l'année tropique: d'où un système complexe d'intercalations dont les modalités sont expliquées différemment selon les auteurs[33]). De même, d'après certains témoignages, la longueur des mois devait correspondre au temps mis par le Soleil à parcourir un signe du zodiaque[34]). Le calendrier ayant été ainsi réformé, les astronomes auraient alors conseillé au sultan d'établir une ère portant son nom. Le début de celle-ci fut fixé, selon Taqizadeh, le 15 mars 1079, jour de l'équinoxe de printemps, soit le 19 Ferverdîn de l'ancien calendrier[35]). Les différentes sources présentent des divergences quant à l'année du commencement de l'ère de Ma-

likshah. Ainsi, Chrysococcès le situe l'année du monde 6586, soit en 1077/1078[36]), et le *Zîj as - Sanjarî* dans le *Vat. gr.* 211 le fixe au 1er Shabân de l'année 468 de l'hégire, soit le 10 mars 1076[37]).

Telle est donc, dans ses grandes lignes, l'histoire de l'institution de l'ère de Malikshah et de sa réforme du calendrier. Or, par rapport à tout ce qui vient d'être rappelé, les données du *Baroccianus gr.* 166 paraissent complètement aberrantes. D'après la règle de conversion donnée par le texte, en effet, il faudrait situer en 1008 le commencement de l'ère de Malikshah. Les exemples utilisés ne laissent aucun doute à ce sujet puisque le 1er septembre 1346, date d'une éclipse de Lune, correspond à l'année 338 et le 7 août 1347, date d'une éclipse de Soleil, à l'année 339. Toutes les tables sont bâties sur cette correspondance:

1346 = 338
1347 = 339
etc.[38]).

On voit tout de suite que les données du texte n'ont pas grand-chose à voir avec l'ère de Malikshah. Non seulement la date de départ (1008) est de près de 70 ans antérieure à la réforme du sultan, mais l'auteur utilise toujours l'ancien calendrier perse, avec son année vague de 365 jours, soit 12 mois de 30 jours suivis de 5 épagomènes, exactement comme le font Chrysococcès, Méliténiote et leurs épigones, qui ont tous recours à l'ère de Yezdegerd et à l'ancien calendrier. De la réforme de Malikshah, l'auteur semble n'avoir retenu que ceci: le fait que l'année perse selon la réforme du sultan devait commencer le jour de l'équinoxe de printemps. Dès lors, on serait tenté de penser que l'auteur a fait le raisonnement suivant. En 1347, époque où le traité semble avoir été rédigé, l'équinoxe de printemps tombait le 13 mars[39]). Donc, il suffisait de chercher dans l'ancien calendrier perse en partant de l'ère de Yezdegerd en quelle année le 1er Ferverdîn tombait normalement le 13 mars. Le calcul est simple: l'ère de Yezdegerd commence le 16 juin 632 p. C. Tous les quatre ans. le 1er Ferverdîn tombe un jour plus tôt par rapport au calendrier julien. Pour qu'il tombe le 13 mars, il faut compter 94 jours de décalage en arrière à partir du 16 juin —sans inclure ce dernier jour. Or,

$$94 \times 4 = 376 \text{ ans}$$
$$\text{et } 632 \text{ p. C.} + 376 \text{ ans} = 1008 \text{ p. C.}$$

En fait, ce calcul suppose une erreur d'un jour, car en 1008, le 1er Ferverdîn tombait normalement le 14 mars, mais, comme on le verra dans l'exemple de l'auteur, l'erreur d'un jour est fréquente dans ce genre de calcul.

Tel serait donc le raisonnement qui aurait pu amener notre auteur à fixer, arbitrairement, le commencement de l'ère 'de Malikshah' le 13 mars 1008.

Toutefois, il est probable que cette date de départ ne soit pas une création *ex nihilo* de notre auteur chypriote de 1347. Dans l'histoire du calendrier perse, en effet, les auteurs signalent que l'année 375 de Yezdegerd (1006/1007), les cinq épagomènes, qui prenaient place auparavant après le mois de Abân (8e mois), furent fixés après le mois d'Asfendârmed (12e mois) par ordre du prince Bûyid[40]). Le *Vat. gr.* 211 (f. 41^{v}) signale ce changement en ajoutant que 'alors, le Soleil était au commencement du Bélier au début de Ferverdîn...'.

Cette fois, on se rapproche des données de notre texte. Si l'on tient compte, en effet, des flottements inévitables chez les chronologistes anciens, l'année 1008 peut fort bien correspondre à la première année d'application de cette réforme du calendrier. Les Perses avaient remarqué, comme le signale le *Vat. gr.* 211, qu'à ce moment, le début de leur année coïncidait avec l'entrée du Soleil dans le Bélier. C'était donc là une ère de départ tout indiquée pour des tables astronomiques, et il est peu vraisemblable que notre traité soit le premier à y avoir recouru. On peut penser, au contraire, que des astronomes perses avaient utilisé cette ère avant lui. Ici se pose évidemment la question des sources de notre traité chypriote. Mais il est trop tôt, à ce stade, pour tenter d'y apporter une réponse.

Pour compliquer encore la situation, le texte mentionne un élément qui semble en contradiction avec le reste, et dont l'explication ne nous apparaît pas clairement: le lieu de départ, dit-il, est 8° 30′ des Poissons. Bien que l'auteur ne le précise pas, il s'agit sans doute de la position du Soleil. Or, on l'a vu, le soleil est censé se trouver à 0° du Bélier au départ de l'ère utilisée.

On pourrait penser qu'il s'agit cette fois d'une réminiscence plus exacte de l'ère de Malikshah. Entre les années 1075 et 1079, en effet, époque où la réforme fut élaborée et instaurée, le 1er Ferverdîn tombait les 26 et 25 février. Le Soleil se trouvait donc à ce moment-là dans les Poissons. Cependant la position donnée par le texte, 8° ½ des Poissons convient mal pour ces dates, où le Soleil se trouvait à peu près à 12° et 13° des Poissons[41]). La position donnée par le texte conviendrait mieux pour un 20 ou 21 février et il faut attendre 1096 pour que le 1er Ferverdîn tombe le 21 février.

En résumé, on peut conclure comme ceci l'examen de ce premier chapitre. L'auteur utilise une ère au départ du 13 mars 1008 non attestée à ma connaissance dans les autres traités byzantins d'astronomie perse. Il l'appelle à tort 'ère de Malikshah'. La date du 13 mars 1008 est censée représenter le moment où le 1er Ferverdîn de l'ancien calendrier perse coïncidait avec l'équinoxe de printemps. Cette date pourrait se référer à la réforme du calendrier perse qui eut lieu l'année 375 de Yezdegerd (1006/1007) et que l'auteur aurait confondue avec celle du sultan Malikshah. La mention des 8° ½ des Poissons reste sans explication satisfaisante.

* *
*

Le second chapitre relatif à la chronologie est intitulé 'Sur les mois'. Il explique de manière très détaillée comment trouver le commencement de l'année perse: prendre le quart des années perses comptées selon la règle donnée dans le chapitre 1 et compter en arrière depuis le 13 mars.

Exemple: 1346 du Christ = 338 années perses
338 : 4 = 84 jours
que l'auteur décompte comme ceci:
(mars) 13 j. + (février) 28 j. + (janvier) 31 = 72 j.
Restent 12 jours à décompter pour décembre: on trouve donc le 20 décembre (1345) comme début de l'année perse [42]).

Le troisième chapitre, enfin, explique comment trouver le jour perse:

Exemple: 1er septembre 1346.
Du 20 décembre au 1er septembre (les dates limites étant incluses), on compte 256 jours, soit, depuis le 1er Pharouartè (Ferverdîn), le 16 Aderma (Ader).

§ 2. LE SOLEIL.

a) *La méthode.*

Le calcul de la longitude du Soleil ressemble fort à celui qu'on trouve chez Ptolémée. La principale différence est, rappelons-le, que l'apogée varie, alors que Ptolémée l'avait fixé à 65° 30′.

Une table de mouvements moyens donne donc:

— l'angle a, ou position du Soleil moyen depuis l'apogée;

— l'angle u, ou position de l'apogée (fig. 1).

Une table de correction donne ensuite la valeur de l'angle e, qui est tantôt ajouté tantôt soustrait (fig. 1).

La longitude vraie du Soleil est donc trouvée par la formule:

$\lambda = u + a \pm e$

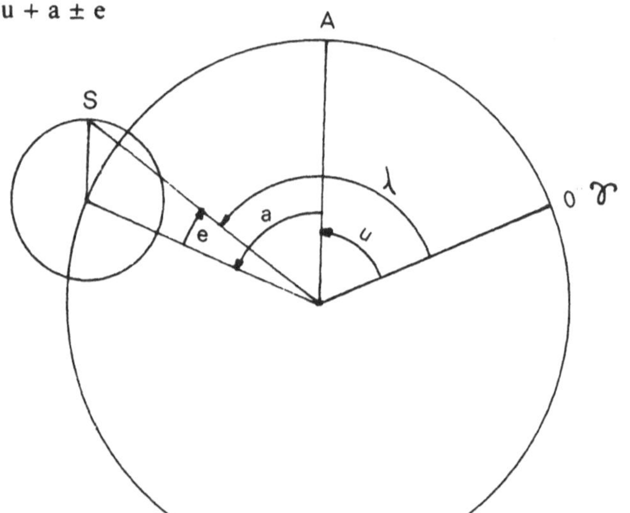

fig. 1

b) *Les tables.*

Nous avons comparé systématiquement les valeurs données par les tables du *Baroccianus gr.* 166 (= B) avec celles de Chrysococcès lues dans le *Vaticanus gr.* 210 (= V).

1. *Mouvements moyens.*

— années perses (B, f. 27):

La table de B va de 1346 (= 338 'des Perses') à 1409 (= 401 'des

Perses'). Les chiffres sont ceux de Chrysococcès (V, f. 47v) pour l'année 6854 (= 715 de Yezdegerd) (= 1345/1346).

— mois et jours (B, f. 27v):
Les tables de B se distinguent de celles de V (f. 49-50) par leur présentation. Là où V donne *in extenso* les valeurs pour les 30 jours de chaque mois, B se contente d'une petite table pour les mois, d'une petite table pour les jours. D'autre part, les tables de B négligent le mouvement de l'apogée, alors que celui-ci est compté dans les tables de V. Pour le reste, les valeurs correspondent.

— heures (B, f. 27v):
La table de B correspond à celle de V (f. 50), mais avec chiffres simplifiés. Les deux négligent le mouvement de l'apogée.

Voici la comparaison des valeurs de B et de V:

	Mouvement moyen (a)	Apogée (u)	
6854 = 715 de Yezdegerd	6^s 6° 44' 39"	2^s 28° 2' 4"	V
1346 = 338	6^s 6° 45'	2^s 28° 2'	B
1 mois perse	0^s 29° 34' 6"	0^s 0° 0' 4"	V
	0^s 29° 34'	-	B
1 jour perse	0^s 0° 59' 8"	0^s 0° 0' 0" 8'"	V
	0^s 0° 59'	-	B
1 heure	0^s 0° 2' 28"	-	V
	0^s 0° 2'	-	B

2. *Corrections.*
Une seule table de correction est utilisée pour le Soleil (B, f.28r-v). Cette table diffère nettement de celle de Chrysococcès (V, f. 51r-v). On peut voir, en effet, que, chez Chrysococcès, la correction est toujours positive[43]) et son maximum est de 4° 1'(fig. 2).
Chez Ptolémée, la correction, tantôt positive, tantôt négative, va de —2° 23'à +2° 23'. Dans B, la correction, qui est parfois négative, va de —0° 40' (pour a = 72° et 73°) à + 4° 9'(pour a = 251° à 254°) (fig. 2).

L'équation maximale de B vaut donc 2° 24′ 30″ et s'oppose à celle de V, 2° 0′ 30″.

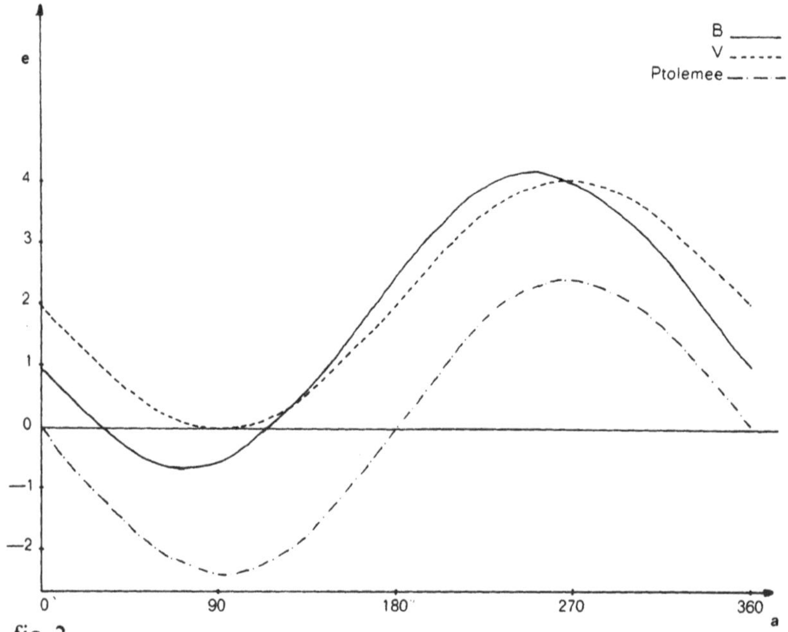

fig. 2

On remarquera qu'aucune correction de longitude géographique n'est prévue dans B. Plus loin, à propos de la Lune, on trouvera une table de correction pour les longitudes géographiques, qui montre bien que les tables ont été faites au départ pour une longitude de 72°: exactement comme les tables de Chrysococcès établies pour la longitude de Tybènè (= Tabrîz) = 72° depuis les colonnes d'Hercule[44]). Toujours à propos de la Lune, l'auteur précisera que les tables ont été corrigées pour la longitude de Chypre = 65°, ce qui pose un problème sur lequel nous reviendrons. Dans le cas du Soleil, aucune correction de ce genre n'apparaît ni dans les tables, ni dans l'exposé de la méthode. Ce silence est sans doute justifié par le peu d'importance de cette correction en ce qui concerne les mouvements du Soleil.

c) *Exemple.*

Trouver la position du Soleil le 1er septembre 1346 = 16 Aderma 338.

	Mouvement moyen (a)	Apogée (u)
338	6^s 6° 46'[45]	2^s 28° 2'
Aderma	7^s 26° 33'	
16	0^s 14° 47'	
	2^s 18° 6'	
	- 0^s 0° 38'	
	2^s 17° 28'	
	+ 2^s 28° 2'	
	5^s 15° 30'	Soit Vierge 15° 30'

A titre de comparaison, voici le même calcul avec les tables de Chrysococcès:

	Mouvement moyen (a)	Apogée (u)
715	6^s 6° 44' 39"	2^s 28° 2' 4"
Aderma 16	8^s 11° 19' 48"	0^s 0° 0' 36"
	2^s 18° 4' 27"	2^s 28° 2' 40"
	+ 0^s 0° 3' 32"	
	2^s 18° 7' 59"	
	2^s 28° 2' 40"	
corr. géogr. pour 65°	+ 0^s 0° 1' 9"	
	5^s 16° 11' 48"	Soit Vierge 16° 11' 48"

Les tables de Chrysococcès donnent un résultat plus précis. D'après les tables de Goldstine, le Soleil se trouvait à 166,59° au moment de la pleine Lune[46]). Chrysococcès trouve le Soleil à 16° 15′ de la Vierge pour Constantinople = 56° long. (V, f. 19^{v}).

§ 3. LA LUNE.

a) *La méthode.*

Les tables des mouvements moyens comprennent trois colonnes:

a = 'mouvement moyen' ou longitude moyenne;

b = 'mouvement propre' ou anomalie moyenne, soit le chemin parcouru par la Lune sur l'épicycle depuis l'apogée moyen de l'épicycle (D);

c = 'centre de la Lune' ou double élongation, soit distance angulaire entre l'apogée de l'excentrique (A) et le prolongement sur l'écliptique du centre de l'épicycle (C) (fig. 3).

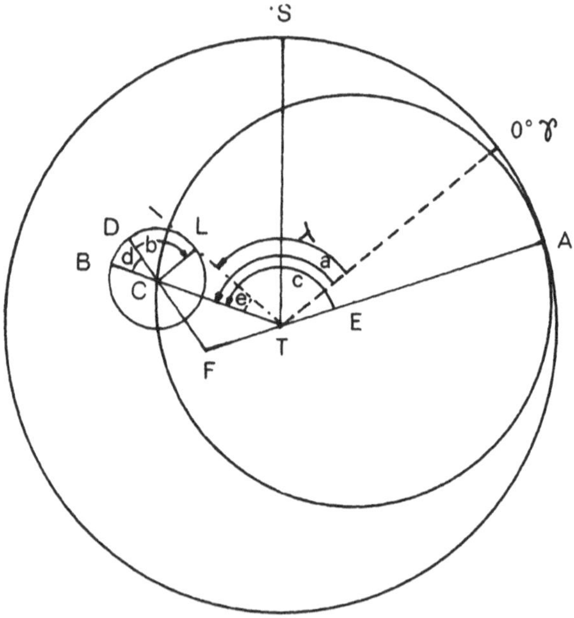

fig. 3

On dresse donc un tableau comportant les mouvements donnés par ces trois colonnes pour les années, mois, jours et heures.

On procède alors à une série de corrections:

1. On reporte le centre de la Lune (c) dans la 'table de la première correction'. On y trouve une correction d qui est la différence entre l'apogée moyen (D) et l'apogée vrai (B) de l'épicycle.

On ajoute cette correction à l'anomalie moyenne ou 'mouvement propre' (b) et on obtient le 'mouvement propre corrigé':

$$b + d = b'.$$

Dans les tables perses, la correction est toujours positive [47]).

2. Le but des opérations suivantes est de trouver la valeur de e, correction qui, apportée à la position moyenne a, permettra de trouver la longitude vraie λ.

La valeur de e varie selon deux facteurs. D'une part, la position de l'épicycle sur l'excentrique. Pour une même position de la Lune (L) sur son épicycle, e aura sa valeur minimum lorsque le centre de l'épicycle sera à l'apogée de l'excentrique (C_1) (fig. 4); e aura sa valeur maximum lorsque C sera au périgée (C_2) et une valeur intermédiaire entre les deux (C_3). On connaît la position de C sur l'excentrique d'après la valeur de c. L'autre facteur est la position de la Lune sur son épicycle, donnée par l'anomalie vraie (b').

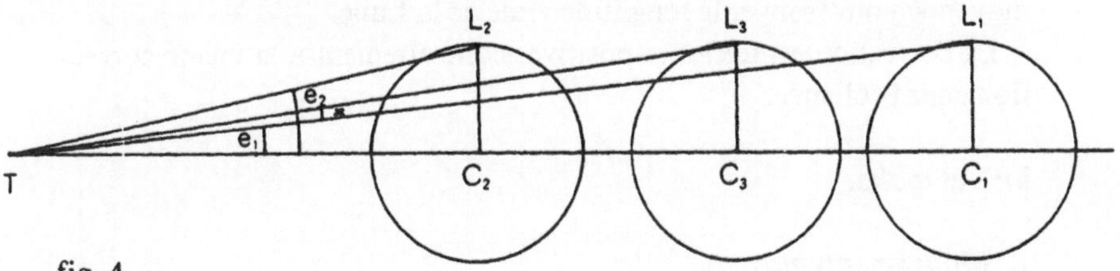

fig. 4

On a donc:

e_1 = valeur de la correction lorsque l'épicycle est à l'apogée de l'excentrique. Cette valeur est donnée par la 'table de la deuxième correction', avec, comme argument, l'anomalie vraie (b').

e_2 = valeur de la correction lorsque l'épicycle est au périgée de l'excentrique.
La valeur $e_2 - e_1$ est donnée par la table d''anomalie de la Lune', avec comme argument b'.

Lorsque l'épicycle occupe une position intermédiaire, la valeur de la correction est

$$e_1 + x$$

et x vaut:

$$(e_2 - e_1) \times \frac{n}{60} = x$$

Le coefficent n/60 est donné par les deux tables de *tapeina lepta,* qu'on pourrait traduire par 'minutes d'abaissement'. La première de ces tables vaut lorsque b' est compris entre 0° et 180°, la seconde, lorsque b' est compris entre 180° et 360°.
L'argument utilisé est le centre de la Lune (c).

La valeur de e sera donc:

$$e = e_1 + [(e_2 - e_1) \times n/60]$$

et est appelée 'deuxième correction corrigée'.

3. Une fois trouvée la valeur de e, il suffit de l'ajouter à la position moyenne pour trouver la longitude vraie de la Lune.

La correction est toujours positive, contrairement à la même correction chez Ptolémée.*

b) *Les tables.*

1. *Mouvements moyens.*

— années perses (B, f. 29):
La table de B va de l'année 338 'des Perses' (= 1346) à l'année 401 (= 1409), mais les chiffres ne sont donnés que jusqu'en 1394 (= 386). Les chiffres de B correspondent à ceux de Chrysococcès (V, f. 54ᵛ) pour l'année 6854 ss = 715 de Yezdegerd = 1345/1346, mais corrigés pour la longitude de Chypre, ainsi que l'explique une scolie de B, f. 30, dont il sera question ci-dessous.

— mois et jours perses (B, f. 29ᵛ):
Comme pour le Soleil, les tables de B adoptent une présentation différente de celles de V (f. 56 - 59). V donne *in extenso* les mouvements de chaque jour de chaque mois, tandis que B donne une table pour les mois, une table pour les jours. Les valeurs sont les mêmes que dans V.

— heures (B, f. 30):
Même table que dans V̇ (f. 59), mais avec chiffres simplifiés. La colonne 2 semble erronée dans les deux manuscrits. Dans B, en effet, la valeur obtenue au bout de 24h et de 13° 10′ au lieu des 13° 4′ utilisés comme mouvement journalier dans la table des jours.
Peut-être y a-t-il eu confusion, en cours de copie, entre la première et la deuxième colonne. Dans V, le mouvement pour 1h est de 0° 32′ 30″, alors que le mouvement pour 24 h suppose un mouvement horaire identique à celui de Ptolémée:
13° 3′ 54″ : 24 = 0° 32′39″ 44‴ 50′ᵛ...

Voici les valeurs comparées de B et de V:

	Mouvement moyen (a)	Mouvement propre (b)	Centre (c)	
6854 = 715 de Yezdegerd	7^s 6° 32′ 8″	9^s 8° 57′ 37″	8^s 14° 49′ 48″	V
correction pour Chypre = 65°	+ 0° 15′	+ 0° 15′	+ 0° 28′	B,f.30 (48)
	7^s 6° 47′ 8″	9^s 9° 12′ 37″	8^s 15° 17′ 48″	
1346 = 338	7^s 6° 47′	9^s 9° 13′	8^s 15° 18′	B
1 mois	1^s 5° 17′ 31″	1^s 1° 36′ 58″	0^s 11° 26′ 41″	V
	1^s 5° 18′	1^s 1° 37′ (49)	0^s 11° 27′	B
1 jour	0^s 13° 10′ 35″	0^s 13° 3′ 54″	0^s 24° 22′ 53″	V
	0^s 13° 11′	0^s 13° 4′	0^s 24° 23′	B
1 heure	0^s 0° 32′ 56″	0^s 0° 32′ 30″ (sic)	0^s 1° 0′ 57″	V
	0^s 0° 33′	0^s 0° 33′	0^s 1° 1′	B

2. *Corrections.*
— correction pour la longitude des villes (B, f. 30).
La première table de correction pour la Lune est celle qui concerne la

correction de longitude géographique. La table est identique à celle de V, f. 59, mais avec des chiffres simplifiés. La présence de cette table montre à l'évidence que les tables perses dont s'inspire B ont été établies pour une longitude de 72°, puisque les arguments vont de 71° à 42° d'une part, de 73° à 102° d'autre part. Chez Chrysococcès, la même longitude sert de point de référence et le nom de la ville est donné, Tybènè (Tibini) dont les coordonnées sont 72° de longitude est, comptée depuis les colonnes d'Hercule, et 38° de latitude nord, et que M. D. Pingree a identifiée avec la ville de Tabrîz[50]).
Cette table de B est accompagnée d'une scolie marginale, déclarant: 'Ceci est superflu et inutile, parce que les calculs des tables ont été écrits pour le climat de Chypre, soit pour sa longitude qui est de 65°. Donc, nous avons pris les minutes qui sont en face de 65° et nous les avons ajoutées aux minutes des années de la Lune. C'est pourquoi nous ne calculons rien en aucune façon'. Ces déclarations sont exactes: on a vu, en effet, que la correction pour 65° de longitude avait été introduite dans la première table des mouvements moyens. Il semble, cependant, qu'il y ait une confusion à la base d'une telle correction. La première série des tables de B ne comporte pas de tables géographiques. Dans V, par contre, on en trouve deux: l'une, f. 36 - 38, donne une liste de villes dont les longitudes sont comptées depuis les îles des Bienheureux (îles Canaries); l'autre, f. 50^v, identique à celle du *Vat. gr.* 211, f. 128^v, donne une série de villes dont la longitude est comptée depuis les colonnes d'Hercule. Les longitudes diffèrent, évidemment, selon le méridien qui sert d'origine. Ainsi par exemple:

	V, f. 36 - 38 (depuis les îles Canaries)	V, f. 50^v (depuis les colonnes d'Hercule
Constantinople	56°	49° 50' (49° a été corrigé en 56°)
Alexandrie	60° 1/2	51° 50'
Chypre : Paphos	64° 1/3	-
Amathonte	65° 1/2 1/4	-
Antioche	69°	61° 30'
Babylone	79°	70°
Tybènè	-	72°
Mitylène	55° 1/2 1/6	-
Rhodes	58° 1/2 1/6	-
	etc.	etc.

Les 65° de Chypre sont évidemment repris à une liste analogue à la première table de V, qui est d'ailleurs fort proche de celles de Ptolémée[51]), alors que, selon toute vraisemblance, les 72° de référence des tables perses proviennent de la seconde liste. Il semble donc que l'auteur du traité chypriote ait repris la longitude de Chypre couramment admise depuis Ptolémée, sans se rendre compte que le méridien de référence des tables perses avait été pris à partir d'une autre origine. On notera que Chrysococcès commet la même erreur, puisqu'il prend pour Constantinople une longitude de 56°, tandis que Méliténiote, plus rigoureux, utilisera pour la métropole byzantine la longitude de 50°[52]). La même erreur apparaît dans le traité anonyme du *Leidensis* BPG 74E, rédigé à Rhodes vers 1393, et qui prend pour Rhodes une longitude de 58° 1/3[53]).

— première correction (= d) (B, f. 30v-31):
Table identique à celle de V, f. 59v. On voit d'après le graphique de la fig. 5 que la correction est toujours positive, alors que chez Ptolémée, elle est tantôt positive, tantôt négative. La correction maximum est de $\frac{26° 16'}{2}$ (Ptolémée 13° 8').

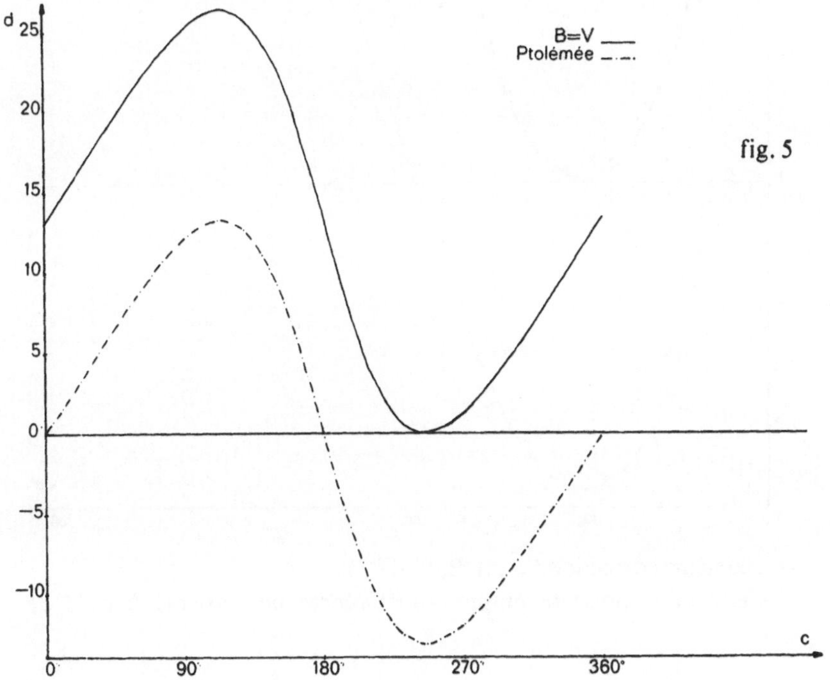

fig. 5

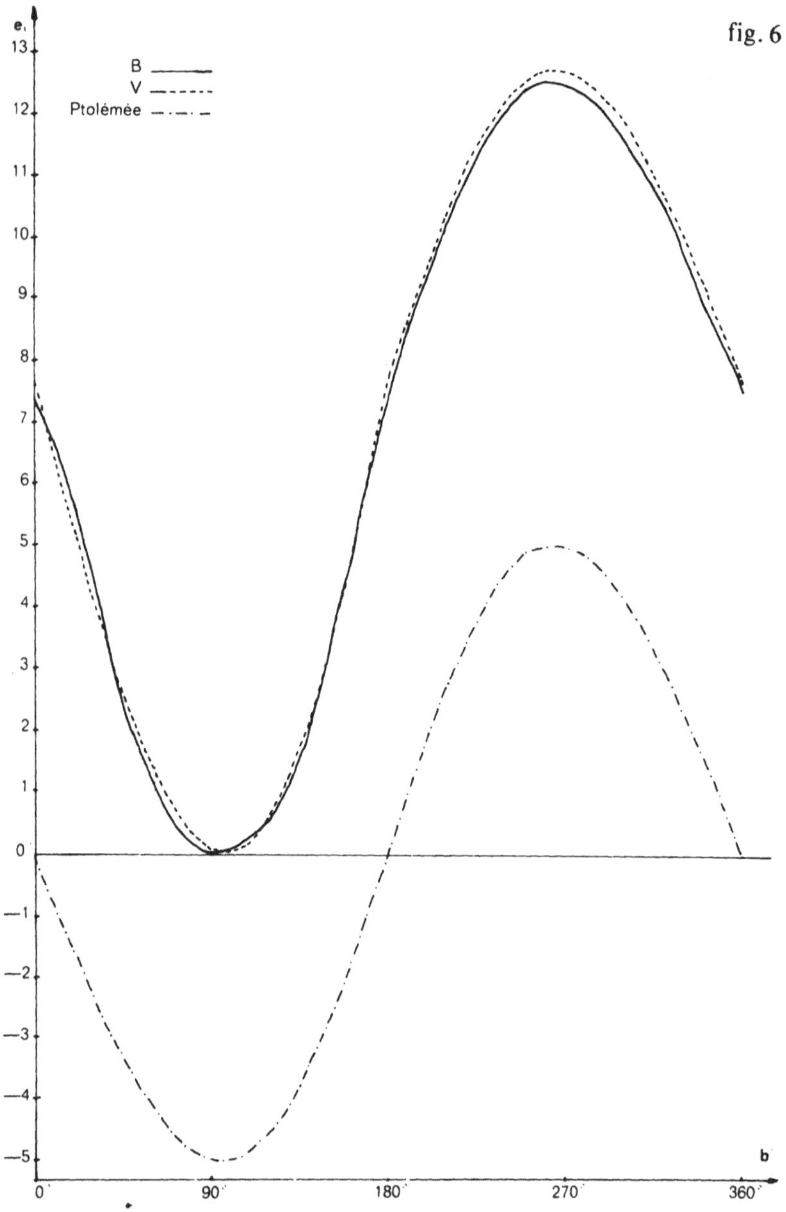

fig. 6

— deuxième correction (= e_1) (B, f. 31[r-v]):

Cette table présente plusieurs différences par rapport à celle de

Chrysococcès (V, f. 60r-v). Différence de présentation d'abord: entre les colonnes de chaque signe du zodiaque, V comporte une colonne donnant les différences degré par degré, en vue de faciliter les interpolations. B n'a pas ces colonnes. D'autre part, les chiffres sont légèrement différents. On voit d'après le graphique (fig. 6) que, indépendamment de quelques irrégularités dues à des erreurs de chiffres dans la table, les chiffres de B ne se confondent pas exactement avec ceux de V. Ici encore, la correction est toujours positive. La valeur maximum est dans B: $\frac{12°\,30'}{2}$, dans V: $\frac{12°\,41'}{2}$ (Ptolémée 5°).

— première et deuxième table des 'minutes d'abaissement' (= n/60) (B, f. 32):
Tables analogues à celles de V, f. 61, avec quelques variantes de chiffres peu significatives. Ces deux tables correspondent à la col. 4 des *Tables Faciles* et à la col. 6 de *l'Almageste* pour la table d'anomalie lunaire. Les chiffres sont identiques ou pratiquement, à ceux de Ptolémée.

— anomalie de la Lune ($e_2 - e_1$) (B, f. 32v — 33):
Table identique à celle de V, f. 61v, à part quelques erreurs de chiffres. Cette table correspond aux col. 6 des *Tables Faciles* et col. 5 de *l'Almageste* dans la table d'anomalie lunaire: mêmes chiffres que Ptolémée.

c) *Exemple.*
Trouver la position de la Lune de 1er septembre 1346, soit le 16 Aderma de l'année 338 'de Malikshah'.

	Mouvement moyen (a)	Mouvement propre (b)	Centre (c)
338	7s 6° 47'	9s 9° 13'	8s 15° 18'
Aderma	9s 12° 20'	8s 15° 36'	3s 1° 34'
16	6s 17° 39'	6s 15° 59'	0s 5° 43'
	11s 6° 46'	0s 10° 48'	11s 22° 35'
	+ 6° 19'	+ 11° 58'	
	11s 13° 5'	0s 22° 46'	

Soit Poissons 13° 5'

Le détail du calcul est le suivant:

$1^{\text{ère}}$ correction (d): argument $c = 11^{S}\,22^\circ\,35'$

L'auteur prend la valeur correspondant à $11^{S}\,22^\circ$, soit $11^\circ\,58'$

2e correction (e_1): argument $b' = 0^{S}\,22^\circ\,46'$.

L'auteur prend la valeur correspondant à $0^{S}\,22^\circ$: $5^\circ\,26'$

$n/60$: argument $c = 11^{S}\,22^\circ\,35'$

On utilise la première table, puisque b' ($0^{S}\,22^\circ\,46'$) est inférieur à 6^{S} (ou 180°). L'auteur trouve 60′ alors que la table donne 58′

$e_2 - e_1$: argument $b' = 0^{S}\,22^\circ\,46'$

On trouve dans la table $0^{S}\,22^\circ \ldots 0^\circ\,51'$

$0^{S}\,23^\circ \ldots 0^\circ\,54'$

d'où $0^{S}\,22^\circ\,46' \ldots 0^\circ\,53'\,18''$

Cette fois, l'auteur semble avoir fait l'interpolation, puisqu'il utilise 0° 53′.

$(e_2 - e_1) \times n/60 = 0^\circ\,53'$

L'auteur détaille les opérations comme ceci:

$0^\circ\,53' \times 60' = 3180''$

$3180'' : 60' = 53'$(!)

$+ e_1 = 0^\circ\,53' + 5^\circ\,26' = 6^\circ\,19' = e$

La longitude vraie de la Lune est donc:

$a + e = 11^{S}\,6^\circ\,46' + 6^\circ\,19' = 11^{S}\,13^\circ\,5'$

A titre de comparaison, voici le même calcul d'après les tables de Chrysococcès (V):

	Mouvement moyen (a)	Mouvement propre (b)	Centre (c)
715 de Yezdegerd	7^{s} 6° 32' 8"	9^{s} 8° 57' 37"	8^{s} 14° 49' 48"
Aderma 16	3^{s} 29° 58' 50"	3^{s} 1° 34' 15"	3^{s} 7° 16' 42"
corr. pour Chypre=65°	+ 0^{s} 0° 15' 22"	+ 0^{s} 0° 15' 15"	+ 0^{s} 0° 28' 26"
	11^{s} 6° 46' 20"	0^{s} 10° 47' 7"	11^{s} 22° 34' 56"
	+ 5° 50' 28"	+ 12° 2' 39"	
	11^{s} 12° 36' 48"	0^{s} 22° 49' 46"	

Détail du calcul:
$1^{\text{ère}}$ correction (d): argument c = $11^S 22° 34'56''$
d = $12° 2'39''28'''$
2e correction (e_1): argument b' = $0^S 22° 49'46''$
$e_1 = 0^S 4° 58'45''26'''22'^{V}$
n/60: argument c = $11^S 22° 34'56''$
n/60 = 58'
$e_2 - e_1$: argument b' = $0^S 22° 49'46''$
$e_2 - e_1 = 0° 53'29''18'''$
$(e_2 - e_1) \times n/60 = 0° 51'42''19'''24'^{V}$
$+ e_1$: $0° 51'42''19'''24'^{V} + 4° 58'45''26'''22'^{V} =$
$5° 50'27''45'''46'^{V}$
soit 5° 50'28'' environ
La longitude vraie de la Lune est donc:

$$11^S 6° 46'20'' + 5° 50'28'' = 11^S 12° 36'48''.$$

Chrysococcès mentionne comme position de la Lune à cette date pour Constantinople = 56°: Poissons 13° 17' (V, f. 19^V). D'après les tables de Goldstine, la Lune se trouvait à cette date au moment de la Pleine Lune à 346° 59'.

* * *

Cette étude partielle et rapide du traité astronomique du *Baroccianus gr.* 166 nous permet à présent de dégager plusieurs impressions. Ainsi, il est clair que ce traité chypriote anonyme offre une parenté étroite avec la *Syntaxe Perse* de Georges Chrysococcès, que la comparaison systématique des tables a permis de mettre en lumière. Mais cette parenté ne veut pas dire identité. Les deux traités, en effet, se différencient nettement en ce qui concerne la table de correction du Soleil. La différence est moins nette, mais sensible cependant, en ce qui regarde la table de la 2e correction de la Lune. Notre traité, enfin, se montre original en utilisant une ère peu banale, celle du 13 mars 1008, qu'il appelle à tort 'ère de Malikshah'. Dans de telles conditions, il semble peu probable que le traité du *Baroccianus gr.* 166 se soit inspiré de celui de Georges Chrysococcès, dont il est exactement contemporain. Il est plus vraisemblable de croire qu'il relève d'une source différente non encore identifiée. Peut-être une piste de recherche doit-elle être fournie par l'ère de 1008, que des astronomes perses du XIe siècle ont pu utiliser.

Quoi qu'il en soit, ce traité chypriote apporte un jalon supplémentaire à l'histoire de la pénétration dans le monde byzantin des tables astronomiques perses, et illustre assez joliment les déclarations de Georges Lapithe à propos des tables astronomiques variées qui circulaient dans l'île de Chypre durant la première moitié du XIVe siècle.

Terminologie

Le Soleil (cfr fig. 1)

a	longitude moyenne	μέση ὁδός
u	apogée	ὕψωμα
e	correction	διόρθωσις τοῦ ἡλίου
a + e	longitude vraie	μέση ὁδὸς διωρθωμένη

La Lune (cfr fig. 3 et 4)

a	longitude moyenne	μέση ὁδός
b	anomalie moyenne	ἴδιον
c	double élongation ou "centre de la Lune"	κέντρον
d	"première correction" (= Alm. et T. F. col. 3)	πρώτη διόρθωσις
b + d = b'	anomalie corrigée	ἴδιον διωρθωμένον
e_1	"deuxième correction" (= Alm. col.4, T.F. col. 5)	δευτέρα διόρθωσις
$e_2 - e_1$	"anomalie" (= Alm. col. 5, T. F. col. 6)	ἀνωμαλία
n/60	" minutes d'abaissement" (= Alm. col.6, T. F. col. 4)	ταπεινὰ λεπτὰ

Note complémentaire: les tables de Matthieu Paléologue.

A la suite des tables se rapportant au traité chypriote de 1347, B présente une seconde série de tables astronomiques perses dont nous voudrions dire un mot à présent. Ces tables, qui occupent les folios 81 - 154[v], sont pratiquement les mêmes que celles de V. On remarque qu'elles sont complètes pour les années suivantes:

de 720 de Yezdegerd à 823 (= 1351 à 1454) pour le Soleil
de 798 à 811 (= 1429 à 1442) pour la Lune
de 800 à 809 (= 1431 à 1440) pour les cinq planètes,

ce qui situerait le modèle des tables de B entre les années 1431-1440. De plus, on peut lire, en marge du f. 82v, la scolie suivante:

Μῆκος Μιτυλέ⟨ν⟩ης μοι ν̄ϛ̄ ⟨´ καὶ πλάτος μοι λ̄θ̄· ὁ δὲ Ματθαῖος ὁ Παλαιολόγος εἶπεν ὅτι τὸ μῆκος ἔνι ν̄ε̄ θ´.

'La longitude de Mitylène est de 56° ½ et sa latitude, de 39°, Mais Matthieu Paléologue a dit que sa longitude est de 55° 9''.

Cette scolie appelle plusieurs remarques.
Tout d'abord, Mitylène (Lesbos) semble avoir été un centre d'études astronomiques aux XIVe et XVe siècles. Ainsi, le *Vat. gr.* 210 dont il a été maintes fois question précédemment témoigne pour cet endroit d'un intérêt particulier. Dans la table du f. 37v, il en donne les coordonnées suivantes, que l'on comparera avec celles de Ptolémée et des tables du *Leidensis* BPG 78 (*Tables Faciles*), et attire l'attention par un signe d'appel en marge:

	longitude depuis les îles Canaries	latitude
Vat. gr. 210, f. 37v	55° 1/2 1/6 E	39° 1/2 N
Ptolémée, Géogr. V,2,29	55° 1/3 1/70 E	39° 1/2 N
Leidensis BPG 78, f. 70	55° 2/3 E	39° 2/3 N

Au f. 59 du même *Vat. gr.* 210, à côté d'une table de corrections pour les longitudes géographiques, une scolie donne la valeur pour Mitylène, à mi-hauteur de 44° et 43° de longitude — comptée ici depuis les colonnes d'Hercule. Aux ff. 115v - 116, des tables donnent la longueur des jours et les ascensions pour le climat de Mitylène (climat de 14h 48m et 39° de lat.), et de même, f. 137, on trouve une table d'ascensions pour le même climat.

Quant à Matthieu Paléologue, mentionné dans B pour avoir donné une valeur différente de la longitude de Mitylène, il n'est guère connu par ailleurs. Toutefois, dans une scolie provenant du Ms *British Museum Burney* 91, éditée par M. D. Pingree[54]), il est question des tables d'un certain Paléologue, dont l'ère de départ est le 1er mars 1436. Cette date correspond exactement à l'époque du modèle de cette partie du *Baroccianus gr.* 166: entre 1431 et 1440. Il est probable que la scolie se trouvait déjà dans ce modèle. Cette coïncidence de date fournit une présomption en faveur de l'identification de ce Matthieu Paléologue cité par la scolie de B comme l'auteur des tables dont fait état la scolie éditée par D. Pingree.

De plus, on peut remarquer qu'à la fin de la seconde série de tables du *Baroc. gr.* 166 se trouvent, ff. 149v - 154v, quelques tables relatives au Soleil et à la Lune. Ce sont:

ff. 149v - 150	: mouvements moyens du Soleil par mois et jours juliens;
f. 150v	: mouvements horaires du Soleil et corrections pour les longitudes géographiques, en référence à la longitude de 57°;
f. 151v	: mouvements moyens de la Lune par années simples;
f. 151 - 154	: mouvements moyens de la Lune par mois et jours juliens;
f. 154v	: mouvements horaires de la Lune et corrections pour les longitudes géographiques, en référence à la longitude de 57°.

Ces tables sont malheureusement incomplètes. Mais si on les compare avec les données de la scolie éditée par D. Pingree, on retrouve les mêmes élements de part et d'autre:

1° les tables de B, comme celles de la scolie, sont faites pour une longitude de 57°.
2° L'ère de départ est, dans la scolie éditée par D. Pingree, le 5 Tîr de l'année 805 de Yezdegerd, soit le 1er mars 1436.
Dans B, on constate que les mouvements mensuels des deux astres sont

comptés à partir d'un premier mars et la table des mouvements annuels de la Lune commence par une année 1, qui peut être identifiée comme débutant le 5 Tîr de l'année 806 de Yezdegerd. Les chiffres, en effet, sont les suivants:

	Mouvement moyen (a)	Mouvement propre (b)	Centre (c)
année 1	8^s 29° 35' 58"	7^s 11° 0' 34"	7^s 9° 3' 11"

ce qui correspond aux mouvements données par les tables de Chrysococcès pour le 5 Tîr de l'année 806 de Yezdegerd, corrigés pour la longitude de 57°:

806	3^s 20° 28' 9"	2^s 12° 21' 24"	2^s 26° 10' 37"
Tîr 5	5^s 8° 34' 52"	4^s 25° 6' 30"	4^s 11° 51' 37"
	8^s 29° 3' 1"	7^s 17° 27' 54"	7^s 8° 2' 14"
corr. pour 57° long.	+ 32' 57"	+ 32' 40"	+ 1° 0' 57"
	8^s 29° 35' 58"	7^s 18° 0' 34"	7^s 9° 3' 11"(55)

L'ère de départ correspond donc: la scolie éditée par D. Pingree donne les chiffres pour l'année 0 = 805 de Yezdegerd, les tables de B commencent à l'année 1 = 806.

Ainsi se trouve confirmée par deux sources différentes et dont les renseignements concordent l'existence d'un certain Matthieu Paléologue, auteur de tables astronomiques inspirées de celles de Chrysococcès, établies pour une longitude de 57° et débutant le 1er mars 1436. Ce sont des fragments de ces tables qui sont, à notre avis, conservés aux ff. 149v - 154v du *Baroccianus gr.* 166.

NOTES

* Cet article est le résultat d'un séjour d'étude à Oxford financé par le Fonds National de la Recherche Scientifique de Belgique, auquel s'adresse toute ma reconnaissance.

1) Sur Georges Lapithe, voir principalement *Patrologie Grecque* 149, p. 987-1002. Cfr note 5.

2) Ed. *P. G.* 148, col. 59.

3) Sur l'oeuvre scientifique de Nicéphore Grégoras, voir en dernier lieu J. Mogenet et A. Tihon, avec la collaboration de D. Donnet, *Barlaam de Seminara. Traités sur les Eclipses de Soleil de 1333 et 1337*, Louvain, 1977, p. 150 ss.

4) La provenance chypriote du *Vat. gr.* 212 apparaît clairement notamment d'après l'écriture, ainsi que me l'avait signalé M. Mogenet. La datation est indiquée, entre autres, par les positions des planètes données au f. 38^v, pour les 23 et 27 avril 1340 'de la bouche de Jean l'Astrologue': cfr à ce sujet D. Pingree, *Gregory Chioniades and Palaeologan Astronomy*, dans *Dumbarton Oaks Papers* 18 (1964), p. 145 et note 65.

5) Cfr description du manuscrit dans G. Mercati et P. Franchi de' Cavalieri, *Codices vaticani Graeci I. Codices 1 - 329*, Rome, 1923, p. 269-274. Article annoncé par D. Pingree, *The Byzantine Version of the Toledan Tables: The Work of George Lapithes*?, dans *Dumbarton Oaks Papers* 30.

6) Description dans H.O. COXE, *Catalogi codicum mss. Bibliothecae Bodleianae*, t.I, Oxford, 1853, p. 281-283.

7) No 1753/126 (Lion de St Marc) de E.J. Labarre, *Monumenta Chartae papyraceae historiam illustrantia, III: Zonghi's Watermarks*, Hilversum, 1953.

8)

Tit. Ὅσα πρέπει νὰ προεξεύρῃ ὅπου θέλει μαθεῖν τοὺς κανόνας.

Inc. Πρέπει ἵνα ἐξεύρωμεν ὅτι οἱ κανόνες ἤγουν αἱ ταῦλαι ...

9)

Tit. Πρόκλου οὐ⟨ρα⟩νοδρόμου περὶ ἀνατολῶν καὶ δύσεων ἔχων.

Inc. Εἰπεῖν ἀστρολογικοὺς ὁρμώμενοι ...

10) Th. von Oppolzer, *Canon der Finsternisse*, Vienne, 1887, no 3956.

11) Oppolzer, no 6090.

12) Par exemple, les années sont exprimées en 'années du Christ', avec le terme *egchronia* comme synonyme de *etos*, ce qui est caractéristique des manuscrits en provenance de Chypre: cfr J. Darrouzès, *Autres manuscrits originaires de Chypre*, dans *Revue des Etudes Byzantines* 15 (1957), p. 132.

13) Description: Mercati et Franchi de' Cavalieri, p. 264-269.

14) Description: A.M. Bandini, *Catalogues codicum mss Bibliothecae Mediceae Laurentianae*, II, Florence, 1768, col. 34-35. Extraits dans *Catalogus Codicum Astrologorum Graecorum*, I, Bruxelles, 1898, p. 85-89.

15) Description et étude dans O. Neugebauer, *Studies in Byzantine Astronomical Terminology*, dans *Transactions of the American Philosophical Society* 50, part 2, 1960, p. 1-45.

16) Pingree, *Chioniades* (note 4), p. 141 ss.

17) E.S. Kennedy, *A Survey of Islamic Astronomical Tables*, dans *Transactions of the American Philosophical Society* 46, part 2, 1956, p. 123-177: no 84, p. 135.

18) *Ibidem*, no 27, p. 129.

19) *Ibidem*, no 35, p. 130.

20) Par exemple, dans le *Vat. gr.* 209 (f. 1-32v); *Vat. gr.* 210 (f. 8-36); *Marc. gr.* 327 (f. 24-48v); 309 (f. 41-66v); *Paris. gr.* 2461 (f. 151v-187v); *Leidensis* BPG 74E (f. 80-85v)..

21) H. Usener, *Ad historiam astronomiae symbola*, dans *Kleine Schriften* III, Leipzig-Berlin, 1914, p. 323-371.

22) Description dans Mercati et Franchi de' Cavalieri, p. 261-264.

23) Description: R. Devreesse, *Codices Vaticani Graeci III. Codices 604-866*, Vatican, 1950, p. 316-317. Etude d'extraits du livre III dans J.P. Pêcheur, *Le Tribiblos Astronomique de Théodore Méliténiote. Ed., Trad. et commentaire des ch. 1 à 12 du livre III*, Mémoire de licence dactylographié, Louvain, 1973.

24) Par exemple, dans R. Devreesse, *Introduction à l'étude des manuscrits grecs*, Paris, 1954, p. 242, note 1.

25) Cfr Pingree, *Chioniades*, p. 145.

26) Notamment *Laur. gr.* 28/13 (f. 2 ss); *Laur. gr.* 28/16 (f. 3 ss); *Marc. gr.* 323 (f. 71-54v); *Marc. gr.* 328 (f. 30-60v); *Marc. gr.* 333 (f. 146 ss); *Marc. gr.* 336 (f. 11 ss); *Oxoniensis Baroc.* 58 (f. 1-42)...

27) Edition partielle, traduction et commentaire dans M. Lannoy, *Le traité astronomique anonyme du Vat. gr. 210*, Mémoire de licence dactylographié, Louvain, 1973.

28) Edition, traduction et commentaire dans P. Fontaine, *Un traité anonyme d'astronomie perse dans le Leidensis BPG 74E*, Mémoire de licence dactylographié, Louvain, 1976.

29) Tout ce qui suit sur l'ère de Malikshah se base essentiellement sur l'article de S.H. Taqizadeh, *Various Eras and Calendars used in the Countries of Islam*, dans *Bulletin of the School of Oriental and African Studies* X (1940-1942), p. 108-117, et sur l'étude faite par Mlle P. Lisen, *La Chronologie dans le Zîg as-Sanjarî*, Mémoire de licence dactylographié, Louvain, 1973.
Taqizadeh, p. 110-111, émet des réserves quant à la participation de ces deux astronomes à la réforme en question.

30) Les systèmes d'intercalation du calendrier perse étaient particulièrement complexes: voir, par exemple, *Vat. gr.* 211, f. 40-42v (Lisen, p. 27-38 et 83 ss).

31) Taqizadeh, p. 111 (qui donne le 27 février comme correspondant du 1er Ferverdîn).

32) Taqizadeh, p. 112.

33) Voir, par exemple, le système expliqué dans le *Vat. gr.* 211, f. 42v (Lisen, p. 112-119).

34) Voir, par exemple, la table du *Vat. gr.* 211, f. 183v.

35) Taqizadeh, p. 112.

36) Cfr *Vat. gr.* 210, f. 10.

37) Cfr *Vat. gr.* 211, f. 42v.

38) Au f. 26v du *Baroc. gr.* 166 se trouve une table de conversion donnant les années du monde, les années du Christ et les années perses par périodes de 20 ans, ainsi que les fractions de jours. Le début de la table est erroné. On lit, en effet:

années du monde	années du Christ	années perses
6523	915 (sic)	7
6543	935 (sic)	27
...		
6623	1115	107
6643	1135	127
...		
7003	1495	487

Les autres colonnes donnent les fractions de jours de décalage entre années tropiques et années civiles, mais je n'ai pas encore élucidé tous les chiffres. Les deux dernières colonnes donnent, sous le titre 'années simples', le décalage entre l'année perse et l'année tropique. La valeur pour 20 ans est de 4^J 49′, ce qui supposerait pour l'année tropique la valeur suivante: (365^J + 4^J 49′) : 20 = 365^J 14′57″.

39) D'après les tables de B. Tuckerman, *Planetary, Lunar and Solar Positions A. D. 2 to A. D. 1649,* Philadelphia, 1954, on trouve le Soleil à 360,45° le 13 mars 1347.

40) Cfr Taqizadeh, *Various Eras and Calendars used in the Countries of Islam,* dans *Bulletin of the School of Oriental Studies* IX (1937-1939), p. 917-918.

41) Cfr tables de Tuckerman (note 39). Même en faisant le calcul avec les tables du *Vat. gr.* 210, on trouve un résultat fort proche des valeurs modernes, et donc sensiblement différent des 8° 30′ des Poissons.

42) Le décompte de l'auteur semble un peu forcé: on attendrait plutôt le 19 décembre. Par contre, si on place de 1er Ferverdîn le 14 mars 1008, on tombe effectivement sur le 20 décembre.

43) Sur les corrections toujours positives, cfr Neugebauer, *Studies*. . . (note 15), p. 24.

44) Sur l'identification de cette ville, cfr D. Pingree,

Δάρας τὸ νῦν λεγόμενον Ταυρές

dans *Bulletin de l'Académie Royale de Belgique, Cl. Lettres,* 5e ser., 48 (1962), p. 323-326, et Pingree, *Chioniades,* p. 144.

45) D'après la table, il faudrait 45′.

46) H.H. Goldstine, *New and full Moons 1001 B.C. to A.D. 1651,* Philadelphia, 1973.

47) Cfr Neugebauer, *Studies*. . ., p. 24; 25.

48) J'ai utilisé les chiffres donnés par la table de B, f. 30, qui sont simplifiés par rapport à ceux de V. Si l'on utilise la table correspondante de V, f. 59, on trouve:

7^s	6°	32′	8″	9^s	8°	57′	37″	8^s	14°	49′	48″
+ 0^s	0°	15′	22″	0^s	0°	15′	15″	0^s	0°	28′	26″
7^s	6°	47′	30″	9^s	9°	12′	52″	8^s	15°	18′	14″

ce qui correspond aussi bien aux chiffres des mouvements moyens dans B. Sur la longitude de Chypre = 65°, cfr infra.

49) 37′ est une correction : la table a 57′. Mais la suite des chiffres est conforme à V.

50) Cfr Pingree, *Daras* (note 44) et *Chioniades,* p. 144.

51) Ainsi, dans la liste des villes illustres qui accompagnent les *Tables Faciles* dans le *Leidensis* BPG 78 (IXe s.), on lit, f. 68: Paphos: 61° 1/3 long. et 35° 1/6 lat.; Amathonte: 65° 1/2 1/4 long. et 35° lat. Dans la *Géographie* de Ptolémée, on trouve: Paphos Nea 64° 1/3 long et 35° 1/6 lat.; Paphos Palaia: 64° 1/2 long. et 35° lat.; Amathonte: 65° 1/2 1/4 long. et 35° lat. (*Géogr.* V, 14, 1, ed. Nobbe, Leipzig 1843-1845; réimpr. Hildesheim, 1966).

52) Voir, pour Chrysococcès, *e. g. Vat. gr.* 210, f. 19[v] (calcul d'une éclipse de Lune pour Constantinople = 56°). Pour Méliténiote, voir notamment *Vat. gr.* 792, f. 307, l. 20-21 (longitude de Constantinople = 50°).

53) Cfr Fontaine (note 28), p. 50.

54) Pingree, *Chioniades,* p. 159.

55) Les quelques différences proviennent soit d'une erreur d'opération, soit de légères erreurs dans les tables. J'ai utilisé les tables de Chrysococcès telles qu'elles apparaissent dans B, et qui présentent par rapport à V quelques divergences. Mais, si notre hypothèse est correcte, cette partie de B formait un tout et Matthieu Paléologue se serait servi des tables de Chrysococcès telles qu'elles apparaissent dans B.

VIIb

UN TRAITÉ ASTRONOMIQUE CHYPRIOTE DU XIVe SIÈCLE

Dans un numéro précédent de *Janus*[1], nous avons présenté un traité astronomique inédit, rédigé à Chypre aux environs de 1347 et contenu dans un manuscrit de la *Bodleian Library* d'Oxford, le *Baroccianus gr.* 166 (B). Nous avions étudié les cinq premiers chapitres du traité, soit la chronologie et le calcul des longitudes du Soleil et de la Lune.

Nous nous proposons à présent d'examiner ici la suite de ce manuel d'astronomie, et plus précisément les chapitres 6 à 14, qui concernent tous les autres problèmes relatifs à nos deux luminaires: heure des tables (ch. 6), syzygies (ch. 7-8), obliquité du Soleil (ch. 9), noeuds (ch. 10), latitude de la Lune (ch. 11), éclipses de Lune (ch. 12-13), éclipses de Soleil (ch. 14). La méthode sera la même que précédemment: explication du texte et comparaison avec d'autres traités byzantins d'astronomie perse, notamment la *Syntaxe Perse* de Georges Chrysococcès, lue dans le *Vaticanus gr.* 210 (V).

§ 4. LES SYZYGIES.

1. L'heure des tables.

L'exposé relatif aux syzygies est précédé d'un bref chapitre de transition intitulé simplement "Sur les heures" (ch. 6). Il traite d'un problème fort peu intéressant qu'on aurait attendu normalement dans les préliminaires. Il s'agit de faire remarquer que le jour astronomique commence à midi. Dès lors, si l'on ne mentionne pas d'heures parmi les *kephalaia* — sections chronologiques —, on obtient la position de l'astre à midi. Si l'on désire mentionner les heures, il n'y a pas de problème lorsqu'on cherche la position d'une planète l'après-midi: on inscrit tels qu'ils sont donnés le jour et l'heure, par exemple le 1er septembre à telle heure. Par contre, si l'on cherche une position le matin, il faut inscrire la veille du jour donné, par exemple le 31 août ou 15 Aderma, et ajouter aux heures données 6 heures pour l'après-midi du 31 août et 12 heures de nuit.

Pourquoi des remarques aussi élémentaires sont-elles données dans ce chapitre 6 et non, comme il eût été normal, au début du traité? Sans doute parce que, comme on a déjà pu le remarquer par l'étude précédente, ce traité ne vise pas à une très grande précision. L'heure n'a d'importance que lorsqu'il s'agit de la position de la Lune et particulièrement lors d'une syzygie.

2. Longitude des syzygies.

Le calcul des syzygies est présenté en deux parties: le ch. 7 explique comment trouver la longitude d'une syzygie, le ch. 8, comment trouver l'heure de celle-ci.

L'auteur commence le ch. 7 par des définitions: "Nous parlons de conjonction, lorsque le Soleil et la Lune ou d'autres planètes se trouvent dans un seul et même signe, à un seul et même degré; pleine Lune, ce que pour les autres astres nous appelons également opposition (*diametron*), lorsque l'un est distant de l'autre de 180° ou 7 signes après celui où l'on a trouvé l'un et l'autre; entre eux, il y a cinq signes". On notera que pour l'auteur, 180° équivalent à 7 signes.

a) *Méthode.*

Trouver la longitude d'une syzygie est extrêmement simple:

1. On détermine d'abord approximativement le jour de la syzygie cherchée, soit une conjonction, soit une pleine Lune, à l'aide du *themelion* de la Lune. Le *themelion* de la Lune désigne normalement l'âge de la Lune au commencement de chaque année d'un cycle lunaire de 19 ans, c'est-à-dire l'âge de la Lune le 1er janvier.[2] Connaissant celui-ci, on trouvera aisément la date approximative d'une syzygie pour un mois donné. L'auteur ne donne aucun détail sur ce point, et aucune table n'est prévue sur les cycles lunaires. Au contraire, la *Syntaxe Perse* de Chrysococcès consacre un long exposé à la manière de calculer le *themelion* de la Lune.[3]
2. Une fois connu le jour probable de la syzygie, on calcule les positions du Soleil et de la Lune à cette date selon les méthodes expliquées aux chapitres 4 et 5.[4] Si l'on trouve la même position pour les deux astres ou bien 7 signes (*sic*) entre elles, la syzygie a lieu à midi du jour-

même, et le degré trouvé est appelé "lieu final de la conjonction ou de la pleine Lune" (*teleios topos tês synodou ê tês panselênou*).

3. Si l'on obtient une position différente pour les deux astres, on refait le calcul à un jour de distance: le lendemain si la longitude du Soleil dépasse celle de la Lune ou du point diamétralement opposé; la veille dans le cas contraire.
4. On prend la différence entre les positions du Soleil et de la Lune pour chacun des deux jours et on retient la plus petite. En d'autres termes, on travaillera pour le jour où la distance entre les deux astres est la plus faible.
5. On prend le 1/12 de la distance ainsi retenue et celui-ci est appelé "correction du Soleil" (*diorthôsis tou hêliou*). On l'ajoute à cette distance et les 13/12 obtenus sont appelés "distance corrigée et correction de la Lune" (*diastasis diorthômenê kai diorthôsis tês selênês*).

Le 1/12 et les 13/12 sont ajoutés ou soustraits respectivement des positions du Soleil et de la Lune:
— ajoutés si la longitude du Soleil dépasse celle de la Lune ou du point diamétralement opposé;
— soustraits dans le cas contraire.
On trouve ainsi des positions identiques qui sont le lieu de la conjonction ou de la pleine Lune.

b) *Exemple.*
Calcul de la pleine Lune du 1er septembre 1346, soit le 16 Aderma de l'année 338 "des Perses".[5]

Dans les ch. 4 et 5, on avait trouvé les positions suivantes:

Soleil: Vierge 15° 30′. Point diamétralement opposé: Poissons 15° 30′ ou 11^s 15° 30′.
Lune: Poissons 13° 5′ ou 11^s 13° 5′.
On calculera donc:
distance entre les deux astres: 2° 25′.
1/12 de la distance: 12′ environ.
13/12 = 2° 25′ + 12′ = 2° 37′.
Position de la pleine Lune: 11^s 15° 30′ + 12′ = 11^s 15° 42′
et 11^s 13° 5′ + 2° 37′ = 11^s 15° 42′ ou
Poissons 15° 42′.

L'auteur ne calcule pas ici la position des deux astres à un jour de distance: cette opération viendra dans le ch. 8. Par contre, il explique en détail comment calculer le 1/12 de 2° 25′:
2° x 5′ = 10′; 25′ : 12 = 2′ environ; 10′ + 2′ = 12′.

3. Heure des syzygies.

a) *Méthode.*

1. On cherche d'abord le mouvement journalier du Soleil et de la Lune en prenant la différence entre leurs positions respectives à un jour de distance. On décompte alors le mouvement journalier du Soleil de celui de la Lune. Le reste est appelé "mouvement final de la Lune" (*teleion kinêma tês selênês*).
2. On prend la "distance finale" (*teleia diastasis*), soit les 13/12 trouvés plus haut, et on cherche dans les tables des heures de la distance (*kanonia tôn hôrôn tês diastaseôs*) en combien de temps cette distance est parcourue compte tenu de la vitesse de la Lune à ce moment. On trouve ainsi le temps qui sépare de midi l'instant de la syzygie.
3. Il reste à trouver à quelle heure du jour la syzygie aura lieu. Pour cela, on recourt à la table des heures équinoxiales (*kanonion tôn isêmerinôn hôrôn*) d'un climat donné. Celle-ci donne la longueur des jours en heures équinoxiales en fonction des différentes longitudes du Soleil. On prend donc la moitié de la valeur correspondant au degré du Soleil et on y ajoute les heures trouvées plus haut. On a ainsi le temps de la syzygie compté en heures équinoxiales depuis le lever du Soleil.

b) *Exemple.*

1. Positions du Soleil et de la Lune pour le lendemain, soit le 17 Aderma 338.

Soleil:

	Mouvement moyen (a)	Apogée (u)
338	6^s 6° 46'	2^s 28° 2'
Aderma	7^s 26° 33'	
17	15° 46'	
	2^s 19° 5'	
	- 0° 37'	
	2^s 18° 28'	
	+ 2^s 28° 2'	
	5^s 16° 30'	

Lune :

	Mouvement moyen (a)	Mouvement propre (b)	Centre (c)
338	7^s 6° 47'	9^s 9° 13'	8^s 15° 18'
Aderma	9^s 12° 20'	8^s 15° 36'	3^s 1° 34'
17	7^s 0° 49'	6^s 29° 2'	1^s 0° 6'
	11^s 19° 56'	0^s 23° 51'	0^s 16° 58'
	+ 4° 31' 30"	+ 15° 39'	
	11^s 24° 27' 30"	1^s 9° 30'	

1e correction (d): argument c = $0^s\ 16°\ 58'$ soit $0^s\ 17°$.

d = $15°\ 39'$

b + d = $0^s\ 23°\ 51' + 15°\ 39' = 1^s\ 9°\ 30' = b'$

2e correction (e_1): argument $b' = 1^s\ 9°\ 30'$

on trouve pour $1^s\ 9°$ ... $3°\ 7'$[6]

$1^s\ 10°$ ... $2°\ 59'$

pour $1^s\ 9°\ 30'$ ... $3°\ 3' = e_1$

n/60: argument c = $0^s\ 16°\ 58'$

n/60 = $59'$

$e_2 - e_1$: argument $b' = 1^s\ 9°\ 30'$

on trouve pour $1^s\ 9°$ ... $1°\ 29'$

$1^s\ 10°$ ... $1°\ 31'$

$1^s\ 9°\ 30'$ ... $1°\ 30'$

$(e_2 - e_1)$ x n/60 = $1°\ 30'$ x $59' = 1°\ 28'\ 30''$

+ e_1 $1°\ 28'\ 30'' + 3°\ 3' = 4°\ 31'\ 30'' = e$

longitude de la Lune: a + e = $11^s\ 19°\ 56' + 4°\ 31'\ 30'' = 11^s\ 24°\ 27'\ 30''$.

Mouvements journaliers:

Soleil: $5^s\ 16°\ 30' - 5^s\ 15°\ 30'$ (cfr § 4,2,b) = $1°$ ou $60'$

Lune: $11^s\ 24°\ 27'\ 30'' — 11^s\ 13°\ 5'$ (cfr § 4,2,b) = $11°\ 22'\ 30''$. L'auteur se borne à donner les mouvements journaliers sans aucun détail de calcul. Pour la Lune, il trouve un mouvement de $11°\ 26'$. Ce résultat suppose des simplifications: si l'on prend la valeur de $3°\ 7'$ pour la 2e correction (e_1), on obtient une longitude lunaire de a + e = $11^s\ 19°\ 56' + 1°\ 28'\ 30'' + 3°\ 7' = 11^s\ 24°\ 31'\ 30''$ et le mouvement journalier est effectivement de $11^s\ 24°\ 31'\ 30'' — 11^s\ 13°\ 5' = 11°\ 26'\ 30''$.

Différence entre les mouvements journaliers du Soleil et de la Lune:

$11°\ 26' — 1° = 10°\ 26'$ = *teleion kinêma tês selênês.*

2. Les tables des heures de la distance du Soleil et de la Lune (B, f. 33^v-34), permettent de trouver rapidement le temps mis à parcourir une distance donnée — en l'occurrence, la "distance finale" ou les 13/12 de la distance entre le Soleil et la Lune — pour une vitesse donnée — soit la "vitesse finale de la Lune":

— "distance finale" = 2° 37′ (cfr § 4,2,b).
— vitesse = 10° 26′ (cfr § 4,3,b).
La table donne
pour une vitesse de 10° 24′:
2° 36′ parcourus en 6h et 0° 1′ parcourus en 2m.
Donc, 2° 37′ parcourus en 6h 2m.
pour une vitesse de 10° 48′:
2° 15′ parcourus en 5h et 22′ parcourus en 48m
Donc, 2° 37′ parcourus en 5h 48m.
pour une vitesse de 10° 26′, on aura:

$$\frac{14\text{m} \times 2'}{24'} = 1\text{m } 1/6 \text{ ou } 1\text{m } 10\text{s}$$

6h 2m — 1m 10s = 6h 0m 50s.

En fait, l'auteur ne fait pas d'interpolation et se contente du résultat correspondant à la vitesse la plus proche, 10° 24′, soit 6h 2m.

L'heure de la syzygie est donc 6h 2m depuis midi.

3. Heure depuis le lever du Soleil:
La table des heures équinoxiales pour le climat de Chypre (B, f. 78$^{r\text{-}v}$) permet de trouver la longueur du jour, le Soleil étant à 15° environ de la Vierge:

12h 33m[7]

moitié du jour: 6h 16m environ
heure de la pleine Lune: 6h 16m + 6h 2m = 12h 18m depuis le lever du Soleil.

4. Commentaires.

La méthode de calcul des syzygies présentée par B n'est pas originale: c'est la même, à quelques détails près, que celle de la *Syntaxe Perse* de Georges Chrysococcès.

La première étape du calcul consiste à trouver la longitude de la syzygie en prenant les 13/12 de la distance entre les deux astres et en les ajoutant ou soustrayant de la longitude de la Lune. Le procédé est parfaitement classique: c'est celui de Ptolémée dans *l'Almageste* comme dans les *Tables Faciles*[8]. Il suppose une vitesse journalière moyenne de 13°/j pour la Lune, 1°/j pour le Soleil et une différence de vitesses de 12°/j. On retrouve cette formule dans beaucoup de traités, notamment dans le *Zîjas-Sanjarî* du *Vat. gr.* 211, f. 81^v, où le calcul est présenté sous cette forme:

distance x 1°5′.

Si l'on désire une formule plus précise, on remplacera les valeurs 13/12 par les vitesses réelles de la Lune et du Soleil au moment considéré. La longitude de la syzygie se calcule alors en ajoutant ou soustrayant de la longitude de la Lune la valeur

$$\delta\lambda \times \frac{vL}{\delta v}$$

($\delta\lambda$ = distance entre les deux astres; vL = vitesse de la Lune; δv = différence des vitesses).

Une formule équivalente à celle-ci apparaît dans le traité anonyme du *Parisinus gr.* 2425, rédigé vers 1072 et inspiré de l'astronome Ḥabash.[9]

La seconde étape du calcul, l'heure de la syzygie, s'obtient normalement en ajoutant ou soustrayant de l'heure pour laquelle on a d'abord calculé la position du Soleil et de la Lune un temps t qui équivaut à

$$t = \frac{13}{12} \cdot \frac{\delta\lambda}{vL}$$

comme chez Ptolémée,[10] ou bien à

$$t = \frac{\delta\lambda}{\delta v}$$

formule attestée dans le *Paris. gr.*2425[11] ou dans le *Zîj as-Sanjarî* du *Vat. gr.* 211.[12]

Or, la méthode de B, comme celle de Chrysococcès,[13] apparaît comme un mélange indu de ces deux formules:

$$t = \frac{13}{12} \cdot \frac{\delta\lambda}{\delta v}$$

pour lequel on ne voit actuellement qu'une explication: que Chrysococcès ait mal interprété ses sources[14] et que B l'ait suivi sur ce point.

Autre point qui mérite quelques mots de commentaire: les tables qui interviennent dans ces chapitres. En plus des tables utilisées pour le calcul des longitudes du Soleil et de la Lune, deux nouvelles tables entrent en jeu:

1° Table des heures de la distance du Soleil et de la Lune (cfr § 4,3,a,2) (B, f. 33^{v}-34^{v} = V, f. 62^{v}-64).

Dans B, cette table se compose de deux parties:

a) arguments verticaux = heures de 1 à 24; arguments horizontaux = vitesses journalières "finales" de la Lune, soit les différences des vitesses de la Lune et du Soleil, de 10° à 15° 12′, de 24′ en 24′. La table donne le nombre de degrés et de minutes parcourus heure par heure à ces différentes vitesses.

b) table complémentaire (B, f. 34^{v}) qui donne les minutes de longitude parcourues de 2m en 2m jusqu'à 60m pour ces différentes vitesses.

Cette table permet d'éviter une opération périlleuse(!) comme, dans l'exemple:

$$\frac{2°\ 37'\ \times\ 24h}{10°\ 26'} = 6h\ 1m \text{ environ (cfr § 4,3,b).}$$

Le même jeu de tables apparaît dans V sous le titre "table de Chrysococcès" (f. 62^{v}) et "autre table de Chrysococcès" (f. 63^{v}) avec quelques différences par rapport à B: progression des vitesses de 12′ en 12′ (V) au lieu de 24′ en 24′ (B); table complémentaire plus précise, avec minutes et secondes (V) au lieu des minutes seules (B).

2° Table des heures équinoxiales pour un climat donné (B, f. 78^{r-v} ; cfr V, f. 114^{v}-115^{v}) (cfr § 4,3,a,3):

La table de B donne pour le climat de Chypre la longueur du jour pour chaque signe (arguments horizontaux) et degrés (arguments verticaux) où se trouve le Soleil.

V contient des tables analogues pour les climats suivants:

f. 114 : pour la longitude de ... (le chiffre manque) et la latitude de 42°. Une autre main a écrit: Aenos. Longitude 53° 1/6, latitude 41° 1/2".

(dans la table de V, f. 36v, les mêmes coordonnées sont indiquées pour Aenos en Thrace).

f. 115: longitude 56°, latitude 43°. La même main a écrit au-dessus "de Constantinople".

f. 115v: longitude de ... (le chiffre manque) et latitude de ... (le chiffre manque). Une autre main a écrit: "longitude 58° 1/2 1/6, latitude 39° 1/2 1/6. Pour le parallèle de Mitylène".

Il reste enfin, pour clôturer l'examen de ces chapitres, à dire quelques mots des rapports de B avec la *Syntaxe Perse* de Georges Chrysococcès. En effet, les chapitres que B consacre aux syzygies semblent trahir une dépendance plus nette vis-à-vis du traité de Chrysoccoccès. La méthode, d'abord, est identique. B, ensuite, reprend une table présentée par V comme étant l'invention personnelle de Chrysococcès, ce que l'exposé même de la *Syntaxe Perse* confirme explicitement.[15] Des détails, enfin, font penser que B n'ignorait pas l'ouvrage du médecin byzantin: ainsi, la manière de calculer 1/12 de la distance (cfr § 4, 2, b) est exposée dans le traité de Chrysococcès comme dans B: on multiplie les degrés par 5 et on divise les minutes par 12.[16] Par contre la terminologie diffère, ainsi que de nombreux points secondaires.[17]

§ 5. OBLIQUITE DU SOLEIL, NOEUDS, LATITUDE DE LA LUNE.

1. Obliquité du Soleil.

Le chapitre 9 est surtout consacré à des explications générales sur l'inclinaison de l'écliptique par rapport à l'équateur, appelée *loxôsis* ou *metaklisis*. L'auteur signale ensuite que l'obliquité maximale est de 23° 35′, valeur couramment admise dans les tables arabes[18] et qui s'oppose à celle de Ptolémée 23° 51′.[19] Enfin, il explique le mode d'emploi de la table en l'illustrant de l'exemple suivant:

> le Soleil étant à 15° de la Vierge environ, l'obliquité est de 5° 57′ et la table indique en outre que le Soleil est dans sa descente boréale.

La table de l'obliquité de l'écliptique se trouve au f. 28v de B. Elle peut se lire soit de haut en bas, soit de bas en haut. Elle comprend trois colonnes flanquées de part et d'autre d'une colonne d'arguments: degrés de 0 à 29 (à gauche) et de 29 à 0 (à droite). Les signes y sont répartis selon les correspondances suivantes:

Col. 1	Col. 2	Col. 3	
Bélier	Taureau	Gémeaux	= montée boréale
Balance	Scorpion	Sagittaire	= descente australe
...	...	...	
Vierge	Lion	Cancer	= descente boréale
Poissons	Verseau	Capricorne	= montée australe

On y trouve donc par simple lecture la déclinaison du Soleil correspondant à sa longitude.

La même table se retrouve dans V, f. 52^v, mais avec des chiffres plus précis que ceux de B, qui les a simplifiés.

2. Noeuds.

Le chapitre 10 traite des noeuds, que l'auteur appelle la tête et la queue du Dragon.[20] Après avoir rappelé la nécessité de connaître la latitude de la Lune pour le calcul des éclipses, et pour cela, de trouver d'abord la position des noeuds écliptiques, il explique le mode d'emploi de la table des noeuds et donne un exemple:

Trouver la position de la tête du Dragon le 16 Aderma 338 (1er septembre 1346)

B, f. 35 :

338	5^s	23°	8'
Aderma	11^s	17°	17'
16	11^s	29°	12'
	5^s	9°	37' ou Vierge 9° 37',

la queue du Dragon se trouvant au point diamétralement opposé, Poissons 9° 37′. L'auteur conclut en faisant remarquer que les noeuds circulent en sens rétrograde.[21]

La table des noeuds occupe le f. 35 de B. Elle donne le mouvement du noeud ascendant par années, mois et jours perses, soit un tableau pour les années de 338 à 401 "des Perses" (chiffres complétés jusqu'en 394 = 1402), un tableau pour les mois et un pour les jours.

Si l'on compare cette table à la table correspondante de V, f. 65-66v, on constatera quelques différences. Comme pour toutes les tables de mouvements moyens, la présentation diffère: V donne *in extenso* les mouvements de chaque jour de chaque mois. D'autre part, si les chiffres des mois et des jours concordent, avec simplification dans B, les chiffres des années ne correspondent pas exactement:

715 Yezdegerd 338 "des Perses"	5^s 24° 37' 47" 5^s 23° 8'	V B
Aderma 16 Aderma 16	11^s 16° 29' 48" 11^s 16° 29' (soit 11^s 17° 17' + 11^s 29° 12")	V B

On a donc pour les années une différence de 1° 29′ 47″, qui ne peut s'expliquer par la différence des longitudes géographiques: d'après V, f. 66^v, la différence pour Chypre serait de 3″ 42‴. Cependant, le
* mouvement journalier est indentique: 11^s 29° 57′ (B) = 11^s 29° 56′ 49″ (V).

3. *Latitude de la Lune.*

Pour trouver la latitude de la Lune (ch. 11), il suffit de soustraire de la longitude de la Lune celle de la "tête de Dragon" en ajoutant un cercle ou 12 signes si nécessaire. Le résultat donne la position de la Lune comptée en sens direct depuis le noeud ascendant. Celle-ci est appelée "latitude propre de la Lune" (*idion platos tês selênês*).

On reporte ce chiffre dans la table de latitude de la Lune et le chiffre correspondant donne l'écart de la Lune en latitude par rapport à l'écliptique, la "latitude finale de la Lune" (*teleion platos tês selênês*).

Exemple: latitude de la Lune lors de la pleine Lune du 1er septembre 1346. On a trouvé précédemment:

— longitude de la Lune: 11^s 15° 42′ (cfr § 4,2,b)
— longitude de la queue du Dragon: 11^s 9° 37′ (cfr § 5, 2).
Donc: latitude propre de la Lune: 11^s 15° 42′ — 11^s 9° 37′ = 0^s 6° 5′.
La table de B, f. 35^v-36, donne pour 0^s 6° une latitude de 0° 32′, en montée boréale.

On remarquera que l'auteur utilise dans son exemple le noeud le plus proche, et non la "tête". Si le résultat n'en est guère modifié quant au chiffre de la latitude, il en résulte cependant une erreur quant à la direction dans lequelle s'exerce la latitude.

La table de la latitude de la Lune occupe les f. 35^v-36 de B. L'argument est la position de la Lune sur son orbe oblique comptée en sens direct à partir du noeud ascendant (la "latitude propre de la Lune") et exprimée en signes, degrés et minutes. Les signes sont inscrits au dessus et en dessous des trois tableaux qui composent la table. Les degrés sont inscrits de part et d'autre verticalement de 0° à 29° et de 29° à 0°. Enfin, chaque tableau comprend quatre colonnes ayant pour titre les minutes d'argument: 12′, 24′, 36′, 48′. En outre, chaque signe est accompagné de la mention du secteur auquel il appartient: montée ou descente boréale ou australe. La table se lit soit de bas en haut, soit de haut en bas.

La table correspondante de V se lit au f. $67^{r\text{-}v}$. On remarque quelques différences: V est plus précis, puisqu'il donne les valeurs jusqu'aux secondes alors que B s'arrête aux minutes; V a une colonne de plus pour chaque tableau (0') et il baptise artificiellement les signes d'argument des noms des signes du zodiaque. La latitude maximum est de 5° (B) = 4° 59′ 59″ (V), ce qui est conforme à Ptolémée.[22]

§ 6. ECLIPSES DE LUNE.

a) *Méthode.*

Le chapitre 12, qui traite des éclipses de Lune, commence par des explications générales: les éclipses de Lune se produisent lors d'une pleine Lune, les éclipses de Soleil, lors d'une conjonction.

Pour qu'il y ait éclipse de Lune, il faut comme conditions préalables:

1° qu'il y ait pleine Lune;
2° que celle-ci soit proche d'un noeud;
3° que l'écart en latitude soit inférieur à 1° 4', c'est-à-dire que la distance par rapport au noeud ne dépasse pas 12° vers le nord, 6° vers le sud.

Si ces conditions sont remplies, on regardera si l'heure de la pleine Lune est une heure de jour ou de nuit: si l'heure est de jour, l'éclipse sera invisible; si l'heure est de nuit ou d'une heure avant la nuit, l'éclipse sera visible.

Toutes ces conditions étant réunies, on peut procéder au calcul de l'éclipse qui est fort simple. Il suffit en effet d'utiliser la table des éclipses de Lune. Les arguments sont, d'une part, le mouvement journalier de la Lune à ce moment (*ateles kinêma tês selênês*) (cfr § 4, 3, a), d'autre part, les minutes de latitude de la Lune (cfr § 5, 3). On trouvera par simple lecture tous les éléments de l'éclipse: doigts, temps d'immersion (moitié de la durée) et demeure (*monê*) (temps durant lequel la Lune reste complètement obscurcie).

Pour trouver le commencement de l'éclipse, on soustraira le temps d'immersion de l'heure de la pleine Lune, assimilée au milieu de l'éclipse, et pour trouver la fin de l'éclipse, on l'ajoutera. Pour la durée totale de l'éclipse, on multiplie par deux le temps d'immersion.

b) *Exemple.*
Eclipse de Lune du 1er septembre 1346 = 16 Aderma 338.

Lors des chapitres précédents, on a déjà calculé tous les éléments nécessaires:
— lieu de la pleine Lune: Poissons 15° 42' (cfr § 4, 2, b).
— position du noeud (queue du Dragon): Poissons 9° 37' (cfr § 5, 2).
— distance de la Lune depuis le noeud descendant: 6° 5' (cfr § 5, 3).
Ce chiffre étant inférieur à 12°, l'éclipse est possible, parce que, précise le texte, la Lune est au nord (cfr § 5, 3).
— latitude de la Lune: 0° 32' vers le nord (cfr § 5, 3). Ce chiffre étant inférieur à 1° 4', la pleine Lune est écliptique.
— heure de la pleine Lune: 12h 18m depuis le lever du Soleil (cfr § 4, 3, b), soit 15m avant la nuit (la longueur de jour étant de 12h 33m: cfr § 4, 3, b). Comme la pleine Lune se produit moins d'une heure avant la nuit, l'éclipse sera visible.

— mouvement journalier de la Lune: 11° 26′ (cfr § 4, 3, b).

Avec, comme argument, le mouvement journalier de la Lune, 11° 26′, et l'écart de la Lune en latitude, 0° 32′, on cherche dans la table des éclipses de Lune (B, f. 36v-37) tous les éléments de l'éclipse. L'auteur ne fait pas d'interpolation et prend les valeurs correspondant au mouvement journalier le plus proche, 11° 36′:

doigts: 8d 19′
temps d'immersion: 1h 27m
demeure: 0

Commencement de l'éclipse: 12h 18m — 1h 27m = 10h 51m depuis le lever du Soleil.
Fin de l'éclipse: 12h 18m + 1h 27m = 13h 45m depuis le lever du Soleil
Durée de l'éclipse: 1h 27m x 2 = 2h 54m.

"Et enfin, nous disons que l'année 338 des Perses, soit 1346 du Christ, le 16 Aderma soit le 1er septembre, (il y a) éclipse de Lune à 15° 42′ des Poissons, à 12h 18m après le lever du Soleil, de 8 doigts 19′ ou 1/3 à peu près, l'ensemble de l'éclipse ayant une durée de 2h 1/2 1/3 1/15".

c) *Commentaire.*
La méthode expliquée par B est en tous points indentique à celle de Chrysococcès, jusque dans ses erreurs, et l'exemple utilisé est le même, l'éclipse de Lune de 1er septembre 1346.

Le premier point qui mérite réflexion est la question des limites écliptiques. Celles de B correspondent à celles de Chrysococcès: pas plus de 1° 4′ (64′) de latitude, soit 12° de distance nord à partir du noeud, 6° de distance sud.

On ne comprend pas le motif de cette distinction entre limites nord et sud. En fait, d'après la table de latitude, un écart de 1° 4′ correspond pratiquement à une distance de 12° à partir du noeud — 1° 3′ serait plus exact. Pour Ptolémée, les limites écliptiques sont, pour la Lune, de 1° 4′ en latitude soit 12° 12′ de part et d'autre d'un noeud, sans distinction entre le nord et le sud.[23] Dans le *Zîj as-Sanjarî* du *Vat. gr.* 211, les limites sont 63′ de latitude, soit une distance de 12° de part et d'autre d'un noeud.[24] Il apparaît donc que Chrysococcès se trompe, ainsi que le remarque d'ailleurs une scolie de V[25] et qu'il confond probablement avec les limites écliptiques du Soleil. Que B l'ait suivi sur ce point serait une indication de plus de sa dépendance par rapport à Chrysococcès pour ces chapitres.

La table des éclipses de Lune de B occupe les f. 36ᵛ-38ᵛ. Les arguments verticaux sont les minutes de latitude, de 0 à 60 et de 0 à 68 (erreur pour 62 ou 64?) de 2′ en 2′. Les arguments horizontaux sont les vitesses journalières de la Lune, de 11° 36′ à 15°, par progression de 12′. Pour chacune de ces vitesses sont données trois colonnes: doigts de l'éclipse, temps de l'immersion et "demeure". Cette table correspond à celle de V, f. 68-69, à part quelques erreurs de chiffres probablement dues au copiste.

Chrysococcès donne, comme B, le calcul de l'éclipse de Lune de 1er septembre 1346: on trouvera en annexe la comparaison entre les résultats obtenus par les deux auteurs. On verra d'après ceux-ci, que B, même s'il a pu s'inspirer de Chrysococcès, a refait ses calculs personnellement. On remarquera également que, chez les deux auteurs, l'exposé théorique est étroitement subordonné à l'exemple précis qui le suit. En effet, ni l'un ni l'autre ne précise ce qu'il faut faire en cas de "demeure", car l'exemple n'en contient pas.

B, toutefois, donnera sur ce point un mot d'explication dans le chapitre 13, intitulé "Sur les doigts lors des éclipses de Soleil et de Lune". Il y explique d'abord ce que sont les doigts dans les éclipses et ensuite, que, dans certains cas, l'ombre de la Terre est plus grande que le disque lunaire, de sorte que la Lune reste obscurcie plus longtemps: c'est ce qu'on appelle "demeure" (*monê*).

§ 7. ECLIPSES DE SOLEIL.

a) *Méthode.*

Le chapitre 14 est consacré aux éclipses de Soleil. Celles-ci se produisent lors d'une conjonction, lorsque:

1° la conjonction est proche d'un noeud;

2° la latitude de la Lune ne dépasse pas 1° 37′ vers le nord, 0° 34′ vers le sud.

Il faut également s'assurer que la conjonction apparente se produit pendant le jour, faute de quoi l'éclipse sera invisible.

1. Heure de la conjonction apparente.

L'heure de la conjonction apparente se calcule au moyen de la "table de correction des heures de la conjonction apparente". Cette table donne par simple lecture l'heure de la conjonction apparente pour une heure donnée de la conjonction vraie, les heures étant comptées depuis midi.

Si l'heure trouvée est inférieure à la moitié du jour, l'éclipse sera visible; dans le cas contraire, elle sera invisible.

Si l'éclipse a lieu le matin, on soustrait des heures de la moitié du jour le temps trouvé dans la table; si l'éclipse a lieu l'après-midi, on ajoute aux heures de la moitié du jour l'heure trouvée dans la table. Le résultat donne l'heure du milieu de l'éclipse (ou de la conjonction apparente) comptée depuis le lever du Soleil.

2. Latitude apparente de la Lune.

On reporte les heures trouvées pour la conjonction apparente — heures comptées depuis midi — dans la table des parallaxes pour le climat cherché et le lieu de la conjonction. On cherche dans les premières ou dernières lignes selon que la conjonction apparente a lieu avant ou après midi. On écrit les minutes trouvées, qui sont toujours au sud, dit le texte, et on les ajoute ou les soustrait de la latitude de la Lune, selon que cette dernière se trouvait elle-même au sud ou au nord. Le résultat est la "latitude finale de la Lune" (*platos selênês teleion*) au nord ou au sud.

Si le résultat est supérieur à 0° 34′, il n'y aura pas d'éclipse.

3. Eléments de l'éclipse.

On prend comme arguments la latitude de la Lune qui vient d'être trouvée et le mouvement journalier de la Lune (*ateles kinêma tês selênês*) et on cherche à l'aide de ces arguments les valeurs inscrites dans la table des éclipses de Soleil, soit:

doigts simples (*dactyloi haploi*)
doigts de surface (*dactyloi teleioi*)
temps d'immersion (*hôrai tês emptôseôs*)

On soustrait et on ajoute les heures trouvées dans la table au temps de la conjonction apparente pour trouver le commencement et la fin de l'éclipse. On multiplie par deux le temps d'immersion, ce qui donne la durée totale de l'éclipse.

b) *Commentaire.*

Avant d'aborder l'exemple, qui est long et qui risque de faire perdre de vue les grandes lignes de la méthode, nous donnerons d'abord quelques mots de commentaire pour préciser celle-ci.

Pour qu'une éclipse de Soleil soit possible, il faut que la latitude apparente de la Lune ne dépasse pas la valeur: rayon du disque lunaire + rayon du disque solaire.

Cette valeur est estimée par Ptolémée à 34′ de latitude apparente, ce qui correspond à une latitude non modifiée par la parallaxe de 1° 37′ vers le nord et 0° 47′ vers le sud.[26] Chrysococcès donne comme limites 63′ vers le nord et 35′ vers le sud, ainsi qu'une latitude apparente de 34′.[27] Le *Zîj as-Sanjarî* du *Vat. gr.* 211 donne une latitude de 93′ vers le nord et 35′ vers le sud.[28] B s'écarte de ces deux derniers puisqu'il donne comme limites une latitude de 1° 37′ vers le nord et 34′ vers le sud, avec latitude apparente de 34′.

En ce qui concerne le calcul proprement dit, on se rend compte tout de suite qu'il s'agit d'une méthode extrêmement simplifiée si on la compare à celle de Ptolémée, particulièrement dans *l'Almageste*. Ainsi, dans B, le calcul de la conjonction apparente se fait par simple lecture d'une table que B intitule "correction des heures de la conjonction apparente" (*diorthôsis tôn hôrôn tês phainomenês synodou*).

Cette table se trouve au f. 38ᵛ de B et correspond à la table du f. 70 de V, où elle porte le titre *kanonion tês orthôseôs tôn hôrôn tês opseôs.* Cette table se compose de six colonnes, pour les heures de 0 à 5; verticalement sont inscrites les minutes de 3 à 60, de 3 en 3 minutes. Connaissant les heures et minutes de la "distance" c'est-à-dire l'heure de la conjonction vraie comptée depuis midi, on aura par simple lecture l'heure correspondante de la conjonction apparente comptée à partir de midi (avant ou après midi).

Une telle table suppose un nombre considérable de simplifications. Le temps qui sépare la conjonction vraie de la conjonction apparente, en effet, se trouve normalement en calculant:

$$t = \frac{\text{parallaxe en longitude}}{\text{mouvement horaire de la Lune}}$$

Or, la parallaxe en longitude se calcule, chez Ptolémée, au moyen des tables de parallaxes et varie selon le climat, le degré où se trouve le Soleil et l'heure pour laquelle on la cherche. De plus, pour le calcul de la conjonction apparente, Ptolémée procède par plusieurs approximations successives.[29] Enfin, le mouvement horaire de la Lune varie également. La table de B, comme celle de V, suppose une parallaxe en longitude constante, quelles que soient les données en présence: climat, position du Soleil. On procède comme si le Soleil était à 0° du Cancer, moment où la parallaxe en longitude est parfaitement symétrique avant et après midi.

En supposant pour la Lune un mouvement horaire moyen en longitude de 0° 32′ 56″,[30] on aurait d'après la table de B les valeurs suivantes pour la parallaxe en longitude, selon la formule:

$$(t_1 - t_0) \times 0° 32' 56'' = \text{parallaxe en longitude}$$

(t_0 = temps de la conjonction vraie; t_1 = temps de la conjonction apparente).

t_0	t_1	$t_1 - t_0$	parallaxe en longitude
midi	0h	0h	0
1h	1h 40m	0h 40m	22' (21' 57" 20"')
2h	3h 11m	1h 11m	39' (38' 58" 16"')
3h	4h 29m	1h 29m	49' (48' 51" 4"')
4h	5h 35m	1h 35m	52' (52' 8" 40"')
5h	6h 35m	1h 35m	52' (52' 8" 40"')
6h	7h 30m	1h 30m	49' (49' 24")

On obtient pratiquement les mêmes résultats avec la table de V où les chiffres sont plus précis. B les a comme d'habitude simplifiés.

L'étape suivante du calcul, celui de la latitude apparente de la Lune suppose le recours aux tables de parallaxes. Celles-ci occupent les f. 41^{v}-44^{v} de B. Elles sont bâties exactement comme les *Tables Faciles* des parallaxes, à ceci près qu'elles n'ont retenu que la colonne de la parallaxe en latitude. Les tables de V, f. 70^{v}-74, ont les trois colonnes comme dans les *Tables Faciles.* B a les tables pour les sept climats de Ptolémée. V a en outre la table du climat de Byzance (f. 74).

Enfin, la grandeur de l'éclipse et les différents moments seront trouvés par la table des éclipses de Soleil, B, f. 39-41. Celle-ci se présente sous le même aspect que les tables des éclipses de Lune. Arguments horizontaux: mouvements journaliers de la Lune de 11° 36′ à 15° de 12′ en 12′. Arguments verticaux: latitude apparente de la Lune de 0′ à 34′. Pour chacun des mouvements journaliers, trois colonnes: doigts simples, doigts de surface et heure de l'immersion. La même table est présente aux f. 74^{v}-75 de V.

Cette méthode est identique à celle de la *Syntaxe Perse* de Chrysococcès, mais la terminologie présente de notables différences.[31]

c) *Exemple.*
Calcul de l'éclipse de Soleil du 7 août 1347, soit le 21 Abân (Apauma) de l'année 339 "des Perses".

1. Positions du Soleil et de la Lune le 21 Abân.

L'auteur trouve les positions suivantes:
Soleil: Lion 20° 44′
Lune: Lion 21° 21′.

En effet:

Soleil :

	Mouvement moyen (a)	Apogée (u)
339	6^s 6° 29'	2^s 28° 3'
Apauma	6^s 26° 59'	
21	0^s 19° 43'	
	1^s 23° 11'	
	- 0° 30'	
	1^s 22° 41'	
	+ 2^s 28° 3'	
	4^s 20° 44'	soit Lion 20° 44'

Lune :

	Mouvement moyen (a)	Mouvement propre (b)	Centre (c)
339	11^s 16° 10'	0^s 7° 56'	5^s 4° 13'
Apauma	8^s 7° 3'	7^s 13° 39'	2^s 20° 8'
21	8^s 23° 32'	8^s 21° 18'	4^s 7° 38'
	4^s 16° 45'	4^s 12° 53'	0^s 1° 59'
	+ 4° 36'	+ 13° 26'	
	4^s 21° 21'	4^s 26° 19'	
	soit Lion 21° 21'		

Détail du calcul:

1e correction (d)	: argument c = 0^s 1° 59′ soit 2°
	d = 13° 26′
	b + d = 4^s 26° 19′ = b′
2e correction (e_1)	: argument b′ = 4^s 26° 19′
	4^s 26° ... 2° 47′
	4^s 27° ... 2° 54′
	4^s 26° 19′ ... 2° 49′ 13″ = e_1

n/60: argument c = 1° 59′ soit 2°
n/60 = 60′
e_2 - e_1: argument b′ = 4^s 26° 19′
4^s 26° ... 1° 47′
4^s 27° ... 1° 45′
on prend le chiffre correspondant à l'argument le plus proche: 1° 47′.

(e_2 — e_1) x n/60 = 1° 47′
+ e_1 : 1° 47′ + 2° 49′ = 4° 36′ = e
a + e = 4^s 16° 45′ + 4° 36′ = 4^s 21° 21′ = longitude de la Lune.

2. Longitude de la conjonction.

Distance entre le Soleil et la Lune: 37′
1/12 = 3′ environ = "correction du Soleil" (*diorthôsis tou hêliou*)
13/12 = 40′ = "distance finale et correction de la Lune" (*teleia diastasis kai diorthôsis tês selênês*)
Puisque la Lune dépasse le Soleil, la conjonction a déjà eu lieu.
longitude de la conjonction: Lion 20° 44′ — 3′ = Lion 20° 41′
Lion 21° 21′ — 40′ = Lion 20° 41′.

3. Heure de la conjonction vraie.

Positions du Soleil et de la Lune le 20 Abân.
L'auteur trouve les positions suivantes:

Soleil: Lion 19° 46′
Lune: Lion 6° 55′
En effet:

Soleil :

	Mouvement moyen (a)	Apogée (u)
339	6^s 6° 29'	2^s 28° 3'
Apauma	6^s 26° 59'	
20	0^s 18° 44'	
	1^s 22° 12'	
	– 0° 29'	
	1^s 21° 43'	
	+ 2^s 28° 3'	
	4^s 19° 46'• Soit Lion 19° 46'	

Lune :

	Mouvement moyen (a)	Mouvement propre (b)	Centre (c)
339	11^s 16° 10'	0^s 7° 56'	5^s 4° 13'
Apauma	8^s 7° 3'	7^s 13° 39'	2^s 20° 8'
20	8^s 10° 21'	8^s 8° 14'	3^s 13° 15'
	4^s 3° 34'	3^s 29° 49'	11^s 7° 36'
	+ 3° 21'	+ 9° 51'	
	4^s 6° 55'	4^s 9° 40'	
	Soit Lion 6° 55'		

Détail du calcul:

1e correction (d)	: argument c = $11^s\ 7°\ 36'$
	$11^s\ 7°$ ... $9°\ 46'$
	$11^s\ 8°$ ... $9°\ 54'$
	$11^s\ 7°\ 36'$ ... $9°\ 50'\ 48''$ soit $9°\ 51'$
	$b + d = 4^s\ 9°\ 40' = b'$
2e correction (e_1)	: argument $b' = 4^s\ 9°\ 40'$
	$4^s\ 9°$ ... $1°\ 4'$
	$4^s\ 10°$ ... $1°\ 9'$
	$4^s\ 9°\ 40'$ ... $1°\ 7'\ 20''$

n/60: argument c = $11^s\ 7°\ 36'$

$n/60 = 58'$

e_2-e_1: argument $b' = 4^s\ 9°\ 40'$

$4^s\ 9°$ ... $2°\ 20'$

$4^s\ 10°$ ... $2°\ 18'$

$4^s\ 9°\ 40'$ ... $2°\ 18'\ 40''$

$(e_2\text{-}e_1) \times n/60 = 2°\ 18'\ 40'' \times 58' = 2°\ 14'\ 2''\ 40'''$

$+ e_1 \quad 2°\ 14' + 1°\ 7' = 3°\ 21' = e$

$a + e = 4^s\ 6°\ 55'$ = longitude de la Lune.

Mouvement journalier de la Lune: Lion 21° 21′ — Lion 6° 55′ = 14° 26′
Mouvement journalier du Soleil: Lion 20° 44′ — Lion 19° 46′ = 58′
Différence des mouvements journaliers: 13° 28′ = "mouvement final de la Lune".

L'heure de la conjonction est donnée par la table des heures de la distance, B, f. 33v-34 :
arguments: mouvement final de la Lune = 13° 28′
13/12 de la distance = 40′
La vitesse la plus proche dans la table est 13° 36′.

On a:

0° 34′ parcourus en 1h
+ 0° 6′ parcourus en 10m

Donc, 40′ sont parcourus en 1h 10m. L'auteur ne fait pas d'interpolation. L'heure de la conjonction est donc 1h 10m avant midi.

D'après la table des heures équinoxiales pour le climat de Chypre, B, f. 78^{r-v}, on trouve la durée du jour compte tenu de la position du Soleil:
Soleil à 21° environ du Lion (20° 41′):
durée du jour = 13h 28m
1/2 jour = 6h 44m
dont on retire 1h 10m pour obtenir l'heure de la conjonction depuis le lever du Soleil:

6h 44m — 1h 10m = 5h 34m soit 5h 1/2 1/15 depuis le lever du Soleil.

4. Latitude de la Lune.

Le 21 Abân 339, la tête du Dragon se trouve à (B, f. 35):

339	5^s	3°	48′
Apauma	11^s	18°	53′
21	11^s	28°	56′
	4^s	21°	37′

soit proche de la Lune qui se trouve à ce moment à 4^s 20° 41′.

"Latitude" de la Lune ou position sur son orbe oblique comptée en sens direct à partir du noeud ascendant:

16^s 20° 41′ — 4^s 21° 37′ = 11^s 29° 4′
(le texte donne 11^s 19° 4′) = "latitude propre de la Lune" (*idion platos tês selênês*).

On reporte ce chiffre dans la table de latitude de la Lune, B, f. 35^v-36: on trouve une latitude de 0° 1′ en montée australe.

Toutes les conditions pour une éclipse de Soleil sont réunies:

— le Soleil est proche du noeud
— la latitude de la Lune est pratiquement nulle
— l'heure de la conjonction est une heure de jour.

5. Heure de la conjonction apparente.

On reporte l'heure de la distance (soit l'heure de la conjonction vraie comptée par rapport à midi) dans la table de correction des heures de la conjonction apparente:
B, f. 38^v

pour 1h 9m avant midi ... 1h 54m
1h 12m ... 1h 58m
1h 10m ... 1h 55m 20s

La conjonction apparente a donc lieu à 1h 55m 20s avant midi, soit à 6h 44m (durée d' 1/2 jour)— 1h 55m = 4h 49m depuis le lever du Soleil.

L'heure de la conjonction apparente est aussi celle du milieu de l'éclipse.

6. Latitude apparente de la Lune.

On reporte le temps trouvé, soit 1h 55m 20s avant midi, soit 2h environ dans la table des parallaxes pour le climat de Rhodes, qui est le plus proche de Chypre:
la Soleil étant à 20° 41′ du Lion, on a dans la table, B, f. 43:

pour 0° du Lion, 2h avant midi ... 11′ de parallaxe en latitude
0° de la Vierge, 2h avant midi ... 14′

L'auteur ne fait pas d'interpolation et prend le résultat correspondant à 0° du Lion, soit 11′ vers le sud.

La latitude apparente de la Lune sera donc de
0° 1′ lat. S + 11′ de parallaxe S = 12′ de latitude S
= *platos teleion,* ou latitude apparente de la Lune.

7. Grandeur et phases de l'éclipse.

Table des éclipses de Soleil, B, f. 39-41:
arguments: latitude apparente de la Lune = 12′
mouvement journalier de la Lune (*ateles kinêma tês selênês*)
= 14° 26′.

L'auteur prend les résultats correspondant au mouvement journalier le plus proche: 14° 24′:

doigts: 7d 40′
doigts de surface: 6d 35′
heures de l'immersion: 0h 56m

Commencement de l'éclipse: 4h 49m — 0h 56m = 3h 53m
Fin de l'éclipse: 4h 49m + 0h 56m = 5h 45m
Durée de l'éclipse: 0h 56m x 2 = 1h 52m = 1h 2/3 1/5.

L'auteur conclut: "L'année 339 des Perses, soit 1347 du Christ, le 7 août, éclipse de Soleil à 20° 41′ du Lion, à 4h 1/2 1/4 1/15 depuis le lever du Soleil, de 6d 35′ soit la moitié du Soleil et un peu plus."

On trouvera en annexe la comparaison des résultats trouvés par B, Chrysococcès et Méliténiote pour cette même éclipse.

CONCLUSION.

L'examen des chapitres 6 à 14 du traité astronomique du *Baroccianus gr.* 166 laisse une impression quelque peu différente de ce que laissait entrevoir le début du traité: peu d'originalité cette fois, puisque les méthodes de B pour le calcul des syzygies et des éclipses ne se distinguent pas de celles de Georges Chrysococcès, sinon sur des points de terminologie. Et même, certains détails semblent indiquer que B a dû s'inspirer de l'oeuvre du médecin byzantin. La suite de cette étude, qui traitera des calculs des planètes, permettra sans doute de mieux situer notre traité chypriote.

	B (Calcul pour Chypre = 65°)	Chrysococcès (Calcul pour Constantinople = 56°)	Méliténiote (Calcul pour Constantinople = 50°)
longitude du Soleil 21 Apauma	4^s 20° 44′	4^s 21° 44′	4^s 21° 43′ 25″
longitude de la Lune 21 Apauma	4^s 21° 21′	4^s 22° 4′	4^s 21° 53′ 52″
longitude de la conjonction	4^s 20° 41′	4^s 21° 42′	4^s 21° 42′ 32″ 45‴
vitesse journalière de la Lune	14° 26′	14° 17′	14° 20′ 2″
vitesse journalière du Soleil	58′	58′	57′ 53″
différence des vitesses	13° 28′	13° 19′	13° 22′9″
heure de la conjonction vraie	1h 10m avant midi (= 5h 34m depuis le lever du Soleil)	0h 40m avant midi (= 6h 15m depuis le lever du Soleil)	0h 20m avant midi (= 6h 38m depuis le lever du Soleil)
noeud ascendant	4^s 21° 37′	4^s 23° 15′	4^s 23° 7′ 27″
latitude de la Lune	0° 1′ S	0° 8′ 22″ S	0° 7′ 20″ S
heure de la conjonction apparente	1h 55m 20s avant midi (= 4h 49m depuis le lever du Soleil)	1h 5m 54s avant midi (= 5h 49m depuis le lever du Soleil)	0h 36m 20s avant midi (= 6h 22m depuis le lever du Soleil)
latitude apparente de la Lune	12′ S	26′ 22″ S	27′ 48″ S (erreur pour 28′ 16″)
doigts simples	7d 40′	2d 36′	2d 1/3
doigts de surface	6d 35′	1d 36′	1d 1/5
heure d'immersion	0h 56m	0h 34m	0h 29m
commencement de l'éclipse	3h 53m	5h 15m	5h 53m
fin de l'éclipse	5h 45m depuis le lever du Soleil	6h 23m depuis le lever du Soleil	6h 51m depuis le lever du Soleil
durée de l'éclipse	1h 52m	1h 8m	0h 58m

	Chrysococcès (V) Calcul pour Constantinople (= 56° long.)	B Calcul pour (= 65° long.
temps d'immersion	1h 34m	1h 27 m
commencement de l'éclipse	11h 50m depuis le lever du Soleil	10h 51m depu lever du Solei
fin de l'éclipse	2h 14 m après le coucher du Soleil	13h 45m depu lever du Soleil 1h 12m après coucher)
durée de l'éclipse	3h 8m	2h 54m

II. Eclipse de Soleil du 7 août 1347.

L'éclipse du 7 août 1347 se retrouve comme exemple dans traités byzantins, non seulement ceux de B et de Chrysococc également dans la *Tribiblos* de Théodore Méliténiote et *Paradosis tôn Persikôn kanonôn* qui est vraisemblablement ins ce dernier ouvrage.[34] Dans une étude sur quelques chapitre *Paradosis,* Mlle Van Goubergen a donné la comparaison des trouvés par Chrysococcès d'une part, la *Paradosis* et Méliténiote part — ces deux derniers se confondant parfaitement p chapitres.[35] Nous reprenons ici la comparaison présentée, en y a les résultats de B:

ANNEXES.

I. Eclipse de Lune du 1er septembre 1346.

	Chrysococcès (V) Calcul pour Constantinople (= 56° long.)	B Calcul pour Chypre (= 65° long.)
longitude du Soleil 16 Aderma	Vierge 16° 15′ [32]	Vierge 15° 30′
longitude de la Lune 16 Aderma	Poissons 13° 17′ [33]	Poissons 13° 5′
mouvement journalier de la Lune	12°	11° 26′
mouvement journalier du Soleil	59′	60′
différence des mouvements journaliers	11°	10° 26′
distance Soleil-Lune ou point diamétralement opposé	2° 58′	2° 25′
1/12 distance	15′	12′
13/12 distance	3° 13′	2° 37′
longitude de la pleine Lune	Poissons 16° 30′	Poissons 15° 42′
heure du milieu de l'éclipse	7h 2m depuis midi (= 0h 40m depuis le coucher du Soleil)	6h 2m depuis midi (= 12h 18m depuis le lever du Soleil = 0h 15m avant le coucher du Soleil)
noeud ascendant	5^s 11° 9′	5^s 9° 37′
noeud descendant	11^s 11° 9′	11^s 9° 37′
latitude propre de la Lune (position sur l'orbe oblique)	0^s 5° 21′	0^s 6° 5′
latitude de la Lune	0° 28′ 13″ N	0° 32′ N
doigts	10 d 10′	8 d 19′

III. Terminologie.

"lieu final de la conjonction ou de la pleine Lune" (lieu de la syzygie vraie)	τέλειος τόπος τῆς συνόδου ἢ τῆς πανσελήνου
"correction du Soleil" (1/12 de la distance entre les deux astres)	διόρθωσις τοῦ ἡλίου
"distance corrigée et correction de la Lune" ou "distance finale" (13/12 de la distance entre les deux astres)	διάστασις διορθωμένη καὶ διόρθωσις τῆς σελήνης, τελεία διάστασις
"mouvement final de la Lune" (mouvement journalier de la Lune diminué de celui de Soleil)	τέλειον κίνημα τῆς σελήνης
"mouvement inachevé de la Lune" (mouvement journalier de la Lune)	ἀτελὲς κίνημα τῆς σελήνης
"latitude propre de la Lune" (position de la Lune sur l'orbe oblique comptée en sens direct depuis le noeud ascendant)	ἴδιον πλάτος τῆς σελήνης
"latitude finale de la Lune" (écart en latitude par rapport à l'écliptique)	τέλειον πλάτος τῆς σελήνης
"latitude finale de la Lune" (latitude apparente de la Lune, corrigée par la parallaxe en latitude)	πλάτος σελήνης τέλειον

NOTES

1. *Janus* LXIV (1977), p. 279-308.

2. V. Grumel, *Traité d'Etudes Byzantines. I. La Chronologie,* Paris, 1958, p. 190. *Themelion* désigne aussi l'origine à partir de laquelle on peut calculer la position d'un astre (cfr O. Neugebauer, *Studies in Byzantine Astronomical Terminology,* dans *Transactions of the American Philosophical Society* 50, *part* 2, 1960, p. 1-45: spécialement p. 9) ou encore les mouvements moyens inscrits dans une table ou permettant de construire celle-ci (cfr *Vat. gr.* 210, f. 43; 55 ...).

3. Cfr *Vat. gr.* 210, f. 14^v-15^v. La méthode de Chrysococcès est la suivante: on divise par 19 les années du monde; on multiplie le reste par 11; on ajoute 3; on divise le total par 30. Le reste indique le *themelion* de la Lune, soit âge de la Lune au 1er janvier de l'année considérée.

Exemple: 6854 (= 1346) : 19 = 360; reste 14.
14 x 11 = 154 j.
154 j. + 3 = 157 j.
157j. : 30 = 5; reste 7.

Le 1er janvier est donc le 7e jour de la Lune.

Si le *themelion* est inférieur à 15, on ajoute (15 — n) pour trouver la date de la pleine Lune; s'il est supérieur à 15, on ajoute (30 — n) pour trouver la date de la nouvelle Lune.

Ainsi: 1er janvier + (15 — 7) = 8 janvier, date de la première pleine Lune de l'année 1346.

4. Cfr *Janus* LXIV, p. 288 ss.

5. Sur cette chronologie, cfr *Janus* LXIV, p. 283-287.

6. La table donne 2° 7', ce qui est une erreur.

7. La table donne 12h 36m, ce qui semble erroné: le texte donne 12h 33m.

8. Cfr O. Neugebauer, *A History of Ancient Mathematical Astronomy,* Berlin - Heidelberg - New-York, 1975, I, p. 122. Voir *Claudii Ptolemaei opera,* I: *Syntaxis Mathematica,* ed. J. L. Heiberg, Leipzig, 1898-1903 (= Ptolémée, *Alm.*), *pars* I, p. 473-474; II: *Opera astronomica minora, ibidem,* 1902 (= Ptolémée, *op. min.*), p. 176-177.

9. Cfr O. Neugebauer, *Commentary on the Astronomical Treatise Par. gr. 2425. Mémoires de l'Académie royale de Belgique, Cl. Lettres,* LIX, fasc. 4, Bruxelles, 1969, p. 24-25.

10. Cfr Neugebauer, *History* ... (note 8), p. 122; Ptolémée, *Alm.*, I, p. 474.

11. Neugebauer, *Commentary* ... (note 9), p. 15.

12. *Vat. gr.* 211, f. 80^v ss.

13. L'exposé de Chrysococcès sur les syzygies se lit dans le *Vat. gr.* 210, f. 15^v-18.

14. La question des sources de Chrysococcès est trop complexe pour pouvoir être développée ici. On trouvera une étude détaillée de la question dans D. Pingree, *Gregory Chioniades and Palaeologan Astronomy,* dans *Dumbarton Oaks Papers* 18 (1964), p. 135-160. Cependant cette étude laisse dans l'ombre un bon nombre de questions que seuls une édition critique de la *Syntaxe Perse* de Chrysococcès et un commentaire détaillé permettraient de résoudre.

A propos de cette erreur de méthode, on notera que le scholiaste du *Vat. gr.* 210 l' a signalée et corrigée en marge du f. 15^v.

15. *Vat. gr.* 210, f. 17, lignes 25 ss.

16. *Vat. gr.* 210, f. 15 , lignes 4 — 3 *ab imo.*

17. Exemple de terminologie différente: Chrysococcès emploie *authêmerinon* pour désigner la longitude du Soleil et de la Lune (Cfr Neugebauer, *Studies* ... (note 2), p. 7), mot qui n'apparaît pas dans B; *metabasis* pour désigner le déplacement ou la vitesse des

astres, alors que B emploie *kinêma*, et ainsi de suite. D'autre part, Chrysococcès est beaucoup plus détaillé, ne fût-ce que, par exemple, en ce qui concerne le *themelion* de la Lune.

18. Cfr Neugebauer, *Commentary* ... (note 9), p. 8.

19. Ptolémée, *Alm.*, I, p. 80-81.

20. Sur l'origne de cette appellation, voir A. Bouché-Leclercq, *L'astrologie grecque*, Paris, 1899 (réimpr. Bruxelles, 1963), p. 121-123.

21. Même remarque chez Chrysococcès: *Vat. gr.* 210, f. 18^{r-v}.

22. Ptolémée, *Alm.*, I, p. 407.

23. Ptolémée, *Alm.*, I, p. 484. Cfr Neugebauer, *History* ... (note 8), p. 125.

24. *Vat. gr.* 211, f. 82^{v}.

25. *Vat. gr.* 210, f. 19, *mg inf.*

26. Voir Neugebauer, *History* ... (note 8), I, p. 125 ss; Ptolémée, *op. min.*, p. 181.

27. *Vat. gr.* 210, f. 20, lignes 8 ss. 63' est probablement une erreur pour 93'.

28. *Vat. gr.* 211, f. 86, lignes 1 ss.

29. Cfr J. Mogenet et A. Tihon, avec la collaboration de D. Donnet, *Barlaam de Seminara. Traités sur les éclipses de Soleil de 1333 et 1337*, Louvain, 1977, p. 93.

30. Ptolémée, *Alm.*, I, p. 475.

31, Par exemple, Chrysococcès emploie *hôrai tês opseôs* pour désigner les heures de la conjonction apparente (cfr Neugebauer, *Studies* ... (note 2), p. 14, s. v. *opsis*), alors que B emploie *hôrai tês phainomenês synodou.*

32. Cfr *Janus* LXIV (1977), p. 291.

33. *Ibidem*, p. 301.

34. Cfr Pingree, *Chioniades* ... (note 14), p. 145.

35. M. van Goubergen, *Un traité d'astronomie dans le Laur. gr. 28/16*, Mémoire dactylographié, Louvain, 1976.

VIIc

UN TRAITÉ ASTRONOMIQUE CHYPRIOTE DU XIVe SIÈCLE*

à la mémoire de mon Maître et de mon ami, le Professeur J. Mogenet

Les chapitres 15 à 20 du traité astronomique anonyme du *Baroccianus gr.* 166 (B) sont consacrés aux problèmes relatifs aux planètes: longitude (ch. 15), latitude des planètes supérieures (ch.16), latitude des planètes inférieures (ch. 17), "montées" et "descentes" (ch. 19), mouvements journaliers (ch. 20). Viendront alors, pour clore le traité, quatre chapitres sur la conversion des heures (ch. 21), la recherche de l'horoscope (ch. 22 et 24) et de la culmination (ch. 23).

La partie principale de ce travail sera donc consacrée aux planètes. Pour mener à bien cette étude, nous prendrons systématiquement Ptolémée pour guide : impossible, en effet, de présenter clairement les méthodes et les tables de B sans nous référer constamment au grand astronome. Nous ne perdrons pas de vue la comparaison avec la *Syntaxe Perse* de Georges Chrysococcès, mais elle présente ici moins d'intérêt, car elle se résumera le plus souvent à constater l'identité des méthodes et des tables confrontées. Mais nous tenterons, dans les conclusions, d'élargir quelque peu le débat pour situer B dans l'histoire de l'introduction et de la survie des tables perses dans le monde byzantin.

§ 8. LONGITUDE DES PLANETES.

a) Méthode.

Le calcul de B pour la longitude des planètes se fonde bien entendu sur un modèle identique à celui de Ptolémée[1]. Soit, en effet, un cercle de centre O et de rayon OA qui représente l'écliptique (fig. 1). Sur le rayon

OA, on place les points M et E à des distances qui varient selon les planètes considérées, mais qui, dans tous les cas, sont telles que EO = 2 OM. Les deux points M et E sont les centres de deux cercles excentriques. Le premier, celui de centre M, sert à supporter un épicycle de centre C et pour cette raison est appelé commodément "déférent"[2]. Le second, l'excentrique de centre E, sert à régler la vitesse à laquelle l'épicycle parcourt le déférent et, à cause de cela, a été appelé "équant"[3]. En effet, le centre C de l'épicycle fait en sens direct le tour du déférent à la vitesse angulaire, régulière et uniforme, à laquelle le vecteur EC balaie le déférent. Enfin, la planète P fait en sens direct le tour de l'épicycle.

Cette construction vaut pour les quatre planètes Saturne, Jupiter, Mars et Vénus, tandis que pour Mercure Ptolémée recourt à un système différent : au lieu de deux excentriques, Ptolémée n'en utilise qu'un, mais dont le centre est mobile[4]. Il est inutile de détailler ici cette construction, puisqu'il n'en résulte aucune différence dans le procédé de calcul.

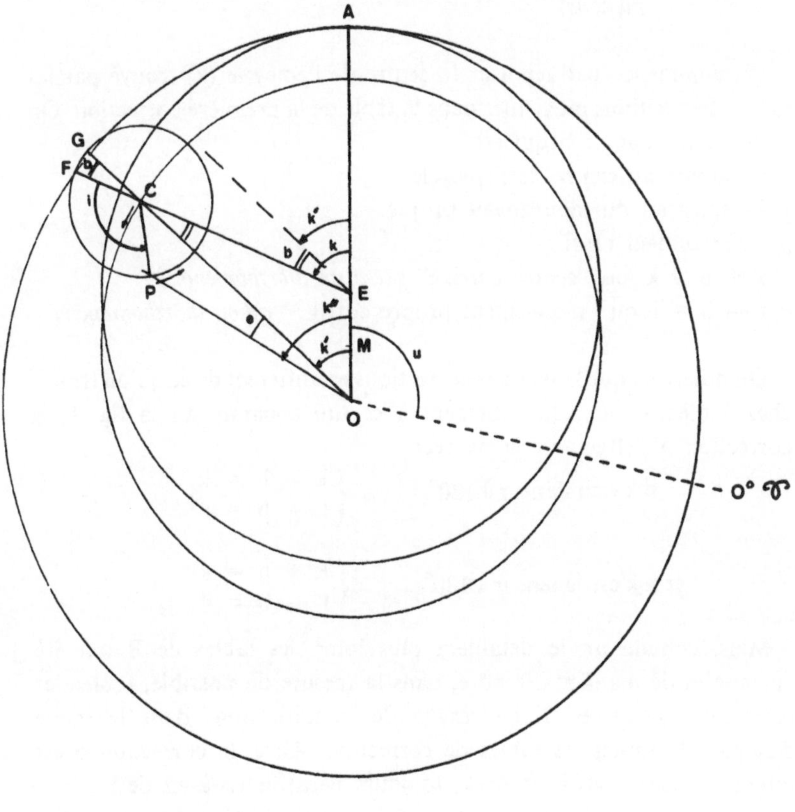

Tout ceci étant rappelé, on pourra suivre aisément le calcul proposé par B.

a) Tout d'abord, les tables de mouvements moyens donnent pour chaque planète et pour les années, mois, jours et heures perses :

k = col. 1, soit "centre de l'épicycle" (*kentron tou epikyklou*)
i = col. 2, soit "mouvement propre de l'astre" (*idion tou asteros*)
u = col. 3, soit "apogée" (*hypsôma*)

b) Les tables de correction sont au nombre de six :

b = "première correction" (*prôté diorthôsis*)
e_0 = "deuxième correction" (*deutera diorthôsis*)
$n_1/60$ = "premier abaissement" (*tapeinôma prôton*)
x_1 = "anomalie de la longitude plus proche" (*anômalia tou egguterou mêkous*)
$n_2/60$ = "deuxième abaissement" (*tapeinôma deuteron*)
x_2 = "anomalie de la longitude plus éloignée" (*anômalia tou porrôterou mêkous*)

On commence par reporter le centre de l'epicycle (k) trouvé par les tables de positions moyennes dans la table de la première correction. On trouve ainsi l'angle b qui est

— ajouté au centre de l'épicycle
— soustrait du mouvement propre.

On obtient ainsi :

k + b = k' ou "centre corrigé" (*kentron diôrthômenon*)
i — b = i' ou "mouvement propre corrigé" (*idion diôrthômenon*)

On notera ici que le sens des corrections est différent de ce qu'on trouve chez Ptolémée où, conformément à ce qui apparaît sur la fig. 1, la correction b s'effectue comme ceci :

si k est inférieur à 180° $\begin{cases} k - b = k' \\ i + b = i' \end{cases}$

et si k est supérieur a 180° $\begin{cases} k + b = k' \\ i - b = i' \end{cases}$

Mais, comme on le détaillera plus loin[5], les tables de B ont été aménagées de manière à rendre, dans la mesure du possible, toutes les corrections positives. Il en résulte des modifications dans le mode d'emploi de toutes les tables de correction. Ainsi, la correction b est toujours positive vis-à-vis de k, toujours négative vis-à-vis de i.

La suite des opérations a pour but de trouver la valeur de la correction e. Or, pour une même position de la planète sur son épicycle, la correction e varie selon que le centre de l'épicycle C se trouve à l'apogée (C_1) ou au périgée (C_2) du déférent, ou encore à une position intermédiaire (C_0) (fig. 2).

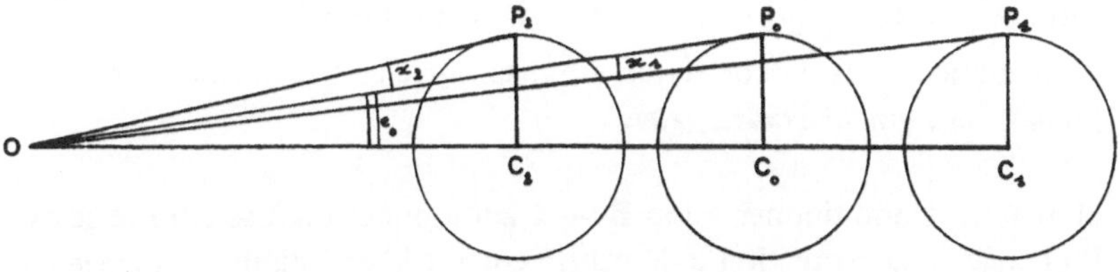

Donc, les autres tables de correction donnent tous les éléments nécessaires pour trouver la valeur de e quelle que soit la position du centre de l'épicycle et celle de la planète sur l'épicycle.

Mais avant d'aborder le détail des opérations, un double avertissement s'impose. D'une part, à cause de l'aménagement des tables de correction — destiné à rendre la deuxième correction toujours positive — la méthode présentée par B a perdu toute évidence logique, contrairement à celle de Ptolémée. D'autre part, les titres des tables d'anomalie sont de nature à induire le lecteur en erreur. Dans l'explication qui va suivre, nous ne tiendrons compte, ni de l'aménagement des tables, ni des ambiguïtés des titres.

Voici donc les tables à utiliser :

— deuxième correction (e_0) = valeur de la correction e lorsque le centre de l'épicycle C_0 est à mi-chemin entre l'apogée et le périgée de l'excentrique. Argument : i'.

— anomalie de la longitude plus proche (x_1) = valeur à soustraire de la correction e_0 lorsque le centre le l'épicycle C_1 se trouve à l'apogée du déférent. Argument i'. Nous démontrerons plus loin[6] qu'il s'agit bien des valeurs pour C à l' apogée, contrairement à ce que le titre laisserait supposer.

— anomalie de la longitude plus éloignée (x_2) = valeur à ajouter à la correction e_0 lorsque le centre de l'épicycle C_2 se trouve au périgée du déférent. Argument i'.

Ici encore, le titre induit en erreur.

— premier et deuxième abaissement ($n_1/60$ et $n_2/60$) = coefficient d'interpolation pour les positions intermédiaires du centre de l'épicycle, soit entre C_1 et C_0 (premier abaissement = $n_1/60$) soit entre C_0 et C_2 (deuxième abaissement = $n_2/60$).

Argument : k'.

Donc, lorsque C occupe la position

C_0	$e = e_0$
C_1	$e = e_0 - x_1$
C_2	$e = e_0 + x_2$
entre C_0 et C_1	$e = e_0 - (x_1 . n_1/60)$
entre C_2 et C_0	$e = e_0 + (x_2 . n_2/60)$

On obtient ainsi la correction e qui est appelée "deuxième correction finale" (*deutera diorthôsis teleia*).

c) Il reste à additionner selon B — à additionner ou à soustraire selon Ptolémée — la correction e du centre corrigé k' et à ajouter l'apogée de la planète (u) pour obtenir la longitude vraie de la planète:

$$k' + e + u = \lambda \ .$$

Nous l'avons dit, ces formules coïncident avec la logique du système et avec le mode d'emploi des *Tables Faciles,* mais non avec les instructions qui se lisent dans B, puisque dans ce dernier la table de la deuxième correction a été rendue toujours positive. On trouvera dans les tableaux suivants d'abord, les correspondances entre les différents éléments des tables, ensuite les modes d'emplois comparés de B et des *Tables Faciles.*

a) correspondances entre les différents termes :

	B	Ptolémée (*Tables Faciles*)
b	I[e] correction	col. 3
e_0	2e correction	col. 6
$n_1/60$	1er abaissement	col. 4 soustr.
$n_2/60$	2e abaissement	col. 4 add.
x_1	anomalie de "la longitude plus proche"	col. 5
x_2	anomalie de "la longitude plus éloignée"	col. 7
u	apogée	épilepse + Coeur du Lion

b) mode d'emploi :

	B	Ptolémée
1)	$k + b = k'$ $i - b = i'$	si $k < 180^0$ $k - b = k'$ $i + b = i'$ si $k > 180^0$ $k + b = k'$ $i - b = i'$
2)	si $i' < 180^0$ $e_0 - (x_1 . n_1/60) = e$ ou $e_0 + (x_2 . n_2/60) = e$ si $i' > 180^0$ $e_0 + (x_1 . n_1/60) = e$ ou $e_0 - (x_2 . n_2/60) = e$	si n/60 est soustractif col. 6 – (col. 4 x col. 5) soit $e_0 - (x_1 . n_1/60) = e$ si n/60 est additif col. 6 + (col. 4 x col. 7) soit $e_0 + (x_2 . n_2/60) = e$
3)	$k' + e = k''$	si $i' < 180^0$ $k' + e = k''$ si $i' > 180^0$ $k' - e = k''$
4)	$k'' + u = \lambda$	k'' + épilepse + Coeur du Lion $k'' + u = \lambda$

En fait, ce tableau constitue une nouvelle trahison vis-à-vis de B. Le traité, en effet, explique ceci à propos de l'anomalie (opération 2) : si les degrés du mouvement propre corrigé (i') sont pris au bas de la table, le chiffre trouvé pour l'anomalie (x_1 ou x_2) sera "prosthétique"; s'ils sont pris en haut de la table, le chiffre de l'anomalie sera "aphérétique". Dans le premier cas, le résultat de la multiplication de l'anomalie par les minutes d'abaissement sera ajouté à la deuxième correction; il sera soustrait dans le second cas. Or, si l'on examine la répartition des arguments dans les tables d'anomalie, on constate que x_1 est "prosthétique" de 180^0 à 0^0 et "aphérétique" de 0^0 à 180^0, tandis que, les arguments étant inversés dans la seconde table, x_2 est "prosthétique" de 0^0 à 180^0 et "aphérétique" de 180^0 à 0^0. D'où les formules qui figurent dans le tableau.

On pourra vérifier sur les graphiques des deuxièmes corrections et des anomalies l'exacte équivalence entre le mode d'emploi de B et celui de Ptolémée.

b) Exemple.

L'exposé de B est illustré de l'exemple suivant : calculer la position de Saturne le 16 Aderma 338, soit le 1er septembre 1346.

	Centre (k)	Mouvement propre (i)	Apogée (u) [7]
338	2^S 4^0 39′	10^S 14^0 37′	8^S 10^0 31′
Aderma	0 8^0 2′	7 18^0 31′	
16	0 0^0 30′	0 14^0 17′	
	2^S 13^0 11′	6^S 17^0 25′	8^S 10^0 31′
	+ 0^0 30^0	— 0^0 30′	
	2^S 13^0 41′	6^S 16^0 55′	
	+ 4^0 59′		
	2^S 18^0 40′		
	+ 8^S 10^0 31′		
	10^S 29^0 11′ ou Verseau 29^0 11′.		

Détail du calcul :

1e correction (b) : argument $k = 2^S\ 13^0\ 11'$
$2^S\ 13^0 \ldots 0^0\ 30' = b$ (pas d'interpolation)
$k + b = 2^S\ 13^0\ 41' = k'$
$i - b = 6^S\ 16^0\ 55' = i'$

2e correction (e_0): argument $i' = 6^S\ 16^0\ 55'$ soit $6^S\ 17^0$
$e_0 = 4^0\ 58'$ (pas d'interpolation).

abaissement ($n_1/60$): argument $k' = 2^S\ 13^0\ 41'$
$2^S\ 13^0 \ldots 8'$
$2^S\ 14^0 \ldots 7'$

L'auteur ne fait pas d'interpolation et retient 8′

anomalie (x_1): argument $i' = 6^S\ 16^0\ 55'$ soit $6^S\ 17^0$
$x_1 = 6'$

$x_1.n_1/60 = 6' \times 8' = 48''$ qui sont "prosthétiques".

$e_0 + x_1.n_1/60 = 4^0\ 58' + 0^0\ 0'\ 48'' = 4^0\ 58'\ 48''$ soit $4^0\ 59' = e$

$k + e = 2^S\ 13^0\ 41' + 4^0\ 59' = 2^S\ 18^0\ 40'$
$+ u = 10^S\ 29^0\ 11'$

Saturne se trouve donc à 29^0 11′ du Verseau.

Le même calcul, fait au moyen des ***Tables Faciles*** de Ptolémée donne comme longitude vraie de Saturne à la même date 317° 17′. Or, d'après les tables de Tuckerman, on trouve Saturne à 329,57° (329° 34′) environ le 1er septembre 1346[8]. Malgré ses approximations et ses simplifications, B donne un résultat fort satisfaisant.

c) Les tables.

Comme nous l'avons dit en commençant, les tables de B pour la longitude des planètes sont identiques, à peu de chose près, à celle de Georges Chrysococcès, lues dans le *Vaticanus gr.* 210 (V).
Les différences se remarquent surtout dans la présentation : pour les mouvements moyens, V donne toujours *in extenso* les mouvements de chaque jour de chaque mois, alors que B a une table pour les mois, une table pour les jours; les chiffres de V sont plus précis que ceux de B. Enfin, V donne toujours une table de correction pour les différences de longitude géographique, en partant d'un méridien de référence situé à 72°. Une telle table n'apparaît dans B que pour Vénus et Mercure (f. 65^V et 72). Nous ne donnerons une comparaison systématique entre B et V que pour les mouvements moyens.

I. **Mouvements moyens.**

Les chiffres des mouvements moyens sont, en général, les mêmes dans B que dans V. Ceux de V sont donnés clairement dans des tables qui figurent aux f. 43^V - 44^V et qui donnent les mouvements des planètes par periodes de 100 ans, 10 ans et par années simples. Ils diffèrent parfois de ceux qui sont signalés au bas des tables des planètes, mais ce sont ces derniers qui sont erronés. B ne donne pas toujours les chiffres explicitement, mais on peut voir que les tables des mouvements moyens suivent pratiquement celles de V, avec les chiffres arrondis plus ou moins judicieusement.

Voici, comparés, les mouvements moyens de B et de V pour les cinq planètes :

SATURNE (B, f. 53^{r-v} ; V, f 77 - 80^{v})

année 338 "des Perses" (B) = 715 de Yezdegerd (V) :

(k)	B	$2^S\ 4^0\ 39'$
	V	$2^S\ 4^0\ 38'\ 54''$
(i)	B	$10^S\ 14^0\ 37'$
	V	$10^S\ 14^0\ 37'\ 28''$
(u)	B	$8^S\ 10^0\ 31'$
	V	$8^S\ 10^0\ 30'\ 52''$

mouvements annuels :

(k)	B	$0^S\ 12^0\ 13'$
	V	$0^S\ 12^0\ 12'\ 48''\ 2'''$
	Ptolémée (*Alm*)	$12^0\ 13'\ 23''\ 56'''\ 30'^{iv}\ 30'^{v}\ 15^{vi}$
(i)	B	$11^S\ 17^0\ 32'$
	V	$11^S\ 17^0\ 32'\ 0''\ 36'''$
	Ptolémée (*Alm*)	$347^0\ 32'\ 0''\ 48'''\ 50^{iv}\ 38^{v}\ 20^{vi}$
(u)	B	$0^S\ 0^0\ 1'\ 10''$
	V	$0^S\ 0^0\ 0'\ 51''\ 25'''\ 42^{iv}\ 36^{v}$
	Ptolémée (*Alm*)	$0^0\ 0'\ 36''$

Pour l'apogée, le chiffre de V suppose un mouvement de 1^0 en 70 ans environ. B donne clairement le mouvement de l'apogée pour Saturne (f. 53) et pour Mercure (f. 72^v) : $0^0\ 1'\ 10''$ (ce qui supposerait 1^0 en 51 ans environ) et $0^0\ 1'\ 13''$ (soit 1^0 en 49 ans). On ne voit pas l'origine de ces chiffres qui ne semblent pas avoir été utilisés pour la construction des tables.

JUPITER (B, f. 57^{r-v}; V, f. 84 - 87^{v})

année 338 "des Perses" (B) = 715 de Yezdegerd (V) :

(k)	BV	$4^S\ 20^0\ 8'$
(i)	BV	$10^S\ 5^0\ 21'$
(u)	B	$5^S\ 29^0\ 20'$
	V	$5^S\ 29^0\ 19'$

mouvements annuels:

(k)	B	$<1^S\ 0^0\ 19'>$
	V	$1^S\ 0^0\ 19'\ 20'''\ 48^{iv}$
	Ptolémée (*Alm.*)	$30^0\ 20'\ 22''\ 52'''\ 52'^{iv}\ 58^{v}\ 35^{vi}$
(i)	B	$<10^S\ 29^0\ 25'>$
	V	$10^S\ 29^0\ 25'\ 5''\ 24'''$
	Ptolémée (*Alm.*)	$329^0\ 25'\ 1''\ 52'''\ 28^{iv}\ 10^{v}\ 0^{vi}$
(u)	voir Saturne	

MARS (B, f. 61^{r-v}; V, f. 91 - 94^{v})

année 338 "des Perses" (B) = 715 de Yezdegerd (V) :

(k)	BV	$10^{S}\ 1^{0}\ 1'$
(i)	B	$6^{S}\ 19^{0}\ 7'$
	V	$6^{S}\ 19^{0}\ 8'$
(u)	B	$4^{S}\ 16^{0}\ 7'$
	V	$4^{S}\ 16^{0}\ 8'$

mouvements annuels:

(k)	B	$<6^{S}\ 11^{0}\ 16'>$
	V	$6^{S}\ 11^{0}\ 16'\ 19''\ 25''''\ 25'''\ 12^{iv}$
	Ptolémée (*Alm.*)	$191^{0}\ 16'\ 54''\ 27'''\ 38^{iv}\ 35^{v}\ 45^{vi}$
(i)	B	$<5^{S}\ 18^{0}\ 29'>$
	V	$5^{S}\ 18^{0}\ 28'\ 29''\ 12'''\ 36^{vi}$
	Ptolémée (*Alm.*)	$168^{0}\ 28'\ 30''\ 17'''\ 42^{iv}\ 32^{v}\ 50^{vi}$
(u)	voir Saturne	

VENUS (B, f. 65^{r-v}; V, f. 98 - 101^{v})[9]

année 338 "des Perses" (B) = 715 de Yezdegerd (V) :

(k)	BV	$6^{S}\ 15^{0}\ 29'$
(i)	BV	$7^{S}\ 23^{0}\ 22'$
(u)	BV	$2^{S}\ 19^{0}\ 18'$

mouvements annuels:

(k)	B	$<11^{S}\ 29^{0}\ 44'$ (ou $45'$)$>$
	V	$11^{S}\ 29^{0}\ 44'\ 48''\ 38'''\ \mathrm{I}^{iv}\ 48^{v}$
	Ptolémée (*Alm.*)	$359^{0}\ 45'\ 24''\ 45'''\ 21^{iv}\ 8^{v}\ 35^{vi}$
(i)	B	$<7^{S}\ 15^{0}\ 2'>$
	V	$7^{S}\ 15^{0}\ 1'\ 46''\ 39'''$
	Ptolémée (*Alm.*)	$225^{0}\ 1'\ 32''\ 28'''\ 34^{iv}\ 39^{v}\ 15^{vi}$
(u)		voir Saturne

MERCURE (B, f. 71 - 72; V, f. 106 - 109^{v}).

année 338 "des Perses" = 1346 du Christ (B)[10] = 715 de Yezdegerd:

(k)	B	$2^{S}\ 0^{0}\ 6'$
	V	$2^{S}\ 0^{0}\ 4'$
(i)	BV	$6^{S}\ 17^{0}\ 29'$
(u)	BV	$7^{S}\ 2^{0}\ 42'$

mouvements annuels :

(k)	B		$<11^{S}\ 29^{0}\ 45'>$
	V		$11^{S}\ 29^{0}\ 44'\ 48''\ 38'''\ 1^{iv}\ 48^{v}$
	Ptolémée	(*Alm.*)	$359^{0}\ 45'\ 24''\ 45'''\ 21^{iv}\ 8^{v}\ 35^{vi}$
(i)	B		$<1^{S}\ 23^{0}\ 58'>$
	V		$1^{S}\ 23^{0}\ 58'\ 14''\ 38'''\ 24'^{iv}$
	Ptolémée	(*Alm.*)	$53^{0}\ 56'\ 42''\ 32'''\ 32^{iv}\ 59^{v}\ 10^{vi}$
(u)	B		$0^{S}\ 0^{0}\ 1'\ 13''$
	V		voir Saturne

II. Corrections.

Les tables de correction des planètes se présentent, planète par planète, toujours dans le même ordre :

1) table de la première correction (b) : arguments horizontaux : signes de 0 à 11 ; arguments verticaux : degrés de 0 à 29 ;

2) table de la deuxième correction (e_0), avec mêmes arguments horizontaux et verticaux que la première table;

3) premier abaissement ($n_1/60$) et anomalie " de la longitude plus proche" (*sic*) (x_1);

4) deuxième abaissement ($n_2/60$) et anomalie "de la longitude plus éloignée" (*sic*) (x_2).

Les tables d'abaissement ont comme arguments horizontaux les signes du zodiaque répartis sur les deux tables de la manière qui convient à chacune des planètes, et comme arguments verticaux, les degrés de 0 à 29. Dans le cas de Mars, Vénus et Mercure, les tables d'abaissement peuvent se lire de haut en bas ou de bas en haut.

Les tables d'anomalie se lisent toujours soit de bas en haut soit de haut en bas. Les arguments horizontaux sont, pour la première table : signes de 0 à 5 en haut, de 11 à 6 en bas; pour la seconde table, l'inverse : 6 à 11 en haut, 5 à 0 en bas. Les arguments verticaux sont les degrés de 0 à 29 (à gauche) de 29 à 0 (à droite). Cette répartition des arguments en haut et en bas des tables d'anomalie permet de proposer un mode d'emploi unique et facile de la table : l'utilisateur n'a pas à se demander si l'argument (en l'occurrence i') est supérieur ou inférieur à 180^{0}, comme nous l'avions expliqué ci-dessus[11]. Il lui suffit de retenir cette règle simple, énoncée dans le traité : si l'argument i' est trouvé dans le haut de la table, le résultat de la multiplication de l'anomalie par les minutes d'abaissement sera soustractif; il sera additif dans le cas contraire.

On a déjà vu que, dans les tables qui nous occupent, les corrections ont été arrangées, par rapport à celles de Ptolémée, de manière à les rendre toujours positives. Pour cela, deux procédés sont utilisés concuremment. Le premier consiste à augmenter systématiquement la valeur des corrections du nombre de degrés immédiatement supérieur à la valeur de l'équation maximale. C'est le procédé employé dans tous les cas pour la première correction, et pour la 2e correction de Saturne et de Jupiter :

Saturne	le correction, max. =	6^0 32′	+ 7^0	k — 14^0
	2e correction, max. =	6^0 13′	+ 7^0	k′ — 7^0
Jupiter	le correction, max. =	5^0 15′	+ 6^0	k — 18^0
	2e correction, max. =	11^0 3′	+ 12^0	k′ — 12^0
Mars	le correction, max. =	11^0 25′	+ 12^0	k — 12^0
Vénus	le correction, max. =	1^0 59′	+ 2^0	k — 2^0
Mercure	le correction, max. =	3^0 2′	+ 4^0	k — 4^0

Naturellement, il s'ensuit que l'angle k — auquel doivent s'ajouter successivement les deux corrections — doit être diminué d'une manière correspondante dans les mouvements moyens : — 14^0 pour Saturne, — 18^0 pour Jupiter, et ainsi de suite.

De même, lorsque k et k′ interviennent comme arguments dans les tables de corrections, ils sont également diminués d'une manière correspondante : k, de la valeur correspondant à la somme des équations maximales des deux corrections, k′ de la valeur correspondant à l'équation maximale de la deuxième correction.

L'exemple de Jupiter le montrera clairement :

à la formule de Ptolémée

$$k \pm b = k'$$

correspond chez B :

$$k\ (-18^0) + b\ (+\ 6^0) = k'\ (-\ 12^0)$$

Ensuite,

$$k' \pm e_0 = k''$$

devient

$$k'\ (-\ 12^0) + e_0\ (+\ 12^0) = k''$$

Le second procédé employé consiste simplement à ajouter 360^0 aux valeurs négatives des tables de Ptolémée. Ainsi, —4^0 5′ est remplacé dans la table par + 11s 26^0 55′. Ce procédé n'a évidemment aucune incidence sur les valeurs de k ou de k′. C'est celui qui est employé pour les deuxièmes corrections de Mars, Vénus et Mercure.

Un des derniers points à examiner avant d'aborder l'analyse détaillée des chiffres est l'interprétation des titres des tables d'anomalie. En effet, dans presque tous les cas[12], la première table d'anomalie est intitulée "anomalie de la longitude plus proche" (*anômalia tou egguterou mêkous*), la seconde, "anomalie de la longitude plus éloignée" (*anômalia tou porrôterou mêkous*). On est tenté d'en inférer, à première vue, que la "longitude plus proche" vise le secteur du périgée, et la "longitude plus éloignée", celui de l'apogée. Or les chiffres correspondent à la situation inverse : ceux de la première table se confondent avec les chiffres de la col. 5 des *Tables Faciles* (apogée), ceux de la seconde, avec les chiffres de la col. 7 (périgée)[13]. De plus, on voit par les arguments des tables d'abaissement jumelées aux tables d'anomalie que la "longitude plus proche" désigne le secteur de l'apogée, la "longitude plus éloignée", celui du périgée. Les titres des tables ne semblent donc pas particulièrement adéquats.

A l'origine de cette terminologie peu claire se trouve peut-être une confusion entre deux systèmes concurrents de division de l'écliptique en secteurs, ceux-ci étant baptisés tantôt selon la vitesse du centre de l'épicycle, tantôt selon la distance de celui-ci à l'observateur. De telles divisions sont attestées dans l'astronomie arabe[14] et déjà dans l'astronomie grecque : on trouve, par exemple, la même ambiguïté dans une scolie de la fin du Ve siècle de notre ère[15]. Comme la vitesse plus grande correspond à la distance la plus courte (périgée), et la vitesse la plus petite à la distance la plus grande (apogée), des confusions ont pu se produire à une étape quelconque de la transmission de ces tables[16].

SATURNE

1) *Première correction* (b) (B, f. 54^{r-v} = V, f. 81).

Le graphique 1 donne la comparaison entre les valeurs de B et celles de la col. 3 des *Tables Faciles* d'anomalie de Saturne. La correction de B a été haussée de 7^0 et k décalé de 14^0 (cfr ci-dessus, p. 76):

B	min = 0^0 28′ pour k compris entre	76^0 et 80^0
	max = 13^0 32′	251^0 et 256^0
	équation max : (13^0 32′ — 0^0 28′) : 2 = 6^0 32′	

Ptolémée :	min. — 6^0 31′ pour k compris entre	90^0 et 94^0
	max. + 6^0 31′	266^0 et 270^0
	équation max. : 6^0 31′ (6^0 32′ dans l'*Almageste*)	

2) *Deuxième correction* (e_0) (B, f. 54^v-55 = V, f. 81^v).

Le graphique 2 donne la 2e correction de B comparée à la col. 6 de la *Table Facile*. La courbe est haussée de 7^0 :

B		min. 0^0 47′ pour i′ = 262^0 — 267^0
		max. 13^0 13′ = 93^0 — 98^0
	éq.	max. = 12^0 26′ : 2 = 6^0 13′
Ptolémée :		min. — 6^0 13′ pour i′ = 261^0 — 266^0
		max. + 6^0 13′ = 94^0 — 99^0
	éq.	max. = 6^0 13′

3) *Anomalie* (x_1 et x_2) (B, f. 55^v et 56 = V, f. 82^{r-v}).

La première table d'anomalie (x_1) correspond à la col. 5 de la *Table Facile* d'anomalie de Saturne, avec quelques différences non significatives dans la progression des chiffres. Max = 0^0 21′.

La seconde table d'anomalie (x_2) correspond à la col. 7 de la *Table Facile*, avec également quelques différences dans la progression des chiffres. Max = 0^0 23′.

On trouvera sur le graphique 2 les valeurs des tables d'anomalie x_1 et x_2 ajoutées ou soustraites des valeurs de la 2e correction e_0, pour B et pour Ptolémée, conformément au mode d'emploi de chacun. On a ainsi les valeurs de la correction e pour les trois positions principales de l'épicycle : périgée ($e_0 + x_2$), intermédiaire (e_0) et apogée ($e_0 — x_1$) en fonction de toutes les positions de la planète sur son épicycle (i′).

4) *Abaissement* ($n_1/60$ et $n_2/60$) (B, f. 55^v-56 = V, f. 82^{r-v}).

La première table d'abaissement ($n_1/60$) vaut pour k′ compris entre 266^0 et 81^0, autrement dit lorsque l'épicycle se trouve dans le secteur de l'apogée. Elle correspond à la colonne 4 de la *Table Facile* (section "soustractive").

$n_1/60$ = 60 pour k′	349^0 à 361^0 selon B
	352^0 à 8^0 chez Ptolémée
	ce qui indique la position de l'apogée
$n_1/60$ = 0 pour k′ =	266^0 et 81^0 selon B
	273^0 et 88^0 selon Ptolémée, ce qui donne les positions intermédiaires

La seconde table d'abaissement ($n_2/60$) vaut pour k' compris entre 81° et 266°, soit lorsque l'épicycle se trouve dans le secteur du périgée. Elle correspond à la col. 4, section "additive" de la *Table Facile.*

$n_2/60$ = 60 pour k' = 164° — 182° selon B
169° — 191° selon Ptolémée
(périgée)

$n_2/60$ = 0 pour k' = 81° et 266° selon B
88° et 272° selon Ptolémée
= position intermédiaire

Sur graphique, les valeurs de B et de Ptolémée se correspondent, mais k' étant dans B diminué de 7°, la courbe de B est décalée d'autant. Les autres différences sont dues à des perturbations dans les chiffres de B (graphiques non donnés ici).

JUPITER

1) Première correction (b) (B, f. 58^{r-v} = V, f. 88).

On trouvera sur le graphique 3 les valeurs comparées de la 1ère correction de B et de la col. 3 des *Tables Faciles.*

B: min. 0° 45' pour k = 71° — 78°
max. 11° 15' pour k = 246° — 252°
éq. max. 5° 15'

Ptolémée :min. — 5° 15' pour k = 89° — 96°
max. + 5° 15' = 264° — 271°
éq. max. 5° 15'

La courbe de B est haussée de 6° et k décalé de 18° (cfr supra, p. 76).

2) Deuxième correction (e_0) (B, f. 58^v - 59 = V, f. 88^v).

Graphique 4: deuxième correction de B et col. 6 des *Tables Faciles.*

B : max. 23° 3' pour i' = 99° à 113°
min. 0° 57' pour i' = 259° à 260°
éq. max. = 11° 3'

Ptolémée :max. + 11° 3' pour i' = 99° — 102°
min. — 11° 3' pour i' = 258° — 261°
éq. max : 11° 3'

La courbe de B est haussée de 12°.

3) Anomalie (x_1 et x_2) (B, f. 59^v - 60 = V, f. 89^{r-v})

Les première et deuxième tables d'anomalie de B correspondent respectivement aux col. 5 et 7 des *Tables Faciles* d'anomalie de Jupiter. La graphique 4 donne les valeurs $e_0 - x_1$ et $e_0 + x_2$ pour B et pour Ptolémée. Les valeurs de B sont identiques à celles de Ptolémée. Max.x_1 = 0^0 30'; max. x_2 = 0^0 33'.

4) Abaissement ($n_1/60$ et $n_2/60$) (B, f. 59^v - 60 = V, f. 89^{r-v}).

La première table de B correspond à la col. 4, section "soustractive" des *Tables Faciles,* la seconde, à la col. 4, section "additive". Sur graphique, la courbe de B est, normalement, décalée de 12^0 (environ) (non donné ici).

MARS

1) Première correction (b) (B, f. 62^{r-v} = V, f. 95).

Le graphique 5 donne les valeurs comparées de la 1ère correction de B et de la col. 3 des *Tables Faciles.*

B : min. 0^0 35' pour k = 81^0 à 83^0
max. 23^0 25' pour k = 253^0 à 255^0
éq. max. : 11^0 25'

Ptolémée: min. 11^0 25' pour k = 93^0 à 96^0
max. + 11^0 25' pour k = 264^0 à 267^0
éq. max. : 11^0 25'

La courbe de B est haussée de 12^0 et k diminué de 12^0.

2) Deuxième correction (e_0) (B, f. 62^v-63 = V, f. 95^v).

Ici, le système utilisé est différent : les valeurs de B sont rendues positives par simple addition de 360^0 aux valeurs négatives. Le graphique 6 donne les valeurs comparées de B et de la col. 6 des *Tables Faciles.* On constatera que, cette fois, les valeurs diffèrent légèrement :

B : max. = 42^0 12' pour i' = 131^0
min. = 317^0 48' soit — 42^0 12' pour i' = 229^0
éq. max. : 42^0 12'

Ptolémée : max. = + 41° 10′ pour i′ = 131°
min. = — 41° 10′ pour i′ = 229°
éq. max. : 41° 10′

Une des colonnes est inachevée dans B, mais il est facile de compléter d'après V.

3) Anomalie (x_1 et x_2) (B, f. 63^v-64 = V, f. 96^{r-v}).

Le graphique 6 donne également les valeurs $e_0 - x_1$ et $e_0 + x_2$ pour B et pour Ptolémée (x_1 = col. 5, x_2 = col. 7).

Les valeurs de B sont identiques à celles de Ptolémée: max. $x_1 = 5° 38'$; max. $x_2 = 8° 3'$.

4) Abaissement ($n_1/60$ et $n_2/60$)(B,f.63^v-64 = V, f. 96^{r-v}).

Aucune différence entre les valeurs de $n_1/60$ (= col. 4 "soustractive") et $n_2/60$ (= col. 4 "additive") de B et de Ptolémée.

VENUS

1) Première correction (b) (B, f. 66^{r-v} = V, f. 102).

Le graphique 7 donne les valeurs de B et de la col. 3 des *Tables Faciles.*

B min. = 0° 1′ pour k = 84° à 94°
max. = 3° 59′ pour k = 261° à 271°
éq. max. = 1° 59′

Ptolémée : min. — 2° 24′ pour k = 85° à 89°
max. + 2° 24′ pour k = 271° à 275°
éq. max. = 2° 24′

Non seulement la courbe de B est haussée de 2°, mais les valeurs diffèrent de celles de Ptolémée.

2) Deuxième correction (e_0) (B, f. 66^V - 67 = V, f. 102^V).

Le graphique 8 donne les valeurs comparées de B et de Ptolémée col. 6 des *Tables Faciles.* Les deux courbes coïncident exactement. Comme pour Mars, le système employé ici par B pour rendre les corrections positives a consisté à ajouter 360° aux valeurs négatives.

B: max. = + 45° 59′ pour i′ = 135° — 136°
min. = + 314° 1′ = — 45° 59′ pour i′ = 224° — 225°
éq. max. = 45° 59′
Ptolémée: idem.

3) Anomalie (x_1 et x_2) (B, f. 67[v] - 68 = V, f. 103[r-v]).

Le graphique 8 donne les valeurs $e_0 - x_1$ et $e_0 + x_2$ pour B et pour Ptolémée (x_1 = col. 5, x_2 = col. 7 des *Tables Faciles*). Les valeurs sont les mêmes pour B et pour Ptolémée.
Max. pour x_1 = 1° 42′; max. x_2 = 1° 52′.

4) Abaissement ($n_1/60$ et $n_2/60$) (B, f. 67[v]-68 = V, f. 103[r-v]).

Il y a quelques différences de chiffres par rapport à Ptolémée (col. 4 "soustractive" = $n_1/60$ et col. 4 "additive" = $n_2/60$). Différences apparemment peu significatives.

MERCURE

1) Première correction (b) (B, f. 72[v]-73 = V, f. 110).

Le graphique 9 donne les valeurs de B et de la col. 3 des *Tables Faciles*.
B: min. = 0° 58′ pour k = 89° à 93°
max. = 7° 2′ pour k = 259° à 262°
éq. max. = 3° 2′
Ptolémée: min. = — 3° 2′ pour k = 93° à 97°
max. = + 3° 2′ pour k = 263° à 267°
éq. max. = 3° 2′
La courbe de B est haussée de 4° et k diminué de 4°.

2) Deuxième correction (e_0) (B, f. 73[r-v] = V, f. 110[v]).

La deuxième correction de B donne, à 1′ près, les mêmes valeurs que la col. 6 des *Tables Faciles* (graphique 10).
Dans B, toutes les valeurs sont rendues positives par addition de 360°.
B: max. = 22° 1′ pour i′ = 110° à 113°
min. = 337° 59′ = — 22° 1′ pour i′ = 247° à 250°
éq. max.: 22° 1′

Ptolémée: max. = 22° 2′ pour i′ = 111° à 112°
min. — 22° 2′ pour i′ = 248° à 249°
éq. max.: 22° 2′

3) Anomalie (x_1 et x_2) (B, f. 74^{r-v} = V, f. 111^{r-v}).

Les deux tables d'anomalie de B ont les mêmes valeurs que les col. 5 et 7 des *Tables Faciles.*
Max.: 3° 12′ pour x_1 et 2° 1′ pour x_2.

On trouvera sur le graphique 10 les valeurs e_0 - x_1 et $e_0 + x_2$.

4) Abaissement ($n_1/60$ et $n_2/60$) (B, f. 74^{r-v} = V, f. 111^{r-v}).

Les tables d'abaissement ($n_1/60$ et $n_2/60$) correspondent à la col. 4 des *Tables Faciles* : premier abaissement = section soustractive ($n_1/60$) et deuxième abaissement = section additive ($n_2/60$). Les chiffres correspondent à ceux de Ptolémée, sauf pour une section de la seconde table, où on peut lire :

k′		Ptolémée	B
170°	190°	0° 41′	41′
171°	189°	40′	41′
172°	188°	40′	41′
173°	187°	40′	40′
174°	186°	40′	34′
175°	185°	40′	29′
176°	184°	40′	24′
177°	183°	40′	19′
178°	182°	40′	15′
179°	181°	40′	10′
180°	180°	40′	5′

Les chiffres de B, qui se retrouvent également dans les tables de V, sont évidemment fautifs. Une telle erreur est difficilement explicable. Mais on peut toutefois faire remarquer que, dans la tradition manuscrite des *Tables Faciles,* une erreur s'est introduite assez tôt dans la col. 4 des tables d'anomalie de Mercure: c'est de baptiser "soustractive" la section des tables où les chiffres décroissent entre :

k′		col.4
121°	239°	60′
...		...
180°	180°	40′

Cette erreur entraîne une faute de calcul puisque lorsque la section est "soustractive", la formule utilisée sera col. 6 — (col. 4 x col. 5) (e_0 - $x_1.n_1/60$) et non plus: col. 6 + (col. 4 x col. 7) ($e_0 + x_2.n_2/60$). L'erreur dans la table peut se comprendre, car la progression des chiffres n'est pas, dans le cas de Mercure, conforme au schéma des autres planètes. Cette difficulté est exposée en marge du *Petit Commentaire* de Théon dans le *Paris. gr.* 2394, où le commentateur anonyme prend soin d'expliquer en détail que, pour Mercure, l'intitulée de la col. 4 doit être "prosthétique", bien que les chiffres aillent en décroissant, comme le montre, dit-il le livre 11 de la *Syntaxe*[17]. Le fait de trouver cette mise en garde dans un ensemble de scolies qui remonte à la fin du Ve siècle ou au début du VIe peut indiquer que l'erreur était courante dans les tables de cette époque.[18] Et on pourrait peut-être imaginer que les chiffres de B et de V ne sont rien d'autre qu'une malheureuse tentative pour résoudre la difficulté posée par ces exemplaires fautifs des *Tables Faciles.*

* d) Conclusions.

A propos de la longitude des planètes, la question qui se pose n'est pas tant de savoir si B a utilisé ou non le traité de Chrysococcès (aucune différence, en effet, n'apparaît ni dans la méthode ni dans les tables), que de savoir quelle est l'origine des tables reprises par Chrysococcès. Cette question, en effet, se présente à l'esprit lorsqu'on remarque que dans aucune des sources présumées de Chrysococcès, à savoir les traductions de Chioniadès contenues principalement dans le *Vat. gr.* 211[19], on ne trouve l'exhaussement des chiffres des tables de corrections par addition de l'équation maximale[20]. Il est bien évident que le recours à un tel procédé ne peut pas être l'invention de Chrysococcès ni de Chioniadès. Mais les recherches faites dans les manuscrits byzantins contenant des tables perses ne nous ont pas permis à ce jour de résoudre ce problème.

Si l'on compare simplement les chiffres des tables, quelques éléments apparaissent. On voit que les valeurs reprises dans les tables de corrections des planètes s'apparentent tantôt à celles du *Zîj as-Sanjarî*, tantôt à celles du *Zîj al-'Alâ'î*, ainsi qu'il apparaît sur le tableau suivant[21]:

		Ptolémée	BV	Zîj as-Sanjarî	Zîj al-'Alâ'î
b	Saturne	6° 31′	id	id	id
	Jupiter	5° 15′	id	id	id
	Mars	11° 25′	id	id	id
	Venus	2° 24′	1° 59′	2° 23′	1° 59′
	Mercure	3° 2′	id	id	id
e_o	Saturne	6° 13′	6° 13′	6° 13′	6° 25′
	Jupiter	11° 3′	11° 3′	11° 3′	11° 19′ 30″
	Mars	42° 12′	41° 10′	41° 9′	38° 57′ 30″
	Venus	45° 59′	45° 59′	45° 59′	46° 37′
	Mercure	22° 2′	22° 1′	22° 2′	22° 31′

On pense évidemment au rôle qu'a pu jouer le maître de Chioniadès, Shams Bukharî, dont l'enseignement se trouve consigné dans le *Laurentianus gr.* 28/17, mais n'a pas encore été étudié en detail. C'est donc sur un point d'interrogation qu'il nous faut clore ce chapitre.

§ 9. LATITUDE DES PLANETES.

En ce qui concerne la latitude des planètes (ch. 16 et 17) les tables de B, comme celles de Chrysococcès, s'inspirent directement des tables de *l'Almageste.* La méthode sera illustrée du calcul des latitudes de Saturne et de Mercure le 1er septembre 1346.

Si la théorie de Ptolémée sur la latitude des planètes est particulièrement complexe[22] — Ptolémée s'en excuse lui-même dans un passage que le Professeur Neugebauer qualifie de *delightful little dissertation* et Delambre de "galimatias"[23], les tables de l'*Almageste* sont par contre d'une remarquable simplicité. Elles se distinguent en cela des *Tables Faciles*, qui, pour une fois, sont plus compliquées que celles de l'*Almageste* et supposent en outre des modifications dans la théorie-même. Cette simplicité est sans doute le motif pour lequel les astronomes persans les ont préférées aux *Tables Faciles,* non sans y apporter, comme on le verra, quelques remaniements.

A. LES PLANETES SUPERIEURES.

a) Méthode.

Voyons d'abord les grandes lignes de la méthode de l'*Almageste.*

Pour les planètes supérieures, Ptolémée suppose que le plan du déférent fait avec celui de l'écliptique un angle fixe j_0 tandis que le plan de l'épicycle fait avec le plan du déférent un angle variable j_1 (fig. 3).

L'angle fixe j_0 entre les plans du déférent et de l'écliptique ne pose pas de problèmes. On définira la ligne des apsides du déférent, qui joint les limites Nord et Sud de celui-ci, c'est-à-dire le point le plus au Nord et au Sud du déférent et occupe une direction fixe par rapport aux étoiles. Perpendiculairement à la ligne des apsides on aura la ligne des noeuds, passant le centre du monde où se trouve l'observateur O, ligne fixe également selon laquelle les deux plans se coupent.

L'angle variable j_1 entre le plan de l'épicycle et le plan du déférent est précisé de la manière suivante. On repère d'abord sur l'épicycle deux diamètres : l'un, joignant l'apogée vrai de l'épicycle au périgée vrai de l'épicycle (GH), l'autre, perpendiculaire au premier (DF). Dans le cas des planètes supérieures, l'oscillation de l'épicycle se produit autour de ce second diamètre qui demeure constamment parallèle au plan de l'écliptique.

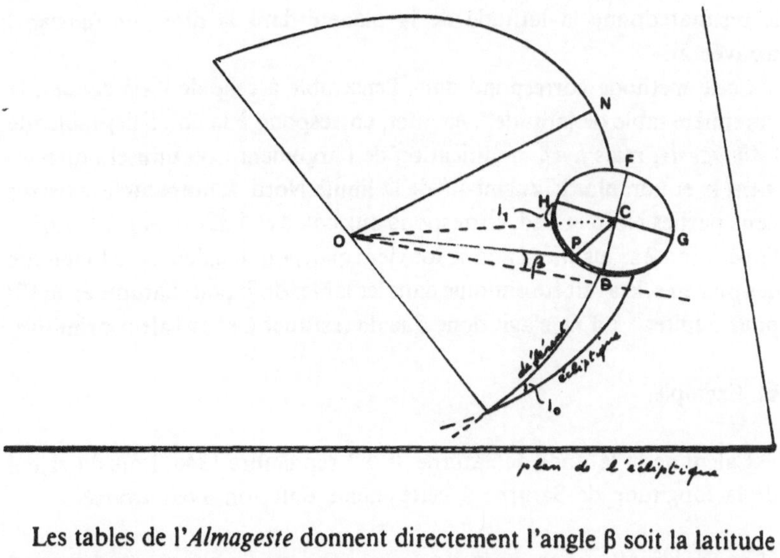

Les tables de l'*Almageste* donnent directement l'angle β soit la latitude de la planète P (son écart par rapport à l'écliptique) en fonction de l'anomalie, c'est-à-dire la position de la planète sur son épicycle, en supposant que le centre C de l'épicycle se trouve à la latitude extrême Nord (col. 3) ou Sud (col. 4) du déférent (fig. 2). La col. 5 donne le coefficient d'interpolation pour les autres positions de C sur le déférent, en fonction de la position de C comptée depuis la limite Nord N.

D'où une formule de calcul extrêmement simple :

β = col. 3 x col. 5 (nord)
ou = col. 4 x col. 5 (sud).

Le chapitre 16 de B (numéroté 13 en marge par erreur) est consacré à la latitude des planètes supérieures (*hypsêloi asteres*): Saturne, Jupiter et Mars. Voici comment il explique le calcul :

1° On inscrit les signes et degrés du "centre corrigé" et du "mouvement propre corrigé", corrigés précise-t-il par la 1ère correction, soit k' et i'.

2° On ajoute à k' : 7° pour Saturne
12° pour Jupiter
0° pour Mars

et le résultat sera le "centre achevé" (*teleion kentron*).

3° On reporte ce chiffre dans la première table de latitude et les minutes trouvées sont inscrites soit "au nord", soit "au sud".

4° On reporte ensuite i' dans l'autre table de latitude, dans la partie qui correspond à la direction nord ou sud trouvée précédemment.

5° On multiplie l'un par l'autre les chiffres trouvés dans les deux tables; le résultat donne la latitude de la planète dans la direction (*anemos*) trouvée au 3°.

Cette méthode correspond dans l'ensemble à celle de l'*Almageste* : la "première table de latitude", en effet, correspond à la col. 5 des tables de l'*Almageste*, mais avec modification de l'argument : on utilisera directement k' et non plus k' augmenté de la limite Nord. L'autre table, avec ses deux parties Nord et Sud, correspond aux col. 3 et 4 de l'*Almageste*. Enfin, l'opération 2 se justifie si l'on se souvient que, pour le calcul de la longitude des planètes, k' avait été diminué dans les tables de 7° pour Saturne et de 12° pour Jupiter[24] : il ne s'agit donc que de restituer à k' sa valeur primitive.

b) Exemple.

Calcul de la latitude de Saturne, le 1er septembre 1346. Lors du calcul de la longitude de Saturne à cette même date, on avait trouvé :

k' = 2^S 13° 41'
i' = 6^S 16° 55' soit 6^S 17°

k' + 7° = 2^S 13° 41' + 7° = 2^S 20° 41'.

Avec k' comme argument, on trouve, dans la première table de latitude de Saturne (B, f. 56^V),

pour 2^S 20° ... 38' vers le Sud

Avec i′ comme argument, on trouve dans l'autre table, secteur Sud (B, f.56^{V}) :

3° 2′ qui correspondent à 6^{S} 18°

(en fait, dans la table de B, 3° 2′ correspondent à 6^{S} 12°).

L'auteur ne fait pas d'interpolation.

3° 2′ x 38′ = 1° 55′ 16″ soit 1° 55′ vers le sud = latitude de Saturne.

D'après les tables de Tuckerman, la latitude de Saturne est à cette date - 1.91° [25].

c) Les tables.

SATURNE (B, f. 56^{V} = V, f. 83).

Les tables de latitude de Saturne se composent de deux tables :

1) Arguments horizontaux : signes de 7 à 1 avec mention "Nord", et signes 1 à 7 avec mention "Sud"; arguments verticaux : degrés de 0 à 29.

Cette table correspond à la col. 5 des tables *Alm.*, II, p. 582 - 583, mais avec quelques modifications. La table, en effet, s'utilise avec comme argument k′, au lieu de k′ + 50° (longitude moyenne de Saturne comptée depuis la limite Nord) chez Ptolémée. Il en résulte, dans la répartition des chiffres, le décalage suivant :

col. 5	Ptolémée (k′ + 50°)	B (k′)
60′	0°	310°
0′	90°	40°
60′	180°	130°
0′	270°	220°

De plus la table de B procède degré par degré, celle de Ptolémée, de 6 en 6 degrés, puis de 3 en 3 degrés.

2) La seconde table se compose de deux tableaux séparés qui correspondent respectivement aux col. 3 (latitude Nord) et 4 (latitude Sud) de la table *Alm.*, II, p. 582 - 583. Les arguments (verticaux) sont les signes et degrés du "mouvement propre corrigé" (i′). Ils sont répétés pour chacun des tableaux et procèdent de 6° en 6°. Par rapport aux chiffres de Ptolémée, il y a quelques variantes peu significatives : pour la lat. Nord, le maximum selon B est de 3° 3′ au lieu de 3° 2′ chez Ptolémée. Les autres

variantes résultent sans doute d'erreurs de transmission.

Les tables de B sont identiques à celles de V, f. 83.

JUPITER (B, f. 60^V = V, f. 90).

1) La première table de latitude de Jupiter correspond également à la col. 5 des tables de l'*Almageste,* II, p. 582 - 583. Normalement la col. 5 est la même pour toutes les planètes : elle n'est répétée dans l'*Almageste* que pour la commodité de l'utilisation. Mais ici, la reprise de la table est une nécessité puisque, comme celle de Saturne, elle a été adaptée pour permettre l'entrée dans la table directement avec l'argument k' au lieu de k' — 20^0 chez Ptolémée. D'où, cette fois les décalages suivants :

col. 5	Ptolémée (k' - 20)	B (k')
60 = 1	0^0	20^0
0	90^0	110^0
60 = 1	180^0	200^0
0	270^0	290^0

Comme précédemment, les chiffres sont donnés dans B degrés par degrés.

2) La seconde table offre la même présentation que pour Saturne : un tableau pour la latitude nord, un autre pour la latitude sud. Par rapport aux chiffres de Ptolémée, on notera les variantes suivantes :

lat. N : de 1^0 5' à 2^0 4' dans B
1^0 7' à 2^0 4' chez Ptolémée (col. 3)
lat. S : de 1^0 5' à 2^0 9' dans B
1^0 5' à 2^0 8' chez Ptolémée (col. 4).

Les tables de B sont identiques à celles de V, f. 90; mais avec quelques minimes variantes dans les chiffres (lat. N : 1^0 6' à 2^0 4'; lat. S. 1^0 5' à 2^0 8').

MARS (B, f. 64^V = V, f.97)

1) La première table de la latitude de Mars est identique à la col. 5 de la table de l'*Almageste*, II, p. 584-585. Cette fois-ci, aucun aménagement de la table de Ptolémée n'était nécessaire, puisque dans l'*Almageste,* la distance entre la limite Nord et l'apogée du déférent est nulle (*Alm.*, II, p. 587). Quelques variantes de chiffres.

2) La seconde table de la latitude de Mars pose un problème, car les chiffres en sont totalement différents de ceux de Ptolémée. En principe, cette table doit correspondre aux colonnes 3 et 4 de la table *Alm.* II, p. 584 -585.

Or, si l'on compare les chiffres de B et ceux de Ptolémée, on obtient :

B	*Alm.*
lat. N	col. 3
de $0^0\ 8'$ à $2^0\ 52'$ [26]	de $0^0\ 8'$ à $4^0\ 21'$
lat. S	col. 4
de $0^0\ 3'$ à $3^0\ 29'$	de $0^0\ 4'$ à $7^0\ 7'$

Cette fois, l'écart n'est pas insignifiant. Mais, loin d'y voir une différence de doctrine, on y verra tout simplement une jolie erreur dans la transmission des tables. On se souvient, en effet, que la table perse donne les chiffres de cette seconde table de 6^0 en 6^0, alors qu'à partir de 90^0 (270^0) dans la colonne d'arguments, Ptolémée donne les chiffres de 3^0 en 3^0. A partir de ce moment, l'adaptateur de la table de Ptolémée devait donc prendre un chiffre sur deux s'il voulait maintenir le rythme de progression de sa table. Or, à partir de la ligne 30 de la table de Ptolémée, l'adaptateur semble avoir oublié ce principe, et la fin de sa table correspond alors à la ligne 38 de celle de Ptolémée. Restent donc dix lignes de table qui ont disparu sans autre forme de procès ! A cela il faut ajouter plusieurs erreurs supplémentaires, faciles à corriger, dans la table de B.

Ce qui est intéressant dans tout ceci est que l'erreur semble remonter à l'origine de l'introduction des tables perses à Constantinople, car elle apparaît dans beaucoup d'autres manuscrits : dans V d'abord (f. 97), dans le *Vat. gr.* 185 (f. 37^V) dans la *Tribiblos* de Théodore Meliténiote (*Vat. gr.* 792, f. 279). Dans la seconde série de tables de B, autre série complète de tables perses, on trouve aussi la même erreur dans la table de Mars. Mais là, le copiste, ou son modèle, a réagi, car il a corrigé la fin de la table en annonçant sa correction par la note : "c'est ainsi dans les tables juives" (f. 126). Cette correction est du reste incomplète. Par contre le *Vat. gr.* 211, f. 142, a les mêmes chiffres que l'*Almageste*.

B. LES PLANETES INFERIEURES.

a) Méthode.

Pour les planètes inférieures, la méthode est plus compliquée[27]. Tout d'abord, le plan du déférent fait avec le plan de l'écliptique un angle j_0 (fig. 3). Mais au lieu d'être fixe comme pour les planètes supérieures, cet angle varie en fonction des positions du centre C de l'épicycle sur le déférent. L'inclinaison maximale est atteinte lorsque C est distant de 90⁰ de la ligne des noeuds du plan du déférent. Lorsque C se déplace vers un noeud, l'inclinaison j_0 décroît jusqu'à zéro et de nouveau s'accroît symétriquement lorsque C s'en éloigne. En d'autres termes, lorsque C se trouve à un noeud, le plan du déférent se trouve dans le plan de l'écliptique : l'inclinaison est nulle. Lorsque C se trouve à la limite nord du déférent, l'inclinaison atteint sa valeur maximale : $+ 0^0\ 10'$ pour Vénus, $— 0^0\ 45'$ pour Mercure. Lorsque C se trouve à l'autre noeud, l'inclinaison est nulle. Elle retrouve sa valeur maximum $+ 0^0\ 10'$ et $— 0^0\ 45'$ lorsque C a atteint la limite sud du déférent.

L'axe des apsides du déférent se confond cette fois avec l'axe apogée-périgée : la limite Nord se trouve, pour Vénus, dans la direction de l'apogée, pour Mercure, dans la direction du périgée.

De plus, comme pour les planètes supérieures, le plan de l'épicycle fait avec le plan du déférent un angle qui varie également en fonction des positions de C sur le déférent. Ici encore, on repérera les deux diamètres de l'épicycle : le diamètre apogée-périgée (GH) et le diamètre qui le coupe à angle droit (DF). Cette fois, l'inclinaison de l'épicycle se produit le long de ces deux diamètres, dont aucun ne demeure parallèle au plan de l'écliptique. Une première inclinaison (*egklisis*) a pour effet de pencher le diamètre apogée-perigée GH de l'épicycle sur le plan du déférent. Elle atteint son maximum lorsque le centre C de l'épicycle se trouve à un noeud du déférent et s'annule lorsqu'il est à l'apogée ou au périgée. L'autre inclinaison, à laquelle Ptolémée réserve le nom de *loxôsis,* incline l'autre diamètre DF par rapport au plan du déférent. Elle atteint son maximum lorsque le centre C de l'épicycle se trouve à l'apogée ou au périgée du déférent; elle devient nulle lorsque le centre C se trouve à un noeud (fig. 4).

La méthode de calcul de la latitude d'une planète inférieure sera plus compliquée que pour les planètes supérieures. Le calcul se fera en trois étapes : β_1, β_2, β_3.

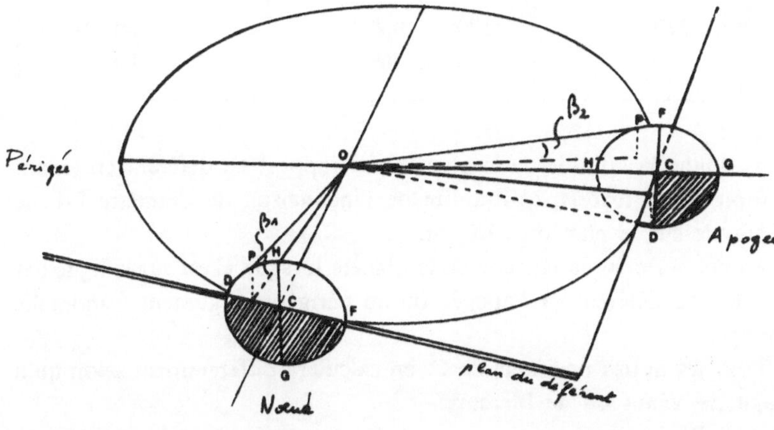

1⁰ Calcul de β_1.

β_1 est la latitude de la planète P — son écart par rapport au déférent — en tenant compte uniquement de l'*egklisis*, c'est-à-dire de l'inclinaison de l'épicycle le long de son diamètre apogée — périgée (GH).

La col. 3 donne la latitude de la planète par rapport au déférent, pour toutes les positions de la planète sur son épicycle, lorsque C se trouve à un noeud. Argument : anomalie corrigée (i').

Pour les autres positions de C, on calculera :

col. 3 x col. 5.

La col. 5 sera prise avec, comme argument :

k' + 90⁰ pour Vénus

k' + 270⁰ pour Mercure,

c'est-à-dire la position de C sur le déférent comptée depuis le noeud ascendant.

Le sens de la latitude trouvée β_1 est donnée par les règles consignées dans le tableau suivant :

Vénus k′ + 90° Mercure k′ + 270°	i′	
270° - 90°	270° - 90°	lat. S
270° - 90°	90° - 270°	lat. N
90° - 270°	270° - 90°	lat. N
	90° - 270°	lat. S

2° β_2 :

β_2 donne la latitude de la planète par rapport au déférent en tenant compte de la *loxôsis*, c'est-à-dire de l'inclinaison du diamètre DF de l'épicycle sur le plan du déférent.

La col. 4 donne la latitude de la planète lorsque C est sur la ligne des apsides du déférent (à l'apogée ou au périgée). Argument : anomalie corrigée (i′).

Pour les autres positions de C, on calculera différemment selon qu'il s'agit de Vénus ou de Mercure.

- pour Vénus :

  β_2 = col. 4 x col. 5

  La col. 5 sera prise avec comme argument k′ (position de C depuis la limite nord = apogée du déférent)

- pour Mercure :

  β_2 = 9/10 (col. 4 x col. 5) si k′ tombe dans les lignes 1 - 15 (entre 270° et 90°)

  β_2 = 11/10 (col. 4 x col. 5) si k′ tombe dans les lignes 15 ss (entre 90° et 270°)

  La col. 5 est prise avec comme argument k′ + 180° (position de C depuis la limite Nord = périgée).

Le sens de β_2 est donné par les règles :

Vénus k′ Mercure k′ + 180°	i′	
270° - 90°	0° - 180°	lat. N
270° - 90°	180° - 0°	lat. S
90° - 270°	0° - 180°	lat. S
90° - 270°	180° - 0°	lat. N

3) β_3

β_3 est la latitude par rapport à l'écliptique du centre de l'épicycle C due à l'inclinaison du déférent.

Celle-ci vaut au maximum :

0° 10′ vers le Nord pour Vénus

0° 45′ vers le Sud pour Mercure,

et varie, on s'en souvient, selon les positions du centre C sur le déférent.

β_3 est donné par la formule[28] :

$\beta_3 = 0^0\ 10' \times$ col. 5^2 vers le Nord pour Vénus

$\beta_3 = 0^0\ 45' \times$ col. 5^2 vers le Sud pour Mercure

La col. 5 étant prise ici simplement avec argument k′.

La latitude de la planète est alors donnée par l'addition des trois composantes :

$$\beta = \beta_1 + \beta_2 + \beta_3$$

* * *

Le calcul de la latitude des planètes inferieures (*chamêloi asteres*) est expliqué dans le ch. 17 de B. La méthode s'apparente à celle de l'*Almageste* et comprend les opérations suivantes :

1) On écrit les chiffres du "centre corrigé" (k′) et du "mouvement propre corrigé" (i′).
2) On reporte k′ dans la "table de la première latitude", dans le tableau des minutes d'abaissement (*lepta tapeina*) et on inscrit la valeur trouvée.
3) On reporte i′ dans la même "table de la première latitude" et on inscrit le chiffre trouvé cette fois dans l'autre tableau, celui des latitudes, en indiquant si la latitude est au nord ou au sud (ce renseignement est donné par la table).
4) On multiplie l'un par l'autre les deux chiffres trouvés : le résultat donne la première latitude soit au nord soit au sud.
5) On recommence les mêmes opérations pour la seconde table de latitude : on prend les minutes d'abaissement avec k′ comme argument, et le chiffre de la latitude avec i′. On les multiplie l'un par l'autre.

Le résultat donne la deuxième latitude soit au nord soit au sud.

6) On additionne ou on soustrait les deux latitudes ainsi trouvées selon qu'elles s'exercent dans le même sens ou en sens contraire. .
7) Enfin, on reporte k′ dans la dernière table de latitude, intitulée

"correction de latitude". Le chiffre trouvé est toujours au sud pour Vénus, toujours au nord pour Mercure.

On l'ajoute à la latitude trouvée au 6 et on obtient ainsi la latitude de la planète inférieure.

b) Exemple.

L'exemple donné est le calcul de la latitude de Mercure le 1er septembre 1346, soit le 16 Aderma de l'année 338 des Perses.

Avant d'aborder le calcul de la latitude, il faut d'abord trouver les arguments k' et i' à l'aide des tables de longitude (B, f. 71 - 74v) :

	Centre k	Mvt propre i	Apogée u
338	2^s 0^0 6'	6^s 17^0 29'	7^s 2^0 42'
Aderma	7^s 26^0 33'	0^s 25^0 37'	0 0 0
16	0^s 14^0 47'	1^s 16^0 36'	0 0 0
	10^s 11^0 26'	8^s 29^0 42'	7^s 2^0 42'
	+ 5^0 54'	— 5^0 54'	
	10^s 17^0 20'	8^s 23^0 48'	

1ère correction : argument = k
pour 10^s 11^0 ... 5^0 54'

Calcul de la latitude :
1ère latitude (B, f. 75^{r-v}) :
abaissement : argument 10^s 17^0 ... 40'
latitude : argument 8^s 23^0 ... 0^0 15' vers le sud
0^0 40' x 0^0 15' = 0^0 10' vers le sud

2e latitude (B, f. 76 - 77) :
abaissement : argument 10^s 17^0 ... 44'
latitude : argument 8^s 23^0 ... 1^0 26' vers le nord
0^0 44' x 1^0 26' = 1^0 3' 4" vers le nord
1ère latitude + 2e latitude :
1^0 3' (nord) - 0^0 10' (sud) = 0^0 53' (nord)

Correction de latitude (B, f. 77^V) :

argument 10^s 17^0 ... 9′ vers le nord

Latitude de Mercure :

0^0 53′ (nord) + 0^0 9′ (nord) = 1^0 2′ (nord).

(D'après les tables de TUCKERMAN, la latitude de Mercure est le 3 septembre 1346 de 1^0, 11 vers le nord).

c) Les tables.

VÉNUS (B, f. 68^V - 71 = V, f. 104 - 105^V).

Les tables de latitude de Vénus comprennent :

1^0 Une table de la "première latitude" (B, f. 68^V - 69), comportant en fait quatre tables :

a) une table de minutes d'abaissement (*lepta tapeina*) pour les signes de 0 à 5. Argument : k′

b) une table de latitude Nord (signes de 9 à 11 et de 0 à 2) et Sud (signes de 3 à 5 et de 6 à 8). Argument : i′.

c) une autre table d'abaissement pour les signes de 6 à 11. Argument k′.

d) une autre table de latitude Sud (signes de 9 à 11 et de 0 à 2) et Nord (signes de 3 à 8). Argument : i′.

2^0 Une table de la "seconde latitude" (B, f. 69^V - 70^V), qui compte également :

a) une table de minutes d'abaissement pour les signes de 9 à 11 et de 0 à 2. Argument : k′.

b) une table de latitude Nord (signes de 0 à 6) et Sud (signes de 7 à 11). Argument i′.

c) une autre table d'abaissement pour les signes de 3 à 5 et de 6 à 8. Argument : k′.

d) une autre table de latitude Nord (signe 0 et 6 à 11) et Sud (signes 1 à 5). Argument : i′.

3^0 Une table de "correction de la latitude" (B, f. 71). Argument : k′.

1^0 La table de la "première latitude" permet de trouver la valeur de β_1.

1^0, *a et c.*

Les "minutes d'abaissement" sont l'équivalent de la col. 5 de la table de l'*Almageste,* II, p. 584 - 585. Mais la table de B a été aménagée de manière à ce que l'argument utilisé soit k' et non plus k' + 90⁰ comme chez Ptolémée. D'où le décalage suivant :

Col. 5 = minutes d'abaissement	Ptolémée k' + 90⁰	B k'
60	0⁰	270⁰
0	90⁰	0⁰
60	180⁰	90⁰
0	270⁰	180⁰

1⁰ b et *d*.

A chacune des tables d'abaissement correspond une table de latitude Nord et Sud qui est l'équivalent de la col. 3 de la table de l'*Almageste*, II, p. 584 - 585. On se souvient que, chez Ptolémée, le sens de la latitude donnée par la col. 3 est défini par des règles qui ont été rappelées plus haut[29]. Les tables perses permettent d'éviter le recours à des règles de ce genre, car elles donnent directement le sens des latitudes. Les chiffres ont été répartis de manière à respecter les règles de Ptolémée. La table *1⁰ d* n'est que la reproduction de la table *1⁰ b*, dont les titres Nord/Sud ont été simplement inversés.

Pour le reste, les chiffres sont identiques à ceux de Ptolémée, avec de légères variantes : max. 6⁰ 18' (B) au lieu de 6⁰ 22' (Ptolémée).

2⁰, a et c.

Les tables d'abaissement qui figurent ici correspondent à la col. 5 de Ptolémée, *Alm.*, II, p. 584-585, cette fois sans changement puisque l'argument k' est le même dans les deux cas.

2⁰, b et d.

Les tables de latitude correspondent à la col. 4 de la table de Ptolémée, *Alm.*, II, p. 584-585, mais les chiffres ont été haussés de 0⁰ 10'.

Le sens des latitudes indiqués dans les titres est ici encore conforme aux règles de Ptolémée.

3⁰

Il reste enfin une table de correction de la latitude, qui s'utilise avec argument k'.

Cette correction (ω), toujours au Sud pour Vénus, s'ajoute simplement aux résultats précédents.

En remplaçant les valeurs de B par leurs équivalents chez Ptolémée, on obtient, pour le calcul de la latitude, la formule suivante :

β = (col. 3 x col. 4) + (col. 4 + 0° 10′) x col. 5 + correction.

Pour que cette formule soit équivalente à celle de l'*Almageste*, la valeur de la correction doit être :

ω = 0° 10′ x col. 5 x (col. 5 - 1),

comme l'a montré Neugebauer à propos d'un table analogue du *Vat. gr.* 1058, f. 422v[30]. Les chiffres de B correspondent assez bien à cette formule, en admettant bien sûr une simplication[31].

MERCURE (B, f. 75 - 77v = V, f. 112-113v).

Les tables de latitude de Mercure sont :

1° une table de la première latitude (B, f. 75r-v), soit :

a) une table de minutes d'abaissement (signes de 6 à 11). Argument : k′.

b) une table de latitude Sud et Nord

c) une table de minutes d'abaissement (signes de 0 à 5). Argument : k′.

d) une table de latitude Sud et Nord

2° table de la 2e latitude (B, f. 76 - 77) :

a) table de minutes d'abaissement (k′ = 90° - 270°)

b) table de latitude Nord et Sud

c) table de minutes d'abaissement (k′ = 270° - 90°)

d) table de latitude Sud et Nord.

3° table de correction (B, f. 77v).

1°, *a et c.*

Les tables de minutes d'abaissement correspondent à la col. 5 de la table de Ptolémée, *Alm.*, II, p. 586-587. Mais, pour Ptolémée, l'argument utilisé est + 270°, pour B, k′ simplement. D'où le décalage :

col. 5 = minutes d'abaissement	Ptolémée k′ + 270°	B k′
60	0°	90°
0	90°	180°
60	180°	270°
0	270°	360°

1°, *b et d.*

La table de latitude correspond à la col. 3 de la table de l'*Almageste*, II, p. 586-587. Comme pour Vénus, le sens des latitudes est indiqué directement dans les titres de la table, et la répartition des chiffres (qui tient compte de la valeur de k′ et de i′) respectent les règles de Ptolémée[32].

Dans les chiffres, on relève une légère variante :

lat. S, max. 4^0 4′ B, au lieu de 4^0 5′ chez Ptolémée.

2⁰, a et c.

Les tables d'abaissement *2, a et c,* correspondent à la col. 5 de la table *Alm.*, II, p. 586-587. Pour Ptolémée, l'argument est k′ + 180^0, pour B, l'argument est k′. D'où le décalage :

col. 5 = minutes d'abaissement	Ptolémée k′ + 180^0	B k′
60	0	180^0
0	90^0	270^0
60	180^0	0^0
0	270^0	90^0

2^0, b et d.

On se souvient que, chez Ptolémée, la valeur de β_2 est calculée selon la formule :

β_2 = 9/10 (col. 4 x col. 5) si k′ est compris entre 270^0 et 90^0

β_2 = 11/10 (col. 4 x col. 5) si k′ est compris entre 90^0 et 270^0

Dans B, la table de latitude *2,b* (qui correspond à la table de minutes *2,a*) donne des valeurs correspondant exactement à

11/10 col. 4 — 0^0 45′ pour le Nord

—11/10 col. 4 — 0^0 45′ pour le Sud

tandis que la table *2,d,* qui correspond à la table des minutes 2,c, donnent des valeurs égales à

9/10 col. 4 — 0^0 45′ pour le Sud

9/10 col. 4 — 0^0 45′ pour le Nord

En d'autres termes nous avons ici les valeurs de la col. 4 modifiés de + ou — 1/10 selon les indications de Ptolémée, systématiquement abaissées de 0^0 45′.

Le sens des latitudes indiquées dans les tables de B correspond aux règles de Ptolémée, mais en tenant compte du fait que l'abaissement de 0^0 45′ décale les points de latitude 0. Ceci n'est pas toujours indiqué correctement dans le table de B.

3^0

Il reste alors une table de correction qui, conformément à l'étude de Neugebauer[33] doit correspondre à la formule

$\omega = -0^0 45' \times \text{col. } 5 \times (\text{col. } 5 - 1)$.

En effet, telle est la valeur de la correction si l'on fait l'équivalence entre le calcul de Ptolémée

$$\beta = (\text{col. } 3 \times \text{col. } 5) \begin{Bmatrix} + (9/10 \ \text{col. } 4 \times \text{col. } 5) \\ + (11/10 \ \text{col. } 4 \times \text{col. } 5) \end{Bmatrix} - 0^0 45' \times \text{col. } 5^2$$

et celui de B :

$$\beta = (\text{col. } 3 \times \text{col. } 5) \begin{Bmatrix} + (9/10 \ \text{col. } 4 - 0^\circ 45')(\text{col. } 5) \\ + (11/10 \ \text{col. } 4 - 0^\circ 45')(\text{col. } 5) \end{Bmatrix} + \text{correction}$$

D'après nos vérifications, les chiffres de la table de correction correspondent assez fidèlement à cette formule[34].

d) Conclusions.

Avec la latitude des planètes, on remarque une fois de plus la parfaite identité qui existe entre B et Chrysococcès. Et cette fois, le problème des sources de Chrysococcès peut être rapidement résolu, puisque des tables similaires sont décrites par O. Neugebauer comme provenant, selon toute vraisemblance, du *Zîj al-'Alâ' î*[35]. En ce qui concerne l'adaptation byzantine, on retiendra l'erreur qui entache la fin de la seconde table de latitude de Mars, et dont la réapparition dans d'autres traités ou d'autres manuscrits devrait permettre de mieux retracer les voies de transmission de ces tables.

§ 10. MONTEES ET DESCENTES DES PLANETES; RETROGRADATIONS ET STATIONS; VITESSES JOURNALIERES.

Le chapitre 18, qui s'intitule "sur la montée et descente en latitude des planètes (*Peri anabaseôs kai katabaseôs tou platous tôn planêtôn*), est un chapitre obligé dans ce genre de traité. Il s'agit de savoir si la planète "monte ou descend au Nord", ou si elle "descend ou monte au Sud" de l'écliptique, c'est-à-dire si la latitude Nord ou Sud croît ou décroît. Pour cela, on calcule la latitude d'une planète au jour donné. On refait le calcul après dix jours et on voit si la latitude augmente ou diminue. Le chapitre se termine par l'énoncé des latitudes maximales des planètes, qui sont exactement conformes à ce qu'on lit dans le "*Petit Commentaire*" aux *Tables Faciles* de Théon[36]:

	Nord	Sud
Saturne	3° 2′	3° 6′
Jupiter	2° 3′	2° 9′
Mars	4° 23′	7° 6′
Vénus	8° 56′	8° 56′
Mercure	4° 18′	4° 18′

Le chapitre 19 concerne les rétrogradations et les stations des planètes (*Peri opisthapodismou kai stêrigmou tôn planêtôn*). L'auteur commence par définir les rétrogradations et les stations. Rien de remarquable dans ces définitions.

Le procédé de calcul est alors expliqué : on prend la longitude de la planète à 5 ou 10 jours d'intervalle. Si la longitude croît, on dit que la planète est "prosthétique" et "à mouvement en ligne droite" (*orthokinêtos*); si la longitude décroît, la planète est "aphérétique" ou elle rétrograde (*opisthapodizei*). Si la planète ne bouge pas de plus d'1 ou 2 minutes par jour, elle stationne.

Le chapitre 20, enfin, donne les mouvements journaliers des planètes (mouvements en 24h) :

Saturne	8′ en mouvement droit (*ortha kai anempodista*)
	6′ ou 5′ en rétrogradation
	2′ ou 1′ en station
Jupiter	13′ ou 14′ en mouvement droit
	9′ ou 8′ en rétrogradation
Mars	47′ maximum en mouvement droit
	38′ minimum en mouvement droit
	29′ maximum en rétrogradation
	24′ minimum en rétrogradation
	Le minimum est accompli de la première à la deuxième station
Vénus	1° 16′ en mouvement droit
	36′ en rétrogradation (maximum).
Mercure	1° 56′ maximum en mouvement droit
	1° 42′ minimum en mouvement droit
	1° 3′ maximum en rétrogradation

Les données qui apparaissent dans ce chapitre sont une simplification de ce qu'on lit dans le traité de Chrysococcès, dans un chapitre intitulé "de combien se meut chacun des astres pendant un nychthémère". (V, f. 27^{r-v}). Le contenu de ce chapitre est résumé dans un double tableau (V,f.

27V) que nous reproduisons ici :

Maximum et minimum de déplacement des "marches en avant" (*propodismôn*)			
Marche en avant	degrés minutes	degrés minutes	degrés minutes
astres	minimum	moyen	maximum
Saturne	0° 7′ 12″	0° 7′ 44″	0° 8′ 16″
Jupiter	0° 13′ 21″	0° 14′ 1″	0° 14′ 11″
Mars	0° 38′ 6″	0° 42′ 30″	0° 47′ 17″
Soleil	0° 56′ 55″	0° 59′ 8″	1° 1′ 31″
Vénus	1° 13′ 14″	1° 14′ 33″	1° 16′ 0″
Mercure	1° 43′ 0″	1° 48′ 0″	1° 56′ 0″
Lune	11° 33′ 0″	13° 11′ 0″	15° 30′ 0″

Maximum et minimum de déplacement des rétrogradations (*hypopodismôn*)			
Rétrogradation	degrés minutes	degrés minutes	degrés minutes
astres	minimum	moyen	maximum
Saturne	0° 5′ 1″	0° 5′ 36″[1]	0° 6′ 17″
Jupiter	0° 8′ 10″	0° 8′ 40″	0° 9′ 0″
Mars	0° 25′ 0″	0° 26′ 0″	0° 29′[2] 0″
Soleil	0° 0′ 0″	0° 0′ 0″	0° 0′ 0″
Vénus	0° 35′ 0″	0° 36′ 0″	0° 37′ 0″
Mercure	0° 32′ 0″	0° 56′ 0″	1° 3′ 0″
Lune	0° 0′ 0″	0° 0′ 0″	0° 0′ 0″

[1] 35′V
[2] 19′V (mais 29′ dans le texte du chapitre)

En ce qui concerne les stations, le traité de Chrysococcès précise que le mouvement est pour tous les astres de moins de 2′.

B précise encore que les planètes supérieures, après leur seconde station, repartent en sens direct, mais que Vénus et Mercure, après leur seconde station, rétrogradent à nouveau, parce qu'ils ne peuvent pas s'écarter beaucoup du Soleil. Cette remarque, plutôt sommaire, est sans doute inspirée par le passage suivant du traité de Chrysococcès :

"Lorsque Vénus s'est éloignée de 48° du Soleil, alors elle s'arrête et fait sa première station. Mais ici, il se produit le contraire de ce qui se passe pour les autres astres. Ceux-là, en effet, ayant fait leur première station, rétrogradent en deviennent aphérétiques. Mais elle (Vénus), ayant fait sa première station dans les 48°, puisqu'elle ne peut pas s'éloigner davantage, alors devient prosthétique afin de rattraper le Soleil. Ensuite, le rattrapant, de nouveau s'éloigne de lui en sens direct jusqu'à 48°. Et lorsqu'elle a rejoint le 48e degré, alors de nouveau stationne et fait sa deuxième station. Et alors, à nouveau, elle rétrograde vers le Soleil au contraire des autres astres." (V, f. 29, l. 5 *ab imo* - 29^{v}).

Ainsi s'achèvent les chapitres consacrés aux planètes.

§11. LONGUEUR DU JOUR; HOROSCOPE; POINT CULMINANT: HOROSCOPE AUX ENVIRONS DE MIDI.

Le chapitre 21 est intitulé : "Comment nous obtenons les heures équinoxiales pour le climat que nous voulons". En fait, il s'agit de trouver le nombre d'heures équinoxiales que compte un jour donné pour un climat donné.

La méthode est bien connue : on reporte dans la table d'ascensions du climat cherché les degrés de la longitude du Soleil. On inscrit les degrés et minutes correspondant, ainsi que ceux qui correspondent au point diamétralement opposé à la longitude du Soleil. On prend leur différence — ce qui donne la longueur du jour exprimée en degrés d'équateur. On la divise par 60 et on multiplie le résultat par 4 — en d'autres termes, on divise la différence par 15, puisque l'heure équinoxiale égale 15°. Le résultat donne le nombre d'heures équinoxiales du jour donné.

Exemple : pour le climat de Chypre ou de Rhodes, qui en est le plus proche, chercher la longueur du jour le 1er septembre 1346. On a trouvé le Soleil à 15° 30′ de la Vierge[37].

On trouve dans la table des anaphores :

Vierge 15° 30′ 162° 27′ (erreur pour 162° 25′ 30″)

Poissons 15° 30′ ... 350° 55′

Différences des anaphores ... 188° 28′

188° 28′ : 60 = 3° 8′ 1/2 environ (*sic*)

3° 8′ 1/2 x 4 = 12 h 34m

soit durée du jour à Chypre le 1er septembre 1346.

En effectuant le même calcul de 10 en 10 jours, précise le texte, on obtient la longueur des jours pour toute l'année.

Ce calcul suppose évidemment que l'on dispose de tables d'ascensions. Celles-ci trouvent dans B, aux f. 45 - 52v. Ce sont simplement les *Tables Faciles* d'ascensions, mais avec la seule colonne des arcs additionnés d'ascension. On y trouve la table d'ascension pour la sphère droite, puis celles des sept climats comme dans les *Tables Faciles*. Les chiffres y sont souvent perturbés.

De plus, au f. 78^{r-v}, B présente une table intitulée : "Table des heures équinoxiales pour toute l'année; pour le climat de Chypre", qui donne la durée du jour, en heures équinoxiales, pour chaque degré de l'écliptique occupé par le Soleil. Quelques sondages montrent que cette table a bien été calculée selon la méthode expliquée dans ce chapitre.

Le chapitre 22 concerne l'horoscope. Après en avoir donné sommairement la définition, B donne la méthode de calcul suivante :
1) multiplier par 15 le nombre d'heures équinoxiales depuis le lever du Soleil ou depuis la veille jusqu'au moment où nous cherchons l'horoscope[38];
2) reporter la longitude du Soleil dans la table des ascensions du climat cherché ; prendre les degrés correspondant et les ajouter au résultat trouvé précédemment;
3) reporter le total trouvé dans la table des ascensions du climat voulu et chercher à quel degré du zodiaque ils correspondent.
Pour la nuit : même méthode, mais on compte les heures depuis le commencement de la nuit (le coucher du Soleil) et l'on prend le degré diamétralement opposé à celui du Soleil.

L'explication de cette méthode est simple. Au lever du Soleil, se trouvent à l'horizon le point de l'écliptique S, où se trouve le Soleil, et le point d'équateur S' qui lui correspond. Quelque temps plus tard, se trouvent à l'horizon le point H d'écliptique et le point H' d'équateur. Ont donc franchi l'horizon simultanément les arcs d'écliptique SH et d'équateur S'H'. L'arc d'équateur S'H' est trouvé par l'opération 1. Il reste à trouver l'arc VS' (opération 2) et à l'additionner à l'arc S'H', ce qui donne VH'. En reportant ce dernier dans la table des ascensions, on trouvera le point H qui est l'horoscope (fig. 5).

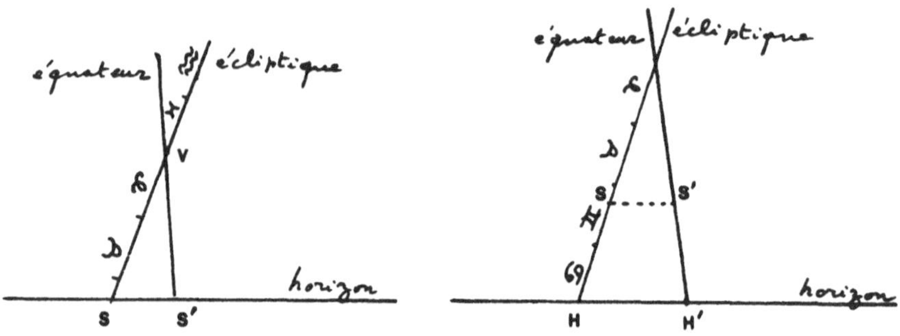

fig. 5.

Le texte donne comme exemple : trouver l'horoscope le 1er septembre à 8h 1/2 du jour:

1) 15⁰ x 8h 30m = 127⁰ 30′.
2) Position du Soleil le 1er septembre (1346) : Vierge 15⁰ 36′
   (remarquer la divergence par rapport au chiffre donné dans les chapitres précédents : 15⁰ 30′).
   pour le 4e climat, on trouve par interpolation 162⁰ 30′
   (autre divergence : dans le chapitre précédent, il donne 162⁰ 27′. Le calcul pour 15⁰ 36′ donne 162⁰ 32′ 48″).
   127⁰ 30′ + 162⁰ 30′ = 290⁰
3) Dans la table d'ascension, 4e climat, 290⁰ correspondent à peu près à 1⁰ du Capricorne, ce qui est l'horoscope.

Le chapitre 23 explique comment, ayant trouvé l'horoscope, on trouvera le point culminant au même moment. Pour cela, il suffit de reporter les temps d'ascension avec lesquels on a trouvé l'horoscope dans la table des ascensions de la sphère droite. Le degré trouvé en face de l'ascension reportée est le point culminant.

Exemple : 290⁰ d'ascension trouvés au chapitre précédent, auxquels correspondent, dans la table des ascensions de la sphère droite : Balance 22⁰ = point culminant.

Cette méthode a été expliquée par le Chanoine A. Rome dans son introduction au commentaire de Théon à l'*Almageste*[39] :

- chercher l'ascension oblique a du point qui se lève;
- soustraire 90⁰ de cette ascension;
- chercher le point de l'écliptique qui a pour ascension droite a - 90⁰.

On comprend ceci à l'aide de la figure 6, où

V = 0° du Bélier
H = horoscope
VH' = ascension oblique de l'arc d'écliptique VH

Le point culminant M est le point de l'écliptique qui passe au méridien; M'H' = 90°. Pour trouver M, on calcule VH' - 90° et on cherche dans la table des ascensions de la sphère droite de quel arc d'écliptique VM' est l'ascension droite.

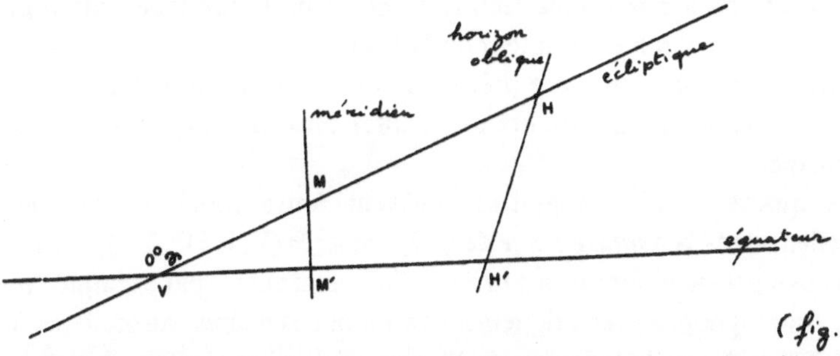

(fig. 6)

Cette méthode vaut si l'on utilise la table d'ascensions de l'*Almageste*, I, p. 135. Dans la *Table Facile* des ascensions de la sphère droite, l'ascension droite est comptée non plus à partir de 0° du Bélier, mais à partir de 0° du Capricorne, et l'ascension droite donnée est celle de l'*Almageste* augmentée de 90°. Dès lors, selon la méthode de B, qui utilise la *Table Facile*, on reporte simplement dans la table (a + 90°) — 90°, c'est-à-dire l'ascension oblique a.

Le chapitre 24, enfin, s'intitule "Sur l'horoscope pour chaque midi". Il commence par donner la justification suivante : à midi, le Soleil semble stationner avant de redescendre vers le couchant, comme on le voit au moyen de l'astrolabe; à cause de cela, il n'est pas possible de trouver avec précision (au moyen de l'astrolabe) le degré de l'horoscope. C'est pourquoi il faut recourir à la méthode suivante :

1) on reporte dans la table des ascensions de la sphère droite le degré où se trouve le Soleil et on prend l'ascension correspondante;

2) on reporte les degrés trouvés dans la table des ascensions du climat cherché : le degré d'écliptique correspondant est l'horoscope.

En fait, on a ici la réciproque du problème exposé dans le ch. 23. L'opération 1 donne l'ascension droite VM' + 90° = VH'. On cherche ensuite dans la table d'ascensions du climat approprié de quel arc d'écliptique VH' est l'ascension oblique.

La justification de ce calcul par le fait que l'astrolabe ne permet pas, à midi, de prendre l'horoscope avec précision, est un peu inattendue, mais correcte. En effet, pour lire l'horoscope sur l'instrument, il faut d'abord mettre en place correctement l'araignée. Pour cela, il faut prendre la hauteur du Soleil; repérer sur le tympan adéquat le parallèle correspondant à la hauteur trouvée; ajuster sur celui-ci le point, préalablement marqué sur l'araignée, de la longitude du Soleil. Une fois terminé cet ajustement, on a par simple lecture le point de l'écliptique qui coupe l'horizon. Mais comme la hauteur du Soleil plafonne à midi, il est difficile d'effectuer une mise en place précise. Du reste, le calcul de l'horoscope par les tables donnera toujours un résultat plus précis que l'emploi de l'astrolabe.

Ces quatre derniers chapitres achèvent notre traité. Ils ont leur équivalent dans la *Syntaxe Perse* de Chrysococcès (V, f. 31^v-32^v), mais on n'y trouve pas de réminiscence précise. On remarquera, par exemple, que notre traité ignore systématiquement l'emploi des heures saisonnières (la colonne qui donne la longueur de l'heure saisonnière dans les tables des ascensions obliques a été supprimée dans B).

CONCLUSIONS

Au terme de cette analyse, le traité anonyme du *Baroccianus gr.* 166 nous apparaît comme un petit manuel d'astronomie assez sommaire, peu précis, rédigé dans une langue beaucoup plus proche du grec moderne que celle des traités byzantins contemporains, et où quelques expressions d'origine française trahissent la provenance chypriote[40]. Mais la question qui se pose surtout est celle qui a guidé chaque pas de notre étude : quels sont les liens de B avec la *Syntaxe Perse* de Georges Chrysococcès ? Il paraît évident, une fois atteint le terme de ce travail, que l'auteur chypriote a dû connaître l'oeuvre du médecin byzantin. Les tables de B, en effet, semblent bien être des adaptations de celles de Chrysococcès, et les différences, superficielles, s'expliquent bien dans ce sens. En outre, nous avons pu relever des réminiscences précises, des fautes identiques[41], qui plaident plus nettement en faveur de cette hypothèse. Mais inspiration ne veut pas dire identité. Ainsi, sur le plan de la terminologie astronomique, la langue de B se démarque nettement de celle de Chrysococcès. Certains chapitres ont clairement une autre origine : par exemple, le chapitre 18 sur les "montées" et "descentes" des planètes semble venir en droite ligne du *Petit Commentaire* de Théon, dont l'influence d'ailleurs semble présente dans quelques autres passages, comme dans l'économie générale du traité[42]. Et surtout, les premiers chapitres de B ont une origine inexpliquée : l'ère chronologique, qu'il appelle par erreur ère de Mélixa, au départ du 13 mars 1008, et la valeur de l'anomalie solaire (2° 24′ 30″) sont, jusqu'à plus ample informée, des nouveautés de ce traité. La chronologie, à vrai dire, pourrait bien résulter d'une erreur de lecture du chiffre 1078, date communément admise pour le début de l'ère de Malik Sha, et qui aurait pu se produire dans un milieu chypriote plus habitué à la notation occidentale des chiffres qu'à la notation grecque[43]. Mais la table d'anomalie solaire suppose nécessairement le recours à une source différente. L'auteur chypriote n'avait-il à sa disposition qu'un exemplaire mutilé de la *Syntaxe Perse* ? A-t-il volontairement choisi une autre source ? Il ne nous est pas possible de répondre à ces questions.

Quoi qu'il en soit, si B a utilisé, fût-ce partiellement le traité de Georges Chrysococcès, il en découle immédiatement une autre conclusion : c'est l'extrême rapidité avec laquelle s'est répandu dans le monde byzantin le traité de Chrysococcès. Rédigé, en effet, peu de temps après 1347, il fut immédiatement adapté à Chypre dans ces mêmes années. Et il ne fait pas de doute que l'étude de la tradition manuscrite de la *Syntaxe Perse* devrait confirmer le succès immédiat que cette oeuvre rencontra[44]. Dès le milieu du XIVe siècle, en tout cas, les tables perses telles qu'elles apparaissent chez Chrysococcès se répandent partout dans le monde byzantin. Moins de dix ans après celui-ci, en effet, ces tables sont reprises et commentées dans le livre III de la *Tribiblos* astronomique de Théodore Méliténiote, rédigée peu après 1352. Détaché de l'ensemble, anonyme ou attribué à Isaac Argyre, ce livre III connaîtra une diffusion bien plus large que la *Tribiblos* entière, sous le titre *Paradosis tôn Persikôn kanonôn*[45]. Méliténiote a-t-il connu l'oeuvre de Chrysococcès ? Il ne le cite pas dans son introduction au livre III, mais se réfère directement aux oeuvres arabes traduites en grec, et qui sont vraisemblablement les traductions de Chioniadès[46]. Au cours des travaux dirigés à Louvain par le Professeur J. Mogenet, il nous est toujours apparu que l'adaptation de Méliténiote représentait dans l'intégration de l'astronomie perse à Constantinople une étape plus avancée que l'oeuvre de Chrysococcès, mieux intégrée à la tradition des traités astronomiques grecs, usant d'une terminologie plus précise et plus conforme dans ses transpositions au langage de Ptolémée et de Théon, et enfin, résolument adaptée à son époque, puisque les tables débutent chez lui en 1352. Pratiquement contemporain de Chrysococcès, le *Vat. gr.* 185 mérite également de retenir l'attention : on y trouve, en effet, une petite collection de tables perses où l'on remarque des traces d'adaptation qui en font parfois un intermédiaire entre les tables de Chrysococcès et ses sources présumées, les tables du *Vat. gr.* 211[47]. Autre manuscrit important dans l'histoire des tables perses, le *Vat. gr.* 210, datable des années 1360 environ, a été maintes fois utilisé au cours de cette étude. On remarquera ici qu'il contient, outre le traité de Chrysococcès, un mode d'emploi anonyme de ces tables[48] et qu'il présente systématiquement des tables pour le climat de Mitylène[49]. Mitylène a connu une école astrologique et astronomique importante, mise en évidence par D. Pingree[50], et en relation avec l'astronomie perse. Ses représentants, Jean Abramios, Eleutherios Elios et Dionysios oeuvrèrent dans les années 1376-1391[51]. Vers 1393, c'est à Rhodes que nous trouvons un traité anonyme, mutilé et conservé dans le *Leidensis* BPG 74E, et qui utilise les tables de Chrysococcès ou de Méliténiote[52]. Au XVe siècle, enfin, vers 1346 Matthieu Paléologue, vraisemblablement à Nicée, s'inspire des tables de Chrysococcès[53]. Cette rapide esquisse devrait encore être complétée par un inventaire des notes et calculs "selon les Perses" dispersés dans quantité de manuscrits. Mais si incomplète qu'elle soit, elle suffit à illustrer notre propos : que, dès le milieu du XIVe siècle, le succès des tables astronomiques perses, popularisées par le traité de Chrysococcès, s'est avéré immédiat et largement répandu.

Une deuxième conclusion qui nous est apparue au cours de cette étude est que l'adaptation byzantine des tables perses ne s'est pas faite sans peine, ni sans erreurs. Non sans peine, on en juge par le langage maladroit, hermétique, ardu des traités contenus dans le *Vat. gr.* 211, dans le *Laur. gr.* 28/17, par exemple, par leur terminologie directement transposée de l'arabe, et que Chrysococcès comme Méliténiote ont eu le mérite de clarifier. Non sans erreurs, comme on a pu s'en rendre compte en cours de route. La meilleure illustration en est la table de la latitude de Mars, dont la fin, complètement perturbée chez Chrysococcès, réapparaît telle quelle chez Méliténiote[54]. On ne s'étonnera pas de ce manque d'esprit critique, de ce manque de compréhension profonde de l'astronomie qui apparaît dans ce courant de l'astronomie byzantine, mais qui est finalement largement compensé par l'enthousiasme et la reconnaissance des progrès accomplis par les autres, alors que des savants bien plus érudits comme Barlaam ou Nicéphore Grégoras n'ont eu, peut-être, qu'un rôle stérile à jouer dans les développements de l'astronomie, parce qu'ils se sont délibérément cantonnés dans la restauration de l'astronomie de Ptolémée.

Si l'on se tourne, enfin, vers les origines perses des tables de Chrysococcès, là encore, on doit constater qu'il reste un bon nombre de points d'interrogation. Bien que l'étude de D. Pingree ait considérablement fait progresser l'histoire des sources de Chrysococcès[55], il reste encore des zones d'ombre, notamment en ce qui concerne la longitude des planètes. On a vu, lors de l'étude de celles-ci, qu'on ne trouve nulle part, dans les sources présumées de Chrysococcès, l'exhaussement des valeurs des tables de corrections par addition de l'équation maximale. Qui est l'auteur de ce procédé ? Certes, il ne s'agit pas d'une révolution astronomique géniale, mais elle impose un remaniement des chiffres dont Chrysococcès ou Chioniadès étaient sans doute incapables. Quelle fut exactement l'oeuvre du maître de Chioniadès, le persan Shams Bukharî ? Son enseignement a été conservé par Chioniadès notamment dans le *Laurentianus gr.* 28/17, et n'a pas encore fait l'objet d'une étude systématique. Par contre, une étude sur son traité de l'astrolabe, conservé dans le *Vat. gr.* 210 — encore — et dans le *Marc. gr.* 309, et effectuée dans le Centre d'Ecdotique et d'Histoire des Sciences du Professeur Mogenet a permis d'apporter quelques précisions[56]. On peut voir que ce traité est muni d'une préface dans le seul *Marc. gr.* 309 et que cette préface a dû être rédigée en grec par Shams Bukharî lui-même. Dans celle-ci, l'auteur, jouant sur son nom qui signifie le Soleil, dédicace son traité de l'astrolabe à l'empereur Andronic II Paléologue, et l'envoi de cet ouvrage pourrait prendre place, comme échange de bons procédés, dans le cadre d'une ambassade envoyée en 1302 par Andronic II à Ghazân Khan, et où Chioniadès eut un rôle à jouer[57]. Le reste du texte, en contraste avec la préface, semble une mauvaise traduction d'un traité rédigé en arabe. Shams Bukharî a-t-il retravaillé les tables astronomiques de ses prédécesseurs ? Tout ceci demanderait encore des recherches complémentaires...

Dans son *Histoire de l'astronomie du Moyen-Âge*, Delambre concluait ainsi sa brève étude sur l'astronomie perse : "on ne voit pas comment les Perses faisaient un si grand secret de leur astronomie, à moins que ce ne fût pour laisser croire qu'ils en avaient une qui leur appartenait"[58]. Ce jugement péremptoire, bien dans la manière de Delambre, peut être vrai si l'on adopte le point de vue de l'astronome. Mais l'historien et le philologue ne seront certes pas d'accord avec lui pour dire que l'astronomie perse a livré tous ses secrets.

Liste des tables de B.

1.	Table chronologique		f. 26
2.	Soleil:	a) mouvements moyens	f. 27^{r-v}
		b) correction	f. 28^{r-v}
		c) obliquité	f. 28^{v}
3.	Lune:	a) mouvements moyens	f. 29-30
		b) correction pour les longitudes géographiques	f. 30
		c) 1ère correction	f. 30^{v}-31
		d) 2e correction	f. 31^{r-v}
		e) abaissement	f. 32
		f) anomalie	f. 32^{v}-33
4.	Distance horaire Soleil-Lune		f. 33^{v}-34^{v}
5.	Noeuds		f. 35
6.	Latitude de la Lune		f. 35^{v}-36
7.	Eclipses de Lune		f. 36^{v}-38^{v}
8.	Conjonction apparente		f. 38^{v}
9.	Eclipses de Soleil		f. 39-41
10.	Parallaxes pour les sept climats		f. 41^{v}-44^{v}
11.	Sphère droite		f. 45^{r-v}
12.	Ascensions obliques pour les sept climats		f. 46-52^{v}
13.	Saturne:	a) mouvements moyens	f. 53^{r-v}
		b) 1ère correction	f. 54^{r-v}
		c) 2e correction	f. 54^{v}-55
		d) abaissement + anomalie	f. 55^{v}-56
		e) latitude	f. 56^{v}
14.	Jupiter:	a) mouvements moyens	f. 57^{r-v}
		b) 1ère correction	f. 58^{r-v}
		c) 2e correction	f. 58^{v}-59
		d) abaissement + anomalie	f. 59^{v}-60
		e) latitude	f. 60^{v}
15.	Mars:	a) mouvements moyens	f. 61^{r-v}
		b) 1ère correction	f. 62^{r-v}
		c) 2e correction	f. 62^{v}-63
		d) abaissement + anomalie	f. 63^{v}-64
		e) latitude	f. 64^{v}
16.	Vénus:	a) mouvements moyens	f. 65^{r-v}
		b) 1ère correction	f. 66^{r-v}
		c) 2e correction	f. 66^{v}-67
		d) abaissement + anomalie	f. 67^{v}-68
		e) latitude	f. 68^{v}-71
17.	Mercure:	a) mouvements moyens	f. 71-72
		b) correction pour les longitudes géographiques	f. 72
		c) 1ère correction	f. 72^{v}-73
		d) 2e correction	f. 73^{r-v}
		e) abaissement + anomalie	f. 74^{r-v}
		f) latitude	f. 75-77^{v}
18.	Etoiles fixes		f. 77^{v}
19.	Longueur des jours pour le climat de Chypre		f. 78^{r-v}

Toutes ces tables ont été analysées, sauf la table 18, qui donne une liste d'étoiles fixes. Celle-ci ne ressemble pas à la table de V, mais bien aux tables que l'étude de P. KUNITZSCH appelle le type III[59]. Ces tables donnent une liste de 30 étoiles brillantes pour l'année 1346. La liste de B ne compte que 29 étoiles et suit l'ordre des signes du zodiaque de leur longitude. Le chiffre donné pour la longitude est celui de Ptolémée + 18° 30′ (= type III, defg de l'étude de KUNITZSCH). Voici l'équivalence entre la liste de B et celle de P. KUNITZSCH:

B	KUNITZSCH	B	KUNITZSCH	B	KUNITZSCH
1 =	15	10 =	17	20 =	29
2 =	28	11 =	19	21 =	23
3 =	11	12 =	27	22 =	9
4 =	18	13 =	6	23 =	14
5 =	12	14 =	26	24 =	2
6 =	16	15 =	25	25 =	24
7 =	20	16 =	1	26 =	8
8 =	10	17 =	7	27 =	3
9 =	30	18 =	5	28 =	4
		19 =	21	29 =	22

Terminologie

longitude des planètes

k	centre de l'épicycle	κέντρον τοῦ ἐπικύκλου
i	mouvement propre de l'astre	ἴδιον τοῦ ἀστέρος
u	apogée	ὕψωμα
b	première correction	πρώτη διόρθωσις
e_0	deuxième correction	δευτέρα διόρθωσις
$n_1/60$	premier abaissement	ταπείνωμα πρῶτον
$n_2/60$	deuxième abaissement	ταπείνωμα δεύτερον
x_1	anomalie de la longitude plus proche (apogée)	ἀνωμαλία τοῦ ἐγγυτέρου μήκους
x_2	anomalie de la longitude plus éloignée (périgée)	ἀνωμαλία τοῦ πορρωτέρου μήκους
k′	centre corrigé	κέντρον διωρθωμένον
i′	mouvement propre corrigé	ἴδιον διωρθωμένον
e	deuxième correction finale	δευτέρα διόρθωσις τελεία

latitude des planètes

	planètes supérieures	ὑψηλοὶ ἀστέρες
k – 7° (Saturne) – 12° (Jupiter)	centre achevé	τέλειον κέντρον
	planètes inférieures	χαμηλοὶ ἀστέρες
β_1	première latitude	πρῶτον πλάτος
	minutes d'abaissement	λεπτὰ ταπεινά
β_2	deuxième latitude	δεύτερον πλάτος
ω	correction de latitude	διόρθωσις τοῦ πλάτους
	montée (accroissement de latitude)	ἀνάβασις
	descente (diminution de latitude)	κατάβασις

rétrogradations, stations

	rétrogradation	ὀπισθαποδισμός
	station	στηριγμός
	se mouvant en ligne droite	-ὀρθοκίνητος -ὀρθὰ καὶ ἀνεμπόδιστα

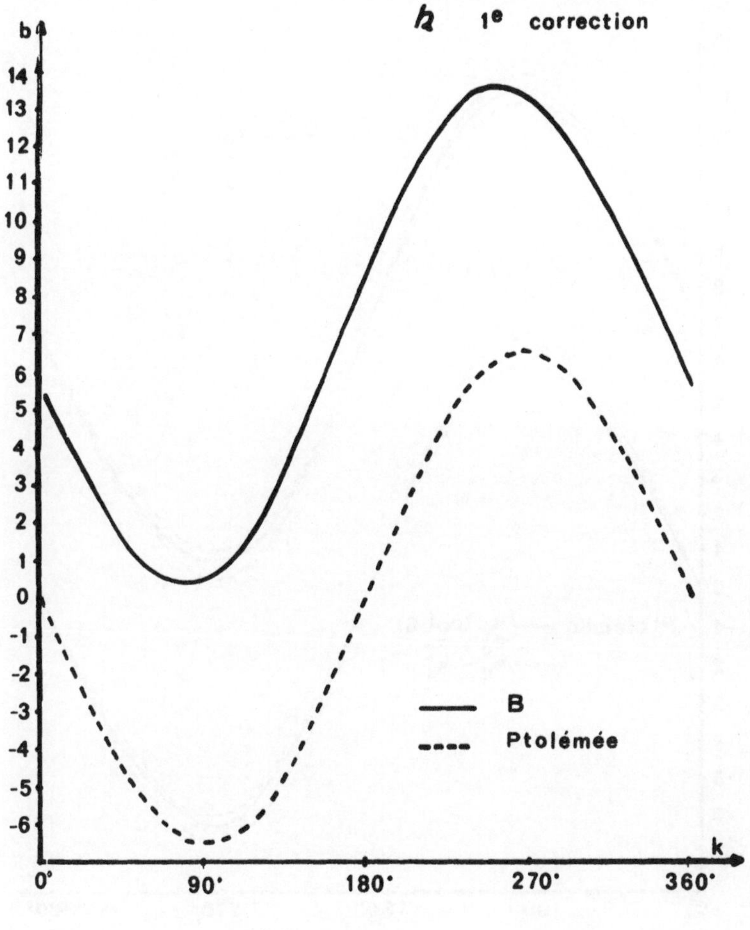
h 1e correction
b
14
13
12
11
10
9
8
7
6
5
4
3
2
1
0
-1
-2
-3
-4
-5
-6
k
0°
90°
180°
270°
360°
B
Ptolémée

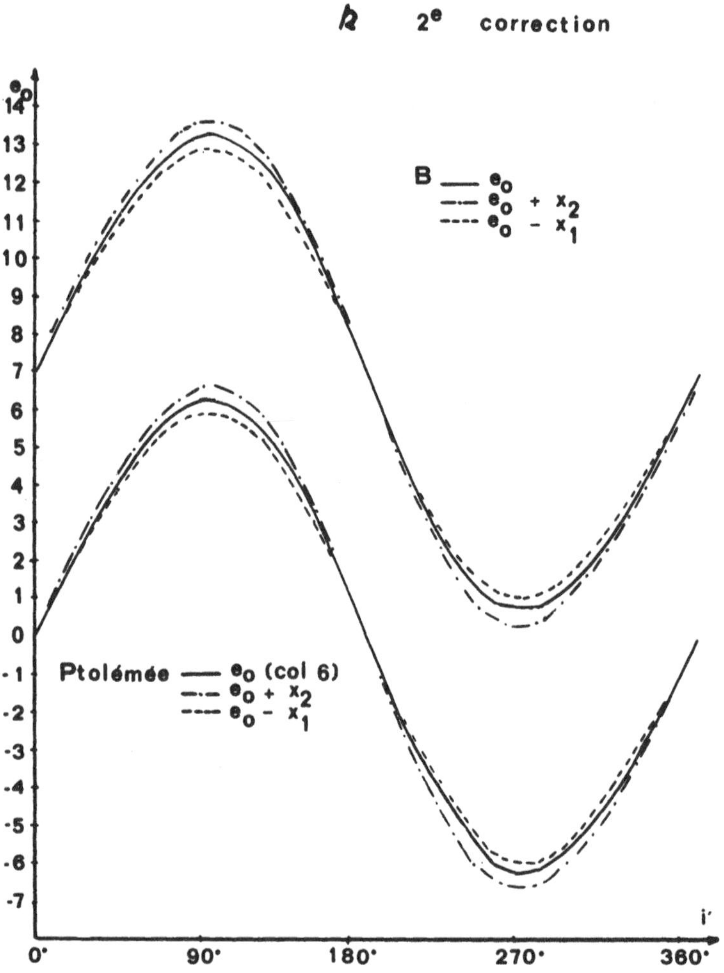

b 2e correction
e0
14
13
12
11
10
9
8
7
6
5
4
3
2
1
0
-1
-2
-3
-4
-5
-6
-7
B — e0
—·— e0 + x2
---- e0 - x1
Ptolémée — e0 (col 6)
—·— e0 + x2
---- e0 - x1
i'
0°
90°
180°
270°
360°

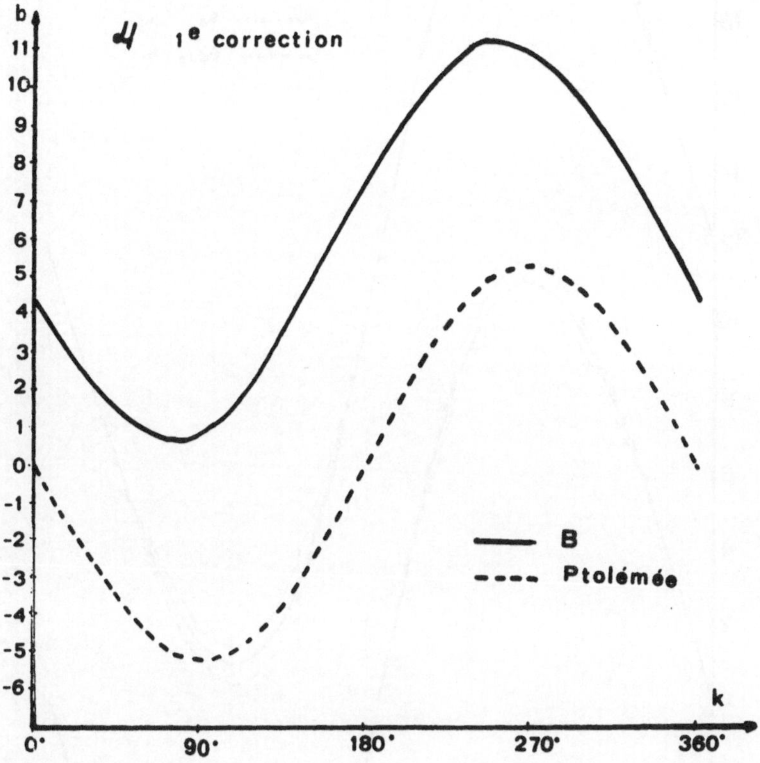
b
♃ 1e correction
11
10
9
8
7
6
5
4
3
2
1
0
-1
-2
-3
-4
-5
-6
k
0°
90°
180°
270°
360°
B
Ptolémée

VIIc

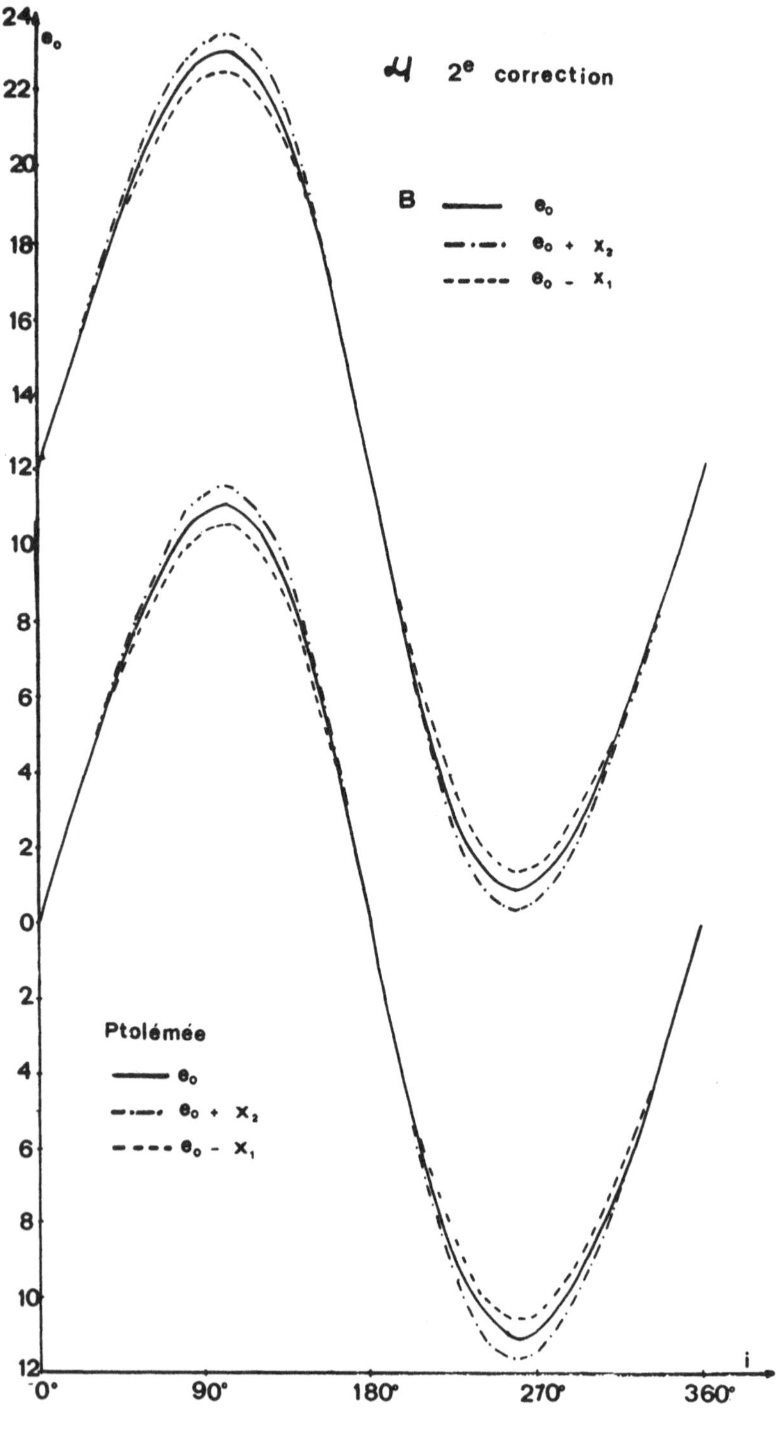

♃ 2e correction
B
e₀
e₀ + x₂
e₀ - x₁
Ptolémée
e₀
e₀ + x₂
e₀ - x₁
e₀
i
24
22
20
18
16
14
12
10
8
6
4
2
0
2
4
6
8
10
12
0°
90°
180°
270°
360°

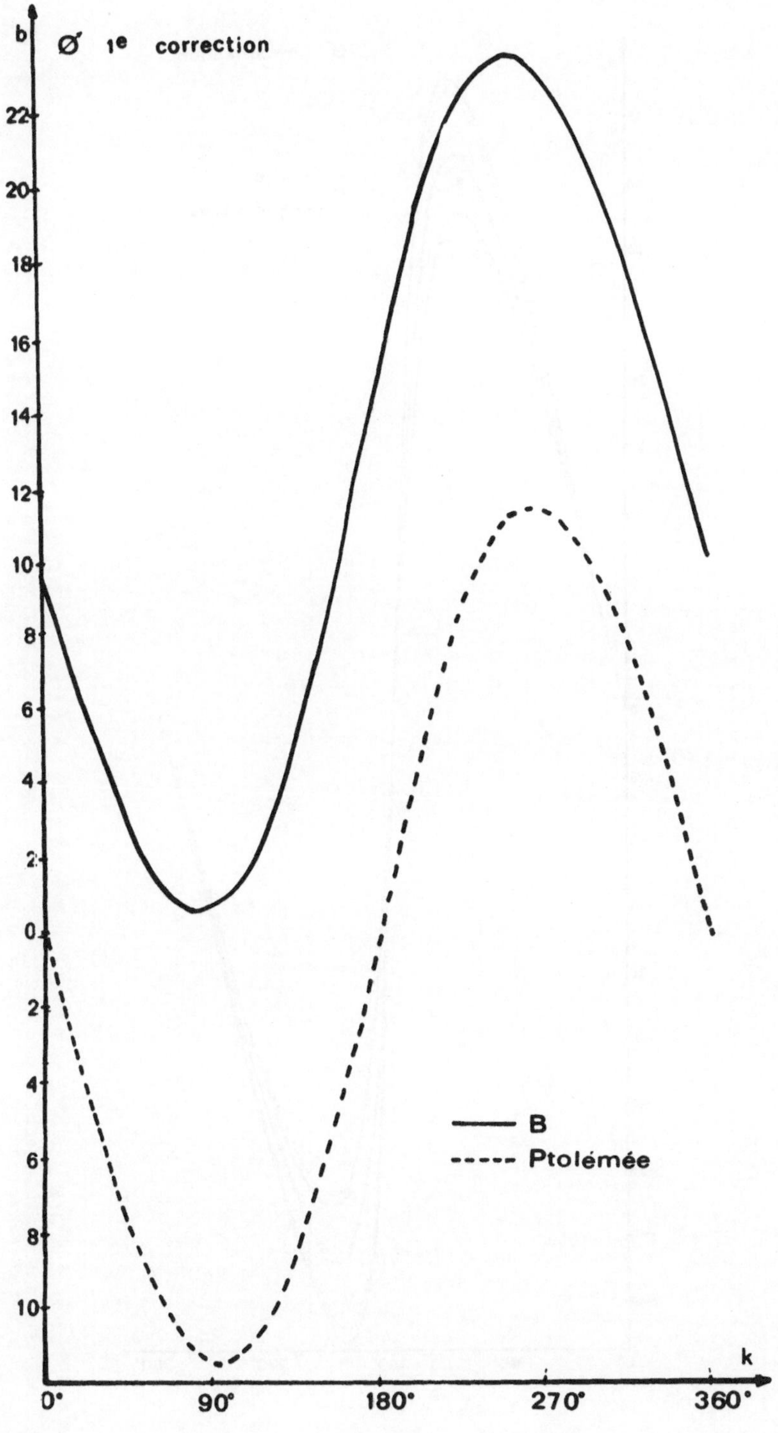
b
Ø 1e correction
22
20
18
16
14
12
10
8
6
4
2
0
2
4
6
8
10
B
Ptolémée
k
0°
90°
180°
270°
360°

VIIc

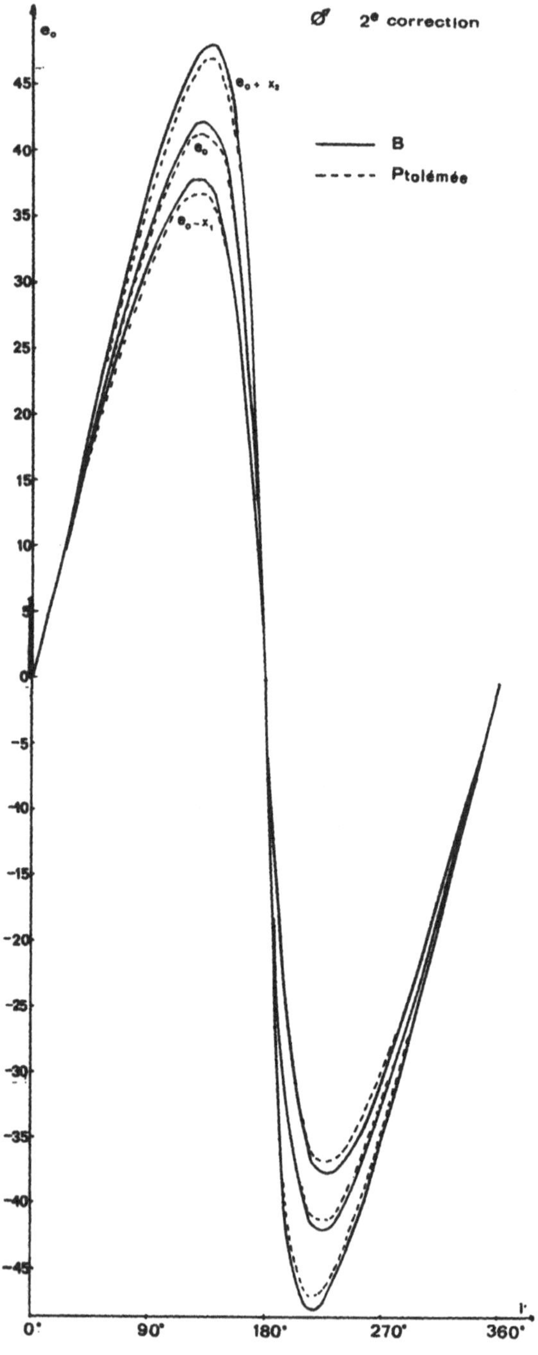

♂ 2e correction
e₀
e₀ + x₂
e₀
e₀ - x₁
B
Ptolémée
45
40
35
30
25
20
15
10
5
0
-5
-10
-15
-20
-25
-30
-35
-40
-45
0°
90°
180°
270°
360°

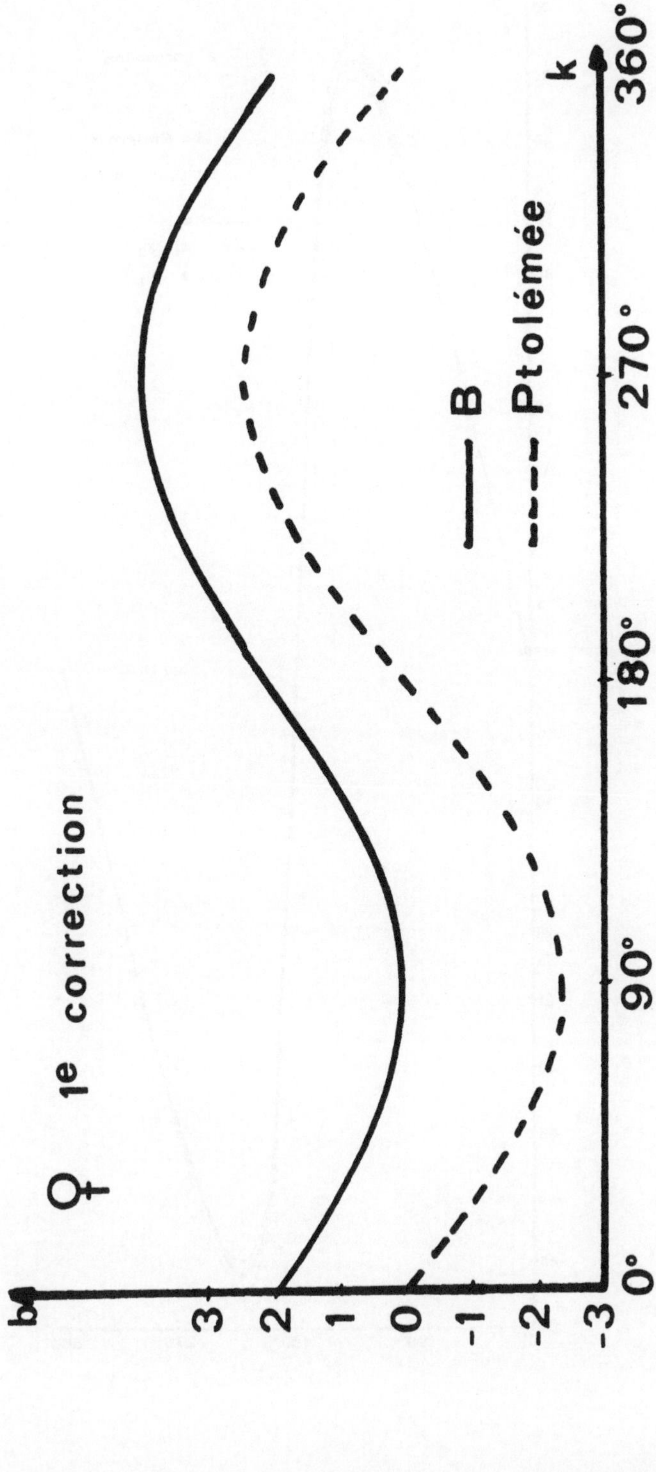
♀ 1e correction
b
3
2
1
0
-1
-2
-3
0°
90°
180°
270°
360°
k
B
Ptolémée

VIIc

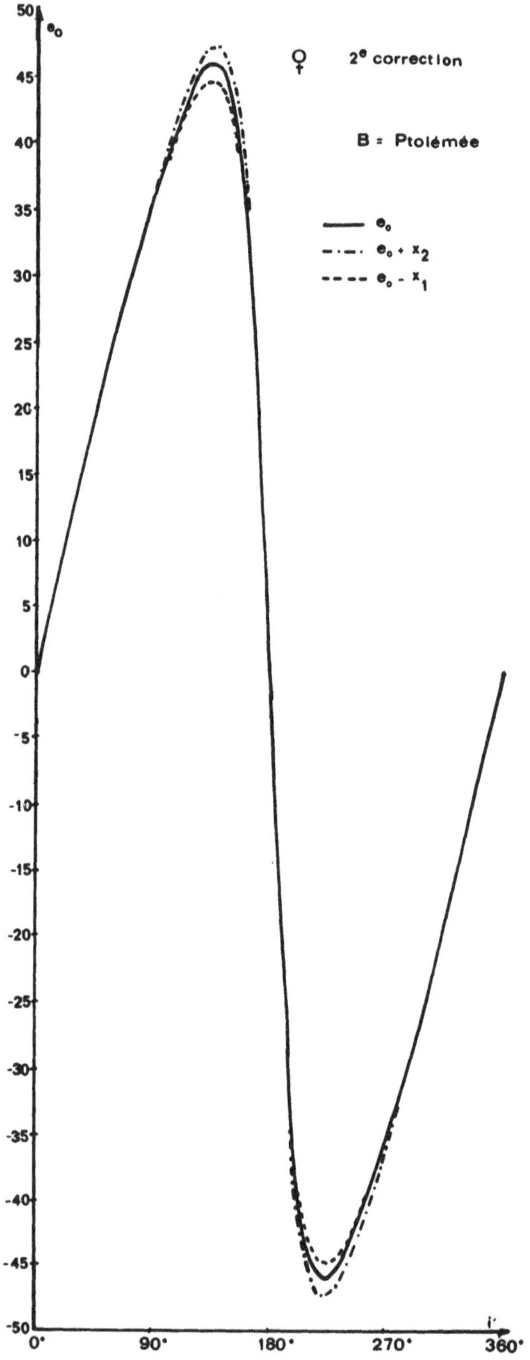

e_o
♀ 2e correction
B = Ptolémée
e_o
$e_o + x_2$
$e_o - x_1$
50
45
40
35
30
25
20
15
10
5
0
-5
-10
-15
-20
-25
-30
-35
-40
-45
-50
0°
90°
180°
270°
360°
i

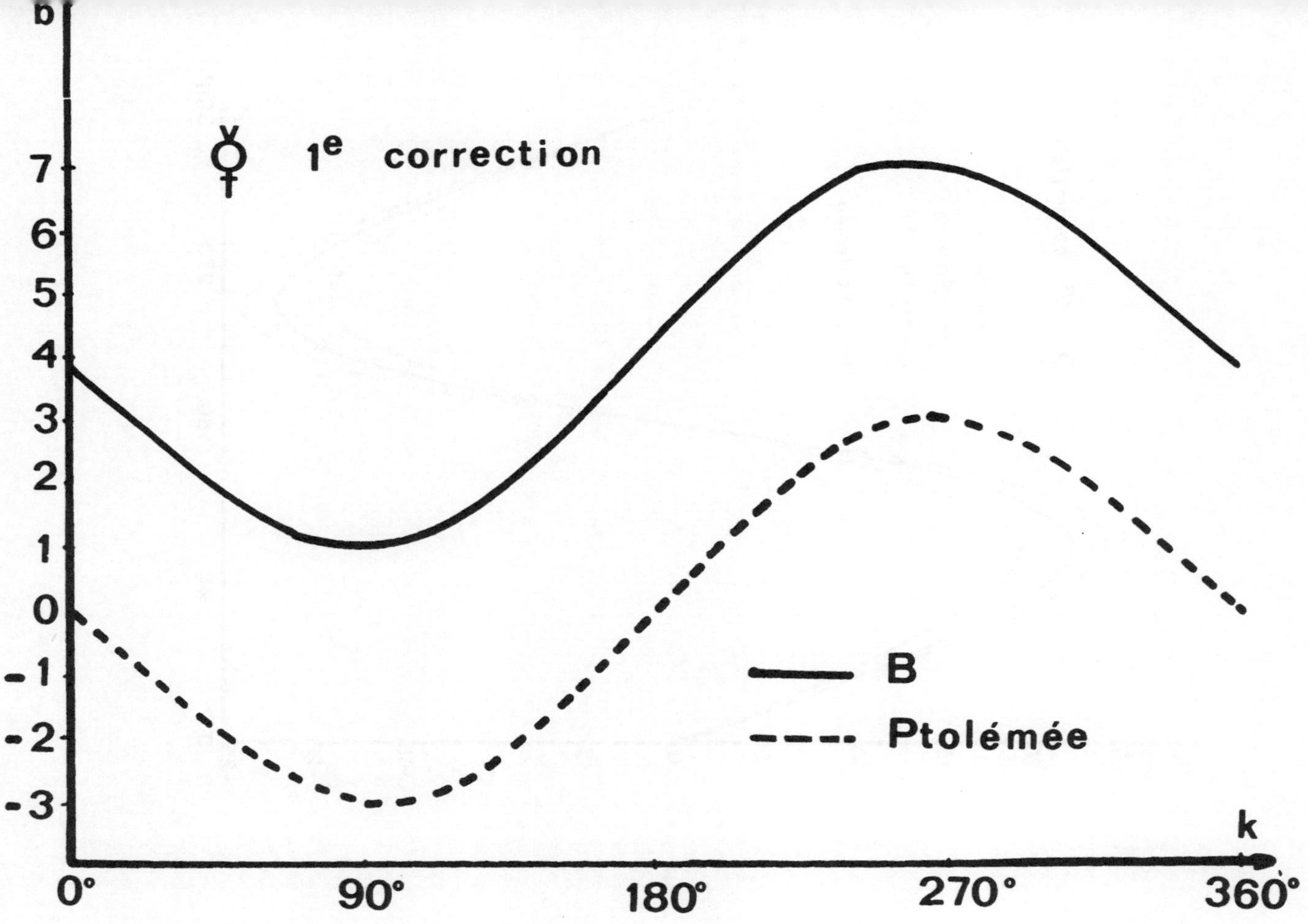
b
☿ 1e correction
7
6
5
4
3
2
1
0
-1
-2
-3
B
Ptolémée
k
0°
90°
180°
270°
360°

VIIc

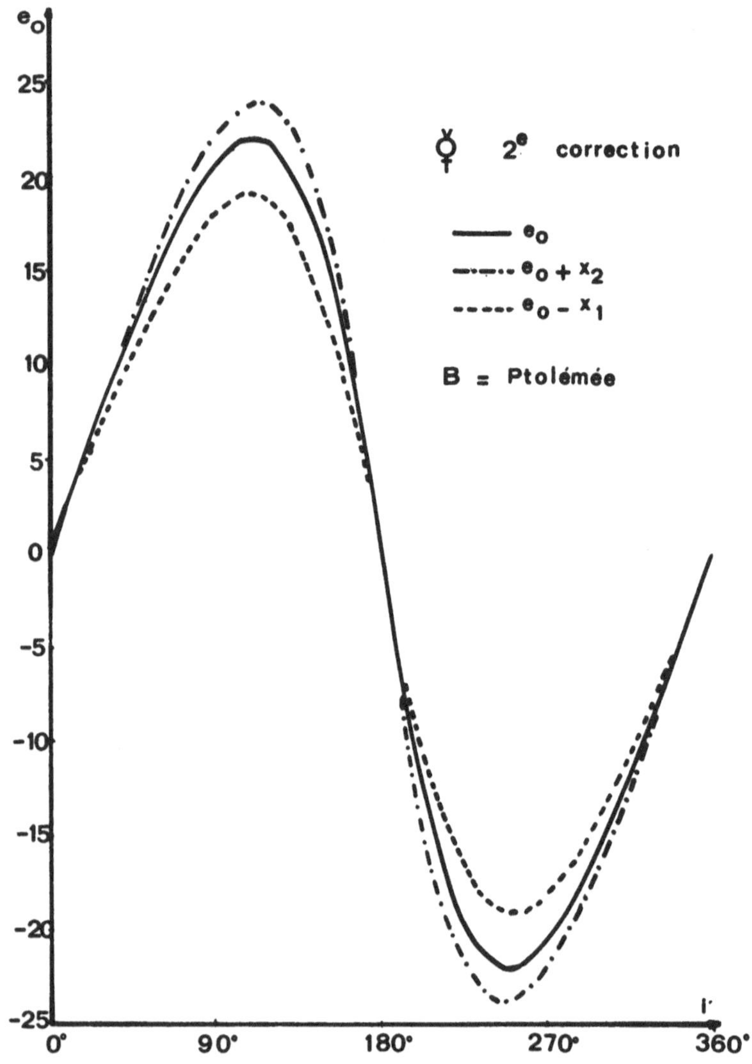

e_o
25
20
15
10
5
0
-5
-10
-15
-20
-25
0°
90°
180°
270°
360°
l'
☿ 2e correction
e_o
$e_o + x_2$
$e_o - x_1$
B = Ptolémée

NOTES

(*) Cet article est la suite des études parues dans *Janus* LXIV (1977), p. 279-308 et dans *Janus* LXVI (1979), p. 49-81.

1. Pour la longitude des planètes dans l'*Almageste*, voir O. NEUGEBAUER, *A History of Ancient Mathematical Astronomy*, Berlin-Heidelberg-New-York, 1975, 3 vol : I, p. 145 ss; pour les *Tables Faciles* : II, p. 1002 ss. Voir aussi la thèse inédite de W.D. STAHLMAN, *The Astronomical Tables of codex Vaticanus graecus* 1291, Brown University, Providence R. I., 1960, p. 134 - 142 et B.L. VAN DER WAERDEN, *Die Handlichen Tafeln des Ptolemaios*, dans *Osiris* XIII (1958), p. 66-68. Egalement O. PEDERSEN, *A survey of the Almagest*, Odense, 1974, p. 261-328.

2. Nous employons ce terme pour plus de clarté, bien qu'il n'ait pas d'équivalent dans l'astronomie de Ptolémée (voir note 3).

3. Sur le terme "équant", voir Neugebauer, *History* ... (cité note 1), III, p. 1102.

4. NEUGEBAUER, *History* ..., I, p. 168 ss; A. TIHON, *Les scolies des Tables Faciles de Ptolémée*, dans *Bulletin de l'Institut Historique Belge de Rome* 43 (1973), p. 49-110 (pour Mercure : p. 75-78). PEDERSEN, *Survey*..., p. 314 ss.

5. Cfr infra p. 75-76.

6. Cfr infra p. 77.

7. La colonne "apogée" ne figure pas dans le calcul de B (f. 19).

8. B. TUCKERMAN, *Planetary, Lunar and Solar Positions A. D. 2 to A. D. 1649*, *Mem. of the American Philosophical Society*, vol. 59, Philadelphia, 1954.

9. A partir du f. 65, il y a un changement d'écriture dans B.

10. A partir d'ici les années du Christ 1346 ss sont mentionnées à côté des années "des Perses".

11 Cfr ci-dessus, p. 70.

12 F. 55v-56 (Saturne); 59v (Jupiter); 63v-64 (Mars); 67v-68 (Vénus).

13 Sur les valeurs de ces colonnes, voir NEUGEBAUER, *History* ..., II, p. 1003.

14. Cfr E.S. KENNEDY, *A Survey of Islamic Astronomical Tables*, dans *Transactions of the American Philosophical Society*, New Series vol. 46, part 2, Philadelphia, 1956, p. 123-177 : spécialement, p. 143.

15. Cfr A. TIHON, *Scolies* (cité note 4), p. 56 et 69 : *elachista* désigne l'apogée, *mesa*, la position intermédiaire, *megista*, le périgée. Voir également A. ROME, *Commentaires de Pappus et de Théon d'Alexandrie sur l'Almageste*, III, *Studi e Testi* 106, Città del Vaticano, 1943, p. 1012 (lignes 11 ss); 1023 (lignes 21 ss) ...

16. Il faudrait évidemment étudier l'évolution de la terminologie à travers toutes les adaptations byzantines des tables perses et essayer de remonter la filière jusqu'à l'original arabe, ce qui dépasse le cadre de cette étude. La langue et le vocabulaire des premières adaptations byzantines des traités arabes sont particulièrement hermétiques et maladroits (le sommet étant atteint nous semble-t-il par le traité du *Laur. gr.* 28/17!). Ce n'est pas le moindre mérite des traités de Chrysococcès et surtout de Méliténiote que d'avoir tenté de civiliser et de clarifier quelque peu ce langage. On peut en dire autant de l'étude de O. NEUGEBAUER, *Studies in Byzantine Astronomical Terminology*, dans *Transactions of the American Philosophical Society*, New Series vol. 50, part 2, Philadelphia, 1960, p. 3-45 : particulièrement, p. 12 (*mêkos*).

17. *Paris. gr.* 2394, p. 811. Sur ce manuscrit et ses scolies marginales, voir A. TIHON, *Le "Petit Commentaire" de Théon d'Alexandrie aux Tables Faciles de Ptolémée*, *Studi e Testi* 282, Città del Vaticano, 1978, p. 171 ss. Egalement : *Note sur l'astronomie grecque au Ve siècle de notre ère (Marinus de Naplouse – Un commentaire au Petit Commentaire de Théon)*, dans *Janus* 63 (1976), p. 167-184 : spécialement, p. 175 ss.

18. On la trouve notamment dans le *Leidensis* BPG 78 (IXe s.) mais au f. 129 dû à une main postérieure (XIVe s. ?).

19. Cfr *Janus* 64 (1977), p. 282 : textes cités en a.

20. Une étude a été faite à ce sujet par Mlle F. OERLEMANS, *Etude sur la Syntaxe perse de Georges Chrysococcès*, Mémoire de licence dactylographié, Louvain, 1977-1978.

21. Les chiffres de ces deux traités sont repris à l'étude de D. PINGREE, *Gregory Chioniades and palaeologan astronomy*, dans *Dumbarton Oaks Papers* 18 (1964), p. 135-160 : spécialement p. 147.

22. L'exposé qui va suivre est basé essentiellement sur NEUGEBAUER, *History*... (cité note 1), I, p. 206 ss; STAHLMAN (cité note 1), p. 143 ss.

23. NEUGEBAUER, *History* ..., I, p. 217; J. - B. DELAMBRE, *Histoire de l'astronomie ancienne*, II, Paris, 1817, p. 395 : "Ptolémée aurait pu s'épargner tout ce galimatias et se contenter de mettre sa théorie en Tables."

24. Cfr ci-dessus, p. 76.

25. Cité note 8.

26. Les sept derniers chiffres de la table de B, f. 64v, doivent être corrigés : 2° 1', 2° 8' ... 2° 52', au lieu de 1° 1', 1° 8' etc.

27. NEUGEBAUER, *History*... (cité note 1), I, p. 212 ss.

28. Démonstration, *ibidem*, I, p. 224.

29. Cfr ci-dessus, p. 93.

30. NEUGEBAUER, *Studies* ... (cité note 16), p. 27.

31. Nous avons vérifié les valeurs de la table en appliquant la formule 0;10 x col. 5 x (col. 5-1). Voici les résultats (donnés ici de 6° en 6°, au lieu de 1° à la fois) :

k'	B (ω)	Calcul (ω)
6°	0'	0;0003,97
12°	0'	0;0013,6733
18°	0'	0;0028,50
24°	1'	0;0049,14
30°	1'	0;0109,33
36°	2'	0;0133,57
42°	2'	0;0155,44
48°	2'	0;0213
54°	2'	0;0225,49
60°	3'	0;0230
66°	2'	0;0224,7
72°	2'	0;0207,57
78°	1'	0;0138,37
84°	1'	0;0057,17
90°	0'	0

Je remercie mon frère Alain Tihon qui m'a aidée à programmer ces calculs. Les chiffres donnés par la HP29C sont sexagésimaux jusqu'aux secondes; au-delà, décimaux.

32. Cfr ci-dessus, p. 93.

33. NEUGEBAUER, *Studies* ... (cité note 16), p. 27.

34. En voici les résultats de la formule - 0,45 x col 5 x (col 5-1):

k'	B	Calcul
6°	0'	0;0017,88...
12°	0'	0;0101,530
18°	2'	0;0208,25
24°	3'	0;0341,13
30°	5'	0;0512
36°	7'	0;0701
42°	9'	0;0839,48
48°	10'	0;10
54°	11'	0;1045,92
60°	10'	0;1115
66°	11'	0;1051,48
72°	9'	0;0934,08
78°	7'	0;0722,68
84°	4'	0;0417,28
90°	0'	0

35. NEUGEBAUER, *Studies* ... (note 16), p. 27.

36. TIHON, "*Petit Commentaire*" (cité note 17), p. 243-244 et p. 322. Ces chiffres sont cités par KENNEDY, *Survey* (note 14), p. 173, sous les noms de *Mumtahin* et Ibn Hibintâ et proviennent évidemment du *Petit Commentaire* (pour Saturne, KENNEDY donne 3° 1' lat. N).

37. Cfr *Janus* 64 (1977), p. 291.

38. Chrysococcès, d'après V, parle ici d'heures saisonnières, ce qui est une erreur, corrigée en marge

39. A. ROME, *Commentaire de Pappus et de Théon d'Alexandrie sur l'Almageste*, t.II, *(Studi e Testi 72)*, Città del Vaticano, 1936, p. CV.

40. Par exemple : *stichon de ton ordinon* (B, f. 1, l.13-14) ("nous appelons ligne, ce que nous appelons ainsi *d'ordinaire*") : cfr, dans le "Petit Commentaire" de Théon, *stichon de ton kata to koinon ethos katonomazomenon* (TIHON, cité note 17, p. 201, l. 6-7); *kata prosôpon tou zôdiou* ("en face du signe") (B, f. 25v, l. 1), etc.

41. Cfr *Janus* 66 (1979), p. 56; 57, 58; 63-64.

42. Le plan de B est plus classique que celui de Chrysococcès. Il ne comporte aucun élément astrologique, à l'encontre de la *Syntaxe Perse*. Les définitions du ch. 1 sont modelées sur celles de Théon, et ainsi de suite.

43. Normalement, la notation grecque n'inscrit pas le zéro, mais on rencontre des exemples de chiffres hybrides (cfr NEUGEBAUER, *Studies*... (note 16), p. 5). Dès lors, une confusion est possible entre o = zéro et o = 70, et 1078 pouvait être lu 1008.

44. Le traité de Chrysococcès est contenu notamment dans les *Vaticani gr.* 209 (f. 1-31v), 210 (f. 8 ss); *Marciani gr.* 309 (f. 41-66v), 327 (f.24-48v), *Leidensis* BPG 74E (f. 80-85v); *Parisini gr.* 2401 (f.1-36), 2402 (f. 1 ss), 2461 (f. 151v-187v); *Suppl. gr.* 1148; *Pal. gr.* 278 (f. 97-125), etc.

45. La *Paradosis* est contenue, notamment, dans le *Paris. gr.* 2501 f. 1-31v; les *Marc. gr.* 333 (f. 146 ss), 336 (f. 11ss), 328 (f. 30-60v), 323 (f. 71-94v); *Laur. gr.* 28/13 (f. 2 ss), 28/16 (f. 3 ss); *Ox. Baroccianus gr.* 58 (f. 1-42); *Vaticani gr.* 1047 (f. 12 ss), 1852 (f. 408-455); *Pal. gr.* 278 (f. 408-455), etc.

Il ne paraît pas prouvé que cette *paradosis* soit une première esquisse du livre III de Méliténiote. Il nous semble possible que le livre III ait été détaché de la *Tribiblos*, simplement parce que plus intéressant pour les amateurs d'astronomie. Sur Méliténiote, voir PINGREE, *Chioniades* (note 21), p. 145; J. MOGENET, *L'influence de l'astronomie arabe à Byzance du IXe au XIVe siècle*, dans *Colloques d'Histoire des Sciences I (1972) et II (1973)*, Louvain, 1976, p. 45-55 : spécialement, p. 53.

46. Cfr J.P. PÊCHEUR, *Le Tribiblos astronomique de Théodore Méliténiote. Edition, traduction et commentaire des chapitres 1 à 12 du livre III*, Mémoire de licence dactylographié, Louvain, 1972-1973.

47. Par ex., au f. 29, une table de correction pour la longitude du Soleil selon le lieu géographique, bâtie d'après un méridien de référence situé à 82° E, est corrigée en fonction du méridien de 72°.

48. F. 40-42v. Cfr M. LANNOY, *Le traité astronomique anonyme du Vat. gr. 210*, Mémoire de licence dactylographié, Louvain, 1973.

49. Cfr *Janus* 64 (1977), p. 303-304.

50. D. PINGREE, *The astrological school of John Abramius*, dans *Dumbarton Oaks Papers* 25 (1971), p. 191-215.

52. Cfr P. FONTAINE, *Un traité anonyme d'astronomie perse dans le Leidensis BPG 74E*, Mémoire de licence dactylographié, Louvain, 1976.

53. Cfr *Janus* 64 (1977), p. 303-305.

54. Cfr supra, p. 90.

55. PINGREE, *Chioniades* (note 21).

56. A.M. DOYEN, *Le traité sur l'astrolabe de Siamps le Persan*, Mémoire de licence dactylographié, Louvain, 1978-1979.

57. PINGREE, *Chioniadès* (note 21), p.143.

58. J.B. DELAMBRE, *Histoire de l'astronomie du Moyen Âge*, Paris, 1819, p. 195.

59. P. KUNITZSCH, *Das Fixsternverzeichnis in der "Persischen Syntaxis" des Georgios Chrysokokkes*, dans *Byzantinische Zeitschrift* 57 (1964), p. 382-411 : spécialement, p. 406 ss.

VIII

CALCULS D'ÉCLIPSES BYZANTINS DE LA FIN DU XIVe SIÈCLE

On sait que, dans la première moitié du XIVe siècle, les savants byzantins tels Nicéphore Grégoras et son rival Barlaam de Seminara démontraient leurs connaissances en astronomie en prédisant des éclipses qu'ils calculaient, non sans succès, à l'aide des tables de Ptolémée[1]. Si l'intérêt pour les prédictions d'éclipses semble faiblir quelque peu vers le milieu du XIVe siècle, il connaîtra un très vif regain vers la fin du XIVe siècle, et particulièrement vers les années 1374-1390ss. L'attention portée aux éclipses par les savants byzantins de cette époque a été soulignée par D. Pingree[2]. En témoignent de nombreux documents: listes d'éclipses, calculs ou simples mentions, voire thème astrologique dressé à l'occasion d'un de ces phénomènes que les astrologues jugeaient particulièrement inquiétants pour les grands de ce monde. À cette époque, on utilise encore les tables de Ptolémée ou, pour les syzygies, les *Tables Nouvelles* d'Isaac Argyre dérivées de l'*Almageste* et des *Tables Faciles*[3], mais on recourt de préférence aux tables astronomiques persanes diffusées peu de temps auparavant par la *Syntaxe Perse* de Georges Chrysococcès (*ca* 1347) ou le livre III de la *Tribiblos Astronomique* de Théodore Méliténiote (*ca* 1352), abondamment recopiées dans les manuscrits[4].

Les documents de la fin du XIVe siècle relatifs aux éclipses mériteraient d'être publiés *in extenso* et analysés en détail, ce qui n'est pas possible dans le cadre très limité de cet article. Je me bornerai ici à en donner un inventaire provisoire.

[1] À ce sujet voir J. MOGENET et A. TIHON, avec la collaboration de D. DONNET, *Barlaam de Seminara. Traités sur les éclipses de Soleil de 1333 et 1337.* Histoire des textes, éditions critiques, traductions et commentaires, Louvain, 1977 et aussi J. MOGENET (†), A. TIHON, R. ROYEZ, A. BERG, *Nicéphore Grégoras. Calcul de l'éclipse de Soleil du 16 juillet 1330* (*Corpus des Astronomes Byzantins*, I), Amsterdam, 1983.

[2] D. PINGREE, *The Astrological School of John Abramius*, dans *Dumbarton Oaks Papers*, 25 (1971), p. 191-215: spécialement p. 198 (cité: PINGREE, *Abramius*).

[3] Isaac Argyre a écrit deux traités sur les «Tables Nouvelles» au départ de 1368: l'un basé sur les tables de l'*Almageste*, l'autre sur les *Tables Faciles*. Nous comptons les éditer dans le *Corpus des Astronomes Byzantins*.

[4] Voir à ce propos Anne TIHON, *Les tables astronomiques persanes à Constantinople dans la première moitié du XIVe siècle* (à paraître dans *Byzantion*).

1. Les listes d'éclipses du *Laurentianus Gr.* 28/14

Le plus important et le plus intéressant de ces documents consiste en deux listes d'éclipses, déjà signalées par D. Pingree[5] et contenues dans le *Laurentianus Gr.* 28/14. Ce manuscrit peut être daté, d'après le filigrane (BRIQUET 599 ou MOŠIN-TRALJIC 185 ou 192) des environs de 1364-1375. Il a appartenu jadis à Jean Pic de la Mirandole, puis à Ange Politien[6].

On y trouve deux listes d'éclipses:

a) f. 9: mention de 20 éclipses de <6>799 à <6>817. Cette datation, qui correspondrait aux années 1290-1308 doit être retardée d'un siècle. Voici la liste dûment corrigée:

5 avril 1391	éclipse de Soleil	OPPOLZER n° 6190	
1er septembre 1392	Lune	4023	(2 sept.)
26 décembre 1395	Lune	4027	
21 juin 1396	Lune	4028	
26 mai 1397	Soleil	6204	
4 décembre 1397	Lune	—	
20 avril 1399	Lune	4032	
6 mai 1399	Soleil	6208	
29 octobre 1399	Soleil	6209	
3 octobre 1400	Lune	4035	
17 février 1402	Lune	4036	(18 fév.)
2 août 1403	Lune	4039	
22 juillet 1404	Lune	4041	
6 décembre 1405	Lune	4042	
1er juin 1406	Lune	4043	(2 juin)
16 juin 1406	Soleil	6223	
25 novembre 1406	Lune	4044	
21 mai 1407	Lune	4045	(22 mai)
15 novembre 1407	Lune	4046	
19 octobre 1408	Soleil	6229	

La liste donne comme seule précision l'heure de l'éclipse (milieu de l'éclipse?). Elle est suivie immédiatement d'une note donnant les positions des planètes le 31 décembre 1391[7].

[5] Voir PINGREE, *Abramius* (cité note 2), p. 198.

[6] Description dans *Catalogus Codicum Astrologorum Graecorum*, I-XII, Bruxelles, 1898-1936 (cité: *CCAG*), I, p. 20-37.

[7] PINGREE, *Abramius* (cité note 2), p. 198, note 42.

b) f. 33^{r-v} (= f. 32 au sommet du folio; = f. 34, autre n° au bas du folio).

Liste de 19 éclipses, soit:

17 juillet 1376	Soleil	Oppolzer n° 6156
26 décembre 1376	Lune	—
10 janvier 1377	Soleil	6157
21 juin 1377	Lune	3999 (22 juin)
15 décembre 1377	Lune	4000
27 mai 1378	Soleil	6160
4 décembre 1378	Lune	4002
16 mai 1379	Soleil	6163
5 mai 1380	Soleil	6165
29 mars 1382	Lune	4001 (30 mars)
19 mars 1383	Lune	—
2 août 1384	Lune	4010
1er janvier 1386	Soleil	6178
ajoutées par une autre main:		
16 juin 1387	Soleil	6181
21 mai 1388	Soleil	4016
14 novembre 1388	Lune	4017
10 mai 1389	Lune	4018
3 novembre 1389	Lune	4019
29 avril 1390	Lune	4020

Ici l'auteur donne beaucoup plus de détails: l'heure du milieu de l'éclipse, sa durée, sa grandeur et parfois d'autres précisions calculées selon les tables perses (*i.e.* celles de Chrysococcès ou Méliténiote) et selon les tables grecques (les *Tables Faciles*? et peut-être celles d'Isaac Argyre pour les syzygies?).

Après la mention de l'éclipse du 2 août 1384, le texte dit: «on a cherché une éclipse jusqu'en décembre de l'année 6895 (= déc. 1386) et on n'en a pas trouvé». Toutefois, le texte ajoute encore l'éclipse du 1er janvier 1386. Puis il dit: «Cherche les éclipses suivantes, si tu veux, pour le Soleil, à partir de la 94e petite année (*i.e.* 6894 = 1386), pour la Lune à partir du 5 décembre de la 95e (*i.e.* 6895 = 1386). Suivent alors les six dernières éclipses, ajoutées par une autre main, sans aucun détail.

Les listes d'éclipses du *Laurentianus Gr.* 28/14 se situent dans un contexte théorique particulièrement intéressant appartenant au même manuscrit (f. 25^{v}ss) et dont D. Pingree a esquissé les grandes lignes[8]. L'auteur, qui connaît aussi bien les tables grecques (Ptolémée) et

[8] Pingree, *Abramius*, p. 198.

«romaines» (Isaac Argyre) que les tables perses (Chrysococcès), explique que, les tables de Ptolémée étant périmées, il s'agit de les corriger à l'aide d'observations faites au moyen de l'astrolabe armillaire, ceci pour le Soleil, la Lune et les cinq planètes. À première vue — mais le texte est difficile à interpréter — il s'agira simplement de réajuster, par observation, le point de départ des tables. Pour le Soleil et la Lune, l'auteur affirme qu'il a construit des tables «romaines» (*i.e.* en mois romains) à partir des tables grecques au départ du 1er mars 6884, soit le 1er mars 1376, selon le méridien de Byzance (f. 29^v^). Apparemment les paramètres utilisés ici sont ceux de Ptolémée. Pour les planètes, il n'a pas voulu, dit-il, recourir aux tables grecques, mais il utilise les tables perses et donne toutes les positions des planètes le 1er mars 1376 à midi: ce sont simplement les positions dérivées des tables de Chrysococcès avec, comme seul ajustement, la correction de longitude géographique pour Constantinople = 56°[9]. Aucune trace ici d'observation! Il est probable que l'auteur des listes d'éclipses, du moins, de la partie la plus ancienne (*Laur. Gr.* 28/14, f. 33^r-v^) est le même que l'auteur de ces chapitres théoriques. D. Pingree a suggéré de l'identifier avec Jean Abramios, astrologue et copiste de manuscrits[10].

2. Éclipse de Lune du 22 août 1374 (*Laur. Gr.* 28/14) (Oppolzer n° 3996)

En ce qui concerne la Lune, la méthode expliquée par l'auteur peut être schématisée comme ceci: on doit observer le milieu d'une éclipse de Lune avec l'astrolabe armillaire le plus grand possible, noter l'heure et la

[9] Ce qui est une erreur: voir Anne Tihon, *Un traité astronomique chypriote du XIVe siècle*, dans *Janus*, 64 (1977), p. 279-308: spécialement p. 297. Je ne sais pas si les tables auxquelles fait allusion l'auteur du *Laur. Gr.* 28/14 ont été conservées dans les manuscrits. Le *Laur. Gr.* 28/14 a des tables pour la Lune (f. 30^r-v^) qui sont simplement la reprise des tables d'Isaac Argyre, semble-t-il. En ce qui concerne les planètes, le *Vat Gr.* 208 a des tables de planètes au départ du 1er mars 1376, mais les paramètres utilisés semblent ceux de Ptolémée (f. 207^v^-208^v^). Ceci demanderait donc plus ample recherche.

[10] D. Pingree, *Abramius* (cité note 2), p. 193, 199 et *passim*. Il y a cependant quelque incertitude quant à cette attribution. L'un des arguments sur lesquels elle se fonde est le fait que les notes marginales du *Laur. Gr.* 28/16 (f. 123, 151, 269 etc.), dans lesquelles on trouve des méthodes astronomiques identiques à celles du *Laur. Gr.* 28/14 (Pingree, p. 201, par exemple), sont de la main d'Abramios. Ceci ne correspond pas à l'analyse paléographique donnée par A. Turyn, *Dated Greek Manuscripts of the thirteenth and fourteenth centuries in the libraries of Italy*, 2 vol., Urbana, Chicago et Londres, 1972, I, p. 245-248 et II, pl. 203-204 (cité: Turyn, *Dated Manuscripts*): A. Turyn attribue au scribe B (collaborateur d'Abramios) les notes marginales et non au scribe A qui est Abramios lui-même (I, p. 247). L'écriture du *Laur. Gr.* 28/14 est différente de celles qui apparaissent dans le *Laur. Gr.* 28/16 (contrairement à Pingree, *Abramius*, p. 194), mais apparaît dans le *Paris. Suppl. Gr.* 1190.

position de la Lune et inscrire pour ce moment 360° dans la colonne «centre de l'épicycle» des *Tables Faciles*. Sur cette base le reste de la table doit être réajusté. L'auteur prend comme exemple l'éclipse de Lune du 22 août 1374 (f. 26^v) pour laquelle il donne les éléments suivants:

— 10 heures équinoxiales après midi (milieu de l'éclipse?)

— position du Soleil 7° 20′ 24″ de la Vierge (position de la Lune 7° 20′ 24″ des Poissons).

Si l'auteur est fidèle à sa méthode — mais le doute est permis — ce seraient là les résultats de son observation. L'auteur utilise ensuite les tables d'Isaac Argyre basées sur les *Tables Faciles*, mais tout ceci est expliqué de manière très confuse, et on ne voit pas très bien, en fait, en quoi consiste le réajustement opéré[11]. De ces chapitres théoriques du *Laur. Gr.* 28/14, je ne connais qu'un autre témoin, le *Marc. Gr.* 336 (ff. 159ss) qui est malheureusement complètement délavé et à peu près inutilisable.

La même éclipse du 22 août 1374 a fait l'objet d'un *themation* astrologique conservé toujours dans le *Laur. Gr.* 28/14 (f. 291-292), publié et discuté par D. Pingree[12]. Cette fois les données sont:

— 3h de la nuit (*i.e.* après le coucher du Soleil)

— position du Soleil: 7° 8′ de la Vierge; position de la Lune: 7° 8′ des Poissons.

3. Éclipse de Soleil du 16 mai 1379 et éclipse de Lune du 30 mars 1382 (*Ox. Canon. Gr.* 81)

L'*Oxoniensis Canonicianus Gr.* 81 est un manuscrit sur papier de 89 folios, 295 × 216 mm, dû à plusieurs mains. Les filigranes le situent aux environs de 1380-1393 (Briquet 788 ou 792; Briquet 11717 ou 11718; Mošin-Traljic 5043; un griffon non identifié).

Le contenu se rapporte entièrement à l'astronomie persane: f. 1-72, la *Paradosis* des tables astronomiques perses (= livre III de la *Tribiblos* de Théodore Méliténiote?), avec tables; f. 73-77, des chapitres sur l'astronomie perse, repris à la *Syntaxe Perse* de George Chrysococcès, mais illustrés d'exemples originaux (datés de 1380, 30 mars 1382, 16 mai 1379); f. 77^v-80, diverses tables chronologiques; f. 81ss, divers chapitres de la *Syntaxe* de Chrysococcès.

Parmi les exemples qui figurent aux ff. 73-77 se trouvent deux calculs d'éclipses effectués selon la méthode expliquée par Chrysococcès:

[11] J'ai utilisé pour ceci le mémoire de licence de Mlle M. Servais, *Traité anonyme du Laur. Gr.* 28/14, Louvain-la-Neuve, 1985.

[12] Pingree, *Abramius*, p. 195-196.

l'éclipse de Soleil du 16 mai 1379 et l'éclipse de Lune du 30 mars 1382, qui figurent également sur la liste b du *Laur. Gr.* 28/14 (f. 33^{r-v}).

Ces calculs, très bâclés et approximatifs, apparemment effectués pour Constantinople[13], donnent les résultats suivants, que l'on pourra comparer avec ceux du *Laur. Gr.* 28/14:

Éclipse de Soleil du 16 mai 1379 (Oppolzer n° 6163):

Ox. Canon. Gr. 81:
grandeur de l'éclipse: 7d 26 linéaires
6d 26 de surface
commencement de l'éclipse: 13h 4m équinoxiales depuis le lever du Soleil
milieu de l'éclipse: 14h
fin de l'éclipse: 14h 56m
durée: 1h 52m

Laur. Gr. 28/14:
«16 mai (6887), éclipse de Soleil de 2 heures et plus, selon les tables perses; doigts complets (*i.e.* de surface): 10, doigts incomplets (*i.e.* linéaires) 10 1/10; commencement de l'éclipse après 13h du jour; milieu de l'éclipse après 14h. Selon les tables grecques, éclipse de 2h environ, commençant à partir de 12 heures. Le Soleil est éclipsé tout entier».

Éclipse de Lune du 30 mars 1382 (Oppolzer n° 4001):

Ox. Canon. Gr. 81:
grandeur de l'éclipse: la Lune entière est éclipsée
durée de l'obscurcissement total: 0h 32m
commencement de l'éclipse: 3h 12m
milieu de l'éclipse: 4h 57m (équinoxiales avant le lever du Soleil)
fin de l'éclipse: 6h 42m
durée de l'éclipse: 3h 30m

Laur. Gr. 28/14:
«année 6890, 29 mars, éclipse de Lune de 3 heures environ d'après les tables grecques, 10 doigts, milieu de l'éclipse après la 7e heure de la nuit; selon les tables perses, au milieu de la nuit, mais il n'y a pas d'éclipse ou très courte et l'éclipse entière dure 1/5 d'heure».

[13] Il y a de nombreuses discordances dans les corrections effectuées pour la longitude de la Lune et du Soleil, et le nom de la ville n'est pas explicitement donné pour ces éclipses.

4. Éclipse de Soleil du 1er janvier 1386 (*Laur. Gr.* 28/16) (Oppolzer n° 6178)

Une autre éclipse de la liste b du *Laur. Gr.* 28/14 (f. 33r-v) est mentionnée dans une scolie du *Laur. Gr.* 28/16 (f. 123), éditée et commentée par D. Pingree[14]: il s'agit de l'éclipse de Soleil du 1er janvier 1386. On a affaire ici à un autre type de document: l'auteur, Abramios selon D. Pingree, raconte qu'il a vu cette éclipse alors qu'il se trouvait à Alexandrie, et relate les troubles politiques qui en résultèrent. Malheureusement il ne donne aucune information technique: seulement le fait que le Soleil se trouvait dans le Capricorne et que l'éclipse se produisit dans la seconde période de trois heures.

Le *Laur. Gr.* 28/14 donne pour cette éclipse les détails suivants: «L'année 6895, le 1er janvier, après la 6e heure du matin selon les tables grecques, éclipse de Soleil, plus de 8 doigts, commencement de l'éclipse peu après midi, l'éclipse entière dure 2h 1/2 1/90; selon les tables perses après 12 heures du milieu du jour, éclipse de Soleil, doigts complets, 8 à peu près, doigts incomplets, 9, l'éclipse entière dure 2 heures moins 1/10 d'heure».

5. Éclipse de Soleil du 5 avril 1391 (*Berol. Gr.* 173; *Paris. Suppl. Gr.* 1148) (Oppolzer n° 6190)

L'éclipse du 5 avril 1391, qui inaugure la liste a du *Laur. Gr.* 28/14, a été 'calculée par mon maître Eleutherios' ainsi que le rapporte son élève (Dionysios?) dans un texte conservé dans le *Berolensis Gr.* 173 (copie dans le *Paris. Suppl. Gr.* 1148)[15]. Malheureusement je ne dispose pas du microfilm de ces manuscrits.

6. Le cycle lunaire d'Isidore Glabas (1390-1409)

Isidore Glabas (1342-1396), qui fut nommé métropolite de Thessalonique en 1380[16], a composé une œuvre astronomique conservée dans deux manuscrits: le *Vat. Gr.* 1110 (ff. 117-124v) (xve s.?) et le *Reginensis Gr.* 43

[14] Pingree, *Abramius*, p. 199.

[15] Voir *CCAG*, VII, p. 48-63 (spécialement p. 56). D'après Turyn, *Dated Manuscripts* (cité note 10), I, p. 247, la main qui a copié ce calcul dans le *Berol. Gr.* 173 n'est pas la même que celle de Dionysios qui, dans le *Laur. Gr.* 28/16 (f. 26r-v), a noté l'enseignement de son maître Eleutherios (voir Pingree, *Abramius*, p. 204).

[16] Sur Isidore Glabas, voir Loenertz, *Isidore Glabas, Métropolite de Thessalonique* (1380-1396), dans *Revue des Études Byzantines*, 6 (1948), p. 181-187. J'ai utilisé pour ce qui suit le mémoire de Mlle M. B. Mars, *Recherches sur les éclipses de Soleil dans le monde byzantin*, Louvain, 1975.

(ff. 161-167) (XVe s. pour ces folios). Il s'agit du calcul d'un cycle lunaire de 19 ans, allant du 1er mars 1390 au 1er mars 1409. L'auteur y donne les dates et heures des Nouvelles Lunes et des Pleines Lunes, avec, à l'occasion, l'annonce des éclipses de Lune et de Soleil. Voici la liste des 20 éclipses ainsi annoncées:

29 avril 1390	éclipse de Lune
5 avril 1391	Lune selon Glabas (à corriger en éclipse de Soleil)
1er septembre 1392	Lune
26 décembre 1395	Lune
21 juin 1396	Lune
4 décembre (1397)(?)	Lune
20 avril 1399	Lune
6 mai 1399	Soleil
29 octobre 1399	Soleil
3 octobre 1400	Lune
17 février 1402	Lune
2 août 1403	Lune
20 juillet 1404	Lune (à corriger en 22 juillet)
6 décembre 1405	Lune
1er juin 1406	Lune
16 juin 1406	Soleil
25 novembre 1406	Lune
21 mai 1407	Lune
15 novembre 1407	Lune
19 octobre 1408	Soleil

Toutes les éclipses calculées par Isidore Glabas se retrouvent dans les listes du *Laur. Gr.* 28/14: la première, à la fin de la liste b, les autres, dans la liste a. Le *Laur. Gr.* 28/14 comporte une éclipse supplémentaire: l'éclipse de Soleil du 26 mai 1397 (qui n'était certainement pas visible à Constantinople ni à Thessalonique)[17]. Le métropolite Isidore donne chaque fois les détails de l'éclipse: grandeur, durée, moments principaux, mais il ne dit rien des tables sur lesquelles il se fonde. Si l'on compare ses données avec celles du *Laur. Gr.* 28/14 — qui ne donne ici que l'heure de l'éclipse — il y a dans presque tous les cas une correspondance remarquable, mais cette indication est insuffisante pour en déduire une influence dans un sens ou dans l'autre, et même identité de tables utilisées. Il n'est pas impossible qu'Isidore Glabas ait utilisé les tables de

[17] Cfr la carte 125 de Th. VON OPPOLZER, *Canon der Finsternisse*, Vienne, 1887.

Ptolémée, mais ceci devrait être contrôlé soigneusement. Dans plusieurs cas, il indique que la Lune «s'éclaircira vers le haut» ce qui est une précision inhabituelle. Quant aux tables perses, il y a peu d'indications qu'elles aient été utilisées à Thessalonique, mais il en existe cependant un petit indice: dans le *Marc. Gr.* 309, en marge de la table de correction du Soleil selon les longitudes géographiques, le nom de Thessalonique est inscrit à côté d'une longitude de 49° (et celui de Constantinople à côté de 56°) (f. 83), ce qui montrerait que la table a dû être utilisée aussi pour Thessalonique.

* * *

Cet inventaire est loin d'être exhaustif. On peut glaner encore d'autres mentions ou calculs d'éclipses dans les manuscrits. Par exemple, une petite liste de syzygies pour l'année 6901 (= 1392) conservée dans le *Marc. Gr.* 309 (f. 160) qui annonce une éclipse de Lune pour le 1er septembre 1392 (cfr liste a du *Laur. Gr.* 28/14). Au f. 67 du même manuscrit une simple note mentionne également une éclipse de Soleil le 17 septembre 6863 (= 1354) (OPPOLZER n° 6106). Parmi les documents inventoriés, plusieurs (présentés sous les rubriques 1., 2., 4. et 5.) proviennent sans doute de la même école astronomico-astrologique. Mais la recherche astronomique à la fin du XIVe siècle n'était pas l'exclusivité d'une école: la liste d'Isidore Glabas le prouve à suffisance. Il s'en faut de beaucoup que les efforts des savants de l'époque aient toujours été couronnés de succès: les calculs sont souvent bâclés, discordants, et beaucoup d'éclipses de Soleil prévues n'ont pas dû être visibles à Constantinople. Mais ce jugement devrait être confirmé par une analyse détaillée de chaque document.

IX

ENSEIGNEMENT SCIENTIFIQUE À BYZANCE*

Il n'est pas facile de donner en un temps si limité un aperçu valable de l'enseignement scientifique dans le monde byzantin. La longueur de la période envisagée, plus de dix siècles, constitue une première difficulté : chaque période a sa physionomie particulière et il est dangereux de généraliser. La recherche des sources est particulièrement ardue : pour certaines époques, elles font complètement défaut, pour d'autres, elles sont impossibles à maîtriser tant elles sont abondantes.

Une fois les sources rassemblées, leur interprétation n'est pas toujours aisée. Il faut se méfier d'un certain nombre de lieux communs. Par exemple, on trouve souvent l'affirmation que, avant tel savant, il n'existait aucun enseignement ou professeurs valables. De telles affirmations reviennent trop fréquemment pour être absolument véridiques. Souvent aussi un personnage dont on fait l'éloge est appelé « un nouvel Euclide », « un nouveau Diophante », et ainsi de suite. Mais de tels éloges ne signifient évidemment rien, à moins que l'on ne puisse comparer avec les oeuvres conservées du héros ainsi célébré.

Il n'est jamais facile de se rendre compte du niveau réel des connaissances scientifiques lorsqu'on ne dispose pas des oeuvres elles-mêmes écrites à l'époque byzantine, ou de documents prouvant l'étude de textes scientifiques, tels notes, scolies marginales, etc. Par exemple, l'existence de nombreux manuscrits scientifiques à telle ou telle époque témoigne évidemment d'un intérêt pour les matières scientifiques. Mais ces textes étaient-ils tous lus, étudiés, compris ? La réponse n'est pas toujours évidente. Ainsi des textes soigneusement recopiés au IXe siècle sont incompréhensibles tant ils sont détériorés : c'est le cas, par exemple, du *Grand commentaire* de Théon, copié dans le *Vat. gr.* 190 au début du

---

* Cet article est la version française plus détaillée d'une conférence qui a été donnée en anglais lors du Symposium *New perspectives on Early Science*, Aarhus, 25 - 27 April 1990, en l'honneur du Professeur Olaf Pedersen.

IXe siècle. Il est évident que ce traité devenu incompréhensible ne pouvait pas être étudié dans cet état !

L'histoire de l'enseignement à Byzance reste encore à écrire, malgré de nombreuses études remarquables sur ce sujet [1].

*

Il n'y a jamais eu à Constantinople une université comparable à celles du Moyen Age occidental. Il y a eu un enseignement de niveau universitaire organisé par l'Etat, ce qu'on appelle couramment « l'Université Impériale », mais l'existence d'un tel établissement est loin d'être attestée à toutes les époques. On a l'impression que cet enseignement officiel était étroitement lié à la personnalité des empereurs : on le voit renaître ou disparaître selon que les empereurs s'intéressaient ou non à la vie intellectuelle. Bien sûr, il y a une part de lieu commun dans les récits ou les éloges qui nous disent qu'avant tel empereur les études avaient disparu ou que la vie intellectuelle s'était éteinte. Néanmoins, il semble y avoir là quelque part de vérité.

A côté de l'enseignement subventionné par le pouvoir impérial, il y a eu, à partir de la fin du XIe siècle, un réseau d'écoles supérieures subventionnées par l'Eglise et dispensant non seulement un enseignement religieux mais aussi profane : c'est ce qu'on appelle l'Ecole Patriarchale.

Enfin, de tout temps, les écoles privées, dont le maître était payé par les élèves, ont suppléé aux déficiences de l'enseignement officiel. Malgré de nombreuses critiques à l'égard des maîtres privés (incompétence, coût excessif des études...), nul doute qu'il n'ait joué un rôle fondamental dans la transmission des connaissances.

Il y avait probablement aussi des écoles spécialisées, pour ce qui ne fait pas

---

[1] Les ouvrages suivants (cités par ordre chronologique) m'ont été particulièrement utiles : F. Fuchs, *Die höheren Schulen von Konstantinopel*, Stuttgart 1926 (réimpr. Amsterdam 1964) ; L. Brehier, *Notes sur l'histoire de l'enseignement supérieur à Constantinople*, « Byzantion », 3 (1926), pp. 73 - 94, « Byzantion », 4 (1927 - 1928), pp. 13 - 28 ; Ph. Koukoules, *Βυζαντινῶν Βίος και πολιτισμός*, I, Athènes 1948 ; G. Buckler, *Byzantine Education*, dans : N. H. Baynes and H. St. L. B. Moss, *Byzantium*, Oxford 1948, pp. 200 - 220 ; L. Brehier, *Le monde byzantin : la civilisation byzantine*, Paris 1950 (édition remise à jour 1970) ; P. Lemerle, *Le premier humanisme byzantin*, Paris 1971 ; P. Speck, *Die kaiserliche Universität van Konstantinopel*, München 1974 ; C. Mango, *Byzantium. The Empire of New Rome*, London 1980, ch. 6 : *Education*, pp. 125 - 148 ; C. N. Constantinides, *Higher Education in Byzantium in the Thirteenth and Early faurteenth Centuries* (1204 - ca 1310), Nicosie 1982 ; N. G. Wilson, *Scholars of Byzantium*, London 1983.

Ouvrages plus généraux :

CMH = *The Cambridge Medieval History*, vol IV : *The Byzantine Empire*, part II : *Government, Church and Civilisation*, ed. J. M. Hussey, Cambridge 1967, Ch. XXVIII : *Byzantine Science*, by K. Vogel, pp. 265 - 305 ; H. Hunger, *Die Hochsprachliche Profane Literatur der Byzantiner* (*Byzantinisches handbuch* V), 2r Bd., München 1978.

partie de la formation générale, par exemple, pour l'étude du droit, de la médecine [2].

*

L'éducation byzantine comprenait normalement trois étapes [3] : un enseignement « primaire » qui commençait à l'âge de six ou sept ans, où l'enfant apprenait à lire et à écrire, sur base de textes religieux. Après trois ou quatre ans commençait l'*ἐγκύκλιος παιδεία*, basée sur des textes anciens et profanes, qui comprenait esentiellement la grammaire, la rhétorique et la philosophie (avec des variations dans l'appellation des matières) et le *quadrivium* des sciences (*μαθηματκὴ τετρακτύς*) arithmétique, géométrie, astronomie, musique. Cette éducation profane était appelée par les Byzantins les sciences « du dehors » (*θύραθεν*), par opposition aux sciences « de chez nous », les sciences religieuses.

Après quoi on passait aux études supérieures, qui pouvaient durer fort longtemps et reprenaitent les mêmes matières de manière approfondie : étude des poètes anciens, de la rhétorique, des sciences, de la philosophie, etc. L'acquisition de connaissances supérieures permettait l'accès à un poste de haut fonctionnaire.

*

V^e^ - VIe SIECLES

L'histoire de l'enseignement scientifique à Byzance commence à Alexandrie aux Ve et VIe siècles de notre ère. C'est là qu'enseignèrent et étudièrent la plupart des professeurs et savants dont on entendra parler. C'est Alexandrie qui était dépositaire privilégiée des enseignements traditionnels dans le domaine scientifique : arithmétique, géométrie, astronomie, musique (les quatre sciences que le Moyen Age, à la suite de Boèce, appellera le *quadrivium*) [4], mais aussi médecine, ou pseudo-sciences comme l'astrologie ou l'alchimie. Le Ve siècle nous a laissé une abondance de documents, commentaires ou notes de cours qui permettent d'avoir une idée très nette de l'enseignement qui y était pratiqué. Par exemple, les

---

[2] Sur la médecine byzantine : *Symposium an Byzantine Medecine*, « Dumbarton Oaks Papers », 38 (1984). Spécialement : J. Duffy, *Byzantine Medecine in the sixth and seventh centuries : aspects of teaching and practise, ibidem*, pp. 21 - 27.

[3] Voir Constantinides (*op. cit.* note 1), pp. 1 - 2 et les références signalées dans cet ouvrage ; Mango (*op. cit.* note 1).

[4] L'emploi du terme *quadrivium* en ce qui concerne l'enseignement d'Alexandrie n'est pas adéquat. Sur les origines du *quadrivium*, voir en dernier lieu I. Hadot, *Arts libéraux et philosophie dans la pensée antique*, Paris 1984. Les « quatre méthodes » ont été définies par Nicomaque de Gérasa, ce qui a été traduit par Boèce *quadruvium*, déformé ensuite en *quadrivium (ibidem*, pp. 68 - 69). A Alexandrie, les études scientifiques n'étaient pas si strictement délimitées (voir p. ex. *ibidem* p. 201, à propos d'Ammonius). Sur cette appellation chez les Byzantins, voir Koukoules (*op. cit.* note 1), p. 107 ; Lemerle (*op. cit.* note 1). p. 102.

manuscrits astronomiques ont conservé, à côté des oeuvres de Ptolémée ou de Théon, quantité de scolies de tous les niveaux, qui sont le reflet d'un enseignement oral. Grâce à de tels documents, on peut connaître la matière enseignée et son niveau, qui va du plus élémentaire au plus élevé. On connaît les noms de nombreux professeurs des Ve et VIe siècles : Héliodore et son frère Ammonius (ca 498 - 509), Eutocius d'Ascalon (ca 480), Jean Philopon (†570), Asclépios de Tralles (ca 560), Olympiodore (ca 564) ... [5]. D'Alexandrie la science se répandra en Syrie (Serge de Resaina, élève de Jean Philopon) et en Perse, en Italie (avec Boèce et Cassiodore) et plus tard, au VIIe siècle, en Arménie, avec Ananias de Sirak. A Athènes également, on enseignait les sciences avec
* notamment Domninos de Larissa (date), Proclus (†484) et Marinus (484 ss).

A Constantinople, par contre, l'enseignement scientifique semble avoir été complètement absent aux Ve et VIe siècles. En effet, la Constitution de Théodose II du 27 février 425 [6] qui réorganise l'enseignement de l'Etat, ne prévoit aucune chaire pour l'enseignement des sciences, à moins qu'il ne fût inclus dans l'unique chaire de philosophie.

Plus tard, au temps de Justinien, les savants de valeur ne manquent pas dans la capitale. Les plus fameux sont Anthemius de Tralles (†534) et son successeur, Isidore de Milet, tous deux géomètres et architectes de Ste Sophie. Le premier, Anthemius, a écrit sur les miroirs ardents et avait probablement étudié à Alexandrie [7]. Un élève du second a composé le livre XV des *Eléments* d'Euclide [8], mais rien ne prouve que l'enseignement d'Isidore ait eu lieu dans la capitale. La présence à Constantinople de médecins fameux comme Aetius d'Amida ou Alexandre de Tralles, frère d'Anthemius, d'amateurs d'astrologie, de météorologie ou d'astronomie comme Jean Lydus ou Tribonien, le juriste de Justinien, témoignent d'un intérêt réel pour les sciences dans l'entourage impérial. On a donc peine à croire en l'absence totale d'un enseignement scientifique, au moins privé, à Constantinople au temps de Justinien, mais il faut bien constater l'absence de documents explicites. Pour reprendre l'exemple de l'astronomie, on n'a aucune note ou scolie écrite à coup sûr à Constantinople aux Ve - VIe siècles.

L'enseignement scientifique se poursuit à Alexandrie sans discontinuer jusqu'au début du VIIe siècle [9]. En 529, Justinien avait mis fin à l'enseignement philosophique d'Athènes. Mais Alexandrie fut largement épargnée par les mesures de Justinien et en 564 on trouve encore un professeur païen, Olym-

---

[5] Sur l'astronomie dans les écoles de la fin de l'Antiquité, voir O. Neugebauer, *A History of*
* *Ancient Mathematical Astronamy*, 3 vols, Berlin - Heidelberg - New York 1975, II, pp. 1031 ss.

[6] XIII, 9, 3 (*Theodosiani libri XVI cum constitutionibus Sirmondianis*, ed. Th. Mommsen, vol. 1 - 2, p. 787).

[7] G. L. Huxley, *Anthemius of Tralles. A Study in Later Greek Geometry*, Cambridge Mss 1959.

[8] *Euclidis Elementa*, ed. J. L. Heiberg, vol. V, Leipzig 1888, p. 50.

[9] Sur cette période, voir A. Cameron, *The End of the Ancient Universities*, « Cahiers d'Histoire Mondiale » X, 4 (1967) pp. 653 - 673.

piodore, qui enseigne l'astrologie. Après Ammonius (†517 ou 526), c'est Jean Philopon, auteur d'un fameux traité sur l'astrolabe, qui assure l'enseignement scientifique (†570).

VIIe SIECLE

La première trace d'enseignement scientifique à Constantinople se rencontre sous le règne d'Héraclius (610 - 641) avec Stéphane d'Alexandrie (ou d'Athènes). C'est ce personnage, à la fois philosophe, médecin, astronome, astrologue, alchimiste qui assure le relais entre Alexandrie et Constantinople.

La carrière de Stéphane est assez mystérieuse [10] : vers 580 - 584, il enseigne à Alexandrie ; plus tard, vers 610 - 617, on le retrouve à Constantinople où il a vraisemblablement été appelé par l'empereur Héraclius. On a conservé de lui un traité d'astronomie composé vers 617 et inspiré du *Petit commentaire* de Théon. Ce manuel, visiblement destiné à l'enseignement et dont les derniers chapitres semblent avoir été composés par l'empereur Héraclius lui-même, donne un mode d'emploi pour Constantinople des *Tables faciles* de Ptolémée. Mais on ne sait pas très bien dans quelles circonstances l'empereur a fait venir Stéphane à Constantinople, ni quelles étaient ses tâches d'enseignement. Mais, malgré ces incertitudes, cette fois, on peut penser qu'il y a sous le règne d'Héraclius un enseignement scientifique officiel à Constantinople.

L'enseignement dispensé à Constantinople revêt un caractère différent de celui d'Alexandrie. On a souligné que, avec la perte de l'Egypte, prise par les Perses d'abord, par les Arabes ensuite, l'approvisionnement en papyrus devenait problématique : il n'était plus question de noter tous les bavardages des professeurs [11]. Les professeurs devaient écrire des manuels plus succincts. C'est peut-être ce qui explique qu'on ne trouve pas de « notes de cours » à partir du VIIe siècle dans les marges des manuscrits.

Le VIIe siècle voit la prise d'Alexandrie par les Arabes et la fin définitive de l'enseignement qui y était prodigué. C'est désormais à Constantinople qu'il incombe de veiller sur l'héritage antique. Mais les VIIe et VIIIe siècles sont des périodes particulièrement obscures.

C'est par le biais du savant arménien, Ananias de Sirak (mort peu après 667), qu'on peut obtenir quelques indications. Dans son autobiographie [12], en effet, Ananias raconte non seulement comment lui-même a pu apprendre les sciences, mais encore la carrière de son maître Tychichos, qui enseignait à Trébizonde.

---

[10] Voir l'étude toute récente de W. Wolska - Conus, *Stéphanos d'Athènes et Stéphanos d'Alexandrie. Essai d'identification et de biographie*, « Revue des Etudes Byzantines », 47 (1989), pp. 5 - 89.

[11] *Ibidem*, p. 81.

[12] H. Berberian, *Autobiographie d'Anania Sirakac'i*, « Revue des Etudes Arméniennes », NS I (1964), pp. 189 - 202.

Tychichos avait étudié trois ans à Alexandrie, puis s'était rendu à Rome, puis à Constantinople où il suivit les leçons de philosophie d'un fameux professeur qui était peut-être Stéphane d'Alexandrie. Après quoi il rentra à Trébizonde. Plus tard, à en croire Ananias, à la mort du professeur de Constantinople, l'empereur aurait fait mander Tychichos pour lui succéder, car on manquait de savants à Constantinople, mais celui-ci aurait refusé (cette histoire n'est peut-être pas à prendre au pied de la lettre). Ananias, qui resta huit ans chez son maître de Trébizonde, importa en Arménie un enseignement scientifique qui est un ultime prolongement, bien affaibli, de l'enseignement alexandrin [13].

VIIIe SIECLE

Du VIIIe siècle, on ne connaît presque rien en ce qui concerne l'enseignement supérieur. Une légende veut que, en 726, l'empereur iconoclaste Léon III fit enfermer tous les professeurs de l'université dans les bâtiments de celle-ci et y mit le feu, brûlant à la fois l'immeuble, les livres et les savants [14]. La légende semble montrer une chose : qu'il y avait encore des professeurs et un enseignement supérieur, mais P. Lemerle [15] interprète la légende comme le reflet de la mise en veilleuse de l'enseignement supérieur à Constantinople. Pour le reste on en est réduit aux maigres informations que donnent les Vies de Saints [16]. Celles-ci racontent en général la jeunesse et l'éducation du héros.

Dans les écrits de ce genre, le programme d'éducation prévoit toujours, outre les branches littéraires, le *quadrivium* des sciences (arithmétique, géométrie, astronomie, musique) destiné approximativement au niveau supérieur de l'enseignement secondaire. Existait-il un niveau d'enseignement supérieur à celui-là ? On est bien en peine de le dire. On peut supposer cependant que tout intérêt pour la science n'avait pas disparu. En ce qui concerne l'astronomie, les tables du *Leidensis* BPG 78, dont il sera question ci-dessous, ont en marge des notes datées de 783/4 et 797/8 [17] (il est vrai qu'il s'agit surtout de chronologie), et l'astrologie était fort prisée à cette époque, notamment par l'infortuné fils d'Irène, Constantin VI (780 - 797) [18].

---

[13] J.-P. Mahe, *Quadrivium et cursus d'études au VIIe siècle en Arménie et dans le monde byzantin*, « Travaux et Mémoires du Centre de Recherches d'Histoire et de Civilisation Byzantines », X (1987), pp. 159 - 206.

[14] Brehier, *Notes*... (*op. cit.* note 1), 2e partie où l'on trouvera une étude des sources de cette légende.

[15] Lemerle (*op. cit.* note 1), p. 106.

[16] Lemerle (*op. cit.* note 1), pp. 98 ss. donne une liste des Vies de Saints de cette époque où l'on trouve des renseignements sur les programmes d'éducation et une synthèse de ceux-ci.

[17] Ed. H. Usener, *Chronica Minora saec. IV - VII*, vol. III, ed. Th. Mommsen, *Monumenta Germaniae Historica Auct. Ant.*, XIII, Berlin 1898, p. 410.

[18] Sur l'astrologie byzantine à cette période, voir D. Pingree, *Classical and Byzantine Astrology in Sassanian Persia*, « Dumbarton, Oaks Papers », 43 (1989), pp. 227 - 239.

IXe SIECLE

La situation change au IXe siècle, souvent qualifié de « renaissance byzantine ». A cette époque, on invente une nouvelle écriture, la minuscule, qui va permettre de recopier d'une manière plus lisible tout le patrimoine culturel hérité de l'antiquité[19]. Les textes scientifiques seront les premiers servis : Euclide, Ptolémée, Théon[20]. L'Université est réorganisée sous le règne de Michel III (842 - 867) par son oncle Bardas (et peut-être déjà sous le règne de Théophile 829 - 842) : celui-ci fit installer l'Université à la Magnaure, confia la direction du département de philosophie à Léon le Philosophe, ceux de géométrie et d'astronomie, respectivement à Théodore et Théodègios, celui de grammaire à Kométas[21].

Les deux professeurs de science sont inconnus par ailleurs. Léon le Philosophe ou Léon le Mathématicien[22], par contre, est la grande figure du temps. Léon était célèbre pour ses connaissances en mécanique : il aurait mis au point un « télégraphe optique » et, selon certaines sources, les automates du trône impérial, et aussi pour ses talents d'astrologue. L'anecdote la plus célèbre que l'on rapporte à son sujet est celle-ci : un de ses anciens élèves, fait prisonnier lors d'une campagne contre les Arabes, aurait ébloui ses geôliers par ses connaissances des démonstrations d'Euclide. Mis au courant, le caliphe al-Ma'mûn aurait invité Léon à venir enseigner à Bagdad, mais l'empereur Théophile n'aurait pas voulu laisser partir Léon[23].

Cependant, malgré les informations plus nombreuses dont nous disposons, il est difficile de se faire une idée du niveau des études scientifiques à cette époque. Qu'étudiait-on en fait ? En géométrie, on lisait Euclide : l'histoire de l'élève de Léon prisonnier des Arabes l'indique, et ceci est confirmé par les manuscrits : il existe plusieurs copies du IXe siècle (*Vat. gr.* 190, *Bodl. d'Orville* 301, copié en 888) et l'une d'elle, le *Bodl. d'Orville* 301, contient une scolie marginale attribuée à Léon[24] et des scolies de la main d'Arethas[25]: Euclide était donc lu et étudié. De l'*Almageste* on a un manuscrit en onciale (*Paris. gr* 2389) et un superbe manuscrit en minuscule, le *Vat. gr.* 1594 qui contient aussi les *opera minora* de Ptolémée et l'*Introduction à l'Almageste* d'Eutocius. Mais je n'ai jusqu'ici trouvé aucune preuve qu'on lisait effectivement l'*Almageste* au IXe siècle. Deux manuscrits en onciale copiés sous le règne de Léon V l'Arménien (813 - 820) contiennent les *Tables faciles,* le superbe *Vat. gr.* 1291, enluminé, et *Leidensis* BPG 78, et l'un d'eux, le *Vat. gr.* 1291, contient des notes contemporaines relatives à l'utilisation

---

[19] Sur cette période voir surtout Lemerle (*op. cit.* note 1) ; Wilson (*op. cit.* note 1), pp. 79 - 135.

[20] Wilson (*op. cit.* note 1), p. 86.

[21] Speck (*op. cit.* note 1), pp. 1 - 13 ; Lemerle (*op. cit.* note 1), pp. 165 ss.

[22] Lemerle (*op. cit.* note 1), pp. 148 ss ; Wilson (*op. cit.* note 1), pp. 79 - 84.

[23] Lemerle (*op. cit.* note 1), pp. 150 - 154 ; Mango (*op. cit.* note 1), pp. 138 - 140.

[24] *Euclidis Elementa* (*op. cit.* note 80), V, pp. 714 - 715.

[25] *Euclidis Elementa* (*op. cit.* note 8), V pp. XXVII - XXVIII ; voir Wilson (*op. cit.* note 1), pp. 120 - 121.

des tables [26]: on peut donc penser que les tables étaient utilisées à cette époque et l'intérêt pour l'astronomie apparaît avant la réforme de l'université. Les automates du trône impérial supposent la connaissance des traités de Héron, mais de tels mécanismes étaient aussi connus à Bagdad, et nous ne savons pas quels étaient les artisans. Sans vouloir passer en revue tous les manuscrits scientifiques conservés de cette époque, il reste une question à poser : les textes étaient-ils étudiés, et mis en pratique ? Aucun manuel scientifique nouveau n'a été composé et il est difficile de voir jusqu'où allaient les connaissances réelles des savants.

Xe SIECLE

Le Xe siècle est marqué par la personnalité de l'empereur Constantin VII Porphyrogénète (913 - 959 ; effectivement 944 - 959). Cet empereur cultivé, exerçant des talents multiples, polyglotte, très attaché au passé et aux traditions de l'empire, désira promouvoir une encyclopédie universelle rassemblant toutes les connaissances et les activités humaines. De cet immense dessein, quelques traités ont survécu, surtout ceux consacrés à l'organisation de l'empire, mais aussi des compilations de médecine, de science vétérinaire, d'agriculture, de zoologie [27]. Constantin avait, lui aussi, réorganisé l'université, engageant quatre professeurs : Constantin le Protospathaire pour la philosophie, Nicéphore le Patrice pour la géométrie, Grégoire l'Asekretis pour l'astronomie et Alexandre, Métropolite de Nicée, pour la rhétorique. Mais, à part pour ce dernier, on ne connaît rien de leurs activités [28]. Les quatre chaires créées ou recréées sont en substance identiques à celles de la réforme de Bardas au siècle précédent.

XIe SIECLE

Le XIe siècle, en contraste avec toutes les périodes qui ont précédé, est une époque extraordinairement riche, entièrement dominée par la personnalité de Psellos et du cercle de ses amis.

Michel Psellos (1018 - 1078 ?), personnage aux mille facettes, polymathe, restaurateur de la philosophie platonicienne à Byzance, et l'un des plus grands écrivains byzantins, a incontestablement marqué la vie intellectuelle de son temps [29]. Les intérêts de Psellos étaient variés : les sciences occultes, l'alchimie, la

---

* [26] Ed. J. Mogenet, *Les scalies astronomiques du Vat. gr. 1291*, « Bulletin de l'Institut Historique Belge de Rome », XL (1969), pp. 69 - 91.

[27] Wilson (*op. cit.* note 1), p. 143.

[28] Wilson (*op. cit.* note 1), pp. 141 ss ; Speck (*op. cit.* note 1), pp. 22 - 28.

[29] Sur Michel Psellos, voir notamment C. Sathas, *Bibliotheca Graeca Medii Aevi*, IV et V, Athènes - Paris 1874 - 6 (réimpr. Hildesheim - New York 1972), IV, *Prologos*, pp. I - CXIX ; Ch.

magie, la démonologie, l'astrologie qu'il avait étudiée, nous dit-il, sans y croire (dans sa *Chronographie*, il critique les astrologues de Michel V qui se bornaient à établir les *kentra* sans se soucier de théories astronomiques et à qui il devait donner des explications) [30], les anciennes cultures grecques, chaldéennes, égyptiennes. Il avait des connaissances médicales : il a écrit des opuscules médicaux, et ses descriptions des maladies des empereurs dans la *Chronographie* sont remarquables [31].

Dans ses écrits, Psellos donne quantité d'informations sur ses études, sur l'enseignement et la vie intellectuelle de son temps. En ce qui concerne sa formation, il nous raconte qu'il s'était livré à une étude approfondie de la rhétorique, de la philosophie et de toutes les sciences [32]. Pour les sciences, considérées à la manière platonicienne comme le moyen d'atteindre à la connaissance supérieure, Psellos énumère les matières du *quadrivium* (arithmétique, géométrie, musique, astronomie) et mentionne sans les détailler toutes les sciences qui en dépendent [33]. Mais sa formation, il ne l'a pas acquise sans peine. Aucune ville, nous dit-il, Athènes, Nicomédie, Alexandrie, la Phénicie, les « deux Romes », ne pouvait donner une formation valable [34]. Psellos doit donc se former auprès de maîtres privés aux prix tellement exorbitants qu'il dut interrompre plusieurs fois ses études pour gagner l'argent nécessaire à les payer [35]. Finalement, il découvre l'école de Jean Mauropous où il se lie avec ses condisciples. Constantin Likhoudès, le juriste, Jean Xiphilin, et d'autres. Les jeunes gens décident de s'instruire mutuellement dans les matières qu'ils connaissaient [36]. Après quoi Psellos donna lui-même des leçons gratuitement [37]. Parmi les matières qu'il enseignait, il cite : Aristote, l'astronomie, la géométrie, l'arithmétique, l'optique et la catoptrique, Héron et Archimède, avec des expériences faites devant ses élèves [38].

Zervos, *Un philosophe néo-platonicien du XIe siècle, Michel Psellos. Sa vie, son oeuvre, ses luttes philosophiques, son influence*, Paris 1919 ; Wilson (*op. cit.* note 1), pp. 156 - 166. Sur son style et sa langue : E. Renauld, *Etude de la langue et du style de Michel Psellos*, Paris 1920, pp. 405 - 433.

[30] *Michel Psellos. Chronographie*, texte établi et traduit par E. Renauld, 2 vols, Paris 1926 (2e éd. 1967). I, p. 98. Les Belles Lettres (coll. Budé). Voir aussi condamnation de la divination dans Sathas (*op. cit.* note 29), V, p. 56.

[31] Voir p. ex. sa description de la maladie d'Isaac Comnène, *Chronographie* (*op. cit.* note 26), II, pp. 129 ss.

[32] *Chronographie*, I. pp. 134 - 136.

[33] *Chronographie*, I, p. 136. Sur les études de Psellos, voir Brehier, *Civilisation byzantine* (*op. cit.* note 1), p. 395.

[34] *Chronographie*, I, p. 138.

[35] Brehier, *Civilisation byzantine (op. cit.* note 1), p. 395 ; Zervos (*op. cit.* note 29), pp. 63 - 64.

[36] Brehier, *loc. cit.* ; Zervos, *loc. cit.*, sur l'enseignement de Mauropous, voir Sathas (*op. cit.* note 29), V, p. 148.

[37] *Chronographie*, I, p. 138.

[38] Wilson (op. cit. note 1), p. 161 ; Zervos (*op. cit.* note 29), pp. 95 - 96 (je n'ai pas pu vérifier toutes les sources signalées par ces auteurs). Voir aussi Sathas (*op. cit.* note 29), V, pp. 59 - 60.

Aucune mention, chez Psellos, de l' « Université » : au début du XIe siècle, l'enseignement de haut niveau semble avoir été entièrement aux mains de maîtres privés.

La situation va changer avec Constantin IX Monomaque qui, en 1045(?), réorganise l'enseignement. Il crée une école de droit dont le premier directeur, le « gardien des lois » (*νομοφύλαξ*) fut Jean Xiphilin, et où les études étaient gratuites. En même temps fut créée l'école de philosophie, dont le premier directeur, Psellos, portait le titre de « Consul des Philosophes » (*ὕπατος τῶν φιλοσόφων*). La philosophie comprenait visiblement les matières scientifiques : cosmographie, géométrie, astronomie, etc. Toute cette tâche reposait sur une personne : Psellos.

La réforme de Constantin Monomaque n'était pas comparable à celle qui avait eu lieu du temps de Bardas ou de Constantin VII. Apparemment l'organisation de ces deux « facultés » était née simplement de l'école privée fondée par Psellos et Xiphilin, où le premier enseignait principalement la philosophie, l'autre le droit, chacun empiétant d'ailleurs sur les matières de l'autre. Des rivalités étant survenues à propos de la direction de l'école et des orientations de l'enseignement, l'empereur aurait été amené à intervenir et prit la décision de subventionner deux « facultés ». Si on a conservé la Novelle concernant l'école de droit, on n'a rien conservé en ce qui concerne la « philosophie » : la réforme semble avoir simplement consisté à donner une charge d'enseignement à une seule personne, Psellos, dont l'enseignement privé devenait ainsi public. Il n'est pas question ici de la création de plusieurs chaires et de nominations de plusieurs maîtres [39].

L'enseignement dispensé à cette époque était certainement bien différent de ce qu'on trouvait dans les écoles d'Alexandrie. Là, on lisait en classe et commentait systématiquement des traités scientifiques, comme par exemple l'*Almageste*, Archimède, Apollonius, Diophante ou d'autres. L'enseignement de Psellos, par contre, devait être un enseignement encyclopédique, peu systématique apparemment. Il consistait surtout en questions et réponses sur des sujets donnés. C'est comme cela aussi que Mauropous enseignait dans son école [40].

On en a peut-être une idée d'après l'oeuvre conservée de Psellos, de *De omnifaria doctrina* [41]. Il s'agit d'un fourre-tout (inspiré surtout de Plutarque) qui comprend deux cent et une questions de philosophie, cosmologie, sciences naturelles, etc., aussi variées que : l'essence du ciel, la nature du ciel, sur les

---

[39] Speck (*op. cit.* note 1), p. 90 ; Fuchs (*op. cit.* note 1), p. 24 ; et surtout W. Wolska-Conus, *Les écoles de Psellos et de Xiphilin sous Constantin IX Monomaque*, « Travaux et Mémoires du Centre de Recherches d'Histoire et de Civilisation Byzantines », 6 (1976), pp. 223 - 243.

[40] Brehier, *Civilisation byzantine* (*op. cit.* note 1), pp. 394 ss ; Zervos (*op. cit.* note 29), pp. 90 - 100 ; voir ce qui dit Psellos lui-même dans Sathas (*op. cit.* note 29), V, pp. 59 - 61 ; voir Fuchs (*op. cit.* note 1), p. 32.

[41] Ed. L. G. Westerink, *Michael Psellus de omnifaria Doctrina*, Nijmegen 1948.

périodes des planètes, sur les vents, les fleuves, pourquoi la paume de la main de l'ours est plus douce à manger (!!), etc. Cette compilation est dédiée à l'empereur Michel Doucas, dont Psellos fut le précepteur. La forme de cette oeuvre (souvent des questions-réponses sur des sujets variés) pourrait refléter ce qui se passait lors des leçons. Le niveau de cette oeuvre, par contre, laisse perplexe : fort rudimentaire, il ne semble pas la destiner à l'enseignement universitaire, mais on est tout de même pris de doute en ce qui concerne le niveau réel de l'enseignement à l'Université. On aimerait être certain que les élèves de Psellos lisaient dans le texte Euclide, Héron, Archimède. Par exemple, Psellos ne cite presque jamais Ptolémée, mais il a certainement étudié l'*Hypotypose* de Proclus [42].

L'enseignement de Psellos, à l'en croire, avait un grand succès, car il se vante d'avoir dans son auditoire des Celtes, des Arabes, des Perses, des Egyptiens, des Ethiopiens. Lui-même, il encouragea des traductions en géorgien et peut-être en arménien [43].

D'autres documents peuvent aider à préciser le niveau de l'enseignement du temps : un *quadrivium* daté de 1007 - 1008 (qui serait l'oeuvre d'un certain Romanos, asekretis et juge de Seleucie) [44] et des scolies anonymes, de la même époque, sur l'emploi des *Tables faciles*, avec des exemples [45]. Ces deux manuels seraient, selon nos critères, d'un niveau d'enseignement secondaire, mais rien n'est moins sûr (je n'exclus pas qu'il s'agisse de manuels « universitaires »). Un savant comme Syméon Seth (ca 1058) est l'auteur d'une compilation sur des questions physiques (cosmologie, philosophie, sciences naturelles) qui ne semble pas d'un niveau différent de Psellos, même si les sujets sont moins disparates et si l'auteur a quelques connaissances de la science arabe [46]. Seth a aussi écrit un lexique de botanique et des opuscules médicaux [47].

D'un niveau nettement supérieur, par contre, sont les documents suivants : des scolies anonymes de l'*Almageste* datées de 1032, copiées dans le *Vat. gr.* 1594 par une main B, révèlent une connaissance approfondie de Ptolémée, de Théon et surtout de l'astronomie arabe [48]. De nombreuses scolies de cette même main B, non éditées, semblent montrer que l'*Almageste* était étudié et commenté systématiquement par un érudit anonyme. Un manuel anonyme d'astronomie

---

[42] Cf. Sathas (*op. cit.* note 29), V, p. 132.

[43] Wilson (*op. cit.* note 1), p. 164 ; Sathas (*op. cit.* note 29), V, p. 508 ; Zervos (*op. cit.* note 29), p. 99.

[44] Ed. J. L. Heiberg, *Anonymi logica et quadrivium cum scholiis antiquis*, *Kgl. Danske Videnskabernes Selbkab., Hist.-filol. Meddelelser*, XV, 1, Copenhague 1929 (pour l'auteur, voir p. V).

[45] A. Tihon, *L'astronomie byzantine (du Ve au XVe siècle)*, « Byzantion », 51 (1981), pp. 603 - 624, p. 610.

[46] Ed. A. Delatte, *Anecdota Atheniensia et alia*, II, Liège - Paris 1939.

[47] Hunger (*op. cit.* note 1), p. 275.

[48] J. Mogenet, *Une scolie inédite sur les rapports entre l'astronomie arabe et Byzance*, « Osiris », 14 (1962), pp. 198 - 221 ; idem, *Sur quelques scolies de l'Almageste*, dans : *Le monde grec. Hommage à Claire Préaux*, Bruxelles 1975, pp. 302 - 311 ; A. Tihon, *Sur l'identité de l'astronome Alim*, « Archives Internationales d'Histoire des Sciences », 39 (122) (1989), pp. 3 - 21.

byzantino-arabe daté des environs de 1072 atteste une connaissance approfondie des méthodes arabes [49]. Ces textes avaient-ils un rapport avec l'enseignement ? La question est sans réponse. En tout cas, ils montrent un niveau d'étude personnelle dont on n'avait plus vu l'équivalent depuis les écoles d'Alexandrie, et, fait nouveau, l'importation des tables arabes en astronomie, qui se poursuivra durant le XIIe siècle [50].

FIN XIe ET XIIe SIECLE

A la fin du XIe siècle, en 1081, Alexis Comnène accède au pouvoir et fonde une nouvelle dynastie. Sous les règnes des empereurs Alexis (1081 - 1118), Jean (1118 - 1143) et Manuel (1143 - 1180) Comnène, la vie intellectuelle continue son essor, mais avec au préalable une solide reprise en main dogmatique.

Un événement marquant fut le procès, en 1082, de Jean Italos, disciple et successeur de Psellos, mais platonicien moins prudent que lui [51]. Les doctrines platoniciennes hérétiques d'Italos sont anathémisées et leur auteur finira par les désavouer [52]. L'enseignement de la philosophie se poursuit pour un temps avec un autre « Consul des Philosophes », cette fois apparemment sans écarts de doctrine [53]. Mais après celui-ci, aucun autre « Consul des Philosophes » ne sera nommé avant que Manuel Comnène ne rétablisse la fonction en 1170, comme on le verra plus loin.

L'entourage de l'empereur Alexis était très cultivé. Son frère (ou son fils ?) Isaac écrit des essais philosophiques basés sur Proclus [54]. Son épouse, l'impératrice Irène Doucas, lit les Pères de l'Eglise et étudie la théologie. Leur fille, Anne Comnène, la fameuse historienne (auteur de l'*Alexiade*, histoire du règne de son père), avait reçu une éducation soignée. A vrai dire, c'est à l'insu de ses parents, en suivant les leçons d'un eunuque du palais, qu'elle avait appris toutes les sciences profanes [55]. Anne avait des connaissances dans tous les domaines : elle avait étudié la rhétorique, les traités d'Aristote, les dialogues de Platon et

---

[49] Ed. A. Jones, *An Eleventh-Century Manual of Arabo-Byzantine Astronomy, Corpus des Astronomes Byzantins*, III, Amsterdam 1987.

[50] A. Tihon, *Tables islamiques à Byzance*, à paraître dans « Byzantion ». Dans un passage cité par Sathas (*op. cit.* note 29), IV, pp. XLVII - XLVIII, Psellos lui-même reconnaît que la science s'est réfugiée chez les Arabes.

[51] Voir le récit fait par Anne Comnène de ce procès (Anne Comnène, *Alexiade*, texte établi et traduit par Bernard Leib, index établi par P. Gautier, 4 vols, Paris 1967 - 1976, II, pp. 32 ss. Les Belles Lettres, coll. Budé).

[52] *Alexiade* (*op. cit.* note 51), vol. 2, p. 40.

[53] Wilson (*op. cit.* note 1), p. 180.

[54] *Ibidem.*

[55] R. Browning, *An unpublished Funeral Oration on Anna Comnena*, dans : *Proceedings of the Cambridge Philological Society* 188 (NS 8), Cambridge 1962, pp. 1 - 12 (repris dans : *Studies on Byzantine History, Literature and Education*, Variorum Reprints, London 1977, VII, p. 11).

« mûri son espirt par le *quadrivium* des sciences [...] »[56] ; elle avait étudié * l'astrologie (« non pour l'exercer, à Dieu ne plaise ! mais pour mieux en connaître la futilité et juger ceux qui s'y adonnent »)[57], et la médecine. Plus tard, lors de sa retraite forcée sous le règne de son frère Jean (1118 - 1143), elle s'entoura d'un cercle de lettrés, étudia Aristote, Platon, Euclide et Ptolémée, « du moins ce qui n'en est pas banni pour les Chrétiens »[58]. Sous son influence, Michel d'Ephèse commente des textes zoologiques d'Aristote[59].

Les amateurs de sciences étaient nombreux dans la classe aisée de Constantinople. Anne cite le cas d'un certain Nicéphore Diogène qui, privé de la vue, se mit à étudier la géométrie à l'aide de figures en relief[60]. Malgré les réticences d'Alexis, l'astrologie était très prisée, ce qui suppose évidemment la pratique de tables astronomiques. Anne fait mention d'astrologues égyptiens[61], et ceux-ci devaient certainement utiliser des tables astronomiques arabes (on n'est pas très loin de l'époque du « Manuel byzantino-arabe » de 1072 ss).

La médecine était également à l'honneur. Les empereurs Alexis et Jean Comnène avaient fondé des hôpitaux modèles, en particulier celui du monastère de Pantocrator fondé par l'impératrice Irène (épouse de Jean Comnène) en 1136 : l'enseignement médical y est organisé[62]. Michel Italikos est nommé professeur de médecine[63].

Cependant l'enseignement officiel de la « philosophie » semble avoir subi un temps d'arrêt, car après le deuxième successeur de Psellos comme « Consul des Philosophes » la succession est interrompue.

C'est l'empereur Manuel Comnène (1143 - 1180) qui restaure la fonction en appointant à cette charge, en 1170, Michel d'Anchiale[64]. Celui-ci va enseigner la philosophie d'Aristote et les sciences comme l'astronomie, la météorologie[65]. L'empereur Manuel était féru d'astrologie : sa lettre en défense de l'astrologie figure dans bon nombre de manuscrits astrologiques. Jean Kamateros publie un poème astrologique[66] et on voit que les astrologues continuent d'utiliser des

---

[56] *Alexiade* (*op. cit.* note 51), Préface (vol. I, p. 3).

[57] *Ibidem*, vol. 2, p. 58.

[58] Browning (*op. cit.* note 55), p. 6.

[59] Hunger (*op. cit.* note 1), p. 267 ; Wilson (*op. cit.* note 1), p. 183, note 11.

[60] *Alexiade* (*op. cit.* note 51), vol. 2, p. 185.

[61] *Alexiade* (*op. cit.* note 51), vol. 2, pp. 57 - 59.

[62] CMH (*op. cit.* note 1), p. 290 ; cf. les traités mentionnés dans Hunger (*op. cit.* note 1), pp. 310 ss. Voir P. Gautier, *Le Typicon du Christ Sauveur Pantocrator*, « Revue des Etudes Byzantines », 32 (1974), pp. 1 - 145.

[63] Il n'est pas certain que le poste donné à Michel Italikos ait été l'enseignement de la médecine au Pantocrator, voir P. Gautier, *Michel Italikos*, Paris 1972, p. 20, note 16.

[64] R. Browning, *A New Source an Byzantine-Hungarian Relations in the Twelfth Century. The Inaugural lecture of Michael ὁ τοῦ Ἀγχιάλου ὡς ὕπατος τῶν φιλοσόφων*, dans ; *Balkan Studies*, 2, * Thessalonique 1961, pp. 173 - 214 (repris dans : *Studies on Byzantine History, Literature and Education.* Variorum Reprints, London 1977, IV).

[65] Browning (*op. cit.* note 64), p. 194, lignes 249 ss.

[66] Hunger (*op. cit.* note 1), p. 242.

tables arabes[67]. A ce moment aussi des manuscrits scientifiques grecs sont envoyés en Sicile (ex. *Almageste* donné par Manuel Comnène à Guillaume Ier de Sicile) et commencent à être traduits en latin[68].

Comment juger du niveau des connaissances scientifiques de l'époque des Comnènes ? La vie intellectuelle était intense, on l'a vu, l'enseignement bien organisé, et tout porte à croire que le niveau des études scientifiques était très élevé. Mais malgré tout, on manque de critères sûrs, car les manuscrits ou les documents scientifiques du XIIe siècle ne sont pas très abondants.

Prenons comme exemple Michel Italikos. Nous avons rencontré ce personnage comme professeur de médecine sous Jean Comnène. Mais il fut aussi professeur de rhétorique et philosophie (celle-ci incluant les sciences), avant d'enseigner des matières religieuses. De sa formation astronomique, il nous dit qu'il avait étudié les révolutions des astres et leurs configurations variées, ainsi que les oeuvres d'Hipparque, de Ptolémée et d'Aristarque[69]. Dans une autre lettre, il parle abondamment de l'astrologie (après avoir affirmé bien sûr qu'il n'y croyait pas) et certains passages donnent l'impression qu'il ne calculait pas lui-même les longitudes et les latitudes des astres[70]. Laissons-lui cependant le bénéfice du doute.

A côté de cela, on trouve à cette époque des traités comme celui d'un certain Pierre le Philosophe (ca 1156 - 1169), intitulé *Exposé sur l'astronomie* où l'auteur, en se basant sur les Ecritures, affirme que le ciel a une forme cubique et que la terre a la forme d'un cône[71]. La discussion est fort ancienne : la question était déjà débattue au VIe siècle à Alexandrie, entre Jean Philopon et Cosmas Indicopleustès[72]. On peut se demander si de telles théories étaient encore enseignées au XIIe siècle (il est troublant de les trouver sous la plume d'un « philosophe ») en concurrence avec la cosmologie d'Aristote.

Durant toute cette période, et jusqu'en 1204, les écoles subventionnées par l'Eglise semblent avoir été particulièrement actives[73]. Vers 1200, Nicolas Mesarites donne une description très vivante de l'école de l'église des Sts Apôtres

---

[67] Tihon (*op. cit.* note 48).

[68] Wilson (*op. cit.* note 1), pp. 212 ss.

[69] Gautier (*op. cit.* note 63), p. 95.

[70] *Ibidem*, pp. 196, 198.

[71] P. ex. dans *Ox. Seldenianus* 16 (*supra* 17), voir Tihon (*op. cit.* note 48), pp. 8 - 9. Edition partielle dans J. A. Cramer, *Anecdota Graeca e codd. Manuscriptis Bibliothecae Regiae Parisiensis*, Oxford 1839 (réimpr. Hildesheim 1967), I, pp. 370 ss. Sur ce personnage, qui a écrit une lettre sur l'astrologie adressée au patriarche Lucas Chrysobergès (1156 - 1169), voir *Catalogus codicum* * *astrologorum graecorum*, IV : *Codices Italicos deser.* D. Bassi, F. Cumont, Ae. Martini, A. Olivieri, Bruxelles 1903, p. 155 ; édition de la lettre d'après le *Neapolitanus* II. C. 33, *ibidem*, pp. 156 - 158. L'attribution de ces textes cosmologiques à Pierre le Philosophe devrait toutefois être vérifiée.

[72] W. Wolska, *La topographie chrétienne de Cosmas Indicopleustès. Théologie et science au VIe siècle*, Paris 1962.

[73] R. Browning, *The Patriarchal School at Constantinople in the Twelfth Century*, « Byzantion », 32 (1962), pp. 167 - 201, et 33 (1963), pp. 11 - 40 (repris dans : *Studies on Byzantine History, Literature and Education*, Variorum Reprints, London 1977, X).

à Constantinople [74]. Il y dépeint notamment les élèves qui apprennent à chanter et ceux qui apprennent à compter sur leurs doigts. Apprendre à compter était douloureux : à la moindre faute, les coups de bâtons blessaient les doigts jusqu'à l'os ou les coups de fouet arrachaient les épaules, car les professeurs de mathématique étaient, dit l'auteur, des gens brutaux et violents ! Les élèves de médecine discutaient de questions médicales, en arithmétique, des nombres pairs et impairs, en géométrie, de toutes les figures planes et solides, en musique, du nom des notes et des intervalles musicaux. Aucune mention de l'astronomie qui apparemment n'était pas étudiée dans cette école.

1204 - 1261

En 1204, c'est la prise de Constantinople par la quatrième croisade et le couronnement de Baudouin, comte de Flandre et de Hainaut, empereur latin de Constantinople. Pour la capitale, c'est un désastre : la ville est saccagée, la population massacrée, les oeuvres d'art volées ou détruites ; quantité de livres disparaissent. Les professeurs, les intellectuels, les fonctionnaires impériaux émigrent et se regroupent à Nicée à la cour de l'empereur Théodore Lascaris (1204 - 1222). Les empereurs de Nicée, en particulier Jean Vatatzès (1222 - 1254), vont faire des efforts inouïs pour reconstituer les écoles, rassembler des livres, réformer des bibliothèques, subventionner des professeurs, envoyer des jeunes gens à l'extérieur pour faire des études. Ces efforts seront payants, car ils assureront la relève intellectuelle et permettront l'essor sans précédent de la culture scientifique à la fin du XIIIe et au XIVe siècle [75].

Le savant le plus connu de l'époque de Nicée est Nicéphore Blemmyde (né vers 1197/98) [76]. Blemmyde avait une culture encyclopédique : médecine, philosophie, sciences... Blemmyde refusa tout poste officiel, mais eut de nombreux élèves dans son école privée. L'un d'eux, Georges Akropolite, rapporte une discussion qui eut lieu à la cour de Nicée, après l'éclipse de Soleil de 1239 : Georges Akropolite avait donné l'explication correcte des éclipses, par interposition de la Lune entre le Soleil et la Terre. Mais il fut contredit par un personnage de la cour, qui avait seulement étudié la médecine, et par l'impératrice elle-même. Acropolite se venge d'ailleurs des moqueries de l'impératrice en ajoutant dans son récit que l'éclipse annonçait sans doute la mort de l'impératrice, survenue peu après. C. Constantinides, en rapportant l'anecdote, conclut : « *The debate is clear evidence of the intellectual discussions which took place in the palace during the period of exile* ». [77] Mais on pourrait

---

[74] Glanville Downey, *Nikolaos Mesarites : Description of the Church of the Holy Apostles at Constantinople*, « Transactions of the American Philosophical Society », NS 47, part 6 (1957), pp. 857 - 924.

[75] Sur toute cette période, voir Constantinides (*op. cit.* note 1), pp. 5 - 27.

[76] Constantinides (*op. cit.* note 1), pp. 8 ss.

[77] Constantinides (*op. cit.* note 1), p. 14.

ajouter qu'il montre aussi le faible niveau de la culture scientifique dans l'entourage impérial ! Des théories fausses sur les éclipses se retrouvent dans des compilations de cette époque : ainsi une vieille théorie expliquant, figures à l'appui, que les éclipses sont causées par « un astre noir » s'interposant devant le Soleil ou la Lune selon les cas [78].

XIIIe - XIVe SIECLES

En 1261, l'empire latin de Constantinople s'effondre et l'empereur Michel VIII Paléologue (1261 - 1282) rentre dans la capitale. L'empire ne retrouvera plus jamais son lustre d'antan sur le plan politique, mais la culture y brillera de tous ses feux. Et cette fois, les sources ne manquent pas ; c'est même le contraire : quantité de textes ont été conservés [79] ; les manuscrits scientifiques sont extrêmement nombreux, un grand nombre sur papier moins coûteux que le parchemin (c'est au XIIIe s. que le papier se répand partout dans le monde byzantin). Ces manuscrits sont le plus souvent des copies de travail : annotés, raturés, commentés en marge par leurs divers lecteurs. Etudiants et professeurs copiaient eux-mêmes les textes, les collationnant sur d'autres copies, les corrigeant, les restaurant, les complétant éventuellement par des chapitres de leur cru.

Dès le retour à Constantinople, Michel Paléologue rétablit l'« Ecole de Philosophie » avec à sa tête Georges Akropolite [80]. L'Ecole Patriarchale est restaurée également avec à sa tête Manuel Holobolos (1265) [81]. Mais la vie intellectuelle sous le règne de Michel Paléologue est quelque peu troublée par la politique d'Union des Eglises imposée par l'empereur. L'avènement d'Andronic II en 1282, au contraire, marque le retour à l'orthodoxie appuyé par les intellectuels. L'empereur favorisera ceux-ci et Byzance connaîtra alors une Renaissance intellectuelle sans précédent.

Les empereurs, comme déjà ceux de Nicée, et avant eux les Comnènes, aiment les discussions scientifiques ou philosophiques qui se tiennent en leur présence. L'*intelligentsia* se regroupe en petits clubs ce qui ne va pas sans jalousies, querelles amères et pamphlets virulents.

Les intellectuels et savants sont tellement nombreux [82] qu'il serait impossible

---

[78] P. ex. dans *Ox Seldenianus* 16 (déjà cité note 71).

[79] I. Ševčenko, *Théodore Métochites, Chora et les courants intellectuels de l'époque*, dans : *Art et * saciété à Byzance sous les Paléologues. Actes du Colloque organisé par l'Association Internationale des Etudes Byzantines* (*Venise 1968*), Bibliothèque de l'Institut Hellénique de Venise, 4, Venise 1971, pp. 15 - 39 (repris dans : *Ideology, Letters and Culture in the Byzantine World*, Variorum Reprints, London 1982).

[80] Constantinides (*op. cit.* note 1), p. 32.

[81] *Ibidem*, p. 52.

[82] I. Ševčenko, *Society and Intellectual Life in the fourteenth Century*, dans : *Actes du XIVe Congrès International d'Etudes Byzantines, Bucarest 1971*, vol. 1, Bucarest 1974, pp. 69 - 92 (repris dans : *Society and Intellectual Life in late Byzantium*, Variorum Reprints, London 1981).

de les présenter tous. J'essayerai seulement d'évoquer ici quelques figures qui ont été au point de départ de cette Renaissance du XIVᵉ siècle, ceux dont les activités se situent aux environs de l'an 1300.

Jean Pediasimos Pothos (1250 - 1310/4) [83] fut nommé « Consul des Philosophes » aux environs de 1270 par Michel VIII, après quoi, vers 1280, il fut envoyé à Ochrid où il continua son enseignement, puis revint à Thessalonique où il poursuivit ses activités de professeur et mourut vers 1310 ou 1314. Ses intérêts se portaient vers la mythologie, la poésie, les mathématiques, la philosophie, le droit, la médecine. Il écrivit sur la géométrie, des scolies à Cléomède, un opuscule médical. Le niveau de ces oeuvres n'est pas très profond, mais certains indices montrent qu'il aurait peut-être commenté l'*Almageste* [84]. Ses activités d'enseignement à Thessalonique ont sans doute contribué à faire de cette ville un centre intellectuel florissant au début du XIVᵉ siècle.

Maxime Planude (1245? - 1305) [85] était non seulement l'un des érudits les plus accomplis de son temps, mais également un novateur ouvrant des voies d'études oubliées ou ignorées à son époque. Planude avait un poste d'enseignement officiel dans une école qui n'est pas identifiée. Il vivait dans un « monastère impérial » auquel attenait une « bibliothèque impériale » qu'il s'attacha à restaurer. Il enseigna la grammaire, la poésie, la rhétorique, les mathématiques du *quadrivium* (arithmétique, géométrie, musique, astronomie), la géographie, la philosophie et peut-être la médecine. Pour toutes ces branches, il écrivit ses propres manuels ou ses propres éditions. En arithmétique, il compose un traité sur le calcul indien, inspiré d'un traité anonyme antérieur de 1252 [86], et des scolies sur Diophante ; en géométrie, il prépare des scolies à Euclide ; en astronomie, il édite les *Phénomènes* d'Aratos et le manuel de Cléomède ; en musique, il rassemble en un volume tous les traités d'harmonique. Il redécouvre la *Géographie* de Ptolémée depuis longtemps oubliée. Il traduisit en grec des auteurs latins.

Georges Pachymère fut professeur à l'Ecole Patriarchale aux environs de 1277 [87]. Son *Quadrivium*, composé aux environs de l'année 1300, est le seul *Quadrivium* byzantin conservé, avec celui de XIᵉ siècle [88]. L'oeuvre de Pachymère est une compilation basée sur d'anciennes sources : Nicomaque et Diophante pour l'arithmétique ; Ptolémée et Porphyre pour la musique ; Euclide pour la

---

[83] Constantinides (*op. cit.* note 1), pp. 117 ss.

[84] Des scolies à l'*Almageste* dans le *Vat. gr.* 184 sont attribuées par Heiberg à Jean Pediasimos (voir J. L. Heiberg, *Claudii Ptolemaei opera quae exstant omnia*, vol. II : *Opera astronomica minora*, Leipzig 1907, pp. CXXVI et CXXX. Coll. Teubner.

[85] Sur l'enseignement de Maxime Planude, voir Constantinides (*op. cit.* note 1), pp. 66 ss ; Wilson (*op. cit.* note 1), pp. 230 ss.

[86] Ed. A. Allard, *Maxime Planude. Le grand calcul selon les Indiens*, Louvain-la-Neuve 1981. Travaux de la Faculté de Philosophie et Lettres, XXVII.

[87] Sur Pachymère, voir Constantinides (*op. cit.* note 1), p. 157.

[88] P. Tannery, *Quadrivium de Georges Pachymère*, texte revisé et établi par E. Stephanou, Vatican 1960. Studi e Testi. 94.

géométrie ; Aratos et d'autres pour l'astronomie (cette partie concerne surtout les constellations).

Manuel Bryennios, dont la vie est très mal connue, a laissé un volumineux traité d'*Harmonique* rédigé vers 1300 (?)[89]. On notera le regain d'intérêt pour l'*Harmonique* à cette époque : Planude s'y était intéressé ; Pachymère et Bryennios écrivent sur le sujet, comme, un peu plus tard, Nicéphore Grégoras et Barlaam de Seminara. Bryennios, qui passait pour un original, était renommé pour ses connaissances en astronomie ; Théodore Métochite le prit comme professeur privé dans sa maison lorsqu'il voulut apprendre l'astronomie. Bryennios, qui a laissé des scolies à l'*Almageste*[90], était censé avoir appris l'astronomie auprès d'un homme qui l'avait apprise en Perse[91]. On a tenté d'identifier ce professeur avec Georges Chioniadès, mais la question reste peu claire.

Georges (ou Grégoire) Chioniadès, en effet, est connu pour avoir voyagé en Perse (où il fut évêque de Tabriz) et pour avoir traduit des traités astronomiques persans en grec aux environs de 1300[92]. Il est possible que Chioniadès ait eu des élèves ou des collaborateurs ; il eut en tout cas comme héritier et continuateur à Trébizonde un prêtre nommé Manuel, qu'on a tenté d'identifier avec Manuel Bryennios, ce qui est douteux. Mais l'influence de Chioniadès semble avoir été nulle à Constantinople, puisque les tables astronomiques perses ne seront vraiment diffusées dans la capitale qu'après 1340 - 1347, avec la *Syntaxe perse* de Georges Chrysococcès, élève de Manuel à Trébizonde[93]. C'est Théodore Méliténiote, directeur de l'Ecole Patriarchale, qui, vers 1352, en assurera l'enseignement officiel en y consacrant le livre III de sa *Tribiblos astronomique*[94].

Théodore Métochite (1270 - 1332) a surtout été dans le domaine des sciences le restaurateur de l'astronomie de Ptolémée[95]. Ayant étudié l'astronomie à l'âge de 43 ans sous la tutelle de Manuel Bryennios, il écrivit un monumental ouvrage appelé *Elément d'astronomie*. C'est un commentaire à l'*Almageste* et aux *Tables faciles* de Ptolémée, avec une longue introduction arithmétique, fortement inspirée du *Quadrivium* de Pachymère. Il est difficile d'apprécier cet ouvrage, dont la verbosité et la longueur sont décourageantes. Mais c'est la première fois,

---

[89] Ed. G. H. Jonker, *The Harmonics of Manuel Bryennius*, Groningen 1970. Voir Constantinides (*op. cit.*) note 10, pp. 95 ss.

[90] Jonker (*op. cit.* note 87), p. 18 ; Constantinides (*op. cit.* note 1), p. 96, note 43.

[91] I. Ševčenko, *Etudes sur la polémique entre Théodore Métochite et Nicéphore Choumnos*, Bruxelles 1962, pp. 115 - 116, note 6. Voir M. Treu, *Dichtungen des Gross-Logotheten Theodoros Metochites*, Postdam 1895, Poem A, pp. 17 - 18.

[92] D. Pingree, *Gregory Chioniades and Palaeologan Astronomy*, « Dumbarton Oaks Papers », 18 * (1964), pp. 135 - 160 ; idem, *The Astronomical Works of Gregory Chioniades*, vol. I : *The Zij al-Alaī*, (2 vols), *Corpus des astronomes byzantins*, II, Amsterdam 1985 - 1986.

[93] A. Tihon, *Les tables astronomiques persanes à Constantinople dans la première moitié du XIVe siècle*, « Byzantion », 57 (1987), pp. 471 - 487.

[94] *Ibidem*, p. 482. Voir R. Leurquin, *La Tribiblos astronomique de Théodore Méliténiote* (*Vat gr. 792*), « Janus », 67 (1985), pp. 257 - 282.

[95] Ševčenko (*op. cit.* note 91).

depuis Théon, qu'un professeur écrit un ouvrage sur l'*Almageste*. Métochite semble avoir utilisé les tables de Ptolémée pour prédire des éclipses, bien que nous n'ayons conservé de lui aucun calcul précis. Aucune influence perse n'apparaît dans l'astronomie de Métochite.

Mon exposé s'arrête ici. Non pas que les activités cessent, au contraire. Toutes les disciplines auront des continuateurs.

Nicéphore Grégoras (ca 1330)[96], élève de Théodore Métochite, enseigne le *quadrivium* des sciences dans son école privée, écrit sur l'astrolabe, sur les *Harmoniques* de Ptolémée, propose une réforme du calcul de la date de Pâques, et apprend à ses élèves à prédire les eclipses avec les tables de Ptolémée, entreprise particulièrement périlleuse ! Son rival Barlaam de Seminara calcule lui aussi les éclipses[97], écrit une *Logistique*, refute les compléments de Nicéphore Grégoras aux *Harmoniques* de Ptolémée, propose une autre réforme du calcul de la date de Pâques. Nicolas Cabasilas, qui se moque des instruments astronomiques que Grégoras accumulait dans sa maison[98], complète le *Commentaire à l'Almageste* de Théon en écrivant le livre III disparu. L'astronomie de Ptolémée apparaît presque plus vivante en ce XIVe siècle byzantin qu'elle ne l'était à Alexandrie. Elle sera concurrencée à partir de 1347 ss par l'astronomie perse, puis par d'autres astronomies étrangères, juive ou latine.

La médecine, la pharmacologie, la botanique, la zoologie, la médecine vétérinaire ne sont pas oubliées, mais nous ne les développerons pas ici. Enfin, presque tous les traités scientifiques anciens sont non seulement recopiés, mais revus et corrigés dans des « recensions byzantines » qui s'efforçaient soit d'en améliorer le style, soit de les rendre plus explicites. Toute cette activité redonnait vie aux textes anciens et annonçait la Renaissance. Mais la place manque pour faire ici l'inventaire de toutes les activités scientifiques des XIVe et XVe siècles.

*

Il est temps de conclure.

Une constante qui apparaît au terme de ce survol trop rapide est que les sciences apparaissent rarement comme un objet d'études isolé (à l'exception peut-être de la médecine, dont nous n'avons pas pu parler longuement). Il est rare qu'un savant byzantin soit exclusivement mathématicien ou astronome, mais tous ont une connaissance approfondie de la rhétorique, de la logique, de la littérature ancienne, de la philosophie : l'idéal de culture byzantine ne conçoit pas de s'attacher exclusivement à une science, même si des préférences apparaissent selon les personnalités. Dans la plupart des cas, les professeurs enseignent un très

---

[96] J. Mogenet (†), A. Tihon, R. Royez, A. Berg, *Nicéphore Grégoras. Calcul de l'éclipse de Soleil du 16 juillet 1330, Corpus des astronomes byzantins*, I, Amsterdam 1983.

[97] J. Mogenet, A. Tihon, avec la collaboration de D. Donnet, *Barlaam de Seminara. Traités sur les éclipses de Soleil de 1333 et 1337*, Louvain 1977.

[98] R. Guilland, *Essai sur Nicéphore Grégoras, l'homme et l'oeuvre*, Paris 1926, p. 18.

large éventail de matières, littéraires, philosophiques, scientifiques ou religieuses ; la répartition en spécialités dans l'enseignement supérieur (département de géométrie et d'astronomie) n'apparaît qu'aux IXe et Xe siècles, et ne se retrouve plus ensuite. La base de l'enseignement sont les traités scientifiques anciens (Euclide, Nicomaque, Théon de Smyrne, Théodose...) ou des compilations qui en sont inspirées, même si parfois il y a des nouveautés, comme le calcul indien de Maxime Planude ou l'astronomie perse par Théodore Méliténiote. Il semble y avoir eu peu de créativité ou d'expériences faites par le maître avec ses élèves, à l'exception peut-être de Psellos, mais nous sommes mal renseignés sur ces points. Par exemple, Nicéphore Grégoras parle des calculs d'éclipses qu'il faisait avec ses élèves, mais ne rapporte jamais une observation qu'il aurait faite lui-même. Or, il a prédit au moins trois éclipses de Soleil très visibles à Constantinople, et aucune mention de l'observation de celles-ci !

Il est difficile enfin de conclure par un jugement de valeur sur l'enseignement scientifique à Byzance, car, indépendamment des lacunes énormes de notre documentation, les manuels byzantins sont pour la plupart inédits et les manuscrits scientifiques insuffisamment explorés. Sans doute de nouvelles recherches nous aideront-elles à mieux préciser le rôle de Byzance dans l'histoire et la transmission des connaissances scientifiques.

ADDENDA ET CORRIGENDA

I

p. 603 : au lieu de "*Corpus codicum astrologorum graecorum*", lire "*Catalogus etc*"

p. 617, note 59 : au lieu de "*Vat. gr.* 190", lire "*Vat. gr.* 191".

II

p. 71, note 4 : εἰ δ'οὔκ : rétablir la leçon εἰ δ'οὖν

pp. 71-72 : l'édition de KROLL est à présent remplacée par : *Vettius Valens Anthologiae* ed. David PINGREE, coll. Teubner, Leipzig, 1986. Pour le texte cité ici, p. 33, l. 28 ss.

II-III

Pour les textes de 906 édités et discutés dans les études **II-III**, voir PINGREE, *ibidem*, Appendix IX, pp. 398 ss.

Outre les manuscrits que j'ai utilisés, D. Pingree signale les manuscrits suivants: *Laurentianus* 28/14, *Laurentianus* 80/23 et l'*Oxoniensis Canonicianus gr.* 41 (*ibidem*, pp. XIII-XIV). On peut y ajouter encore l'*Oxoniensis Cromwellianus* 12, pp. 195-196 et peut-être l'*Oxoniensis Savile* 51, f. 79.

IV

p. 14 : Un Jean Synadenos, Curopalate, est attesté à l'époque des Comnènes dans la liste du Synode des Blachernes, mais la date (1094-5) ne convient pas pour le personnage mentionné dans l'horoscope. Cependant les Synadenoi sont une famille bien connue du temps des Comnènes : voir P. MAGDALINO, *The Empire of Manuel Komnenos 1143-1180*, Cambridge, 1993, p. 211; 502.

V

p. 472 : supprimer la première ligne de la note 4 qui reproduit la dernière ligne de la note p. 471.

p. 480 : Sur la *Tribiblos* de Théodore Méliténiote, outre l'édition des livres I-II dans les vol. IV-VI du CAB signalés dans notre avant-propos, voir également : R. LEURQUIN, *La Tribiblos Astronomique de Théodore Méliténiote*, dans *Janus* 72, 4 (1985), pp. 257-282; id., *L'astrolabe dans la Tribiblos Astronomique de Théodore Méliténiote*, dans *Astrolabica* n° 5, Etudes 1987-1989, ed. par A. J. TURNER, Paris, 1989, pp.15-26; id., *Un manuscrit autographe de la Tribiblos Astronomique de Théodore Méliténiote : le Vaticanus graecus 792*, dans *Scriptorium* 45 (1991,2), pp.145-162.

p. 481, note 56 : au lieu de "note 17", lire "note 18".

p. 484 : au lieu de "fin du règne d'Andronic II", lire "... Andronic III"

p. 487 : pour les manuscrits de la *Paradosis*, ajouter le *Vat. gr.* 1058, ff.130-142v. Un inventaire plus complet des manuscrits de la *Paradosis* a été dressé par Mlle R. LEURQUIN, dans sa thèse de doctorat, *La Tribiblos Astronomique de Théodore Méliténiote*, Louvain-la-Neuve, 1989. Il paraîtra lors de l'édition du livre III de la *Tribiblos*.

VI

p. 405 : au lieu de "Abû Ma'shar", lire "Abû Ma'shar"

p. 411 : au lieu de "20°1/2°", lire "20° 1/2"

p. 414 : au lieu de "*nerôteroi*", lire "*neôteroi*"

p. 416 : supprimer l'accent circonflexe sur le *A* de *'Alâ'î* (*id.* note 43)
au lieu de "al-Fahhad", lire "al-Fahhâd"

p. 417 : au lieu de "Nasîr ad-Dîn at-Tusî", lire "Naṣîr ad-Dîn aṭ-Ṭusî"

p. 418, note 48 : au lieu de "Libadins", lire "Libadinos"

VIIa

p. 282 : au lieu de "*Zîj al-'Ala'î*", lire "*Zîj al-'Alâ'î*"
au lieu de "al-Fadhad", lire "al-Fahhâd"

p. 284 : au lieu de "Jalal al-din Malikshah", lire "Jalâl al-dîn Malikshâh"
au lieu de "al-Khazînî", lire "al-Khâzinî"

VIIb

p. 60 : au lieu de "indentique" (ligne 4 sous le tableau), lire "identique"

VIIc

p. 84, conclusions : la question des sources de Chrysococcès est à présent résolue puisque R. Mercier a montré que les tables de Chrysococcès proviennent du *Zîj-i Ilkhânî* de Naṣîr ad-Dîn aṭ-Ṭusî : voir V, p. 481 et note 55.

IX

Pour cet article, aucune épreuve n'a été soumise à l'auteur, de sorte qu'il s'y trouve de nombreuses fautes d'impression :

p. 91, ligne 7 : au lieu de "esentiellement" lire "essentiellement"
ligne 8 : au lieu de "μαϑηματκὴ" lire "μαϑηματικὴ"
ligne 13 : au lieu de "reprenaitent" lire "reprenaient"
note 2 : au lieu de "*an Byzantine Medecine*" lire "*on Byzantine ...*"

p. 92, ligne 11 : au lieu de "Domninos de Larissa (date)", lire "Domninos de Larissa (fin Ve siècle)"

note 5 : au lieu de "Astronamy" lire "Astronomy"

p. 96, note 26 : au lieu de "*scalies*", lire "*scolies*"

p. 101, ligne 1 : au lieu de "espirt", lire "esprit"

note 64 : au lieu de "ὁς ὕπατος", lire "ὁ ὕπατος"

au lieu de "dans ; *Balkan Studies*", lire "dans *Balkan Studies*"

p. 102, note 71 : au lieu de "*deser*. D. Bassi", lire "*descr*. D. Bassi"

p. 104, note 79 : au lieu de "*saciété*", lire "*société* "

p. 106, note 92 : au lieu de "*Zij al-Alaï*", lire "*Zîj al-'Alâ'î*"

INDEX

Noms de personnes

Manuscrits

Ouvrages anciens